中国海相油气地质系列丛书

中国海相克拉通盆地地质构造

李本亮　杨海军　陈竹新　韩剑发　雷永良　等　著

科学出版社

北京

内 容 简 介

本书从全球的视角、理论的高度和勘探实践的深度来认识中国海相克拉通盆地的构造地质特征及其对油气藏发育的控制作用；探讨塔里木、鄂尔多斯、四川等克拉通盆地在关键海相沉积期的盆地原型与后期盆地构造演化与改造；研究海相盆地形成的区域构造背景与构造演化，提出海相克拉通盆地形成的三种构造背景。本书重点解剖了克拉通盆地内部古隆起的构造变形特征、构造叠加改造及其控藏作用；最后从克拉通盆地构造的角度提出了中国海相盆地油气勘探的主要方向。

本书可供从事构造地质、含油气盆地分析和油气勘探与生产的地质研究人员、工程师、高校教师和相关专业的研究生参考。

图书在版编目(CIP)数据

中国海相克拉通盆地地质构造 / 李本亮等著. —北京：科学出版社，2015.11

（中国海相油气地质系列丛书）

ISBN 978-7-03-044718-0

Ⅰ. ①中⋯ Ⅱ. ①李⋯ Ⅲ. ①克拉通–海相–构造盆地–地质构造–研究–中国 Ⅳ. ①P618.130.2

中国版本图书馆 CIP 数据核字(2015)第 124214 号

责任编辑：韦 沁 / 责任校对：张小霞
责任印制：肖 兴 / 封面设计：王 浩

科学出版社 出版

北京东黄城根北街 16 号
邮政编码：100717
http://www.sciencep.com

北京通州皇家印刷厂 印刷

科学出版社发行 各地新华书店经销

*

2015 年 11 月第 一 版 　　开本：787×1092 1/16
2015 年 11 月第一次印刷 　　印张：19 3/4
字数：460 000

定价：178.00 元
（如有印装质量问题，我社负责调换）

序

在陆相生油理论的指导下，中国油气勘探取得了丰硕的成果。但是国民经济高速发展对油气能源的需求增加，现有的油气地质储量随着开发的进程而难以为继，于是人们开始把油气勘探的视角投入到更广更深的海相克拉通盆地领域，特别是中国陆上以古生代海相沉积盆地为主的克拉通盆地。进入21世纪，中国的油气勘探已经从克拉通盆地边缘的显性构造带转向克拉通盆地内部构造变形更加隐蔽的古隆起、从沉积盆地中浅层的碎屑岩勘探转向克拉通盆地深层碳酸盐岩的勘探。把握现代经济发展的脉搏，在中国陆上寻找新的油气勘探战略接替区，再次掀起中国油气探明储量增长的高潮，这是历史赋予我们的使命。特别是新时期战斗在石油科技与生产一线的研究人员，更需要勇于探索，敢于创新，在稳定的海相克拉通盆地内部去发现潜在的构造和油气田，在复杂的构造中去梳理断裂与裂缝的分布，揭示其对储层发育、烃源岩演化、油气藏形成的控制作用。

该书从全球的视角、理论的高度和勘探实践的深度来认识中国克拉通盆地的构造地质特征及其对油气藏发育的控制作用，探讨了塔里木、鄂尔多斯、四川等中国三大克拉通盆地在关键海相沉积期的盆地原型与后期盆地构造与改造；研究了海相盆地形成的区域构造背景与构造演化，盆地构造变形特征及其构造样式，克拉通盆地内古隆起的构造变形特征、构造叠加改造及其控藏作用；总结借鉴国内外古生界海相克拉通盆地的构造地质理论、认识中国古生界海相盆地的油气勘探潜力、提出客观的油气勘探建议，既是科研工作者奉献理论、现身石油的职责，也是科技人员传承科学、创新发展的荣誉。

在该书的作者中，既有长期从事盆地构造地质研究的学者，也有对中国海相油气勘探事业孜孜以求的专家。他们从中国海相克拉通盆地的科研攻关和勘探实践出发，不断地解决生产难题、总结经验教训、提升地质认识，探索油气构造地质理论来指导勘探生产部署，在理论与实践的反复循环求证中发展海相克拉通盆地的油气构造地质理论。该书理论与实践相结合，在继承中发展；深度与广度相结合，在综合中有创新；大胆探索，小心求证。该书潜心探索中国海相克拉通盆地的构造地质科学和油气勘探实践，既能传播知识，也能开拓视野。

前 言

现今世界上油气勘探的主流还是海相地层，北美大陆、西伯利亚、滨里海和中东等地区的主要产油气层位主要在海相盆地中。海相地层可采油气资源达到6451亿t，占全球可采油气资源总量的72%，陆相地层中可采油气资源量2491亿t，占全球总量的28%。在经济全球化发展趋势下，长期以来在海相地层油气勘探开发中积累起来的地质理论和勘探技术将积极推动世界各地的海相油气地质勘探，海相盆地油气勘探取得的成果也鼓舞我们不懈地探索。中国古生界海相克拉通盆地分布广泛，沉积地层巨厚，充满诱人的油气勘探前景，但是目前认识到的可采油气资源总量95亿t，仅占全国的18%。中国石油工业的发展史一直伴随着古生界海相油气勘探行进的步履，期间虽然屡经挫折，但是也有新的发现，特别是近年来我国海相碳酸盐岩勘探正处于大发现期，已经在塔里木盆地、四川盆地、鄂尔多斯盆地三个海相克拉通盆地中发现碳酸盐岩大油气田，增储地位日显重要。

中国的海相盆地油气勘探集中在古生界克拉通盆地，对中国古生代克拉通盆地的构造地质认识，过去一直停留在叠置于前寒武纪刚性基底之上的稳定沉积盆地（海相碳酸盐岩地层为主），内部以大型古隆起为基本构造地质特征，但是对于克拉通盆地的构造成因或成盆动力学、克拉通盆地内部古隆起的构造成因与变形特征，认识不多。随着海相克拉通盆地油气勘探的发展和理论认识的需要，不能简单地以"稳定"、"古隆起"等概念来说明克拉通盆地的构造地质特征。克拉通盆地可能由不同构造成因的盆地类型叠合复合而成，古隆起实际上经历不同性质、不同期次的构造作用联合复合而成。克拉通盆地构造成因与变形特征的分解与组合特征及其对油气藏发育的作用，正是本书讨论的内容。

塔里木、鄂尔多斯、四川等海相盆地的勘探实践为系统认识中国海相克拉通盆地油气地质理论提供了丰富的信息，也促进了海相油气地质理论的进步，在原型盆地恢复、构造演化、构造变形及其后期盆地改造分析、含油气系统等方面都有了新的认识。近十年来，中国海相克拉通盆地油气勘探的突破、第一手地质资料的增加和构造地质理论与技术的进步为构造地质理论的研究提供了新的条件和动力。期间，作者致力于总结借鉴国内外海相克拉通盆地构造地质理论，认识中国古生界海相盆地油气勘探潜力，提出油气勘探建议。

第一章从全球的视角，介绍海相盆地的油气地质意义、海相盆地类型及其构造地质特征，总结世界上典型的古生界海相盆地的构造地质特征与石油地质特征。

第二章论述中国陆上古生界海相克拉通盆地的地理分布、基底构造、盆地类型与成因，从板块构造地质角度讨论了中国海相克拉通盆地形成的大地构造背景和演化，提出了海相叠合盆地的结构特征及其控制下的油气地质特征。

第三章根据叠合盆地原型分析方法与技术路线，从大地构造背景、盆地构造格局与沉积充填特征等方面恢复了塔里木盆地、四川盆地、鄂尔多斯盆地在关键海相成盆期的盆地原型。

第四章阐述中国海相克拉通盆地构造变形的基本特征，认为克拉通边缘的俯冲挠曲与冲断推覆构造及其破坏作用、克拉通内部的伸展断陷盆地及其构造反转、介于边缘与内部之间的走滑构造和沿中地壳滑脱的基底卷入构造是克拉通盆地构造变形的主要特征，同时在古构造背景下的差异压实作用也通常是海相克拉通盆地内后期构造变形的方式。

第五章重点解剖塔里木海相克拉通盆地的构造成因、构造演化与塔中古构造地质特征，揭示出塔里木盆地南缘早古生代区域构造演化控制塔中古隆起构造、沉积发育，刻画塔中古隆起内部的走滑、冲断等构造几何学、运动学、动力学特征；以塔中低凸起为例，探索海相克拉通盆地中古隆起内部的构造地质特征，确定构造演化、构造样式、断裂体系及其构造继承与叠加改造关系。

第六章通过塔中古隆起的重点解剖和分析，总结海相克拉通盆地构造对油气成藏的控制作用，古构造格局不仅控制成盆与烃源岩发育、沉积相带分布与储集层的发育、成烃演化过程与油气聚集，而且也控制碳酸盐岩岩溶储层的后期改造与成藏，进而提出克拉通盆地内塔中古隆起油气成藏的主控因素与勘探方向。

第七章在简述中国古生界海相克拉通盆地油气勘探历程的基础上，从国外古生界海相盆地的油气地质特征的共性出发，以四川盆地为例分析中国海相盆地的油气勘探前景；从古板块、含油气盆地、含油气系统、油气藏等不同尺度上讨论构造保存条件对中国海相盆地油气勘探前景的影响；最后提出中国海相克拉通盆地油气勘探的主要方向。

本项研究成果是在作者坚持不懈的努力下完成的，我们先后组织了多个相关的研究课题的实施和研究报告的编写，本书的编写分工如下：前言：李本亮；第一章：李本亮，杨庚；第二章：李本亮，雷永良，陈竹新；第三章：李本亮，雷永良，杨庚；第四章：李本亮，陈竹新，管树巍，韩剑发；第五章：韩剑发，李本亮，李传新，陈竹新，管树巍；第六章：杨海军，李本亮，苗继军，韩剑发，邬光辉，罗春树，李传新；第七章：李本亮，钱凯。

本书是在中国石油天然气集团公司科技管理部、中国石油勘探开发研究院资助下完成，并在研究中有幸得到中国石油燃气股份有限公司贾承造院士、赵文智教授、胡朝元教授、高瑞祺教授的潜心指导和关怀。中国石油天然气集团公司科技管理部方朝亮教授给予了很多关心和帮助，中国石油勘探开发研究院邹才能教授、张水昌教授、钱凯教授、魏国齐教授、李启明教授给予了精心指导。在书稿编写和修改中，中国石油勘探开发研究院宋建国教授，南京大学贾东教授、王良书教授，浙江大学陈汉林教授、肖安成教授，北京大学郭召杰教授，中国地质大学何登发教授，中国石油塔里木油田与公司王招明教授、潘文庆教授等给予了许多建设性意见和善意的提醒，在此一并表示衷心感谢。由于时间紧张，不妥之处，敬请批评指正。

目　录

序
前言
第一章　海相克拉通盆地石油地质概述 ··· 1
　第一节　海相盆地油气资源前景 ··· 1
　　一、海相含油气盆地 ··· 1
　　二、海相盆地的油气地质意义 ··· 2
　　三、古生代海相盆地油气资源 ··· 4
　　四、古生代海相盆地油气勘探前景 ··· 5
　第二节　海相克拉通盆地构造成因与类型 ··· 5
　　一、克拉通盆地 ··· 6
　　二、克拉通内部海相盆地 ··· 10
　　三、克拉通边缘海相盆地 ··· 13
　　四、贯穿克拉通边缘与内部的海相盆地 ··· 19
　第三节　主要古生界海相克拉通盆地石油地质 ··· 22
　　一、东西伯利亚克拉通盆地油气地质 ··· 22
　　二、二叠盆地油气地质特征 ··· 24
　　三、滨里海盆地油气田及其油气地质特征 ··· 27
　　四、海相克拉通盆地油气地质特征 ··· 29
第二章　中国海相克拉通盆地形成与演化 ··· 35
　第一节　中国海相克拉通盆地概述 ··· 35
　　一、中国海相克拉通盆地分布特征 ··· 35
　　二、中国海相克拉通盆地基底结构 ··· 38
　　三、中国海相克拉通盆地类型 ··· 40
　第二节　海相克拉通盆地形成的大地构造背景与演化 ··· 40
　　一、克拉通基底的形成 ··· 40
　　二、海相克拉通盆地形成 ··· 41
　　三、中生代陆相盆地叠置 ··· 43

四、喜马拉雅期海相克拉通盆地改造 ································· 49
　　五、三大海相克拉通盆地构造演化 ································· 50
第三节　海相克拉通盆地层序结构及油气地质意义 ······················· 59
　　一、中国海相克拉通盆地的构造变革 ······························· 59
　　二、中国海相克拉通盆地结构的叠合特征 ··························· 62
　　三、中国海相克拉通盆地之间的差异性 ····························· 65
　　四、海相克拉通盆地油气地质特征 ································· 67

第三章　中国海相克拉通盆地的原型 ····································· 70
第一节　塔里木早古生代海相克拉通盆地原型 ··························· 70
　　一、早古生代海相克拉通盆地发育的构造背景 ······················· 71
　　二、寒武纪原型盆地特征 ··· 74
　　三、奥陶纪原型盆地特征 ··· 77
　　四、志留纪—泥盆纪原型盆地特征 ································· 84
　　五、早古生代的盆地原型的叠加 ··································· 86
第二节　四川海相克拉通盆地原型 ····································· 87
　　一、四川海相克拉通盆地形成的构造背景 ··························· 88
　　二、晚震旦纪—早古生代海相盆地原型 ····························· 90
　　三、晚古生代—早中生代的海相盆地原型 ··························· 97
第三节　鄂尔多斯早古生代海相克拉通盆地原型 ························ 108
　　一、早古生代海相克拉通盆地形成的构造背景 ······················ 109
　　二、寒武纪—奥陶纪海相克拉通盆地边缘构造特征 ·················· 111
　　三、奥陶系海相盆地的沉积充填特征 ······························ 115
　　四、原型盆地特征 ·· 118

第四章　中国海相克拉通盆地构造变形特征 ······························ 123
第一节　克拉通盆地内部伸展断陷及其构造反转 ························ 123
　　一、四川北部开江-梁平海槽断陷构造及其构造反转特征 ·············· 124
　　二、四川盆地西南部隐伏裂谷盆地的构造反转 ······················ 127
第二节　克拉通盆地内部基底卷入构造 ································ 131
　　一、克拉通盆地内部基底卷入构造 ································ 132
　　二、四川盆地北部米仓山基底卷入构造 ···························· 133
　　三、川中乐山-龙女寺古隆起的基底卷入构造 ······················· 134
第三节　克拉通盆地边缘冲断构造及其改造作用 ························ 136
　　一、塔里木盆地新生代区域构造背景与盆缘构造 ···················· 136
　　二、塔里木盆地西南缘冲断推覆构造特征 ·························· 138

三、塔里木盆地西北缘柯坪叠瓦冲断构造特征 ················· 139
　　　四、塔里木盆地北缘隐伏于库车冲断带之下的单斜构造 ················· 140
　第四节　克拉通内部与边缘之间的走滑构造及其破坏作用 ················· 142
　　　一、塔里木盆地东部边缘走滑构造与盆地破坏 ················· 142
　　　二、柴达木盆地走滑构造与克拉通盆地破裂 ················· 143
　　　三、楚雄盆地走滑构造及其对扬子板块的破坏作用 ················· 147

第五章　海相克拉通盆地构造演化与古隆起结构特征——以早古生代的塔里木盆地
　　　　塔中古隆起为例 ················· 151
　第一节　塔里木南缘板块构造演化与塔中古隆起的形成 ················· 151
　　　一、塔里木盆地早古生代板块构造演化 ················· 151
　　　二、震旦纪—早奥陶世伸展构造与断陷盆地 ················· 153
　　　三、中-晚奥陶世塔南碰撞造山与前陆盆地 ················· 154
　　　四、志留纪—泥盆纪挤压冲断构造 ················· 156
　　　五、塔里木南缘构造演化对塔中古隆起构造的控制作用 ················· 157
　第二节　塔中古隆起构造变形特征 ················· 163
　　　一、塔东南-塔中区域构造地质剖面结构 ················· 163
　　　二、塔中Ⅰ号断裂带东段冲断构造特征 ················· 172
　　　三、塔中古隆起中西段走滑构造特征 ················· 179
　　　四、塔中古隆起构造变形的成因 ················· 181
　第三节　塔中古隆起北斜坡构造样式及其演化叠加 ················· 183
　　　一、3D地震构造解释与构造样式 ················· 184
　　　二、塔中古隆起北斜坡构造演化 ················· 190
　　　三、塔中北斜坡三维地震区构造变形规律 ················· 203
　　　四、塔中断裂体系之间的构造继承与叠加改造 ················· 204

第六章　海相克拉通盆地构造控藏作用——以塔里木盆地塔中古隆起为例 ················· 214
　第一节　塔里木盆地古构造对油气地质条件的控制 ················· 215
　　　一、早古生代原型盆地构造对古老烃源岩分布的控制 ················· 215
　　　二、古隆起构造对储层发育的影响 ················· 217
　　　三、二叠纪岩浆活动对烃源岩热演化的作用 ················· 219
　　　四、多期构造变革控制下的多期成藏和晚期注气 ················· 222
　　　五、古隆起控制下的油气成藏与富集特征 ················· 225
　第二节　断裂构造对沉积储层的控制作用 ················· 225
　　　一、断裂系统对沉积储层的建造作用 ················· 226
　　　二、断裂构造对碳酸盐岩储层的改造作用 ················· 228

三、二叠纪岩浆活动形成的热液岩溶作用 236

第三节　塔中断裂构造对油气成藏的控制作用 238
一、中奥陶世古隆起控制塔中油气运聚的基本格局 238
二、加里东晚期 NW 向断裂对油气富集的控制作用 240
三、志留纪—泥盆纪 NE 向走滑断裂对油气成藏与油气分布的影响 242
四、二叠纪岩浆刺穿及后期断裂控制志留系—石炭系次生油气藏分布 244
五、多期多类型断裂组合控制油气藏复合叠置的格局 245

第四节　塔中古隆起油气成藏主控因素与勘探方向 247
一、上奥陶统台内礁滩储集体油气藏 248
二、塔中奥陶系不整合岩溶储层油气藏 250
三、寒武系白云岩储层油气藏 252
四、塔中志留系岩性油藏 254

第七章　中国海相克拉通盆地油气勘探 257

第一节　中国海相克拉通盆地油气勘探概述 257
一、中国海相克拉通盆地油气勘探对象 257
二、中国海相克拉通盆地油气勘探历程 258
三、中国海相克拉通盆地油气资源潜力 260

第二节　从国外海相克拉通盆地共性看勘探前景——以四川盆地为例 268
一、中外海相克拉通地层油气地质基本特点对比 268
二、国外海相克拉通盆地油气地质 269
三、四川盆地油气地质条件的相似性 270
四、类似的地质条件决定类似的勘探方向 271

第三节　从保存条件看中国克拉通盆地油气勘探前景 273
一、小克拉通构造活动性与保存条件 273
二、海相含油气盆地的保存 275
三、海相含油气系统的保存 277
四、海相油气藏的保存 279
五、从保存条件看中国海相克拉通地层的有利勘探领域 280

第四节　中国海相克拉通盆地油气勘探的主要方向 280
一、海相克拉通盆地油气勘探战略选区的主要评价指标 281
二、烃源条件与中国海相克拉通油气勘探方向 283
三、储层条件与海相克拉通油气勘探方向 286
四、中国海相克拉通油气勘探目标区 288

参考文献 290

第一章 海相克拉通盆地石油地质概述

世界上的油气资源分布在特提斯域、欧亚（北方）域、冈瓦纳（南方）域和太平洋域这四大构造域中，其中以特提斯构造域最具优势，储量占全球总量的 68%（安作相，1996）。大多数含油气盆地的烃源岩出自海相沉积地层，海相盆地中的石油储、产量规模占有绝对优势。处于特提斯构造域内的中国海相盆地中不断发现新的油气资源，引起学术界和产业界对中国海相克拉通盆地的关注。对于中国海相盆地的油气资源潜力和勘探前景的认识如何？由于中国具有油气勘探意义的海相地层主要存在于古生代克拉通盆地中，这里试图从世界上海相盆地的油气资源前景、克拉通盆地的构造成因、古生界海相克拉通盆地的石油地质特征等方面的认识来开启对中国海相盆地油气构造地质的探讨。

第一节 海相盆地油气资源前景

世界石油工业的发源地是海相沉积盆地，海相盆地相对于陆相盆地具有更加有利的油气地质条件。但是中国陆上的海相沉积盆地形成于古生代，叠置在中新生代沉积盆地之下，受埋藏深的地质条件和勘探技术条件的限制，中国海相盆地的油气勘探起步于 20 年前。越是古老、深埋的地层，海相沉积地层所占的比例越大，其油气资源潜力及其勘探地位与日俱增，这是促使我们客观并乐观认识中国古生代海相盆地油气勘探前景的动力。

一、海相含油气盆地

盆地是地球深部圈层活动与地壳表层构造作用的产物，构造沉降与海平面升降决定盆地内沉积体的充填样式。含油气盆地是指具备成烃要素、有过成烃过程并已发现商业价值油气藏的沉积盆地，它是油气生成、运移、聚集、保存的基本单位。世界上 99% 以上的油气资源是在沉积岩中，那些在非沉积岩中储存的油气也与附近的沉积岩有密切关系。

海相含油气盆地是指具有大陆地壳、被海相沉积地层覆盖的油气形成区。海相盆地可以发生在裂谷、被动大陆边缘到残留洋、前陆盆地等所有盆地类型中。全球显生宙以来的海相沉积地层的体积相对陆相地层占据绝对优势（图 1.1），年代越老、海相地层所占的比例越大。元古宙—早古生代，随着 Rodinia 大陆裂解，寒武纪—奥陶纪期间，原来统一的大陆成为分散的板块漂离在大洋中主要接受海相沉积；随着中晚奥陶世—志留纪加里东造山与板块聚合，造山带与克拉通内部的古隆起提供陆源碎屑物源，海相碎屑岩沉积比例明显增加，陆相沉积地层比例也有所增加。晚古生代随着 Pagaea 大陆的分离和古特提斯洋的发育，海相碳酸盐岩沉积明显增多；晚海西-印支造山与板块聚合，陆源碎屑物源丰富，从二叠纪开始海相碎屑岩和陆相碎屑岩所占的比例都开始增大。从侏罗纪开始，随着大西洋的裂开和 Thetys 的发育，海相沉积地层所占比例增加；新生代以来由于特提斯洋的关闭和太平洋两岸的俯冲聚敛，陆相沉积地层再次增加。寒武纪—奥陶纪全球属于泛海相沉积时期，陆上沉积不足 5%。志留纪至石炭纪海相沉积仍占 90%，陆相沉积主要分布在大陆边缘经碰撞成山的前陆区。二叠纪后联合大陆开始形成，出现海陆交互相沉积，海相沉积占 60% 以上。中生代海相沉积地层在沉积岩石中的比例维持在 70%~80%。新生代随着大陆增生加积，陆相沉积迅速扩展，海相沉积约在 50% 以上。

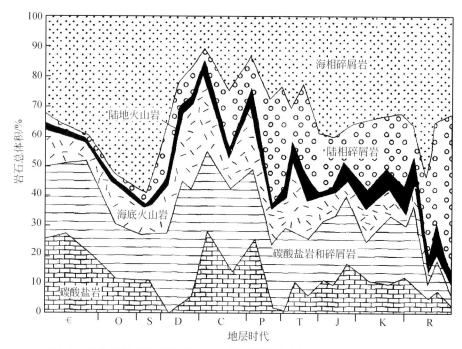

图 1.1　显生宙以来海相地层在各时代地层中的比例（Ronov et al., 1980）

二、海相盆地的油气地质意义

（一）高效烃源岩沉积的场所

石油天然气有机成因论的要点有三个：①有丰富的原始有机质堆积，水体中浮游植物、浮游动物和细菌构成生烃有机质的主要来源。②水下沉积是有机物保存和转化为油气的基础，在宽阔、相对稳定和较深的水体是生物生存和繁殖、有机物堆积、保存的必要条件。③在成岩过程中，有机质由生物聚合物转变为地质聚合物，形成沉积岩中不溶于有机溶剂的分散有机质——干酪根，干酪根是油气生成的母质。

世界石油勘探实践说明，大型油气区主要分布在海相盆地中，这与海相盆地具有相对理想的有机质富集和保存条件是分不开的（胡见义等，1991）。首先，海相盆地具有优越的、比较稳定的水下环境。众所周知，沉积物中有机质保存的关键因素是环境的缺氧程度、较深的水体和细粒沉积物。一般来说，海洋的咸水环境比陆相淡水环境更有利于有机质的保存。海水在很大程度上限制了自由氧分子的进入，也限制了细菌的活动和有机质的分解和破坏。有机质被保存于水下沉积物中对生烃才有实际意义。

形成石油的原始有机质主要是脂肪、类脂组分及蛋白质，主要来源于浮游植物和浮游动物。海洋浮游生物中含类脂组分较高，而以陆源高等植物为主的陆相沉积地层中的有机质以木质素、纤维素和碳水化合物为主，类脂物含量很低。陆相河湖、沼泽沉积有机质，主要形成Ⅲ型干酪根，H:C 一般在 1~1.5，而海洋浮游生物有机质的 H:C 在 1.7~1.9。

海相盆地规模大，构造活动相对稳定，有利于大型构造油气藏的形成，而且油藏保存得相对要好。海相地层沉积稳定，沉积相变小，生油岩和储油岩分布广，好生油岩和储层在盆地内广泛分布，因此保证生成的油气资源丰富，并且能及时地将其运移到优质的储层中，并在适宜的条件下聚集成油气藏。

（二）油气藏附存的储集条件

海相环境发育砂岩和碳酸盐岩两种类型储层，二者聚集的石油储量平分秋色。据卡梅尔特和圣约翰（Carmalt and John, 1986）统计，世界上 509 个大油田中，砂岩油层储量占 53.2%，碳酸盐岩油层储量占 45.1%。海相储层分布面积较大，可达数百至数千平方千米。在滨岸–近岸发育三角洲砂体、坝砂、堤–滩砂、生物碎屑灰岩，在浅海–陆棚除砂体外还有礁、生物灰岩和碳酸盐岩，在次深海–深海有碳酸盐岩和浊积砂岩体。由于海相沉积介质能量较强，海相砂岩储层分选好、磨圆度高，不稳定矿物含量少，矿物成分单一，以石英砂岩或长石砂岩为主，储层物性往往比较好。

海相储层的发育主要受沉积环境和岩相控制，主要包括生物礁体储层、潮坪相储层、碳酸盐滩坝储层和重力流沉积储层，其次也包括深海白垩类型储层等。滩礁储层中拥有丰富的油气资源，在世界范围内不乏大型和巨型油气田。统计数据表明，其所拥有的可采储量占世界总量 19%，占碳酸盐岩储层储量的 70%，世界上现已发现的三个超大型油田，如沙特阿拉伯的加瓦尔油田（储量 87 亿 t）和 Rumaila 油田（储量 20 亿 t）、伊拉克基尔库克油田（储量 23 亿 t），均以礁、滩作为储层。

（三）油气藏保存的封盖条件

世界上海相地层中发育的大油气田的盖层 53.5% 是泥、页岩，46.5% 是膏盐岩层。由于膏盐层良好的封盖条件，目前发现的大多数大型、巨型油气田均不同程度的发育厚层膏盐盖层。例如，西内部盆地阿纳达科拗陷气聚集区潘汉德–胡果顿气聚集带及其大气田，下二叠统狼营组气田埋深只有 427~1160m，但上二叠统硬石膏和含膏致密白云岩为盖层，虽厚度只有 37m，封盖性能很好。北非三叠盆地上三叠统发育潟湖相的盐岩和硬石膏沉积，此膏盐组厚度可达 500m 以上，构成了良好区域盖层，是哈西鲁麦勒特大气田（天然气可采储量 15 290 亿 m^3，凝析油 4 亿 t）和世界特大油田之一——哈西麦萨乌德油田（石油地质储量 34.25 亿 t）的可靠盖层。东西伯利亚盆地库尤姆宾–尤罗布钦巨型油田的形成与寒武系单层厚达 200m 盐岩发育而具有良好盖层有密切关系。总之，在海相含油气盆地中，广泛分布厚度较大的蒸发岩系和泥页岩是海相地层中油气富集的封盖条件。

三、古生代海相盆地油气资源

（一）古生代海相地层油气资源量

海相盆地是油气资源富集的主要场所，但是中国陆上的海相含油气盆地主要为古生代沉积地层，所以这里主要讨论世界上古生代海相地层油气资源量的认识。根据世界范围内油气资源评价结果（李国玉和康特洛维奇，1995），新生界石油11.6%，天然气7.6%；中生界石油80.4%，天然气62.9%；以海相地层为主的古生界石油8%，天然气29.5%。中生界占油气资源评价的主导地位，主要是因为中东沙特阿拉伯和俄罗斯西西伯利亚这两个世界上最大的油气区均以中生界侏罗系、白垩系产油气为主，虽然这些盆地下伏的古生界海相地层中也可能蕴藏丰富的油气资源，但现今尚没有进入人们的勘探视野中。

据Klemme等（1991）统计，世界已探明的可采油气储量中来自古生代海相地层烃源岩的储量占12.6%，来自古生代海相储层的油气储量占20.5%。

（二）古生界海相地层的油气储量

烃源岩方面，全球海相盆地分布面积占95%，陆相盆地分布面积占5%；全球四大构造域中以新特提斯构造域中海相烃源岩的油、气分别占全世界的68%和30%；其中碳酸盐地层中可采储量占70%，砂岩地层中占30%；地质时代上：中生代灰岩地层中石油可采储量占89%、天然气占73%~89%，古生代的白云岩地层中天然气占26%。世界上的古生界海相探明石油可采储量约500亿桶，气540万亿ft³（1ft=0.3048m）。其中北美大陆的下古生界海相地层探明油可采储量9.5亿t，气3000亿m³；东西伯利亚古生界海相地层中发现油气田600多个，大于2亿t或1000亿m³的15个。这些勘探成果激励着中国古生界海相盆地的油气勘探。

20世纪以来，海相碳酸岩盐储层对全世界的油气产量作出了巨大的贡献，在20世纪90年代期间世界发现的77个超大型油气田中，储量近1000亿桶。其中海相碳酸岩盐油气田占11个，发现储量340亿桶。那么在古生界海相碳酸岩地层中到底发现了多少油气储量？据统计，世界上可采储量大于7000万t油田266个，其中海相碳酸盐岩储集层油田116个，占44%。世界可采储量2468亿t（包括已采出量），其中碳酸盐岩储集层中的近1500亿t，占61%（图1.2）①，古生界海相碳酸岩储层中油气储量仍旧很大，石油储量达456亿桶，天然气439.7万亿ft³，主要集中在滨里海、东西伯利亚、北美地台、西加拿大盆地等地区上古生界石炭系和二叠系。

下古生代海相地层中虽然只有少数几个大油气田，但是在许多盆地中储量集中、产能良好，如俄罗斯的东西伯利亚、美国的二叠盆地、东欧的滨里海盆地等。另外，也说明古生界海相地层油气保存条件差、勘探难度大、勘探程度低。

---

① 大港油田公司油气勘探开发技术研究中心，2000，3，油气田勘探开发科技信息，碳酸岩盐油气藏专辑之三。

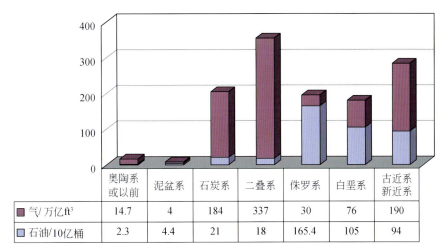

图 1.2　世界大型碳酸岩油气田可采储量在各层系中分布（据 226 个大型油气田统计）

四、古生代海相盆地油气勘探前景

世界上油气勘探主要是近百余年的事，油气勘探的基础还是海相地层。随着勘探的进展和地质认识的深入，古生界油气资源量的重要性越来越明显，随着时间的推移和获取资料的增多，古生界海相地层的油气资源量逐渐增加。按哈尔布蒂统计结果（Halbouty，1970），世界古生界石油资源占 8%，天然气占 25%，油当量占 13%；涅斯捷罗夫 1975 年统计结果，古生界油气资源占 9%；据博伊斯（Bois）1982 年的统计结果，古生界石油资源占 14%，天然气占 28.6%，油当量占 20.5%；据 Klemme 和 Ulmishek（1991）统计，古生界（包括元古宇）油气储量占世界总储量的 26.9%，而以古生界（包括新元古界）为储层的油气储量也达到世界总储量的 20.5%。这从一个侧面反映了古生界所蕴含油气资源潜力的未知性，同时也意味着古生界油气的勘探难度较大，因而勘探发现亦相对滞后于中、新生界。随着时间的推移和获取资料的增多，古生界海相地层中油气资源的数量在增加；随着勘探的进展和勘探技术的进步，古生界海相地层中油气探明储量的数量也必将增加。

第二节　海相克拉通盆地构造成因与类型

根据所处的板块构造位置与板块演化所处的威尔逊旋回中构造演化阶段，含油气盆地可以划分为与克拉通内部相关的裂谷、断陷、拗陷等盆地类型，克拉通边缘相关的被动陆缘、弧后、弧前、弧间、海沟、碰撞裂谷、残余洋、前陆等盆地类型，和与克拉通边缘和内部都相关的拗拉槽、夭亡裂谷、走滑拉分等盆地类型。但是针对现今尚能保存下来的中国古生代海相盆地，主要形成于如下三类与克拉通相关的构造环境中：①与克拉通内部相关的断-拗陷盆地，其演化历史长，多次遭受海侵，是海相地层发育最完全、保存最完整的地区。②克拉通边缘拗陷及其上叠前陆盆地，记录了从被动大陆边缘、克拉通边缘拗陷

(残留洋)乃至前陆盆地阶段的沉积,海相盆地靠近造山带一侧被破坏(俯冲到造山带之下或者遭受抬升剥蚀),靠近克拉通一侧保存较完整。③介于克拉通内部和边缘之间的拗拉槽盆地。因此,克拉通内部断-拗陷盆地、克拉通边缘被动陆缘与前陆盆地及贯入到克拉通内部的拗拉槽,是中国古生代海相盆地形成并能保存至今的主要盆地类型,也是海相石油构造地质研究的主要对象。与克拉通边缘相关的海相盆地沉积很充分,但是后期改造成为褶皱-逆冲带或造山带的一部分。所以这里主要介绍与海相盆地形成和保存相关的克拉通盆地类型,在随后的章节中介绍中国古生代海相克拉通盆地的构造改造与破坏。

一、克拉通盆地

(一) 克拉通与克拉通盆地的概念

沉积盆地由沉积地层和下伏基底这两部分组成,基底(或地壳)的稳定性及其差异控制盆地性质及其保存条件。关于克拉通的认识,Kober(1921)用 Kratogen 表示相对于造山带而言的地壳稳定部分;Stille(1936)认为 Craton 大陆分为地盾和地台两类;Sloss(1988)将克拉通定义为具有厚层大陆地壳的广大区域,在几百至几千万年内其位置保持在海平面附近几十米范围内。美国的《地质词典》定义克拉通为长期保持稳定和仅有微弱变形的地壳。板块构造概念中的克拉通主要指近似刚性的、构造稳定的大陆板块部分。克拉通一般具有前寒武系结晶的刚性基底,总体上沉积和构造都比较稳定,局部构造表现为平缓的褶皱和断距不大的断层,往往大型隆起和长垣是重要的圈闭类型。克拉通的边界一般定在被动大陆边缘陆架坡折处,当被动大陆边缘后期遭受改造后(向前陆盆地演化),主要逆冲带内侧一般定为克拉通边界。

克拉通基础上形成的面积广泛、沉降速率相对较慢、构造稳定、圆形或椭圆形分布的沉积体称为克拉通盆地(craton basin)。Leighton(1991)认为克拉通盆地可以位于结晶的前寒武纪基底之上,也可以位于古生代基底、裂陷或其他增生的大陆岩石圈之上,只要这种基底表现为克拉通性质。克拉通盆地一般不存在强烈的莫霍面隆起,软流圈相对较深,岩浆活动微弱,盆地热流值偏低。按克拉通盆地发育的大地构造位置,可以进一步划分为克拉通内盆地和克拉通边缘盆地。克拉通内盆地为远离板块边缘的地区,其底为陆壳。克拉通内盆地平面上呈圆形、椭圆形,面积几万至几百万平方千米,构造一般较为简单,剖面显示多数为对称碟盘状;一般具多旋回性,沉积层厚度较薄,一般 3~4km;它可以直接形成于基底之上,也可以位于早期形成的裂谷、拗拉槽等类型的盆地之上。

含油气克拉通盆地常常发育在地壳结构薄弱带之上。按 Bally 和 Snelson 的盆地分类,克拉通盆地首先是发育在前中生代陆壳之上,其次是早期的裂谷地堑或以前的弧后盆地之上。克拉通盆地内部拱曲的发育与前寒武纪构造域内薄弱带关系密切。例如,在东西伯利亚地台、伊利诺斯盆地等克拉通之下,都存在一个古老裂谷系。在未识别出裂谷的克拉通盆地,重力异常带、老的缝合线和网格状的复活断裂系都证明克拉通盆地之下存在地壳结构薄弱带。这些结构及其引发的地质过程是导致克拉通盆地间歇沉降的重要因素。克拉通盆地长期相对稳定的地质背景,可形成多套生油岩、储集层和多种类型的圈闭。活化的或交替活动的断裂有利于油气的运移,引起油气的重新分布。沿古构造带形成克拉通盆地内的油气富集带。克拉通内盆地构造变形特征与其是否发育早期裂谷（拗拉谷）关系密切。例如，西西伯利亚盆地构造变形较平缓，主要受下部断层垂直活动及差异压实影响，形成隆拗相间的构造格局。对于早期裂谷不发育或发育程度较低的克拉通内盆地，构造变形较弱，且变形多沿断裂带分布，圈闭以小型构造和地层、岩性型为主。克拉通内盆地的典型实如西内盆地、威利斯顿、伊利诺斯、密执安、西西伯利业、哈德逊湾、波罗的、巴拉那、巴黎盆地等。伊利诺斯、威利斯顿、密歇根、波罗的发育在前寒武纪基底之上，巴拉那盆地、巴黎盆地发育在增生的古生代海西期基岩之上；而卡奔塔利亚盆地发育在古生代火成岩与硅质碎屑岩之上。伊利诺斯、波罗的和巴黎盆地之下已证实发育与热事件有关的裂谷。

（二）板块构造背景中的克拉通盆地类型

受全球板块构造演化影响，克拉通盆地演化与前寒武纪末—显生宙中的两个Ⅰ级全球旋回发展的主要阶段相一致。例如，第一个Ⅰ级旋回，晚元古代—中寒武世伸展期超级大陆解体，形成伊利诺斯、波罗的拗拉谷、东西伯利亚等盆地；第二个Ⅰ级旋回，古生代末—中生代初泛大陆解体，形成巴黎、北海、西西伯利亚等伸展构造盆地。这些旋回以大陆解体开始，经历聚敛阶段，以大陆碰撞和汇聚而告终。碰撞作用可使一些克拉通边缘拗陷盆地进一步挠曲沉降，其上叠置前陆盆地，如阿尔伯达、阿拉伯-波斯湾盆地，有些碰撞使克拉通盆地抬升或褶皱、断裂，导致早期的统一盆地分隔为若干次级盆地，如北美克拉通、俄罗斯克拉通等。

克拉通在板块构造演化的不同阶段和不同的大地构造背景上，发育不同的盆地类型，集中体现在威尔逊构造旋回中，先后经历从克拉通内裂谷盆地至被动大陆边缘，经克拉通边缘拗陷盆地（残留洋），再到前陆盆地等，经历从伸展到聚敛的构造旋回（图1.3）。早期克拉通内裂谷阶段主要为陆相沉积盆地［图1.3（a）］，之后为浅海初始海湾沉积［图1.3（b）］。大洋扩张开始，盆地演化为狭长的中央凹槽，发育半深海沉积和各种重力流堆积［图1.3（c）］，进入被动陆缘盆地阶段［图1.3（c）、(d)］，陆架、陆坡和陆隆发育加积和前积建造，早期主要为碎屑物，其后为频繁的页岩和碳酸盐岩建造，最后形成宽广、很厚的海堤［图1.3（d）］。在宽广的大陆边缘缺氧带广泛发育烃源岩，并可广泛发育砂岩、碳酸盐岩储层。进入板块聚敛阶段［图1.3（e）］，残留洋盆地近克拉通一侧继续沉降，边缘拗陷中充填浅海陆架沉积物，陆架内拗陷分隔环境可发育烃源岩，浅水高能带发育碳酸盐岩或砂岩储集体。沿活动边缘则形成弧前盆地、海沟盆地等。随着洋盆闭合，残留洋、弧前盆地、海沟等成为褶皱-逆冲造山带的组成部分，局部发育小型陆相磨拉石盆地。靠近克拉通一侧的边缘拗陷盆地（内陆架）可保留下来，其上叠置前陆盆地［图1.3（f）］。另外，海相弧后前陆盆地后期可以叠置以陆相为主的磨拉石盆地从而保存或部分保存下来。前陆盆地形成末期及以后，遭受不同程度和形式的改造。例如，西加拿大前陆盆地后期变形很微弱；中东扎格罗斯前陆盆地形成大规模的同心褶皱及裂缝，造成有利油气聚集场所，改善储层；东委内瑞拉前陆盆地则被分隔为两个次盆地，美国落基山前陆盆地由于纳拉米运动发生基底拆离，伴生逆冲断块上升，被分隔为一系列次级盆地并充填新的层序。这些盆地虽经历后期改造，但因改造程度微弱或较为适中，仍保存或残余早期克拉通盆地，并具有良好的油气资源前景。

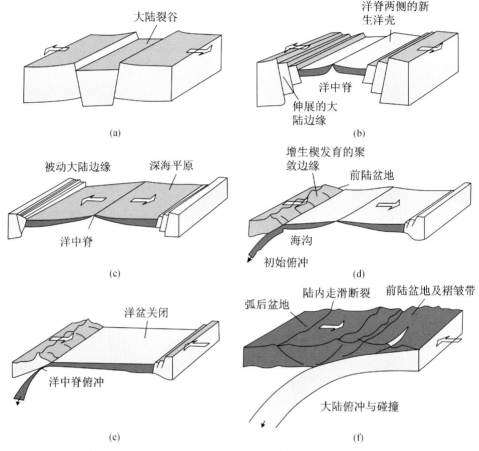

图 1.3　威尔逊构造旋回与沉积盆地类型发育的构造背景（Allen and Allen，2005）

传统意义上的克拉通盆地，多指内克拉通盆地（interior cratonic basins）（图 1.4），它与内凹陷盆地（interior sag basins）、克拉通内凹陷盆地（interior cratonic sag basins）、克拉通内盆地（craton interior basins）和克拉通中盆地（intracratonic basins）等概念相通。这类克拉通盆地呈浅碟状，位于大陆内部远离板块边缘处，以厚约 30～40km 的坚硬陆壳为底，常下伏衰亡裂谷（拗拉谷）或古裂谷系（Klein，1987）（图 1.4）；盆地演化涉及大陆伸展、大范围热沉降及晚期均衡再调整（McCann，2003）的成盆动力学的复合，以长期而缓慢沉降为特征，并缺乏同沉积构造活动，表现为克拉通内宽阔的盆地。在远离板块边缘的内克拉通盆地中，其一发育在裂谷之上，深部的地幔物质上涌及其热烘烤导致的岩石圈减薄和伸展，在大陆板块环境下的裂谷系之上发育克拉通盆地。并非所有的内克拉通盆地之下都具有早期裂谷，质量或负荷非均衡补偿等方面的非均质性与板块内部应力场以及下伏的早期裂陷沉降，也可为内克拉通盆地沉降提供驱动力；不在裂谷系之上的克拉通盆地，可能与其下伏的地壳非均质性有关；非均质性似乎存在于大多数内克拉通盆地之下的地壳中，它包括沉积或构造荷载、裂谷、巨大切变带、板块内缝合线、欠补偿物质等。因缺乏高品质、高分辨率的地震反射资料，对盆地深部地壳认识尚十分有限。

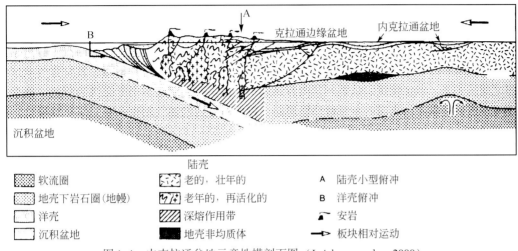

图1.4 内克拉通盆地示意性横剖面图（Leighton et al.，2000）

除了大陆板块内部的克拉通盆地以外，事实上在大陆板块板缘同样存在与克拉通相关的沉积盆地，在这里统称为克拉通边缘盆地（图1.4），它主要包括被动大陆边缘盆地和前陆盆地，这两类盆地都是叠置在克拉通之上，由于克拉通受板块边缘的构造作用（板块边缘大洋伸展、俯冲相关或挤压挠曲的地形变化）而沉降为盆地。克拉通边缘盆地受所在大陆板块构造作用，板缘应力场是克拉通盆地演化的关键因素，是克拉通边缘盆地构造加载的效应。这类克拉通边缘的盆地并非传统意义上的碟形，多是与板块边缘平行的长条形分布、楔形不对称沉积，靠近克拉通边缘部位构造变形强，沉积厚度大，靠近克拉通部位构造稳定，沉积减薄。但是在含油气盆地类型划分与统计中，常常将克拉通边缘盆地划分成与克拉通盆地并列的类型。

克拉通盆地是一类最简单而又最复杂的盆地，迄今为止对其成因仍莫衷一是，持续沉降上亿年，沉降是非线性的，而且可能是间歇性的非线性沉降。尽管克拉通盆地的形成时间不同，但各大陆内克拉通盆地主要层系都可以对比，盆地发展具有全球范围内控制因素。克拉通盆地的成因有多种假说（Allen，1990）：下伏地幔相变造成沉降；地幔下沉（mantle downwelling）上方发生沉降；板块边缘大洋俯冲或板块碰撞相关的沉降；层状岩石圈长波长弯曲作用。无论哪种机制，克拉通盆地的沉降作用被水体和沉积物加载作用所放大。

构造对于克拉通盆地的控制和改造体现在两个方面：一方面是板块构造运动对于克拉通盆地的形成与演化的控制作用；另一方面是克拉通盆地的基底、后期构造运动的改造和内部构造样式对于油气的分布的控制作用。不同类型的克拉通盆地形成的机制不同，但都受到构造运动的影响。特别是地球历史中两次超级大陆的裂解对于克拉通盆地的形成与演化的影响，这两个巨旋回决定了克拉通盆地演化的旋回性。不同的基底、后期构造运动的改造和构造样式对于油气的成藏与分布起着控制的作用，甚至认为不同类型基底的克拉通盆地油气丰度存在差别，丰度排序为裂谷型基底>褶皱型基底>拼接型基底>稳定结晶型基底（谢方克等，2003）。世界油气25%左右分布在克拉通盆地中，天然气的比例远大于石油。因此,在克拉通盆地的勘探中应重视构造对于盆地的控制作用。大的方面运用板块构造理论分析克拉通盆地的形成演化;小的方面综合多种因素特别是重视时间尺度和空间尺度的构造变化对于构造样式的控制。构造分析是克拉通盆地的勘探的基础和重要的手段。

二、克拉通内部海相盆地

(一) 克拉通内拗陷盆地

克拉通内(陆内)拗陷盆地位于前中生界刚性基底之上,这类盆地通常面积大、长期发育、沉降缓慢,如西西伯利亚盆地、波罗的盆地,北美伊利诺斯、密执安、威利斯顿前寒武纪—古生代盆地、非洲中生代—新生代盆地、欧洲二叠纪—中生代盆地、哈德逊湾盆地、巴黎盆地等。克拉通内拗陷盆地典型沉积环境为浅海、潟湖、潮间、滨岸、冲积平原和湖泊等,当缺乏陆源沉积物时,盆地中可以堆积浅海碳酸盐岩和蒸发岩。这类盆地内发育平缓背斜(穹隆)、地层(礁、滩、砂坝等)、盐底辟及正断层含油气圈闭。含油层系多,油气田规模较小。例如,美国密执安盆地为前寒武系基底的克拉通内拗陷盆地(图1.5),盆地由三个以不整合为界面的充填层序组成,即∈—O、S和D—C地层,三个层序底部的不整合面发育于海平面低位期,受构造作用、气候条件的控制。除寒武系外各层系均产油气。油主要自泥盆系碳酸盐岩,气主要产自下石炭统,其中,奥陶系产层与溶蚀白云岩相关,志留系产层与塔礁相关。

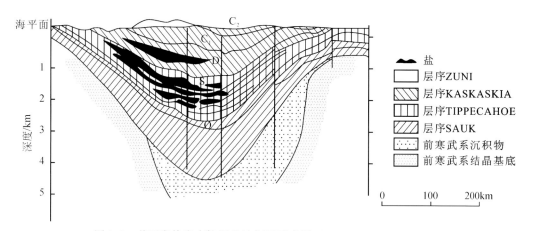

图1.5 美国密执安克拉通盆地剖面示意图(Leighton et al., 1991)

克拉通内拗陷盆地初始为稳定的陆表海沉积,碳酸盐岩发育,一般沉积较薄。例如,美国的密执安盆地和伊利诺斯盆地,主要为古生代碳酸盐岩沉积,含一定数量碎屑岩,最大厚度不超过 4000~4500m,中新生代的沉积物很少或没有沉积;伊利诺斯盆地面积约15万 km^2,已发现的石油可采储量约6亿t,密执安盆地面积在30万 km^2 以上,目前仅发现石油可采储量约1亿t。

当克拉通的外边缘由于造山运动,挤压抬升或者断陷下沉,以震荡型垂直升降构造运动为主时,形成巨厚的克拉通叠合沉积盆地。后期克拉通边缘的逆冲挤压抬升,或中心部位的沉积物负荷促使克拉通盆地下面的岩石圈整体向下弯曲。因此，向上倾方向的油气水运移通道趋向于以离心方式指向盆地边缘，如滨里海盆地南缘、东缘分布大量的油气田。但在很多情况下，由于沉陷中心部分具有储层及圈闭条件，也可以发生大规模的垂向运移作用，如加拿大的阿尔伯达盆地及美国二叠盆地属此类型。

（二）克拉通内裂谷或断陷盆地

克拉通内裂谷盆地是由地壳（或岩石圈）断裂作用形成的以断层为边界的狭长断陷带，也称地堑。裂谷盆地不是单一、狭长的地堑，而是一系列线状或雁行状的非对称地堑（Harding and Lowell，1979）。这些地堑是沿裂谷增生时传播伸展的结果，以东非裂谷系为代表，具大陆型地壳的克拉通内裂谷系，还有西伯利亚的贝加尔裂谷，德国的莱茵地堑。裂谷在地貌上最醒目的特征是中央轴部陷落成谷地或盆地。裂谷盆地在地质历史上发言时间相对短，沉积与伸展活动期一般介于 10~30Ma，具有很快的沉降与沉积速率。裂谷作用过程中的火山作用是热活动和壳减薄的结果，厚层玄武岩和其他的喷出和侵入岩是普遍的。伸展停止后，软流圈因冷却同时有热收缩，因而产生裂谷后沉陷（形成坳陷）。

克拉通内裂谷盆地下部通常是碎屑岩和火山岩，上部是很厚的含盐层和海相（陆相）碎屑岩沉积，有时是碳酸盐岩沉积。地垒内部及裂谷周边是碎屑的物源区。在裂谷型地堑内形成的富含有机质泥岩是优质生烃母岩。裂谷盆地内具较高的热流值，有利于被埋藏的有机质加速演化成烃，如在西西伯利亚板块内裂谷发育的地方，1km 深处的温度要比其南部的围岩高出 3~4℃。油气聚集带主要分布于地垒型隆起、构造阶地及基岩单斜断块或前裂谷期的杂岩体单斜断块上，这些构造均沿断裂分布或者分布在大型地堑内部，如北海北部几乎所有重要的包括古近、新近系的油田发现都被限制在中生代主要裂谷盆地的中心和边缘。

北海是中生代克拉通内裂谷盆地，属晚古生代形成的北冰洋-北大西洋裂谷系延拓的一个部分。盆地由一系列 SN 向至 NW-SE 向的断块和坳陷组成。北冰洋-北大西洋地区的区域应力体系是在石炭纪时由泥盆纪的走滑挤压逐渐过渡为拉张构造，而且一直延续到整个晚古生代和中生代。北冰洋-北大西洋裂谷系在中生代进一步逐渐扩张，到早白垩纪北美-格陵兰板块和欧洲板块发生背离，古近纪初期，两个大板块才完全分开。虽然北海裂谷属复杂的北冰洋-格陵兰-北大西洋裂谷系不可分割的一部分，但两者在演化阶段上差别明显。北海盆地于二叠纪开始形成，拉张构造形成一系列张性断裂，断裂方向主要为 NW-SE 向，部分近南北向，把盆地切割成若干个隆起区和长条形断陷盆地。从早二叠世至晚白垩世，主要经历两次断裂活跃期，一次是早二叠世，另一次是中侏罗世末。区域性的块断作用控制沉积发育特征，上二叠纪的厚层蒸发岩，从三叠纪发生了盐运动，随后发生刺穿作用形成各种盐构造并影响沉积的局部变化，甚至有的一直刺穿古近系、新近系达到海床。从晚白垩世以后至古近纪、新近纪，盆地转为坳陷，整体沉降为区域沉降期，北海盆地演化过程也可明显地划出断陷和坳陷两个阶段。北海的维京地堑和中央地堑开始形成于二叠纪，并一直持续活动到中生代末期。至古近纪早期，在挪威-格陵兰海海底扩张时，北海裂谷却逐渐停止活动，并转化为坳陷。北海下面是由前寒武纪和加里东期基底组成的陆壳。总之，北海盆地的性质仍属于克拉通内裂谷盆地。这一点，显然与大西洋不活动大陆边缘在基底性质上是不同的。大量的油气积聚都与中、新生代的沉积有关，如盆地内的科麦兰特、哈通和布伦特油田（图1.6）。位于设得兰岛和挪威海岸之间，油藏深度在4500~5000m，储集层是基底面之上的下侏罗统底部沉积岩，产量很高。

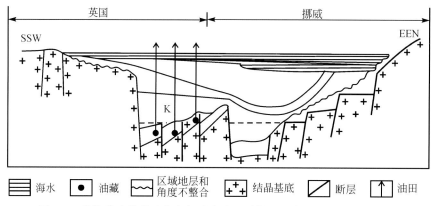

图1.6　北海盆地设得兰岛和挪威海岸地质剖面示意图（Kapyc，1997）

北美密歇根盆地为克拉通内部的元古界裂谷盆地。北美克拉通具有前寒武纪结晶基底，平面上为圆形，剖面上为碟形，沉积地层厚约4500m。发育五套岩系：寒武系—奥陶系、志留系、下-中泥盆统、密西西比系和宾夕法尼亚系，以碳酸盐岩和蒸发岩为主，次为页岩和砂岩，为海岸和陆架沉积。志留系蒸发岩和塔礁发育，其上为侏罗系红层呈不整合覆盖。下伏是元古代基伟诺期的衰退裂谷，早期同裂谷层序和后期裂谷后拗陷层序垂向叠加（图1.7）。

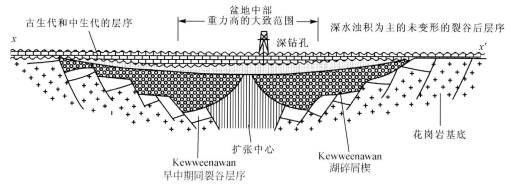

图1.7　北美大陆密歇根克拉通盆地内元古代衰退裂谷层序图示（Sleep and Snell，1976）

裂谷盆地是一种非常重要含油气盆地，裂谷盆地虽多为碎屑岩充填，但是一旦与温暖海洋连通，可有大量碳酸盐沉积物发育，有利油气生成和聚集。蒸发岩的存在是一重要特征，在盆地水道狭窄的条件下，干旱条件或水流循环限制导致蒸发岩系沉积。裂谷边界由于热构造作用隆起上升，阻止大型河流从地壳破裂处流过，有助于形成适宜的蒸发岩沉积环境。扩张形成明显的断块活动，造成高能特征的滩、礁发育，也有利于形成背斜、断层及地层等圈闭。蒸发岩的存在不仅可形成与油气有关的刺穿圈闭，而且有利于有机质的富集和保存条件。此外，裂谷沉积速率高，地温梯度可由正常值至高值，这些条件对油气生成是有利。例如，东西伯利亚里菲期发育的裂谷盆地为大规模油气田的形成奠定了基础。虽然在一些被深埋的裂谷（如许多古裂谷）中，未能发现具工业价值的油气藏，但它们对上覆裂谷层序中油气聚集的影响是不容置疑的。

三、克拉通边缘海相盆地

（一）被动大陆边缘盆地

20 世纪 60 年代后半叶，板块构造学家们认为大陆边缘是板块（克拉通）与板块（克拉通）之间激烈活动的一个构造带。大陆边缘是大陆地壳向大洋地壳演化，或大洋地壳向大陆地壳俯冲的纽带。休斯（Suess，1885）指出两种不同大陆边缘的构造特征差异：① 不活动的（或被动的）大西洋型大陆边缘。被动大陆边缘盆地发缘在减薄的陆架之上，向大洋方向沉降加快加大，沉积体呈棱柱状。年轻的被动大陆边缘陆架窄，沉积层序相对较薄；成熟大陆边缘厚度可达 10km 以上，外缘通常有构造高地、礁滩沉积等。现今被动大陆边缘盆地主要分布在环大西洋的大陆边缘。这类边缘属离散型是一种重要的含油气海相盆地。② 活动的（或主动的）太平洋型大陆边缘，这类边缘属聚敛型。聚敛板块边缘的大陆边沿和转换板块边沿尽管有巨厚的海相和陆相沉积，但到目前为止找到的石油仍比较少。

根据东非裂谷-红海-亚丁湾-大西洋边缘的地质构造演化的地质构造情况，把不活动大西洋型大陆边缘的发育过程分为三个阶段（图 1.3）：第一阶段，克拉通内初始裂谷阶段，以东非裂谷为代表。这个阶段的主要特征是，上地幔隆起，上覆岩石圈的上拱和减薄。按"热点"假说，发生三联破裂点，进而发生断裂，形成大陆内初始裂谷。第二阶段，克拉通间裂谷阶段，以红海-亚丁湾为代表。克拉通内初始裂谷以扩张轴为中心，继续扩张，大陆岩石圈开始分离，上地幔物质上升喷溢，陆壳逐渐减薄并逐渐转化为洋壳，导致早期海底扩张。第三阶段，不活动大陆边缘-深海平原阶段，以大西洋为代表。扩张继续，克拉通间裂谷又以扩张轴为中心，两侧大陆板块向外推移，形成不活动大陆边缘，也称背离型大陆边缘。不活动大陆边缘的演化阶段是从拉张性断陷-裂谷阶段开始，也即由裂谷盆地一直演化为不活动大陆边缘的大陆架、大陆斜坡和洋盆。因此，盆地的构造类型和沉积类型可按演化过程的两个阶段来划分（图 1.8），下面是裂谷型盆地，其演化阶段可从大陆内初始裂谷至大陆间原洋裂谷。裂谷形成于前寒武系或古生界基底之上，沉积岩系以河流相和湖相碎屑岩为主，常夹有玄武岩层，上面覆盖着巨厚的蒸发岩系。上面是大陆边缘，从大陆架至深海平原。沉积以大陆架-陆隆沉积为主，主要是浅海相碳酸盐岩和碎屑岩系，在大河流入海处发育三角洲的深海扇沉积。因此被动大陆边缘盆地一般沉积为古生界和中生界，由海相碳酸盐岩和碎屑岩组成。从含油气盆地的观点来看，在这类边缘上分布着一系列拗拉谷和大型三角洲相，已证实为世界上主要的含油气盆地类型之一。在大西洋东西两岸，这类盆地都有分布。

北美大陆的西内盆地为一克拉通边缘盆地，古生界沉积为主，从寒武系至二叠系几乎所有砂岩、碳酸盐岩均能作为油气产层（甘克文，2000）。西内盆地位于北美克拉通西部，西邻落基山褶皱带，东为奥扎克隆起，前寒武系花岗岩基底埋深北浅南深，北部不超过2km，南部最深处达13km左右。北部古生界地层平均厚1700m，南部古生界厚2500m以上；盆地内构造单入分区如图1.9所示，北部有中堪萨斯隆起、尼马哈隆起，南有塞米诺尔隆起、阿马里诺隆起。盆内六个重要的不整合面将古生界划分为五个层序：①寒武纪碳酸盐岩、硅质岩层序；②奥陶–志留–泥盆纪砂岩、碳酸盐岩层序；③早石炭世碎屑岩、碳酸盐岩层序；④晚石炭世砂页岩，夹碳酸盐岩层序；⑤二叠纪碳酸盐岩，夹砂岩层序。

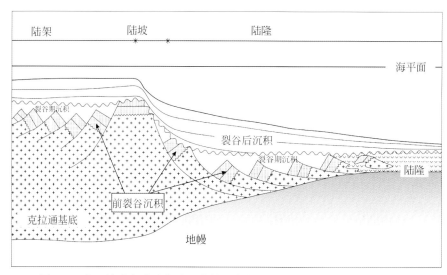

图1.8 典型被动大陆边缘盆地结构示意剖面（Roberts and Caston，1975）
表示陆架、陆坡和陆隆的单元，陆隆在典型情况下发育更新的沉积

北美大陆的阿尔伯达被动大陆边缘发育于晚前寒武纪至早侏罗世，形成了广泛分布的陆架沉积体系，沉积物以碳酸盐岩为主，西部沉积厚度最大可达20km（图1.10）。古生代早期，海水自科迪勒拉区东侵到加拿大陆块。寒武系在该区西侧主要为滨海碳酸盐岩，其余地区由底部碎屑岩发展到碳酸盐岩，间夹页岩和粉砂岩，向上全变为页岩；奥陶纪时海侵扩大，以浅水碳酸盐岩沉积为主；志留纪，盆地收缩为封闭的碳酸盐岩–蒸发盐沉积环境；下泥盆统以蒸发盐岩为主，中泥盆统由三个台地相碳酸盐岩–生物礁–蒸发盐岩旋回组成，上泥盆统也为碳酸盐岩和生物礁；石炭纪海侵广泛，盆地区以页岩和碳酸盐岩为主；二叠系仅部分保存；三叠系中下部由页岩和砂岩组成，上部为碳酸盐岩和蒸发盐，三叠纪末海退形成一套浅水陆架层序；早侏罗世再次发生海侵，发育海相黑色页岩、灰岩和薄砂岩。

扎格罗斯古生代—中生代被动大陆边缘盆地，阿拉伯板块基底于晚元古代固结，从晚元古代至始新世中期，地质历史极为稳定（图1.11）。寒武纪—晚古生代，阿拉伯板块处在稳定的冈瓦纳古陆的北缘，古特提斯的南缘，大部分地区被浅水陆缘海覆盖。随着周期性海进和海退，主要处在南半球低纬度地区的阿拉伯板块，其宽可达2000~3000km的巨大的东北陆架上发育陆架内盆地，形成多套分布广泛的烃源岩。寒武纪—早寒武世，含盐盆地中发育厚层碎屑岩–碳酸盐岩旋回性沉积，具有几层广泛分布的富有机质烃源者，顶部为蒸发盐岩地层作为后期变形的底部滑脱层，是形成向心状大型背斜圈闭的重要条件；志留纪，随着冰川融化，发生海侵，陆架内盆地缺氧，广泛发育富含有机质的页岩烃源岩。三叠纪—晚白垩世，阿拉伯东北陆架缓慢稳定沉降，发育广泛的似席状浅海沉积，随差异沉降和差异沉积，形成大而浅的陆架内盆地，盆地中水体分层、造成厌氧环境，在二叠纪至古近纪形成几套泥灰岩、页岩、泥质碳酸盐岩烃源岩。沉积以碳酸盐岩为主，有周期性蒸发盐岩，构成大面积展布的优质生储盖组合。晚白垩世至中始新世，发育台地相碳酸盐岩、蒸发盐至半深海相泥灰岩沉积，在陆架内盆地和陆架边缘盆地发育富有机质沉积物。

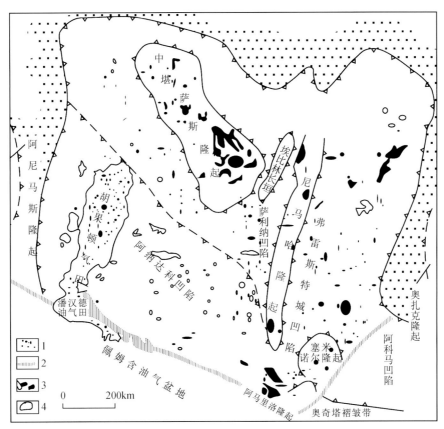

图 1.9　西内盆地构造单元划分和油气田分布（童崇光等，1985）

1. 非储集带；2. 盆地间隆起；3. 油田；4. 气田

与古克拉通破裂解体有关的被动大陆边缘盆地引起了石油地质学家的关注，无论在沉积与古地理、生物、古地温以及构造等方面它都具备了有利于油气生成和富集的条件。目前已发现一系列含油气盆地，包括以碳酸盐沉积为主的大陆边缘含油气盆地。从大地构造背景来看，由于处于克拉通稳定区向活动带过渡带，受相邻活动带影响，沉积速度快，沉降幅度大，沉积速率高，沉积物的总厚度可逾万米，加上受海洋气候的影响以及海风季节性调节，气候温暖湿润，对生物的发育和繁殖有利，生物类型多、数量大、产率高，可提供大量有机物质，保证了丰富的油气来源。由于克拉通升降频繁，在碳酸盐岩为主的沉积盆地中，广泛

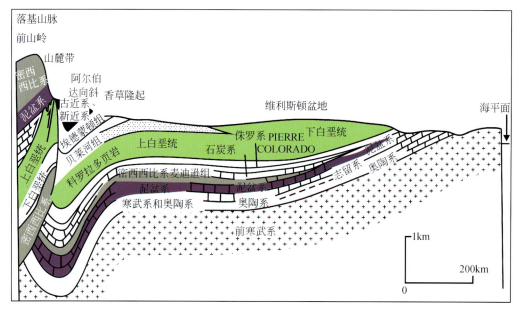

图 1.10 西加拿大盆地和威利斯顿盆地的 EW 向结构剖面

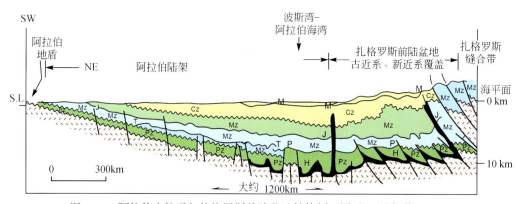

图 1.11 阿拉伯克拉通与扎格罗斯前陆盆地结构剖面图示（翟光明，2009）

出现有利于油气储集的高能相带，颗粒碳酸盐岩及生物礁成带分布。一旦河流注入碳酸盐沉积盆地，局部地区在个别时代中还会出现三角洲沉积体系，形成不同于碳酸盐岩的有利储集及圈闭条件。淡水注入形成中和作用有利于有机胶体物质快速沉淀及有机质富集。

离散型大陆边缘往往发育有阶梯状正断层，向盆地中心节节下落。一些深断裂可造成地下热流的上升，形成高地温梯度，并有利油气生成和运移。同时，一些断裂（包括基底断裂）往往控制生物礁的发育及岩性圈闭的形成，造成有利的油气聚集背景。聚敛型和平移型（压扭）大陆边缘多处于以压性为主的应力场内，往往形成了成群成带的背斜构造带，在碰撞作用不太强烈的情况下，这些背斜构造带往往具有有利的圈闭条件，大型碳酸盐岩油气田往往成群成带出现，富有规律性（如图 1.11 所示的扎格罗斯山前拗陷含油气区）。尤其是生物礁体在褶皱作用的背景下，往往形成储量极为丰富的特大油田，如伊拉克基尔库克油田。在特定气候和地理条件下，大陆边缘盆地有时可出现蒸发岩类沉积，保存了蒸发岩系以下的烃类,并形成储量丰富的含油气盆地。由于大陆边缘的基底倾斜,盆地内水动力、浮力和热增压作用都比较活跃,结合圈闭类型丰富,存在着有利的运移及聚集条件。总之,大陆边缘盆地沉积厚,有机物质丰富,地温梯度较高,利于油气大量生成,结合生储盖条件和油气运移条件好,圈闭类型多且分布较广泛,油气藏保存条件良好,成为油气资源最丰富的地区。

(二) 前陆盆地

克拉通边缘盆地的另外一种类型就是叠置在早期被动大陆边缘之上的前陆盆地,一般表现出不对称性,近克拉通一翼宽缓,构造变形较弱,邻近造山带或边缘隆起一侧沉降深。构造相对复杂些,如北美克拉通二叠盆地、西内部盆地,非洲克拉通三叠盆地,俄罗斯、西伯利亚克拉通上的伏尔加-乌拉尔盆地、东西伯利亚盆地等。克拉通边缘盆地横剖面具不对称结构。早期为被动大陆边缘盆地,发育沉积楔形体(陆堤),沉积环境通常为冲积平原-海岸-浅海(陆架)-深海;后为残留洋的浅海沉积,最后为前路盆地复理石及冲积扇、三角洲、浅海沉积。靠近冲断负荷一侧快速沉降、充填厚层沉积物;碰撞阶段前渊沉积厚度大,靠近造山带一侧变形较强烈。

阿尔伯达盆地地理上位于加拿大中西部大平原,地质上处于科迪勒拉褶皱带与加拿大地盾之间的北美克拉通西侧。阿尔伯达盆地为一以前寒武系为基底,发育古生界及中新生界,早期克拉通边缘盆地,晚期叠置为前陆盆地。盆地为一不对称向斜,轴部靠近西侧落基山麓,寒武系至古近系、新近系厚5800m以上,西厚东薄,盆地次级构造由塔利纳、阿克拉维、香草等NWW-SEE隆起与凹陷组成(图1.10)。盆地主要产层为泥盆系碳酸盐岩与白垩系碎屑岩,烃源岩为中泥盆统碳酸盐岩与泥质岩。泥盆系碳酸盐岩、页岩夹蒸发岩组成,厚1000m,广泛发育生物礁和白云岩;下石炭统碳酸盐岩为主,厚200~1000m;上石炭统、二叠系、三叠系、侏罗系,厚11000~3600m;白垩系为海陆交互相砂页岩,夹煤层,发育三角洲相,厚1500~3200m。

克拉通边缘前陆盆地是油气最为富集的盆地类型之一。中东阿拉伯-波斯湾盆地,即是一个由被动大陆边缘盆地和前陆盆地叠合而成盆地的克拉通边缘海相盆地。中生代,在特提斯洋西南侧宽阔的陆架上,发育碳酸盐岩和碎屑岩层序,陆架东北部构造分异较明显,发育区域高地、地垒、翘倾断块和盐隆,在这些较高部位以浅水碳酸盐岩和蒸发岩为主,在陆架内盆地中以厌氧条件下的碳酸盐岩堆积为主。白垩世,受扎格罗斯山链造山作用影响,东北部形成逆掩冲断带陆坡和深的开阔海大多被卷入到造山带之中。外陆架区产生前渊,即扎格罗斯山前叠加型前陆盆地,而靠近地台区地台沉积持续到中新世造山晚期。上述演化特点决定了中东地区油气极其富集:① 中侏罗世—晚白垩世克拉通边缘拗陷—早期前陆盆地演化阶段,于饥饿陆架盆地中发育丰富的盆地相薄层页理状灰泥质烃源岩,有机碳含量一般3%~5%;② 与烃源思邻近的边缘礁、颗粒灰岩及浅水砂岩高孔渗储层发育,并为页岩和潮上蒸发岩封盖,且未受到沉积期后严重侵蚀和深部强烈大气水循环影响,保存条件好;③ 前陆盆地演化后期构造作用和寒武系盐岩滑脱层的存在,形成了构造简单且规模很大的圈闭,油气柱高度大;④ 该区大规模油气富集的另一极其重要的原因是存在巨大的大陆架,其规模达到宽2000~3000km,长5000km。

控制前陆盆地油气储量规模、分布和质量的各种因素中，以成盆前烃源岩最为重要。周缘前陆盆地具有成盆前的被动大陆边缘沉积和成盆期的沉积地层，因此往往存在双套烃源岩（Porter，1992）。西加拿大、阿拉斯加北坡、沃希托等前陆盆地中最富含有机质的烃源岩是缺氧环境下沉积的海相页岩。扎格洛斯的油气充注完全依赖被动大陆边缘层序中的烃源岩，西加拿大前陆盆地中石油资源占71%，加拿大阿尔伯达前陆盆地的前陆层序中资源量占全盆地的55%，东委内瑞拉、阿拉斯加北坡、沃希托等都是前陆盆地中发育以被动陆缘拉张盆地中的烃源岩为主（表1.1）。前陆盆地内油气成藏最有意义的是下伏前前陆盆地中被动陆缘环境下沉积的烃源岩和由于前陆盆地巨厚层系的覆盖使这些烃源岩快速深埋，热演化成熟，使得油气能够在较短的时间内大量积聚成藏。目前世界上主要的前陆盆地中总计探明常规油302亿m³，重油4600亿m³，天然气236 000亿m³。据Brooks（1988）统计在10种不同的含油气盆地原型中，前陆类盆地的油气储量占总储量的45%；在这10类盆地中的509个巨型油气田中前陆类的占211个，占总数的41.5%（Carmalt and John，1986）。概括起来，克拉通边缘盆地油气富集与早中期多套优质烃源岩、储盖组合发育、晚期沉降生成大量油气、适中变形产生大量大规模圈闭、长距离高强度充注有关。与之相比，中国境内发育的前陆盆地下伏被动陆缘海相层序不发育或未被保存下来，前陆盆地早期海相层序发育较差，因此油气富集程度逊色于阿拉伯-波斯湾等盆地。

表1.1 国外典型前陆盆地油气地质特征（李景明，2006；魏国齐，2009）

盆地名称	前陆盆地时代	岩相	前陆盆地时代	岩相	主要烃源岩层	生烃时期	储量
西加拿大	D—C₁ T—J₁	被动陆缘碳酸岩，少量碎屑岩	J₂—K	浅海-陆相碎屑岩	D、C、T、J、K	K₂—E₁	油：11.2（重油2698） 气：2.4
扎格罗斯	Pz T—E₂²	被动陆缘碳酸盐岩与蒸发岩	E₂³—Q	海相碳酸盐岩上叠粗粒碎屑岩	∈、S、J—K₂、E₁—E₂	N—Q	油：238 气：17~18
东委内瑞拉	T₃—E₁	拉张断裂构造下的河流三角洲砂页岩、海相泥页岩、碳酸盐岩	E₂¹—Q	海相页岩、浊积岩三角洲和浅海砂岩	K²、E₂—E₃	E₃—N₁	油：32（重） 气：1.9
阿拉斯加北坡	C—J	被动陆缘碳酸盐岩、碎屑岩	J₂—N	海-陆相碎屑岩	T、J—K₁、E	K—Q	油：15.9（重油1） 气：0.11
落基山	∈—J₂	被动陆缘碳酸盐岩、碎屑岩	J₂—E	浅海-陆相碎屑岩	C、P、K₂、E₂	E₁—Q	油：25
美西部沃希托山前	∈—C₁	被动陆缘碳酸盐岩	C₂—P₁	深海碎屑岩、陆相	∈—O₁、O₂-₃、C₂、D—S		油：0.793 气：0.28
前陆盆地总计探明常规油302亿m³，重油4600亿m³，天然气236 000亿m³							总计油：466（重油4600） 气：22.7

注：油的单位为亿t，气的单位为万亿m³。

克拉通边缘叠置两类盆地：一类为克拉通边缘拗陷盆地，主要由被动大陆边缘沉积和残留洋充填物组成，随后回返抬升、分隔为诸多次盆，前陆盆地不发育，如二叠盆地、西内部盆地、伏尔加-乌拉尔盆地、东西伯利亚盆地、非洲三叠盆地等；另一种是在克拉通边缘拗陷盆地基础上，再次叠置前陆盆地或部分叠置前陆盆地，如阿尔伯达盆地、阿拉伯-波斯湾盆地等。克拉通边缘盆地沉降幅度较大，后期常发生不同程度的反转，呈隆拗相间格局。从油气形成与富集的角度看，克拉通边缘盆地优于克拉通内盆地，常发育大型、特大型油气田，而克拉通内盆地则主要为中、小型油气田。

四、贯穿克拉通边缘与内部的海相盆地

拗拉槽（Aulacogen）是指前期与大陆边缘呈高角度接触的衰退裂谷，后期聚敛活动时再活化，与造山带呈高角度接触。新生洋壳标志大陆板块破裂，三叉裂谷中的两支继续海底扩张成为陆间裂谷，另一支成为拗拉槽，又称衰退裂谷（failed rift）。它与大洋高角度伸入大陆内部的裂陷盆地，是大洋初期三叉裂谷系的一支，称为夭折裂谷。大洋封闭-大陆碰撞成造山带后，早期衰退裂谷演化为与造山带近直角相交并伸向克拉通内部的拗拉槽。西非的 Benuc 裂谷（Petter and Ekweozor，1982）和俄克拉荷马的阿纳达科盆地是这种类型的裂谷盆地。

东西伯利亚为元古界拗拉槽控制下的克拉通边缘与内部的海相沉积盆地。西伯利亚地台基底的形成过程，实际上也就是泛大陆 E 的形成过程。泛大陆 E（Morel，1989）即相当于 Piper（1976）提出的早元古代超级大陆（始于 23 亿年前）。这个超级大陆的大规模分裂与断陷发生于 12 亿～8.5 亿年前。Dewey 和 Burke（1973）指出了 11 个年龄为 11 亿年左右的拗拉槽。Sawkins（1976）列出了前 12 亿～10 亿年间的 25 个热点与相应的张裂、伸展事件。但在西伯利亚地台，这一过程要早得多，发生在里菲纪（16.5 亿～6.5 亿年）初期。在整个早里菲世（16.5 亿～13.5 亿年），地台内部形成一系列裂谷，周边形成拗拉谷（图 1.12），裂谷和拗拉谷的位置受基底断块的控制。裂谷和拗拉谷一般宽 100km，长 500～1000km。前者充填了具海进层序的碎屑岩-碳酸盐岩建造，而后者充填了含碳复理石火山沉积岩和碳酸盐岩，厚度 2～15km，发育同沉积断裂。另外，沉积区基性岩发育。在基性岩分类图表中，它们均落在大陆裂谷和洋谷区（图 1.12），显示当时的构造环境以张裂为主。在整个早里菲世，西伯利亚地台的沉积结构和物质成分差别不大，这正是地台形成初期的特点。

西伯利亚地台东南边缘在地台形成后（18 亿年前）仍为主动大陆边缘性质（图 1.11），滨贝加尔火山-深成岩带流纹岩-粗面流纹岩、玄武岩-安山岩-流纹岩建造的放射性测年结果为 16.3 亿～16.2 亿年。西伯利亚地台北部边缘也为类似的裂陷式被动大陆边缘（叶尼塞-哈坦加盆地和勒拿-阿纳巴尔盆地区）。而在东北部，此时科累马-奥莫隆地块属克拉通的一部分。阿尔丹地盾东缘（尤多姆-马雅拗陷）早里菲世为裂陷式被动陆缘，发育大量基性岩和碱性-超基性岩，白云岩沉积为主，底部有砂岩。此时外贝加尔和帕托姆高原一带为夹杂许多微陆块的洋盆，该洋盆向 WN 方向关闭。中里菲世（13.5 亿～10.0 亿年）裂谷及周围地区沉积相及物质成分有多样化趋势，水体面积进一步扩大。地

台边缘的构造格局未有太大变化。南部弧形主动边缘（贝加尔-东萨彦岭-叶尼塞岭）继续发展，帕托姆一带洋中微陆逐渐碰撞结合并向地台方向推进。到中里菲世末期帕托姆带南部造山，阿尔丹地盾在此处与地台重新结合。此地有大量10.14±0.8亿年（Rb-Sr）的花岗岩侵入正是碰撞的结果，蛇绿岩的出现则证明有洋盆存在。此时前帕托姆带则发育前陆沉积，以碎屑岩建造为主。邻萨彦岭区仍维持俯冲形态。阿尔丹地盾东缘则与其他边缘区一样继续裂陷式边缘状态。晚里菲世（10.0亿~6.5亿年）是西伯利亚地台的巨大变革时期，一是原主动大陆边缘转为褶皱造山带。二是除东北部以外的被动大陆边缘转为主动边缘并最终转为褶皱造山带（图1.13）。造山前缘发育前陆盆地（物源倒转），以碎屑岩-碳酸盐岩沉积为主。三是克拉通内部裂谷活动减弱，代之以较广陆表海碳酸盐台地沉积（夹少量火山碎屑岩）。西伯利亚地台北部缺失贝加尔期地层，晚里菲世早期地层直接被文德系不整合覆盖。

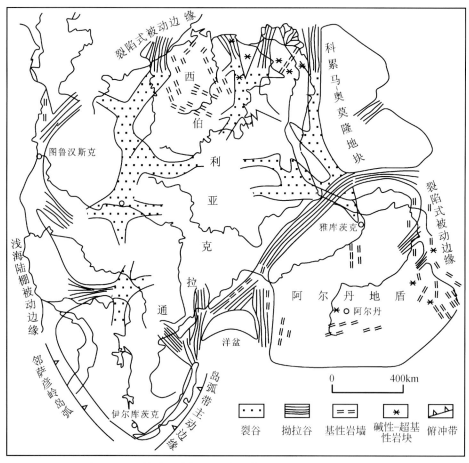

图1.12　西伯利亚克拉通及其周缘早里菲世构造格局分布图

里菲系是良好的生油气层系。拜基特隆起区西部大陆边缘，早里菲世拗拉槽沉积阶段发育黑色页岩；中里菲世被动边缘阶段在半深水低陆棚区缺氧带沉积了更大规模的黑色页岩，有机物主要源于浮游生物。黑色页岩最发育的时期是晚里菲世弧后前陆盆地沉积阶

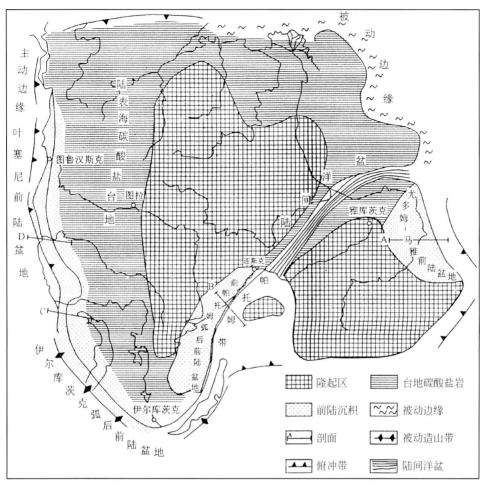

图 1.13 西伯利亚克拉通及其周缘晚里菲世构造格局分布图

段。这些有机质丰富的黑色页岩为拜基特隆起区油气聚集的形成提供了大量烃类。在前帕托姆地区，中里菲世中期有些弧后前陆黑色页岩沉积。晚里菲世造山前陆发育阶段是黑色页岩的主要形成时期，前帕托姆拗陷北部的别列佐夫凹陷已发现里菲系贝萨赫塔赫气田。

海相盆地可以发生于从裂谷、被动大陆边缘到残留洋、前陆盆地所有盆地类型中。克拉通内断（拗）陷盆地、拗拉槽、克拉通边缘的被动陆缘及其与前陆盆地叠合的盆地主要的海相盆地，其中克拉通边缘盆地中发现的可采油气储量占世界总可采油气储量的 67.5%。克拉通内盆地与克拉通边缘盆地处于同一应力环境中，克拉通边缘发生的地质事件在相邻的克拉通内盆地中也有一定程度反映，克拉通边缘拗陷沉降幅度一般较大。在北美克拉通，在克拉通内部发育密执安、哈得孙湾、二叠盆地、西内盆地等克拉通内盆地，在克拉通边缘发育被前陆盆地叠置的阿帕拉契亚、阿尔伯达盆地等前陆盆地。它们的演化进程相似，但沉降速率和沉降幅度差异很大，在克拉通边缘和伸入克拉通内部的拗拉谷沉降最大，由此造成克拉通内盆地和克拉通边缘盆地石油地质特征差异。在元古宙末期—早奥陶世，威利斯顿、密执安克拉通内盆地沉降速率分别为 $10\sim20\text{m/Ma}$ 和 $20\sim30\text{m/Ma}$，伊利诺斯盆地处在拗拉谷发育阶段，沉降速率较高，达 $50\sim60\text{m/Ma}$；处在克拉通边缘的科迪勒拿陆架沉降速率达60~80m/Ma。早石炭世末—早二叠世，伊利诺斯、密执安等克拉通内盆地沉降速率为5~20m/Ma，而二叠盆地、美国西部内部盆地（阿纳达科、阿科马）等克拉通边缘盆地向造山带方向可达100m/Ma以上。克拉通边缘盆地沉降幅度大，沉降差异也大，造成岩相分异明显，盆地边缘礁滩相、砂体发育，沉降中心静水环境烃源岩发育；而克拉通内盆地沉降速率低，沉积基准面变化迅速，沉积相带宽，造成储层数目多，但相对薄，规模不大，多不连续。克拉通边缘盆地较大的沉降幅度以及后期前陆盆地的叠置促使油气成熟。另外，由于克拉通边缘盆地距离造山带近，在后期回返过程中遭受变形，造成大隆大拗的构造格局，在隆起区构造圈闭、构造-地层复合圈闭发育，有利于大油气田的形成。

中国保存完整的古生代海相盆地类型主要有拗拉槽及其后期的克拉通内断（拗）陷盆地、克拉通边缘的前陆盆地、被动大陆边缘盆地的上斜坡等。中国海相克拉通盆地均发育在前寒武纪结晶基底之上，如华北、扬子、塔里木克拉通之上发育的鄂尔多斯、四川、塔里木盆地，早期裂陷槽不太发育，被动陆缘部分大多被改造为造山带，因此中国海相盆地以克拉通内盆地占主导。中国海相克拉通盆地另一个特征是上覆较厚的中新生界，沉积厚度可达10km以上，如华北克拉通沉积岩厚度可达18km，而国外克拉通内盆地中新生界沉积地层一般较薄。从后期改造程度看，中国海相克拉通盆地规模较小，内部变形较强，隆拗格局分异较明显，盆地中一般发育1~2个古隆起。

第三节 主要古生界海相克拉通盆地石油地质

东西伯利亚的元古界和下古生界、北美二叠盆地古生界等世界上典型的海相克拉通盆地中发育了大规模的油气藏，这里将国外古生界海相含油气盆地与中国古生界海相克拉通盆地类比，一方面借鉴其地质理论和勘探经验；另一方面认识中国古生界海相克拉通盆地的勘探潜力和主攻方向。下面着重介绍国外几个典型古生界海相克拉通盆地的勘探情况，以便总结、类比古生界海相盆地油气地质特征。

一、东西伯利亚克拉通盆地油气地质

东西伯利亚地区是世界上大型古老的海相克拉通盆地之一，结晶基底由前里菲纪（太古代至中元古代）的花岗片麻岩组成，全区面积约400万km^2，现已探明石油地质储量20亿t，天然气地质储量约3万亿m^3，找到了10个特大型油气田。在大地构造方面可划分为14个构造单元：阿纳巴尔隆起区、阿尔坦复背斜、通古斯拗陷、叶尼塞-哈坦格拗陷、维柳伊盆地以及安加拉-勒拿阶地等（图1.14）。在不同构造单元基底埋藏深度不一，阿纳巴尔和南部阿尔坦隆起区核部已出露地表，向其四周和地台中部倾没，巴伊基特和涅普-鲍杜奥平复背斜基底埋深2~3km，拗陷区内基底埋深达10~12km。根据大地构造特征、沉积条件和含油气性可分为三大含油气省：叶尼塞-哈坦加含油气省、维柳伊含油气省和勒拿-通古斯含油气省。东西伯利亚地台现今保存较完整的以碳酸盐岩和蒸发岩为主，夹碎屑岩的里菲系、文德系、下古生界以及碎屑岩为主的中生界等地层。

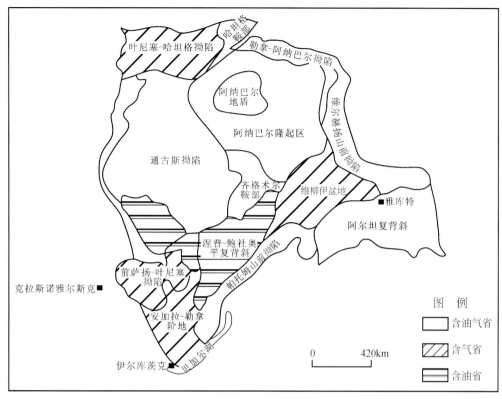

图 1.14　东西伯利亚构造分区及含油气省分布图（李国玉，1997）

（一）构造与沉积特征

早—中里菲世（16.5亿～13.5亿年前），克拉通内部及边缘形成一系列裂谷和拗拉槽，一般宽100km，长500～1000km，见古大陆裂谷和大洋裂谷盆地的性质，裂谷盆地中充填了具有海进层序的碎屑岩-碳酸盐岩建造，拗拉谷内充填了含碳复理石火山沉积岩和碳酸盐岩，厚2～15km，发育同沉积正断层和主要海相烃源岩（黑色页岩），晚里菲世克拉通由拉张裂谷盆地反转克拉通边缘褶皱造山和前陆盆地，沉积间断或被剥蚀，发育良好的风化壳储层和大型古隆起（图1.12、图1.13）。文德纪—古生代，克拉通盆地又整体沉降，底部普遍沉积一套红色滨岸相砂砾岩和砂岩，为油气聚集裂解的良好储层。文德纪早期以碎屑岩沉积为主，夹碳酸盐岩，文德纪晚期海侵最大，仍以硫酸盐-碳酸-岩盐为主。局部碎屑岩较多，不仅沉积良好白云岩储层，而且一定沉积的膏盐和盐岩作为局部盖层，早寒武纪地台南部成为较闭塞的蒸发盆地，沉积了近1500m厚的膏岩盐和白云岩交互地层，为区域性盖层，对油气聚集起到了关键性的保存作用。地台北部发育开阔海碳酸盐台地，沉积大型礁坝。中寒武世，东部地区上升为陆，西部为碳酸盐岩、泥岩和盐岩沉积，克拉通南部为半内陆盐湖沉积。总之，文德纪—寒武纪是以震荡性升降运动为主的克拉通沉积特征，形成良好的生储盖组合，目前东伯利亚地台上发现的绝大多数油气田属该时期的沉积。奥陶纪—志留纪以升降运动为主，沉积开阔海碳酸盐岩的陆相碎屑岩沉积，沉积厚几十到几百米之间。泥盆纪—石炭纪，除了北部拉张构造环境下的三叉裂谷外，其他部位普遍强烈造山，克拉通边缘环境逆冲推覆构造带。中生代初期，西伯利亚地台最大两个构造事件，一是由于应力松弛和基底超壳断裂的复活，造成通古斯拗陷区及相邻的一些地区大面积大陆玄武岩喷溢。这和泛大陆B至泛大陆A转化过程中热体制的调整有关。二是在泰梅尔山与克拉通接合部位形成叶尼塞-哈坦加裂陷盆地，而前维尔霍扬斯克和维柳伊区具有继承性发育的特点。在叶尼塞-哈坦加区，三叠纪初始开始张裂并喷溢巨厚（1500~3000m）的玄武岩。中晚三叠世在断陷深部形成少量沉积岩，其物源是玄武岩的剥蚀产物。侏罗纪和早白垩世是大规模拗陷沉积期，形成了巨厚的（5000~6000m）海相碎屑岩。晚白垩世拗陷活动减弱，一些地区抬升。新生代抬升幅度在50~500m，全新世又有一些冲积平原沉积。

（二）油气地质特征

东西伯利亚盆地全区共有三套主要含油气层系：下含油气层系包括里菲系、文德系和寒武系，中含油气层系包括二叠系—三叠系，上含油气层系包括侏罗系—白垩系。已发现约50个油气田和凝析气田，其中库尤塔、中鲍杜奥平、上维柳、中丘恩格、上乔和科维克金等大型或特大型油气田。此外大部分探明油气田又集中分布于涅普-鲍杜奥平复背斜，约有20个油气田和凝析气田。东西伯利地区有利远景勘探面积达200亿km^2，预测油气总资源量相当于300亿t当量，其中天然气占60%~70%，天然气资源量约18万亿m^3，探明储量（2~3）万亿m^3，石油地质储量26亿t。现将涅普-鲍杜奥平和巴伊基特隆起古生界—里费系油气藏主要地质特征分述如下。

（1）该区发现油气藏43个，以气藏为主，占总数86%；凝析气藏4个，带油环凝析气藏9个；油气藏4个，纯油藏仅2个。

（2）储集层类型，以文德砂岩为主，共26个，占60%，其次为里费系和上文德统至下寒武统碳酸盐岩，共17个，占40%。文德砂岩属中低渗透层，平均连通孔隙度12%~16%，渗透率（0.5~1.5）×10^{-3} μm^2，最大3.0×10^{-3} μm^2。里费系碳酸盐岩属溶蚀孔洞型和裂缝型储层。

（3）非背斜圈闭十分发育，岩性圈闭和地层不整合圈闭18个，占总油气藏41.8%，断块混合圈闭18个，占41.8%，背斜圈闭7个，占16%。

（4）油气藏主要集中分布在涅普-鲍杜奥平和巴依基特隆起及其翼部。

二、二叠盆地油气地质特征

二叠盆地位于美国西南部，位于北美板块西缘的落基山前，包括得克萨斯州西部和新墨西哥州东南部，面积约30万km^2。1902年首次在盆地东部斜坡的二叠系白云岩中找到石油，至1927年共发现二叠系浅层油气田20余个。1927年开始应用地球物理方法进行勘探，至1941年已发现了大量油气田，年产油达1730万t。1957年石油产量达7525万t，60年代稍有下降，但仍保持6850万t左右。70年代初，开始重视地层油藏和深部（最深达7000m以下）油气藏的勘探开发，石油产量回升，1973年产油量达1.03亿t，创历史最高纪录。其间，奥陶系共发现储量超过 280 亿 m³ 的气田 7 个，总储量 5370 亿 m³。到 1997 年累计产油 44.47 亿 t，凝析油 7.6 亿 t；累计探明天然气 12 万亿 m³，累计产气量 2.25 万亿 m³（国外含油气盆地勘探开发丛书委员会，1993）。

（一）构造与沉积特征

二叠盆地东缘为本德隆起，北接马特多尔隆起，西临落基山区迪亚夫洛台地，南界马拉松断层带，为一多旋回克拉通盆地。盆地内被许多二级构造单元所分隔（图 1.15），由东向西依次为东部陆棚、米德兰盆地、中央台地、特拉华盆地及迪亚夫洛台地。中陆盆地东北及西北分别为马蹄形环礁和西北陆棚；中央台地东南为奥佐那台地和瓦尔维德盆地。奥佐那台地系在宾夕法尼亚纪时成为中央台地的一部分。

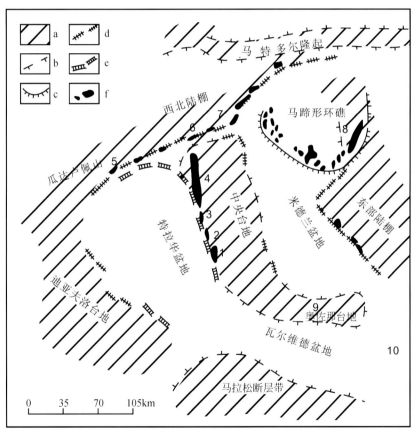

图 1.15　北美地区二叠盆地区域构造特征与生物礁油气田分布图
（国外含油气盆地勘探开发丛书委员会，1993）
a. 上升及稳定构造单元，b. 构造区边界，c. 马蹄形环礁，d. 阿布组生物礁，e. 卡皮坦组生物礁，f. 油田

二叠盆地的基底为前寒武系结晶岩系。除晚古生代和晚中生代的构造运动外，二叠盆地基本上是一个稳定沉积的克拉通盆地。寒武纪盆地开始了长期、缓慢的地壳挠曲和下陷作用。沿高角度逆断层发生的基底隆起作用将盆地分隔为若干次级构造单元，这一作用在古生代晚期达到最高峰。早二叠世，这些次级沉陷的构造单元相应于基底隆起发生沿高角

度断层均衡沉降。垂向运动的结果导致了许多构造圈闭以及隆起-盆地并存的格局，隆起与盆地高差达9600m。二叠纪晚期，各次级构造单元发生差异沉降，构造活动相对微弱，基本上属稳定时期。三叠纪—侏罗纪后期，克拉通边缘广泛隆升，盆地东、南和西南边缘的古生界受到剥蚀，出露结晶基底。拉腊米运动（白垩纪末—早渐新世）和新生代中晚期的构造运动使盆地最后定型。拉腊米运动期，盆地遭受褶皱、逆冲作用的同时，继续产生差异性沉降。新生代中晚期的构造运动，主要以火山活动、地壳扩张和塌陷为特征。盆地西南部受圣安德烈斯大断层的影响，火山活动尤为明显。

盆地内发育了前寒武系至新生代的沉积，盆地东部出露前白垩系（主要二叠系），中部和南部为白垩系，中陆盆地大部被三叠系覆盖，非海相新生代沉积薄，覆盖在从盆地中部到北部的广大面积。西南部出露了白垩纪以后所形成的火山岩。盆地内主要产层皆为古生界。寒武系为碎屑岩和白云岩，厚300m，侧向变化大。奥陶统下部的埃伦伯格统由燧石质白云岩组成，该层的中央盆地区富集油气，产层孔隙度与晶洞和裂缝发育情况有关，是盆地重要产层。中部的辛普森统由绿色页岩（油源层及盖层）、砂岩（储层）和次岩组成，油气主要产自中央盆地台地的背斜。上部为蒙托亚统，大多数为非孔隙燧石质碳酸盐岩。奥陶系总厚约700m。志留系上部为页岩，下部白云岩，总厚约122m。泥盆系上部为厚约228m的黑色沥青质页岩，具生烃潜力，下部为厚640m可产油气石灰岩。密西西比系以页岩及灰岩为主，厚480m，灰岩孔隙不发育，产烃有限。宾夕法尼亚系下部以暗色页岩、泥质灰岩和砂岩为主；上部地层很发育，主要为页岩，灰质含量不多的砂岩及生物礁组成，厚度可大于1830m。其中达斯克利生物礁延续生长伸入下二叠统，礁体是马蹄环礁横向延伸的一部分。二叠系狼营统主要为页岩、石灰岩（发育有礁）和砂岩组成，最大厚度达2440m。兰诺统主要由页岩及碳酸盐岩组成，最大厚度可达1220m。瓜达卢佩统由碳酸盐岩（主要是白云岩）、砂岩和硬石膏组成，最大厚度超过1200m，砂岩及白云岩为主要产层。最上部为奥柯亚统，由蒸发岩、碎屑岩和少量碳酸盐岩组成，最大厚度也超过1200m，为区域盖层，向WS和EN方向厚度变薄并逐渐缺失。

（二）油气地质特征

二叠盆地产层时代从寒武纪至白垩纪，产层深度由30~7468m，储层主要是碳酸盐岩，次为砂岩及粉砂岩，二叠系碳酸盐岩（包括生物礁）是重要产层，目前已发现几千个油气田，其中大型油气田在65个以上。盆地内发育有马蹄环礁、船长堤礁和阿布生物礁。现将二叠盆地的油气地质特征总结如下。

（1）古生界沉积巨厚，奥陶纪至二叠纪时发育了富含有机质的海相碳酸盐岩和页岩。盆地的体积速度为1500~4000km^2/Ma。这种较大的埋藏速度有利于生油层中的有机质保存及转化。尤其是深埋的盆地构造单元，更是有利生油区。

（2）多层系、多岩性的储集层发育。主要储层有二叠系的孔隙碳酸盐岩、生物礁和砂岩，宾夕法尼亚系的生物碳酸盐岩，泥盆系的燧石硅藻土及奥陶系的白云岩。储层空间类型丰富，有粒间孔、裂缝、溶孔、晶洞、洞穴及白云岩化孔隙等。这些多层系、多岩性的储层为油气赋存提供了有利的空间。

（3）除各时代层系的页岩可作盖层外，二叠系最上部的奥柯亚统为一套巨厚的蒸发岩系，是极为理想的区域盖层，它保证了油气大量聚集的有利条件。

（4）圈闭类型多样，背斜圈闭为主。圈闭类型包括背斜、生物礁、地层超覆、岩性及渗透性尖灭、单斜、水动力等。背斜圈闭占总数的77%。其中绝大多数背斜都是完整的，很少被复杂断层切割，因而有利于在不同地质背景下的油气聚集，且一般油气柱较高。

（5）上升的次级构造单元及大陆架边缘有利于油气富集。与生油凹陷（次级盆地）相邻的台地、大陆架、礁带等次级构造单元含油气极其丰富。例如，中央盆地台地上富集了30多个重要油气田，西北大陆架及马蹄环礁也具同样特点。油气富集主控因素有以下几方面：① 生物礁分布区；② 与次级盆地（油源区）相邻，位于油气运移的主要方向；③ 碳酸盐岩尤为发育，隆升构造单元上由于成岩过程中易受风化、溶蚀而形成次生孔隙空间，有利于高产富集条件的形成。④ 相对于次级盆地而言，圈闭类型多，蒸发岩也发育。

（6）天然气分布在盆地深部。1963~1972年，在二叠盆地深部奥陶系艾伦伯格白云岩中，共发现天然气可采储量5370亿m^3，约占美国已发现天然气储量的1/2。大量天然气主要分布在沉陷较深的基地中，如瓦尔、瓦尔得和德拉瓦尔盆地，这显然与生油气层系埋深大（5000~8000m）、演化程度高有密切关系。

三、滨里海盆地油气田及其油气地质特征

滨里海盆地盆地处于古老东欧地台和地中海-喜马拉雅褶皱带之间的低洼处，面积为52万km^2，盆地中心沉积厚度为22km以上，盆地边缘带减薄到8~15km。早中古生代发育碳酸盐岩裂谷系，碳酸盐岩海相克拉通环绕着中间古生代巨型裂陷槽，由浅海相碳酸盐杂岩（主要为礁建造）组成。该盆地拥有世界上最丰富的天然气资源，像阿斯特拉罕、卡拉恰格纳克和奥伦堡为巨大的天然气聚集区，总共约有10万亿m^3的天然气储量和上百亿吨的石油储量（表1.2）。

滨里海盆地的勘探直到20世纪60年代重点仍在盐上地层，勘探进展不大。只是到70年代以后，特别是采用了地震共深度点法，改善了对盐下地层和构造的了解和认识。1970年发现肯基亚克油田，石油可采储量2300万t，产层为下二叠统和中石炭统（表1.2）。

表1.2 滨里海盆地大油气田一览表（张景廉等，2002）

油气田	发现年份	产层	岩性	圈闭	埋深/m	面积/km^2	储量 油/亿t	储量 气/万亿m^3
肯基亚克	1970	C_2—P_1	—	生物礁	3800~4300	—	2300（可采）	—
阿斯特拉罕	1976	C_2	石灰岩	生物礁	3800	125×150	—	5.0（可采）
扎纳弱尔	1978	D—P_1	—	生物礁	—	—	4	10.76
田吉兹	1979	C_1—P_1	石灰岩、白云岩	生物礁	3900~5600	15×13	34	1.2~1.8
卡拉恰干纳克	1979	C—P_1	白云岩化石灰岩	生物礁	—	—	3.36	2.75

1976年在该盆地西南缘发现阿斯特拉罕大气田，气田盖层为下二叠统泥质-硅质-碳酸盐质含沥青泥岩，产层为中石炭统碳酸盐岩，天然气地质储量2.7万亿m^3。最大的阿斯特拉罕气田的形成分为两个阶段：① 二叠纪—三叠纪，油藏赋存在Bashkirian碳酸盐岩

储集层中；② 新生代，大量天然气形成、运移，原产层中石油部分裂解成巨大凝析气藏。新生代，阿斯特拉罕背斜隆起500m，利于天然气聚集。背斜的隆起导致了地层压力剧减，结果水溶气以游离的自由相形式出现，溶解了残余的油藏。

1978年发现扎纳若尔油田，产层为泥盆系—下二叠统。1979年，在盆地北部边缘区盐下隆起发现卡拉恰干纳克大气田，产层为石炭系和下二叠统白云岩化和重结晶灰岩，天然气储量达2.3万亿m^3。另有资料称凝析油储量为3.36亿t，天然气储量4530亿m^3。

1979年在盆地南部发现田吉兹超大油田，产层为下二叠统亚丁斯克阶—下石炭统（缺失中-上石炭统），岩性为碎屑灰岩、生物碎屑灰岩，夹白云岩化泥灰岩，石油储量达34亿t（20世纪90年代）。滨里海盆地阿斯特拉罕、卡拉恰干纳克、奥伦堡巨大天然气聚集区的天然气储量达10万亿m^3，其中阿斯特拉罕气田有5万亿m^3可采储量。20世纪90年代在里海北部又发现一个超大型油田——卡萨冈，该油田可能比田吉兹油田大两倍，石油储量可达70亿t；油田构造长80km气田中，且油气平均储量随深度增加而增加，开发深度大于6km以下层位的油气有相当大的前景。

下面简单总结滨里海海相克拉通盆地的油气地质特征如下：

（1）所有特大型油气田（田吉兹、卡拉恰干纳克）、大油气田（肯基亚克、科托列夫斯耶、扎纳若尔、阿利别克莫拉、伊玛舍夫斯基、乌里赫套等）及中等油气田（科扎萨伊、东阿克扎尔）都在盐下构造中发现的，90%的探明储量分布在29个盐下油气田中（图1.15）；且油气的平均储量随深度增加而增加，开发深度大于6000m的油气有很大的前景。

（2）油气藏不仅与膏盐层有关，更与生物礁有关（图1.15）。滨里海盆地，油气藏与构造-沉积和沉积建造有关，特别是障壁礁体系和边缘礁体系，包括个别生物礁建造，碳酸盐岩台地礁以及个别的、有时巨大的生物礁块。后维列依—下二叠统（亚丁斯克阶）碳酸盐岩系含障壁礁，其礁脊为个别生物礁凸起构造，礁圈闭高达3000m，长2~3km，宽1~1.5km。滨里油盆地的内边缘带也具有大型边缘礁（卡拉恰干纳克油田），这些礁分布在古陆棚的边缘。田吉兹特大型油田更是如此，其储层是上泥盆统—中-下石炭统浅海碳酸盐岩台地生物滩和礁块灰岩，物性很好，孔隙度多在4%~8%，最高达15%，渗透率为(10~100)×$10^{-3}μm^2$，好的可大于1000×$10^{-3}μm^2$，属于孔、洞、缝都很发育的孔隙型碳酸盐岩储层。这套生物滩，礁相石灰岩只发育在隆起顶部的浅水碳酸盐岩台地上，且不断加厚，在田吉兹油田厚达1500~3000m，中石炭世后，这套生物灰岩出露海面，经受侵蚀淋滤，更加完善了储层性能。

（3）大型、超大型油气田分市在环绕盆地东部、南部边缘的一个古生界潜伏隆起带。这个隆起带西起阿斯特拉罕、东北至阿克秋宾斯克，长1100km，宽200km，该隆起带的基岩埋深仅7000~8000m。中泥盆统至下古生界的厚度从盆地中的12000m减薄到隆起上只有1500m左右，上二叠统盐层底界埋深只有3900m，可见这是一个从基岩到下古生界的潜伏隆起带，在这个带上已发现了阿斯特拉罕（天然气储量5万亿m^3），卡拉恰干纳克（天然气可采储量1.5万亿m^3），田吉兹[石油储量34亿t，气(1.2~1.8)万亿m^3]、扎纳若尔、肯基亚克等大油气田；奥伦堡气田（气储量2万亿m^3）也被认作属这个古隆起带。这些油田的储层为盐下的泥盆系—二叠统碳酸盐岩；盖层为空谷期膏盐层富油气"黄金环带"。

(4) 油气田地下水。滨里海盆地盐下地层压力分布结果表明，地下水主要泄水区分布在盆地边缘地带，地层水水动力作用下油气由盆地中心向四周运聚，所以目前发现的油气藏分布在滨里海盆地边缘图 1.16。

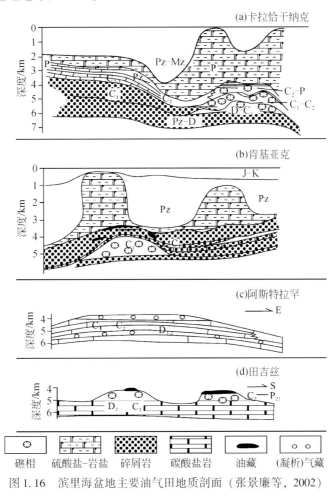

图 1.16 滨里海盆地主要油气田地质剖面（张景廉等，2002）

四、海相克拉通盆地油气地质特征

（一）克拉通盆地构造地质特征

稳定的克拉通盆地一般经历长达几亿年的演化并保存下来。例如，伊利诺斯盆地、东西伯利亚盆地、二叠盆地等随晚元古代—早寒武世大陆裂解就开始发育；威利斯顿、密执安盆地分别在中、晚寒武世开始发育；加拿大哈德逊湾、摩思河等盆地在晚奥陶世开始发育。这些盆地的古生界沉积完整，并有部分中、新生界覆盖。中国华北克拉通盆地自中晚元古代以裂陷槽的形式开始发育，塔里木、四川克拉通盆地自震旦纪开始发育，以古生代为主体，并叠置中、新生代盆地。在克拉通盆地漫长的演化历史中，形成了多个以不整合面为界的沉积层序，大多数克拉通盆地层序的顶部被削截，上超、下超现象明显。

克拉通盆地多旋回演化形成多套烃源岩、储集岩、盖层组合及多个含油气区带和圈闭。从油气富集的角度看，克拉通内盆地总体上不及克拉通边缘盆地。发育早期裂谷的克拉通内盆地因构造分异明显（或隆拗相间分布）有助于油气的聚集，统计表明，下伏裂谷的克拉通内盆地大中型油气田较多，油气储量较集中，盆地中较大的前5个油田一般包含整个盆地石油储量的50%~90%，而简单克拉通盆地前5个油田只包含盆地原油储量的20%~30%。例如，西西伯利亚盆地面积大，达到350万km^2，基底为前寒武系和古生界褶皱岩系；烃源岩主要为海相侏罗系沥青质页岩，气源岩主要是上白垩统腐殖型页岩和含煤页岩，已发现石油可采储量1560亿桶和大量天然气，包括乌连戈依特大型气田，是克拉通内油气最丰富盆地。

（二）海相烃源岩发育特征

古生界海相盆地类型主要为克拉通内盆地、裂谷盆地和被动大陆边缘盆地。烃源岩时代普遍较老，除了古生界地层，东西伯利亚盆地中甚至以元古宇为主。古生界海相盆地烃源岩主要为海相泥岩、页岩、有机质丰度高，其次是有机质含量比较高的碳酸盐岩，为最大海侵时期较深水缺氧环境下形成，部分形成于河口湾（威利斯顿盆地泰勒组页岩）、湖沼环境。克拉通盆地烃源岩有机质以Ⅰ、Ⅱ型干酪根为主，其次Ⅱ、Ⅲ型。北美克拉通伊利诺斯盆地奥陶系香普兰统、辛辛那提统及上泥盆统—下石炭统以Ⅰ、Ⅱ型干酪根为主，为主要生油岩；中石炭统狄莫阶、密苏里阶、弗吉尼亚阶煤与海相页岩含Ⅱ、Ⅲ型干酪根，以生气为主。俄罗斯克拉通波罗的盆地主要烃源岩为下志留统笔石页岩，为腐泥质烃源岩（Ⅰ、Ⅱ型），有机质含量2%~15%；莫斯科盆地以里菲系、文德系暗色泥岩为烃源岩、富含藻类有机质，有机碳含量1%~4.5%，东西伯利亚盆地里菲系页岩为腐泥质烃源岩，有机碳含量10%。

古生界海相盆地烃源岩尽管其时代较老，其热演化程度不一。克拉通盆地内部或早期裂谷盆地多处在生油阶段，以生成石油为主，这一方面是得益于古生界海相克拉通盆地多为前寒武纪固结的古老基底，地壳厚度较大，地温梯度较低；另一方面由于克拉通内盆地沉降速率、沉降幅度较小，烃源岩上覆地层厚度较小。例如，伊利诺斯盆地沉积层厚度4800m左右，主要发育下古生界，上覆中新生界地层不发育，烃源岩为奥陶系、泥盆系—石炭系，处在生油高峰，勘探结果显示该盆地获得油、气可采储量之比约为6∶1，以油为主；密执安盆地沉积岩最大厚度可达5000m，以古生界为主，是一个以油为主的含油气盆地，油、气可采储量之比约为1.7∶1；威利斯顿盆地沉积岩最大厚度4600m，烃源岩现今处在生油高峰期，石油占绝对多数。

克拉通边缘盆地（如西内、二叠、三叠等盆地）或早期被动陆缘盆地，晚期叠置了较厚的晚古生界或中新生界地层，古生界烃源岩在古生代晚期或中生代即达到生油高峰，现今处在高-过成熟阶段，以富含气为特征。这种富气盆地与由于全球中生界煤系地层发育造成的北半球富气盆地如西西伯利亚、北海、卡拉库姆、顿涅茨、墨西哥湾等含气盆地在成气机理上有很大不同，后者富气除与烃源岩成熟度有关外，主要与有机质以Ⅱ型或Ⅱ-Ⅲ型为主有关。北美西内部盆地属古生代克拉通边缘盆地，探明油、气可采储量分别为42亿t和4.7万亿m^3，为富油气盆地。该盆地早古生代至早石炭世处在北美克拉通西南缘，以海相稳定台地碳酸盐岩沉积为主，发育的主要烃源岩为奥陶系页岩，各时代地层厚度不大。由于晚石炭世—二叠纪西南侧褶皱山系和隆起形成，在山前阿纳达科拗陷堆积了5000m以上的碎屑岩系，使下伏烃源岩达到高-过成熟，聚集了3.1亿m^3的天然气可采储量，其中有世界超巨型潘汉德-胡果顿气聚集带。向克拉通内部一侧的隆起区和浅拗陷区，因埋藏浅，以油田为主，如俄克拉荷马城大油气田。

据统计，烃源岩发育的最佳部位是被动大陆边缘拗陷区，沉积、古地理、生物、古地温及构造等都有利油气形成聚集；较有利的是拗拉谷-陆内裂谷区，裂谷内快速堆积有利于有机质的保存，裂谷边缘礁体发育，上覆蒸发盐岩，有利油气成藏；克拉通内断陷区也是有利部位，早期沉积薄浅海碳酸盐岩，但主体还是类似大陆架沉积，发育滩、礁型储集体，较深水体发育钙质或泥质为主的生油岩系；烃源岩发育较差的是克拉通内陆表海区，稳定的古生代基底上拗陷沉积薄层浅海碳酸盐，源岩不发育。烃源岩以斜坡相泥页、泥灰岩为主，烃源岩有机质丰度高。例如，俄罗斯波罗的盆地的烃源岩主要为下志留统笔石页岩，腐泥型，TOC：2%~15%；莫斯科盆地烃源岩为里菲系、文德系暗色泥岩、富含藻类，TOC：1%~4.5%；东西伯利亚盆地的烃源岩为里菲系被动陆缘页岩，腐泥型，TOC：1%~10%；二叠盆地烃源岩为辛普森统、志留系、泥盆系、二叠系页岩，TOC>1%。

（三）生物礁-古风化壳储集层特征

储集层对油气聚集成藏的控制作用早已为大家所确认。在古生界海相盆地中，油气多富集在台地边缘浅滩相、生物礁相及台地前缘斜坡相内（郝石生，1982）。过去所强调的含油气组合在平面上的分带性，实际上就是上述有利储集相带的分布特征。例如，二叠盆地的生物礁的分带性非常明显（图1.15）。珊瑚和钙藻是主要造礁生物。生物礁与断裂关系密切，由于断裂作用，前寒武系基底已破裂为上升断块（台地）、下降断块（盆地）及稳定缓慢下沉带。这些构造单元的接触处，在沉积盖层中表现为单斜挠褶。堤礁和环礁沿着这些"台地"和"大陆架"边缘以及北中陆地块周围生长。该盆地可分出三个时期大的礁组合：其一，环绕着北中陆地块南缘周围（部分伸入东部大陆架带内）马蹄形礁，形成于宾夕法尼亚纪和二叠纪，厚900m，面积15 500km^2，已发现约30个油气田。其二，东部、西北部大陆架带边缘，德拉瓦尔盆地西缘和中陆盆地西边单斜挠褶和断裂带，分布早二叠世阿博组堤礁，已找到80个油气田。其三，中央盆地西缘单斜挠褶带生长的船长组堤礁，也发现了一些油田；油田多受横穿礁局部隆起所控制。

加拿大阿尔伯达盆地是世界上著名的泥盆系生物礁油气田分布地区。1947年，在盆地中发现上泥盆统来达克礁坟油田，生物礁油气田才逐渐引起勘探者的注意。1957年，发现了天鹅丘生物礁油田，由于该油田为盆地内最大的生物礁油田，这就为该区的勘探工作打开了新局面。1977年，在帕其纳（盆地内最大砂质油田）以西的泥盆系发现了数十个塔礁油气田。泥盆系生物礁的形成与古地形有密切关系，礁分布在碳酸盐岩与页岩的过渡相上，形成有利生储油条件。它主要划分为四个礁组：① 凯格河-马斯凯格礁组，时代约属中泥盆世，在盆地内分布较广。多为塔礁和环礁，雨虹油田属该礁组。礁面积1~15km^2，最高可达250m，产层厚12~200m，孔隙度变化很大，为3‰~40‰。该礁组发现的油田较少，储量比上泥盆统礁组少。② 天鹅丘礁组分布面积虽小，但在储量上占有重要地位，天鹅丘油田是盆地的最大生物礁油田，可采储量1.8亿t。礁岩最厚150m，产层平均厚3~20m，平均孔隙度5%~10%，渗透率6×10^{-3}~294×10^{-3} μm^2。该礁组应属岸礁。③勒杜克礁组在储量上也占有重要地位。红水油田是仅次于天鹅丘油田的大型生物礁油田，可采储量1.12亿t。礁岩厚23~270m，如红水油田平均产层厚30m，最厚180m，以晶间孔隙为主要类型。孔隙度2%~12%，平均水平渗透率500×10^{-3} μm^2；垂直渗透率5×10^{-3}~10×10^{-3} μm^2，属环礁，油田主要分布在埃德蒙顿附近。

　　古风化壳岩溶储集层占有重要的地位。在东西伯利亚盆地的拜基特台背斜，里菲期末的构造运不仅导致了地层的强烈褶皱，而且使得里菲系地层经历了长达约2亿年的抬升剥蚀才继续接受文德期地层沉积。隆起带翼部不同时代不同岩性的分组地层与不整合面呈斜交接触，隆起高地层削蚀，使得中里菲统库尤姆巴组直接大范围地暴露在不整合面上，从隆起带高部位向翼部这些暴露的不同时代地层遭受了强烈的表生作用。形成了平面上以中里菲统库尤姆巴组为主要含油气储层的古风化壳储集体。强烈的褶皱、断裂作用加上长期的地表暴露导致了里菲系（卡莫群）脆性白云岩大量裂缝和次生孔隙度的生成。因此储集空间是在破裂作用和表生风化淋滤作用、白云岩化作用以及重结晶作用等多种作用共同作用影响下形成的。里菲期碳酸岩储层次生孔隙的形成首先由构造为主的古表生裂缝的发育决定的，地层的低泥质含量、岩石的不均匀硅化也促进了构造裂缝的发育，白云岩的硅化导致了裂缝比率的增加。如果在没有硅化的白云岩中裂缝比率为50~60m^2/m^3，那么在硅化的地层中可高出10%~12%。因此储集岩内垂直和近似垂直裂缝发育，延伸长度几十至几百厘米。裂缝是次生孔隙形成的基础。沿裂缝的淋蚀作用使得裂形成宽度达5mm的缝洞，导致了占孔隙空间主要体积的孔隙和洞穴的形成。与大多数碳酸盐岩岩溶地区一样，里菲系的表生淋滤作用具有很大的组构选择性，主要发生在比较纯的碳酸盐岩地层中，在垂向上形成了深达150~200m的具有良好储集空间的风化带。有时这种表生风化淋滤作用还以顺层的方式发生，特别是那些结晶程度比较高的白云岩，形成了透镜状和蜂窝状孔洞。相反在泥质岩出露的部位，由于矿物组分的影响，化学风化难以形成次生孔隙，因此泥岩层的储集性能低。

（四）膏盐岩封盖层

　　盖层即致密层，阻止油气继续垂直运移并于下伏层中形成聚集。在泥质岩不发育的古生界海相沉积盆地中，石膏及岩盐成往往为主要的盖层。致密的石灰岩及白云岩能否成为盖层，主要与裂缝与孔隙发育程度有关，如果驱使油气运移的动力未达到进入盖层所需的排替压力值，它就被遮挡在盖层之下。岩石的排替压力的大小与其孔隙，特别是喉道大小有直接关系，这就是泥质岩及蒸发岩系成为盖层的主要原因。

　　盖层的"区域性"分布情况与碳酸盐岩中的油气富集有极为重要的关系。"区域性"系指一个构造单元而言，它往往具有统一的油气生成、运移及聚集的体系。在这样一个构造单元之内，盖层的局部或大部分缺失，往往出现油气的散失情况，这主要与水动力条件相对较活跃有关。世界大型碳酸盐岩含油气盆地都具"区域性"的良好盖层条件。海退型旋回多表现为碳酸盐岩-蒸发岩旋回。在海退背景下，等盐度线向广海方向移动的结果，世界上很多碳酸盐岩大油气区皆发育有这种类型的沉积旋回。加拿大阿尔伯达盆地的泥盆纪碳酸盐岩的生物礁是主要产层之一，其中，中泥盆统上埃尔克点群生物礁的盖层主要由蒸发岩组成（莫斯开格组），区域最大厚度为2000m，在礁顶可减薄至50m。上泥盆统伍德宾群生物礁的盖层系由页岩、粉砂岩、石膏及白云岩组成，区域最大厚度350m，礁顶可减薄至30m。

在海相碳酸盐岩含油气盆地内，蒸发岩系的存在与油气富集有重要的关系。据初步统计，世界上可采储量在7000万t以上的大型碳酸盐岩油田共60个，其中与蒸发岩系有关的共53个，占88.3%。这60个大油田的可采储量共350亿t，与蒸发岩系有关的可采储量为338亿t，占96.8%。更值得重视的是可采储量在4亿~100亿t的碳酸盐岩油田共19个，它们皆与蒸发岩系有关。世界上天然气可采储量在1000亿m^3以上的碳酸盐岩气田共17个，其中10个与蒸发岩系有关，占60%。这17个大气田的储量约6万亿m^3，与蒸发岩有关的储量为5万亿m^3，占83.3%。其中5个储量为5000亿~14000亿m^3的特大型碳酸盐岩气田都与蒸发岩系有关。这5个特大气田总储量共计43000m^3，占碳酸盐岩大气田总储量的71.7%。

（五）古隆起富集成藏

海相碳酸盐岩沉积盆地构造演化中，形成一些区域性古隆起，古隆起对沉积相的分异和油气生成后的运移和富集有重要影响。由于区域性隆起带多具继承性发展的特点，因而在古隆起顶部及侧翼部位，因水流能量较高，灰泥沉积少，最有利于浅滩及生物礁相的沉积。隆起对浅滩及礁相在平面上的分布范围起了控制作用。同时由于地壳的活动，这些浅滩及礁相沉积物会上升到地下水面以上，在水的淋滤、溶蚀作用下，改善了储集空间条件，成为更良好的储集层，这也是在隆起带及其侧翼找到大油气田的原因之一。

古隆起顶部以及隆起顶部两翼的斜坡部位是寻找区域性油气富集的一个重要场所。在古隆起顶部上升幅度较大，剥蚀较强的情况下，斜坡部位往往是有利含油气区。下面着重介绍北美地区几个重点古隆起对油气聚集的控制作用。

北美地区的辛辛拉提古隆起，西邻伊林诺斯盆地，东界阿巴拉契亚山前盆地，北为密执安盆地、南为滨墨西哥湾盆地，长约1000km，宽约400km。寒武系至宾夕法尼亚系组成了隆起的盖层，泥盆系、密西西比系及宾夕法尼亚系仅分布在隆起翼部及鞍部。古生界厚度自翼部向顶部变薄，隆起上有很多局部背斜构造。隆起上的石油可采储量约8000万t，主要集中于隆起西北翼的莱马印第安纳油田（也称春吞油田），该油田可采储量达7300万t。莱马-印第安纳油田的产层为下奥陶统春吞石灰岩，属地层型圈闭。春吞灰岩沿隆起上倾方向由于储层发生了物性变化以及上覆上奥陶统页岩超覆不整合形成圈闭。产层主要位于春吞石灰岩最上部，厚7~10m，为多孔晶状白云岩和白云质灰岩，孔隙发育是由于不整合面附近产生白云岩化作用的结果。油藏的构造背景为平缓北倾的单斜，有局部挠曲及断层，但对油气聚集不起主要作用。上倾方向为天然气，向下逐渐过渡为石油，二者界限虽不明显，但仍表明地层具有一定连通性。由于岩性及物性的变化，油田断续分布，总面积约1000km^2，产层深度仅380~430m，单井产量变化不大，初产最高可达几百吨/d，稳定产量由几t/d到300t/d。

北美地台西内部盆地中的堪萨斯隆起、朝道克瓦隆起、尼马哈潜山等构造单元油气资源丰富，仅寒武系—奥陶系的石油可采储量已达 8.5 亿 t，天然气储量近 3000 亿 m^3。中堪萨斯隆起和朝道克瓦隆起皆属潜伏隆起，它们在时代较新的中生代地层中无反映。隆起轴部地区，由于剥蚀作用而缺失志留系—泥盆系，石炭系直接不整合于奥陶系风化面之上。局部构造仅存在于古生界之中，组成类似长垣构造带，长度达几十至几百公里，局部构造一般长 5~20km，宽 2~6km。尼马哈潜山亦属潜伏潜山，其构造特征仅在古生界中有所反映，其上有一系列不对称局部构造，断距一般为 100~500m。该潜山位于塞林纳和福瑞斯特城二拗陷之间，总长可达 300 余公里。由于长期剥蚀，潜山轴部出露地表的宾夕法尼亚系直接不整合于下奥统阿布考组之上，一些地方甚至直接沉积于前寒武系基底之上。中堪萨斯隆起带上有大量下古生界油田分布，它们一般位于隆起翼部，油藏多分布在奥陶纪不整合面以下的潜伏隆起区，属地貌型潜山圈闭。寒武系—奥陶系沉积初期，隆起带上最初沉积了厚 70m 底砂岩、砂质白云岩和粗晶白云岩。当时为基岩隆起地区，局部出露水面；然后又覆盖了 180m 厚的含燧石白云岩和十余米的绿色页岩；当然也可能还有已被剥蚀去的宾夕法尼亚纪以前的沉积。泥盆纪后及密西西比纪后的运动，使隆起带持续上升，因而不仅缺失志留系、泥盆系及密西西比系，上奥陶统也被全部剥去。而寒武系—奥陶系的碳酸盐岩则被风化溶蚀。在前宾夕法尼亚纪的准平原化作用时，基岩出露部分因抗蚀性强成为山丘，而奥陶系阿布克组则成为岩溶平原。在此背景上形成了以溶蚀性碳酸盐岩储集层为主的地貌潜山油田。

第二章　中国海相克拉通盆地形成与演化

随着太古界到元古界中国古陆核及克拉通的形成，克拉通盆地演化阶段开始，先后经历寒武纪—早奥陶世伸展、晚奥陶世—泥盆纪挤压、石炭纪—二叠纪伸展、晚二叠世—三叠挤压、早-中侏罗世伸展、新近纪挤压三期威尔逊构造旋回，发育中晚加里东期、晚海西-印支期、喜马拉雅期三期构造变革，导致区域隆升、剥蚀和构造变形（张水昌等，2001；贾承造等，2007）。古生代克拉通板块的漂移和聚敛控制海相盆地碳酸盐岩地层的沉积和海陆交互相煤系地层的发育，中新生代在克拉通盆地之上叠置陆相盆地，特别是喜马拉雅期海相克拉通盆地遭受改造，其中西部受印度-亚欧板块碰撞作用经受再生前陆构造改造，东部受西太平洋板块俯冲经受弧后裂陷作用改造，导致了中国海相克拉通盆地的小型化和活动性，控制了油气晚期成藏的普遍特征。构造演化控制下构造层（Pz_1）海相碳酸盐岩、中构造层（Pz_2）海陆交互相、上构造层（Mz、Kz）陆相碎屑岩等三套构造层序的叠置，决定了中国四川、塔里木、鄂尔多斯三大海相克拉通盆地的油气地质特征，加里东期洋盆发育控制海相烃源岩沉积，洋盆关闭控制板内挠曲隆升、高能相储集体和风化壳岩溶储层；海西-印支期洋盆关闭控制叠合盆地下组合区域盖层、中组合台缘高能相带与岩溶储集体发育和古油藏发育；喜马拉雅期构造控制构造格局变化、天然气晚期充注和油气藏调整。中国海相克拉通盆地的构造演化与破坏作用，决定了古生代海相克拉通盆地大致分为三大块：以华北板块为核心的鄂尔多斯-渤海湾等盆地、以塔里木板块为核心的塔里木-准噶尔-吐哈-柴达木等盆地、以扬子板块为核心的四川-楚雄-江汉-苏北等盆地，三大块的面积大约各占 100 万 km^2，这一构造地质背景决定了海相克拉通盆地的油气勘探主要集中在塔里木、鄂尔多斯、四川等三大盆地中。地热、重磁等地球物理资料揭示出，克拉通盆地的大陆地壳厚度相对较薄，向周缘造山带逐渐增厚，具有分块特征；各个克拉通盆地边界均以地壳厚度等值线强烈变化的陡梯度带为界，克拉通盆地内部地壳厚度较为稳定且分布均匀。

第一节　中国海相克拉通盆地概述

一、中国海相克拉通盆地分布特征

中国位于欧亚板块南缘、印度板块北缘、东部与太平洋板块以沟-弧-盆体系相隔，介于冈瓦纳与劳亚两个巨型大陆之间。在地质历史上中国大陆经过多期解体和拼合，以塔里木、华北和扬子等小型克拉通板块为核心，与准噶尔、柴达木、羌塘等 20 多个微地体拼贴而成（李春昱等，1982；张凯，1991）。这些小型或微型板块与世界上北美、欧洲等板块相比，规模小。例如，塔里木板块 56 万 km^2、扬子板块 108 万 km^2、华北板块 120 万 km^2，其中最大的华北板块的面积也只有北美板块的 6%、欧洲板块的 14%（邱中建和龚再升，1999）；稳定性差，由于通板块规模较小，造山带规模较大，决定了中国大陆，特别是克拉通构造的活动性。经过古生代海相克拉通盆地和中新生代陆相前陆盆地两大构造演化阶段，形成现今被海西期-印支-喜马拉雅期造山带环绕的海相克拉通盆地与其周缘中新生代前陆盆地的叠合与复合。其中鄂尔多斯、四川、塔里木、准噶尔、柴达木等为具有前震旦纪结晶基底的克拉通盆地，内部构造平缓、地壳厚度 35~45km，紧邻造山带的盆地边缘发育中新生代前陆冲断带。因此，这些中西部的小型克拉通盆地，既有与国外大型克拉通盆地相似的构造地质特征，又表现出构造活动性。

中国海相克拉通盆地在古生代主体位于古亚洲洋之南，属冈瓦纳大陆的北部边缘；中生代位于特提斯洋之北，属劳亚大陆的南部边缘（肖序常等，1991；贾承造，1997；任纪舜，2002；杨树锋等，2004）。古洋壳消亡与古板块的聚敛决定了中国海相盆地主要发育在一系列小型古板块之上，现今被代表古生代洋壳性质的天山-阴山、祁连山-秦岭、昆仑山和龙门山、贺兰山等各个时期的造山带环绕（Huang et al.，1977；罗志立，1991；Graham，1993；Lu et al.，1994；Hendrix，1994；陈发景，1997）（图 2.1）。中国多期洋盆的消减、多个微板块的拼合，古板块的分离和聚敛与古洋壳的生长和消亡决定了中国海相克拉通盆地的构造成因和演化过程。中国海相克拉通盆地的形成和构造演化过程主要划分为四个阶段。第一阶段，前寒武纪盆地基底形成；第二阶段，古生代小陆壳板块漂移和海相盆地形成；第三阶段，中新生代陆内构造与陆相盆地叠置；第四阶段，印度与亚欧板块碰撞挤压和西太平洋板块俯冲弧后伸展的双重机制控制下的喜马拉雅期陆内造山与成盆作用。

中国海相地层分布总面积 455 万 km^2，除去海域的新生代海相盆地面积，陆上的海相沉积区分布达 330 万 km^2；如果不包括青藏高原中生界沉积区，中国陆上海相克拉通盆地面积 230 万 km^2；目前勘探的陆上古生代海相盆地约 150 万 km^2，其中最有资源潜力的几个大型海相沉积盆地分布在塔里木盆地、鄂尔多斯盆地和四川盆地（图 2.2）。这里所涉及的海相克拉通盆地主要指青藏高原地区除外的陆上古生界海相沉积区。巨厚的海相地层具有较大的油气勘探潜力，虽然屡经挫折，但也时有发现。明清时期四川盆地的自流井就在三叠系开凿天然气煮盐；20 世纪上半叶，自流井、石油沟和圣灯山等小规模局部勘探，到 50 年代天然气勘探蓬勃发展；70 年代证实四川是个大型海相含气盆地；80 年代鄂尔多斯和塔里木盆地勘探获得突破；90 年代以来呈现良好势头，四川盆地东部石炭系白云岩、三叠系飞仙关组鲕粒滩灰岩，鄂尔多斯盆地中部奥陶系灰岩，塔里木盆地轮南-塔河、塔北、塔中、巴楚等的奥陶系灰岩、石炭系砂岩等领域都获得重大油气发现。在海相盆地中寻找新的油气勘探接替区，再现油气储量增长的新高潮，这是历史赋予我们的使命（刘光鼎，1997；周永康，1997；罗志立，1997；李国玉，1998；王根海，2000）。因此，深化认识中国海相克拉通盆地的形成和演化过程，可以进一步认清油气资源潜力，制订客观的勘探部署。

中国古生界海相克拉通盆地，大致分为三大块：以华北板块为核心的鄂尔多斯-渤海湾等盆地、以塔里木板块为核心的塔里木-准噶尔-吐哈-柴达木等盆地、以扬子板块为核心的四川-楚雄-江汉-苏北等盆地，三大块的面积大约各占 100 万 km^2（图 2.2）。第一块：

第二章 中国海相克拉通盆地形成与演化

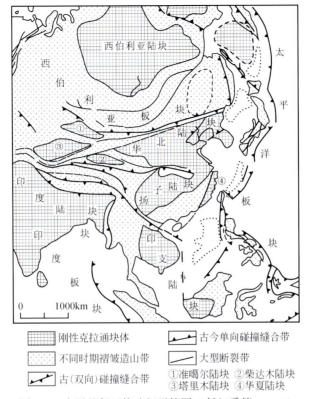

图 2.1 中国及邻区构造纲要简图（任纪舜等，2002）

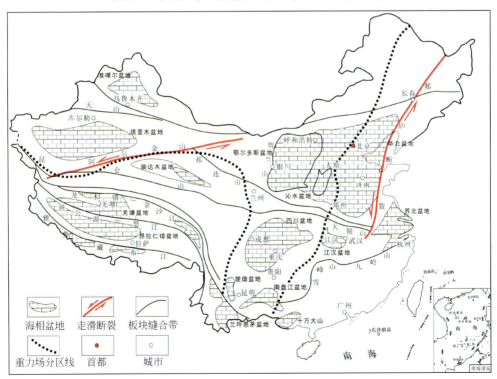

图 2.2 我国古生界海相油气勘探潜在领域分布图

以华北板块为核心的鄂尔多斯-渤海湾-沁水等盆地，是我国目前对古生界和元古界地层研究较多的地区，已发现任丘油田、桩西、千米桥等新生古储的元古界、古生界潜山油气藏，这一块总面积100多万 km²；第二块：以塔里木板块为核心的塔里木-准噶尔-吐哈-柴达木等盆地，塔里木盆地已发现一批古生界油气田，准噶尔盆地在上古生界地层中也有发现，这一块的总面积为134万 km²；第三块：以扬子板块为核心的四川-楚雄-江汉-苏北等盆地以及滇黔桂广大碳酸盐岩分布区，四川是著名的天然气盆地，江汉产油和气，滇黔桂还没有突破，这一块总面积76万 km²。

据统计，中国大陆可供油气勘探的古生界海相（或残留）盆地33个，总面积187万 km²。其中沉积面积大于10万 km² 5个，共计123万 km²，占65.8%；沉积盆地面积1万~10万 km² 23个，共计61.47万 km²，占32.9%；沉积盆地面积小于1万 km² 5个，共计2.42万 km²，占1.39%（图2.3）。目前海相克拉通盆地的油气勘探主要集中在塔里木、鄂尔多斯、四川三大盆地中。

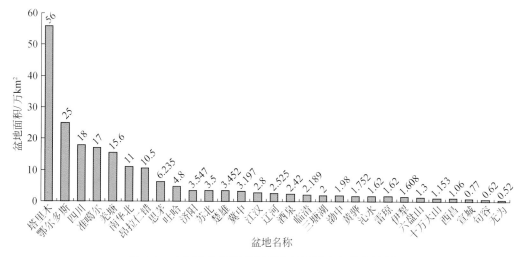

图 2.3　中国古生界海相沉积盆地面积大小分布特征

二、中国海相克拉通盆地基底结构

中国大陆新构造活动显著，深部地球动力学过程所引发的物质、能量的交换和圈层间相互作用造就了地表构造的多样性、复杂性和活动性等特征。近十几年来，经过几代地学工作者的努力，开展的地震、地热、重力和电磁等地球物理探测手段和层析成像、地学断面填图等技术在区域岩石圈结构、地震测深和动力学研究方面取得了显著的成果，初步揭示了中国克拉通盆地的深部构造背景和基本特征（袁学诚，1996；许忠淮等，2003）。

东亚大陆及周边海域 Moho 界面深度分布表明中国大陆地壳厚度分布呈现出显著的横向差异特征，厚度变化强烈，等值线走向各异；总体趋势为克拉通盆地区相对较薄，向周缘造山带逐渐增厚，具有分块特征（图2.4）（滕吉文等，2002）。地震层析成像信息表明塔里木盆地岩石圈厚度约为200~250km，准噶尔盆地约为170km，天山造山带岩石圈厚度约150km,岩石圈结构存在强烈的横向差异（脊颐等,2001）。各个克拉通盆地边界均以地壳厚度等值线强烈变化的陡梯度带为界,克拉通盆地内部地壳厚度较为稳定且分布均匀。

众所周知,地球物理场特征是地球深部构造的表现。因此通过反演地球物理场特征就可以揭示该区的深部结构和构造信息。地球物理反演由于具有多解性,利用地热、重磁和岩石圈结构等多种地球物理资料进行联合反演,对中国的海相盆地（塔里木、准噶尔、柴达木、鄂尔多斯和四川）进行了较为详细的综合地球物理解释,揭示了克拉通盆地区深部构造信息和岩石圈性质:重力和航磁资料分布表明（贾承造,1997;贾承造等,2001）,盆地边缘带以为密集的重力异常梯度带和高磁异常为特征,而盆地内部则表现为变化平缓、磁异常较低和重力异常高低相间的格局。

克拉通盆地的岩石圈具有强烈的非均质性,体现在纵向上的流变分层和横向上的分块特征。纵向上,岩石圈上地壳为脆性层,发生断裂变形,中下地壳为韧性层,发生塑性变形和流展,岩石圈上地幔为强度大的脆性层。这一分层变形特征也控制了盆地内部的断层发育,深大断裂沿着壳内滑脱面收敛于中地壳层次。沉积盖层由于物性和岩性力学性质的差异,也存在一些滑脱面和韧性层,发育大量的断层相关褶皱。在横向上,克拉通盆地内部整体性好,变形弱,地壳内各界面基本平行且水平,而克拉通盆地和造山带交接的边缘带变形强烈,是岩石圈热-流变学的薄弱带,易于在构造应力作用下产生变形。这一特征在重力、航磁和地热等地球物理场有明显的表现。

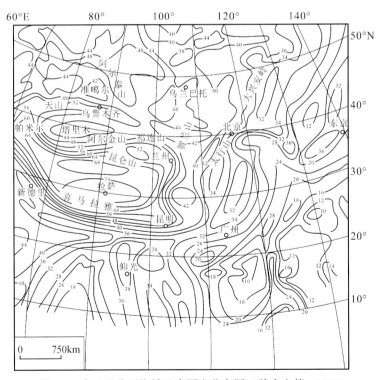

图2.4 东亚及临近海域地壳厚度分布图（滕吉文等,2002）

三、中国海相克拉通盆地类型

中国海相克拉通盆地在地史演化的各个阶段均有分布。古生代海相克拉通盆地分布广、时间跨度大，埋藏深，油气地质条件好，是油气资源赋存的重要领域，也是目前非常重视的油气勘探和研究领域。从海相克拉通盆地构造演化史来看，它与大陆内伸展作用（从克拉通内裂谷-有限洋盆或大洋）、大洋向大陆俯冲作用以及大洋闭合、陆-陆碰撞或弧-陆碰撞紧密相关。克拉通盆地进一步划分为与伸展、裂开、漂移作用有关的裂谷或裂陷、拗拉谷、被动大陆边缘等盆地，与俯冲或碰撞作用有关的前陆盆地或克拉通内拗陷（隆后盆地）。由于板块离散时期所形成的洋盆（具洋壳型基底或过渡型基底）在板块汇聚时，或被陆壳掩盖，或被卷入造山带变形，不能被保存下来，油气地质条件较差，一般未予讨论与研究。而现今保存较好的主要是克拉通内部的盆地或与之密切相关的克拉通边缘盆地或裂陷盆地。同时与板块汇聚有关的海相盆地中还包括前陆盆地，在通常的分类中被当做克拉通拗陷的一部分。中生代海相克拉通盆地的演化直接与特提斯洋的张开和关闭有关（赵重远，2000）；新生代，海相克拉通盆地受控于库拉-太平洋板块和特提斯板块与欧亚板块会聚运动的联合作用影响。板块相对活动方式和演化过程有所差异，边缘及其内侧所受的作用和影响也不尽相同。

第二节 海相克拉通盆地形成的大地构造背景与演化

一、克拉通基底的形成

（一）古陆核形成阶段

陆核指稳定成熟的地壳，为古老片麻岩组成的结晶基底。前寒武纪早期，西伯利、北美、印度、非洲、西南澳大利亚等巨型古板块，都由许多大小不同的陆核构成。大致30亿年以前的地球表面为一些分散的陆核，早元古代末期和中元古代末期劳亚、冈瓦纳古陆形成和超级大陆的拼合，花岗岩带环绕或叠置在陆核上发生大陆增生作用，形成巨型古板块。

我国主要古板块都由陆核不断裂解和拼合而成，如华北板块中的蓟辽陆核（3720~3650Ma）和陕北陆核；扬子板块中的康定陆核（3100~1700Ma）和黄陵陆核（2850Ma）；塔里木板块中的塔北陆核（3040Ma）和塔南陆核（2785Ma），这些陆核构成板块拼合的核心。陆核间则以蛇绿岩建造为主，花岗岩、混合岩和岩石变质年龄集中在3000~2500Ma（张渝昌等，1997）。

（二）克拉通基底形成阶段

经历吕梁构造和晋宁构造的陆核增生和拼合，先后形成华北板块（约1800Ma形成）、扬子板块（约1000Ma形成）和塔里木板块（约800Ma形成），类似于北美板块由陆核向外呈近同心式增长，但中国克拉通板块面积小，由于后期裂解漂移在浩瀚大洋之中，最终演变为镶嵌在巨型褶皱带之间的小型克拉通盆地，不同于北美巨型克拉通及其镶边的褶皱带。中国小型克拉通更能反映出其内部与大陆边缘的相关性，在沉积层序和变形特征上都有联系。

早元古代末期（1850Ma）强烈的构造-热活动后华北古板块最终固结，中元古界长城系成为华北陆块的沉积盖层或陆内、陆缘裂谷沉积的底部岩系，随后沉积了一套厚达万米的长城系、蓟县系和青白口系稳定沉积（伍家善等，1991）。中元古代早期塔南等陆核有限拆离，中新元古代中晚期，随着塔南陆核周缘中元古代活动大陆边缘沉积的褶皱固结，陆块侧向增长，形成连接在一起的塔里木板块。华南地区（包括扬子区和华夏区）陆核形成时间比华北和塔里木晚些，康滇、鄂西黄陵-神农架、江西障公山、福建建宁等地发现的最早角闪岩相变质岩石的同位素年龄多数在 3000～3200Ma（林金录，1987；马长信，1993；沈渭洲，1993）。早元古代（2000～1800Ma）是最重要的扬子板块和华夏古陆形成期（沈渭洲，1993；张渝昌等，1997）。这些板块在中元古代沉积了稳定的陆源碎屑岩（石英质砂岩、富碳铝泥质岩）和镁质碳酸盐岩，板块间，如川滇和摩天岭等地区以裂谷火山-沉积岩为主。元古代华北板块与华南板块、塔里木板块拼接成一个大型古陆（Rodinia），张渝昌等（1997）称之为"原中国古陆"，除了拼接带的花岗岩年龄、混合岩化年龄和变质年龄证据外，在上新元古代末期（震旦纪）这三大板块都沉积了相联系的冰碛岩。中国三大板块的基底既包括了太古代陆核，又包括了中、新元古代变质褶皱基底。

二、海相克拉通盆地形成

中国大地构造演化的长期性和复杂性决定了古生界海相克拉通盆地的特殊性和含油气性。20 世纪 70 年代以来，许多地质学家、石油学家从不同角度进行了广泛的探讨（李春昱，1982；朱夏，1986；肖序常等，1991；任纪舜，2001）。邱中建（1999）近十余年来，以塔里木为代表的海相克拉通盆地勘探的深入和大量第一手地质资料的获得，结合中国海相盆地的勘探现状和研究认识，对克拉通盆地的构造地质特征与石油地质特征有了深刻认识（贾承造，1997，2004），初步揭示了中国海相克拉通盆地的构造成因、演化特征与油气地质特征。

（一）早古生代板块漂移和海相盆地沉积

新元古代晚期 Rodinia 古陆解体，华北、扬子、塔里木等小陆块裂解出来，被三个相互连通的洋盆——古亚洲洋、古中国洋和古特提斯洋分隔（李春昱，1982；朱夏，1986；肖序常等，1991；任纪舜，2006）。早古生代早期，这些小板块还处于南半球中低纬度区，塔里木、华北和扬子三大板块之间相距很远（表 2.1）。以奥陶纪为例，同时处于赤道以南的三个板块之间的经度相差很大，塔里木板块处于东经 181.5°，扬子板块位于东经 28.8°，而华北板块更是位于东经 17.4°，它们之间的距离相隔很远。随后这些板块向北发生远距离的漂移，早古生代末，这些被大洋分隔的小型板块才趋向拼合，形成中国古大陆的雏形。据李春昱（1982），早古生代华北和扬子两个古板块当时相距至少有 4000km，塔里木、华北和扬子古板块分别漂移在昆仑洋、秦岭-祁连山洋和天山洋之间（图 2.5）（李德生等，2002）。

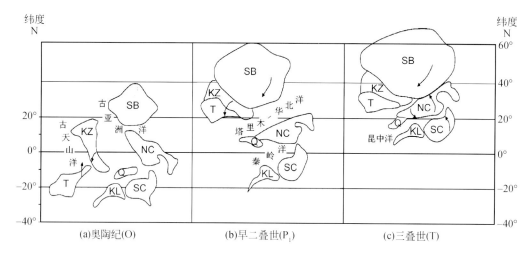

图 2.5　中国及邻区板块构造运动迹向示意图（李德生等，2002）
SB. 西伯利亚板块；KZ. 哈萨克斯板块；T. 塔里木板块；Q. 柴达木板块；
KL. 中昆仑板块；SC. 扬子板块；NC. 华北板块

　　震旦纪时到早古生代，古板块的主体沉没于海平面之下，克拉通边缘以拗拉槽、被动陆缘或边缘拗陷的盆地相沉积为主，如华北板块北部的燕辽地区（郭绪杰等，2002）、塔里木板块东部的库鲁克塔格拗拉槽（贾承造等，1997）、鄂尔多斯盆地的西北部贺兰山拗拉槽（杨俊杰，2002），四川盆地西部龙门山地区也可能发育板缘裂陷（郭正吾等，1996；刘树根等，2001），深水环境下发育了一套富含有机质的泥页岩沉积。克拉通板块内部也发育稳定的深拗陷，沉积具有烃源岩意义的灰质泥岩或泥岩，例如，塔里木盆地塔中地区的奥陶系灰质泥岩就属于克拉通拗陷的沉积层序。受洋盆围限的克拉通板块内部以稳定的台地相碳酸盐岩沉积为主，早古生代中晚期，塔里木、四川、鄂尔多斯等克拉通板块稳定沉降，三个古板块同时沉没于海平面之下，以陆表海沉积为主。由克拉通板块内部的隆升区到克拉通板块边缘的洋盆方向，平面上由台内潟湖相、台地白云岩相、台地边缘相及浅海相组成。台地边缘沉积的生物礁或生屑滩，形成较厚的油气藏储集体。到晚奥陶世，华北古板块出露于水面成为古陆，长期遭受剥蚀；志留纪早、中期，只有塔里木和扬子古板块边缘部分接受浅海相泥质碎屑沉积，晚期均露出洋面成为古陆（贾承造等，1995）。古板块出露海面，碳酸盐岩沉积层序遭受剥蚀或大气淡水淋滤，形成风化壳岩溶储集层。同时，发育在古陆壳板块之上的海相沉积层序在加里东运动期间收到周缘洋壳板块的俯冲推挤作用，在板块内部形成古隆起，成为油气运移聚集的有利部位。

表 2.1　中国三大古板块古地磁反映的古经纬度数据表（贾承造，1997）

板块名称	寒武纪		奥陶纪		志留纪	
	经度（°E）	纬度（°N）	经度（°E）	纬度（°N）	经度（°E）	纬度（°N）
塔里木	—	—	181.5	-21.2	164.5	12.5
华北	21.9	-24.0	-17.4	-1.0		
扬子	-5.2	-3.2	28.8	-21.3	-4.9	-1.3

注：塔里木参考点 41.7°N，80.5°E；扬子参考点 29.6°N，103.4°E；华北参考点 37.8°N，112.4°E。

（二）晚古生代板块聚敛和海陆交互相盆地沉积

晚石炭世开始，塔里木、华北和扬子等古板块依次向北漂移，分隔这些古板块的南天山洋、北天山洋、贺兰山海槽、昆仑洋、秦岭洋等相继关闭，三大古板块及其间的地体增生在欧亚板块南缘。小克拉通板块成为被海西造山带环绕的稳定陆块，发育广泛的海陆交互相沉积。塔里木–华北板块向哈萨克斯坦–西伯利亚板块拼贴，天山以北形成准噶尔盆地。昆仑–秦岭洋向北俯冲消减，其北侧的塔里木、华北、柴达木等板块上覆海陆交互相–陆相沉积层序。石炭纪，从华夏植物群和石膏等矿产分布判断，华北和塔里木古板块处在热带–亚热带的干旱–潮湿交替低纬度地区（田在艺等，1997）；早二叠世末，它们漂移到北半球高纬度区，与西伯利亚板块发生碰撞，随着古亚洲洋关闭，结束了海侵历史，天山以北形成准噶尔陆相盆地，昆仑–秦岭以北则变为中国北方大陆区。这时扬子古板块还滞留在赤道附近，沉没于海平面下，直到中三叠世由于古秦岭–大别洋盆的消亡才拼贴在华北板块的南缘。中三叠世末，金沙江特提斯洋盆及其以北洋盆最终关闭，扬子板块与华北板块碰撞，形成四川、鄂尔多斯上三叠统陆相盆地。随着各个板块向北漂移聚合成统一大陆，裂谷反转或洋盆关闭造山，克拉通缘盆地转化为造山带，古生代形成的海相沉积层序镶嵌于这些海西–印支期造山带之间。这期间，受间歇性的区域伸展作用，在克拉通板块的边缘出现裂陷盆地或有限洋盆。晚石炭世以来，在克拉通板块边缘的天山、祁连山、南昆仑–南秦岭等出现有限洋盆或裂谷带，克拉通内拗陷盆地和克拉通边缘裂陷盆地接受石炭纪—二叠纪海陆过渡相沉积。

三、中生代陆相盆地叠置

晚古生代由于古洋盆消亡，中国大陆开始进入陆相成盆时期，主要划分为以下几个阶段：① 早–中三叠世为昆仑–秦岭以北中国北方陆相盆地沉积期。二叠纪以后古亚洲洋完全关闭，昆仑–秦岭以北中国北部陆相盆地形成，特别是塔里木–华北板块与哈萨克斯坦–西伯利亚板块的拼贴，天山南北两侧初次形成分布广泛的塔里木和准噶尔陆相沉积盆地（肖序常，1991；贾承造，1997）。② 晚三叠世为东、西部海陆相盆地分异期。晚三叠世金沙江特提斯洋盆、古秦岭–大别洋盆关闭，扬子板块拼贴在华北板块南缘，中国西北地区形成统一的大陆，发生陆内沉降和沉积；四川、鄂尔多斯开始结束海相沉积，整个中国西北地区在三叠纪到侏罗纪期间广泛分布陆相沉积盆地。③ 侏罗纪—白垩纪为统一的陆内含煤盆地建造期。侏罗纪以来，中国东部由于太平洋板块俯冲而发生弧后拉张，沿华北板块东缘的松辽盆地受到拉伸作用，古板块破碎或断裂，在断陷部位发育湖盆沉积（杨树锋等，2002）。中国陆相盆地的形成具有北早南晚、西早东晚的特点，西北部的准噶尔盆地从二叠纪开始就进入陆相湖盆沉积阶段，而东部地区到白垩纪才形成松辽盆地，到古近纪、新近纪才形成渤海湾等盆地。随着天山–兴蒙洋在二叠纪的关闭，昆仑–秦岭以北地区开始陆相盆地演化阶段；随着金沙江洋、勉略洋等在晚三叠世的关闭，整个扬子地区开始接受陆相沉积；直到新生代新特提斯洋的闭合，整个西南地区–青藏高原开始抬升为陆，结束海相沉积。中国陆相盆地主要发育于二叠纪以来，三叠纪早期，北陆南海；三叠纪晚期，南方中东部的海水退出成陆，开始发育陆相湖盆，出现东西分异雏形。侏罗纪海域进一步缩小，中西部陆相沉积盆地范围扩大；东部太平洋和亚洲大陆之间沿岛弧带强烈挤压，发育大量湖沼沉积并有较强的火山活动。白垩纪气候干燥，中部干旱–半干旱地区范围扩大，沉积物多为红色并含有膏岩沉积，东北地区仍为湿润气候，松辽盆地由于西面大兴安岭的上升，使得在原来许多小断陷盆地的基础上发展成为一个大型的拗陷性盆地，具有大面积的湖泊，其中包括大的深湖区，如青山口一段沉积时，盆地面积 26 万 km^2，湖泊面积 8.7 万 km^2，这也是松辽盆地能够形成大油田的原因。

（一）早–中三叠世北方陆相盆地形成

晚石炭世—早二叠世期间，随着欧亚大陆和 Pangaea 联合古陆的形成，古亚洲洋闭合，准噶尔、塔里木、华北等小型克拉通陆块向北与西伯利亚板块、哈萨克斯坦板块相继发生碰撞和拼贴（李春昱等，1982；贾承造，1997；任纪舜，2002），增生在欧亚大陆南缘，形成天山–兴蒙造山带。这期构造完成了塔里木–华北两大板块与欧亚板块的焊结作用，改变了中国地貌，形成北陆南海的盆地分布格局。由于洋盆关闭，海水开始退出，发育广泛的陆相沉积盆地，同时受间歇性的区域伸展作用，在小型克拉通的边缘形成裂陷盆地，沉积海陆交互相沉积。二叠纪以来昆仑–秦岭以北的洋盆已不存在，基本处于隆起或发育陆相沉积盆地。在天山造山带两侧的塔里木、准噶尔、伊犁、吐鲁番–哈密和三塘湖盆地都有彼此相似的晚二叠世—三叠纪河湖相沉积序列和沉积特征，湖盆沉积格局具有分割性较强的多断陷分布特点。华北地区为半封闭的海陆交替至陆相沉积，南华北地区有海陆交互相煤系沉积。东北的松辽地区晚二叠世全面转为河湖相沉积并局部伴有陆相火山岩系（朱如凯等，2007）。昆仑–秦岭以南则是广阔的边缘海和与特提斯海有一定联系的洋盆（罗志立，1991）。因此，晚二叠世—中三叠世陆相沉积体系基本局限于昆仑–秦岭以北，大型陆相沉积环境构成以昆仑–秦岭为界，南海北陆 EW 向展布的显著构造格局 [图 2.6（a）]。

第二章 中国海相克拉通盆地形成与演化

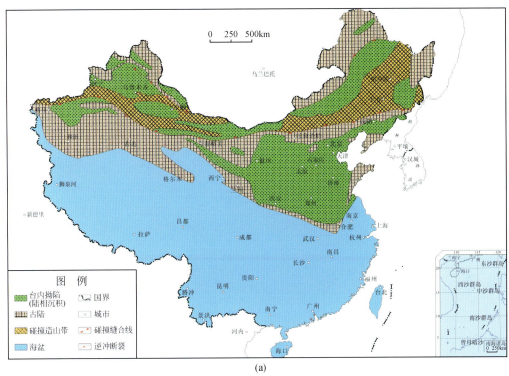

(a)

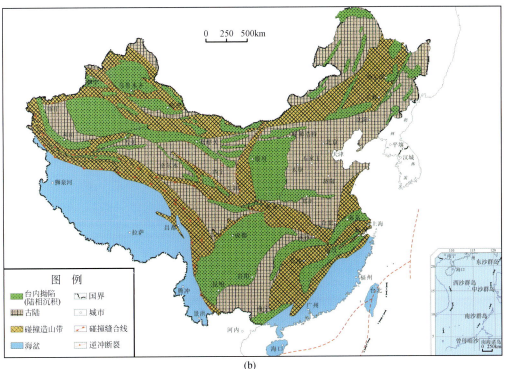

(b)

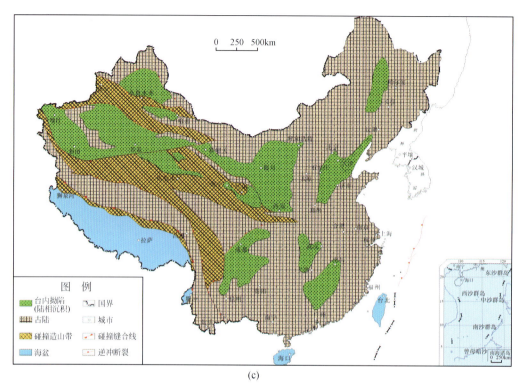

(c)

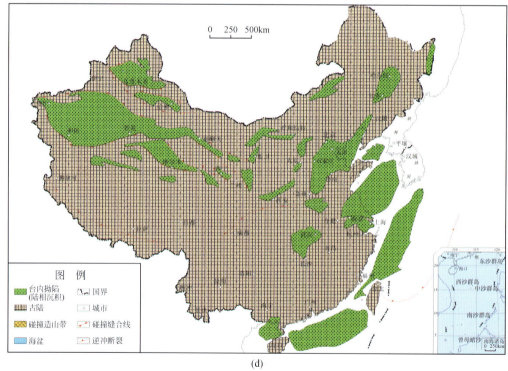

(d)

图 2.6 中国主要关键时期的陆相沉积盆地分布图
(a) 二叠纪盆地分布概略图；(b) 晚三叠世盆地分布概略图；(c) 侏罗纪—白垩纪盆地分布概略图；
(d) 古近纪盆地分布概略图

(二) 晚三叠世海陆相沉积盆地分异

从晚三叠世到侏罗纪初是特提斯洋和古太平洋向古亚洲大陆消减的主要时期,扬子陆块向北运动,古太平洋板块向 NW 运动,导致古欧亚大陆东、南部增生(Wu et al.,1997)。晚三叠世,随着秦岭南侧的勉略洋、金沙江洋、澜沧江洋、秦岭海槽等相继关闭(陈正乐等,2002;陈新军等,2006),扬子板块向北与华北陆块拼接,特提斯洋以北的盆地群成为统一的大陆,其北界为稳定的西伯利亚板块,南边受特提斯洋的俯冲、拼贴和碰撞的构造影响(Huang et al.,1977;苏良舒等,2002)而发生陆内沉降和沉积[图 2.6(b)]。中国南方发生大规模的海退,结束了南海北陆的古地理面貌,开始出现东西分异的新格局,地势东高西低,北高南低[图 2.6(b)]。中国除青藏高原南部地区还处在特提斯海域外,羌塘地块以北的中国大陆成为完整的大陆型地块,构成古欧亚大陆的主体,沉积陆相盆地。晚三叠世的中国古地理格局可概括为西南部的古特提斯海相沉积区(青藏地区),中西部的陆相拗陷沉积盆地区(鄂尔多斯、川滇、准噶尔-吐哈和塔里木盆地),东部的隆起剥蚀区(东北高地、华北高地和滇黔桂高地)。中国中西部的广阔大陆为近海内陆湖盆、山间盆地等河湖沉积体系。上扬子地区形成以四川盆地西部为主体的前陆盆地,沉积厚层砂岩和泥页岩、粉砂岩夹煤层,盆地周边受褶皱冲断作用回返,沉积盆地向内部收缩。整个华北盆地开始向西萎缩成鄂尔多斯盆地为主的拗陷盆地,盆地内沉积以河湖相为主,盆地西缘的六盘山山前发育厚达 2000m 的洪积砂、砾岩;华北盆地三叠系普遍缺失显示东部构造抬升,在其西部发育了鄂尔多斯盆地,沉积厚达数百至千米的浅湖-深湖黑色泥页岩和河湖三角洲体系,富集了上三叠统及侏罗系的含油层。准噶尔-吐哈盆地沉积岩分布达 10 万 km^2,厚度为 500~1000m。塔里木盆地为大面积的湖相沉积和大型河湖三角洲体系。昆仑-秦岭以南地区,四川盆地在晚三叠世形成大型内陆湖盆,沉积厚层砂岩和泥页岩、粉砂岩夹煤层。盆地周边受褶皱冲断作用回返,沉积盆地向内压缩(袁学诚,1996)。

四川盆地从晚三叠世由于西、北缘洋盆的关闭而结束海相沉积,进入陆相前陆盆地演化阶段,在龙门山前沉积了厚达 4000m 的上三叠统须家河组前陆层序地层,随后经过短时间的抬升之后,持续接受侏罗纪—白垩纪的河湖相沉积。其中须家河早期(T_3x^{2-3}),龙门山构造山系的逆冲推覆作用较为活跃,川西拗陷发生强烈拗陷沉降作用,沉积地层形成西厚东薄(图 2.7)。须家河期沉积主要由从西边山系和川中隆起向盆地中心推进的,由以发育(冲积扇)辫状河-辫状河三角洲-浅湖沉积为主的沉积体系组成,致使四川盆地浅湖区域为向南西倾斜的"∩"形,浅湖内零星发育有小型浅湖砂坝沉积。由盆地边缘和川中隆起的冲积扇(河流)和(扇)三角洲沉积体系的粗-中碎屑岩沉积相带,向前逐渐过渡为湖泊沉积体系的细碎屑-泥质岩沉积相带(图 2.7 平面图),盆地西部各类扇体侧向叠置组成的扇裙具有平行龙门山构造带呈 SW-NE 向展布的特点。

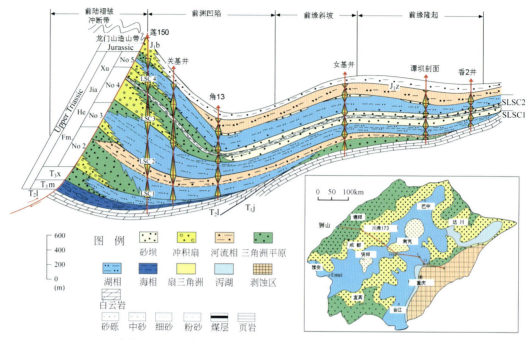

图 2.7 川西晚三叠世前陆盆地沉积相分布与地层柱状图

(三) 侏罗纪—白垩纪陆内含煤盆地建造

侏罗纪—白垩纪，古亚洲东侧的古太平洋关闭，古亚洲大陆与西太平洋板块碰撞；古亚洲南侧的班公湖-怒江特提斯洋消失，拉萨地块与古亚洲大陆碰撞 [图 2.6 (c)]。除了青藏高原以南的古特提斯海相沉积外，中西部为大型拗陷沉积的陆相含煤盆地，东北部为碎屑岩含煤组合的裂谷盆地群和华北-华南红色小型盆地群。

中国中西部广大地区发育一系列大型近海的内陆盆地，普遍具有沉积稳定、厚度不大的克拉通内拗陷特征 [图 2.6 (c)]。塔里木、准噶尔、鄂尔多斯和四川盆地成为大型内陆拗陷，古昆仑山、天山、祁连山两侧有一些中、小型断陷湖盆分布，如柴达木北缘、伊犁、焉耆、三塘湖、额济纳旗、河西走廊等，在昆仑-祁连以北还发育许多断陷盆地。特别是侏罗纪为近海内陆湖盆，地形平坦、开阔，水体面积大，温湿的古气候利于湖沼相煤系地层的发育，形成河湖相砂泥岩和含煤建造。中国东部地壳受太平洋板块影响，形成大型 NE 向的复背斜和复向斜，产生一系列大小不等的裂谷或断陷盆地，形成大兴安岭和东南沿海的火山-沉积盆地群和二连盆地为代表的拉分-裂陷盆地群 [图 2.6 (c)]；松辽盆地为典型的断陷盆地，主要为中生代弧后裂谷盆地，以白垩系河湖相沉积为主，沉积地层厚达 4000m。侏罗纪—白垩纪期间，南北方同时出现相同沉积相的煤系及红层等内陆盆地，大陆地壳具有东部活动性强，地壳隆升，中西部地壳稳定、缓慢沉降的特点。

四、喜马拉雅期海相克拉通盆地改造

古近纪以来为陆内构造改造和裂陷盆地形成期；新特提斯洋沿雅鲁藏布江缝合带与欧亚板块碰撞，中国中西部造山带复活，从造山带向克拉通方向呈箕状不对称叠合再生前陆盆地（或逆冲带）（Lu et al.，1994；Hendrix et al.，1994；陈发景，1997）；中国东部受太平洋板块的持续俯冲和弧后拉张作用，渤海湾进入裂谷盆地演化阶段，后期受热冷却作用发育拗陷盆地（Chen，2000）；这期构造活动控制了中国东部拉张成（裂）谷、西部挤压成盆的陆内变形特征。新近纪以来，青藏高原的快速隆起，奠定了中国现今东低西高的地貌格局（Allégre et al.，1984；Harrison et al.，1992；Tapponnier et al.，2001），中西部形成环青藏高原巨型盆山体系，东部形成环西太平洋裂谷盆地群。

（一）印度-亚欧板块碰撞和再生前陆构造

55~40Ma 前特提斯洋开始沿雅鲁藏布江俯冲关闭，古近纪特提斯洋自西向东多次海侵，塔里木盆地的塔西南、库车等地区发育巨厚的海陆交互相层序，沉积陆相煤系、浅海相礁灰岩、潟湖相膏盐岩、湖泊三角洲、河流相砂泥岩等地层；柴达木盆地古近纪属于稳定性矿物的细碎屑岩沉积，处于低能沉积的构造环境，呈走滑-伸展的碟形拗陷盆地。海侵西强东弱，贺兰山-龙门山以东的鄂尔多斯和四川盆地所受影响不大。

新近纪以来，中国大陆内部的海相沉积完全结束，进入陆内造山和成盆阶段。印度板块携带着喜马拉雅块体、冈底斯块体，沿雅鲁藏布江缝合带与欧亚板块碰撞；中西部造山带复活，从造山带向克拉通方向呈箕状不对称叠合再生前陆盆地（或逆冲带）（Graham et al.，1993；Lu et al.，1994；Hendrix et al.，1994）；在持续挤压的作用下，中西部地区盆地岩石圈因刚性而发生挠曲变形，刚性的岩石圈向造山带之下俯冲，而山体则向盆地方向逆冲推覆，并以被地震测深资料所证实（Kao et al.，2001）。具体在变形上表现为盆地中央相对上拱，而盆地-山脉交接部位接受构造和沉积负载而沉降，形成山前拗陷。例如，塔里木北缘和南天山南缘交接的库车拗陷和西昆仑山交接的塔西南拗陷，准南山前拗陷和川西盆地等都是这类成因的前陆盆地。由于盆地基底在地质历史上作为刚性块体，其构造变形主要集中在块体边缘的增生和拼贴；这些拼贴带是变形的薄弱带，在印度-欧亚大陆碰撞的远距离作用下重新活动，形成一系列再生前陆盆地（Graham et al.，1993；Lu et al.，1994；Hendrix，1994）。前陆拗陷堆积巨厚的磨拉石沉积，最大厚度可达 4000~7000m，依次向克拉通中央隆起方向减薄。块体岩石圈刚性大、强度高，于是向山体下插，而山体向盆地方向逆冲推覆（Kao et al.，2001）。其变形方式表现为块体中央部分因挠曲而上拱，块体边缘因周缘造山带的构造负载和沉积负载双重效应向下凹，并进一步接受沉积。晚新生代期间由于周缘山脉的急剧隆升，而山前拗陷带则相应表现为快速沉降。形成了一系列环绕青藏高原东部和北部的"冲断带群"（贾承造等，2013；李本亮等，2008，2011）。由于沉积盖层岩石物性差异，其内形成一些滑脱面，造成了克拉通盆地边缘构造变形，发育断层相关褶皱组合、盐相关褶皱和走滑-冲断构造组合等构造样式。

（二）西太平洋板块俯冲和东部弧后裂陷作用

中国东部主要体现为太平洋板块俯冲而发生弧后拉张，沿华北板块东缘的松辽、渤海湾等断陷湖盆，古生代海相克拉通盆地受到拉伸作用破碎或断裂，在断陷部位发育湖盆沉积，隆升部位成为古潜山。中国东部受太平洋板块俯冲而发生弧后拉张，沿华北板块东缘的松辽、渤海湾等地区发育［图2.6（d）］。中国东部地区在中生代早中期主要为抬升隆起期，华北陆块东部和下扬子地区在隆起背景上发育一些分散的小型陆相沉积盆地，规模有限。中生代晚期以来，由于太平洋板块俯冲方向的改变和印度板块向北强烈推进派生的滑移线场的作用，在中国乃至整个亚洲的东部产生了引张构造环境，形成一系列带有一定拉分性质的裂谷盆地。其中渤海湾盆地、南华北盆地、江汉盆地、苏北-南黄海盆地等叠加在古生代克拉通盆地之上，均以古近纪断陷阶段为主要成盆期，造成古生代克拉通被新生代裂谷改造和叠加。

中国以塔里木、华北、扬子三个板块为核心，漂游在大洋中，形成古生代的克拉通盆地；中生代在这些小型克拉通之上叠置了从北向南、从东向西扩展的、广泛分布的陆相沉积盆地，并被海西-印支期多个造山带分隔；新生代西部受环青藏高原巨型盆山体系的控制，在古克拉通边缘形成再生前陆盆地，东部受太平洋板块俯冲和弧后伸展构造控制，海相克拉通盆地拉张破坏形成裂谷盆地群。

五、三大海相克拉通盆地构造演化

克拉通盆地的沉降主要与地幔柱升降与板块聚敛运动有关，随着超大陆裂解，板块随之沉降，形成克拉通盆地。克拉通盆地常下伏裂谷，如天山洋裂解，随后为塔里木盆地沉降；秦岭洋裂解，随之为鄂尔多斯盆地与四川盆地沉降。因此克拉通旋回与威尔逊构造旋回有关，盆地演化主要遵循大陆裂解与聚合，发育各类与克拉通相关的盆地（刘和甫，2005），中国海相克拉通盆地主要形成于古生代板块漂移期。寒武纪—早奥陶世塔里木盆地、鄂尔多斯盆地与四川盆地等发生裂后热沉降，早期形成碳酸盐台地，晚期发育蒸发岩台地，构成海进-海退旋回。中、晚陶奥世—志留纪，克拉通盆地受到板块边缘俯冲作用及碰撞作用，克拉通盆地内隆升，发育古隆起，形成不整合面，克拉通边缘产生挠曲沉降，形成淹没面，上叠前陆盆地，成为中国克拉通盆地演化的重要阶段。克拉通之上沉积的、目前保存较完整的塔里木、四川、鄂尔多斯三大海相克拉通盆地，古生代为克拉通内拗陷、裂陷盆地拗拉槽，也可能是克拉通边缘盆地。

（一）从青藏高原北缘区域构造看塔里木海相克拉通盆地构造演化

柴达木盆地及其以南地区与塔里木盆地一样发育海相克拉通盆地，中生代以来都处于统一的特提斯域构造作用下，后期的构造变革对海相克拉通盆地的影响不同，导致了完全不同的油气勘探潜力。特提斯洋依次从南向北的俯冲、拼贴、碰撞（贾承造等，2001），南缘的古生代海相克拉通盆地最先经受构造改造，发生挤压抬升或拉张下的岩浆活动，位于远端的塔里木盆地遭受的构造变动相对较弱；再加上塔里木板块本身具有前寒武系结晶基底，抗构造变革的强度大，盆地保存得较完整（图2.8）。目前在塔里木古生界海相克拉通盆地中获得探明石油地质储量近20亿t，天然气近10000亿m^3，而青藏高原内部的柴达木、羌塘等盆地内至今没有在海相盆地中发现工业油气藏。

新元古代到早奥陶纪，由于Rodinia泛大陆的裂解，各自分离的塔里木、柴达木、准噶尔等板块处于伸展构造，发育克拉通内的断陷盆地、克拉通边缘的被动大陆边缘和贯穿克拉通内部与边缘的拗拉槽等盆地。中奥陶世—早泥盆世，古亚洲洋和祁漫塔格-库地洋关闭造山，哈萨克斯板块与准噶尔地块拼贴，中昆仑地块（柴达木板块）与塔里木板块拼贴，拼贴增生的板块被南、北天山洋分隔开。晚石炭世，南、北天山洋关闭造山，准噶尔地块（哈萨克斯板块）和塔里木板块拼贴，形成统一的新疆大陆，开始接受统一的构造演化和陆相沉积充填。早二叠世，受统一区域伸展构造作用，玄武岩喷发，天山南北缘部分洋盆残留或局部伸展断陷，晚二叠世—早三叠世，随着南缘金沙江-纳木错洋盆关闭和羌塘板块向北拼贴在塔里木板块南缘，塔里木板块和准噶尔板块周缘形成前陆盆地。新生代，随着印度板块向欧亚大陆南缘碰撞及其构造远程效应，紧邻碰撞造山带的青藏高原强烈构造变形并隆升，改造或破坏了先期形成的海相克拉通盆地，塔里木盆地、准噶尔盆地由于远离该期造山带，并且有坚硬的结晶基底，所以盆地边缘被冲断推覆改造，盆地内部海相盆地得以保存（图2.8）。

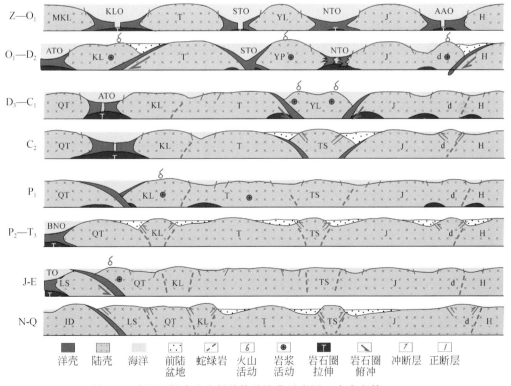

图2.8 中国西部南北向板块构造演化示意图（李本亮等，2009）

H. 哈萨克斯板块；J. 准噶尔地块；YL. 伊宁地块；T. 塔里木板块；MKL. 中昆仑地块；QT. 羌塘地块；LS. 拉萨地块；ID. 印度板块；AAO. 古亚洲洋；NTO. 北天山洋；STO. 南天山洋；KLO. 昆仑洋；ATO. 古特提斯洋；BNO. 班公湖-怒江特提斯洋；TO. 特提斯洋；d. 达尔布特山；TS. 天山；KL. 昆仑山

塔里木海相克拉通盆地构造演化过程如下：中元古代塔里木板块拼合成结晶基底后，震旦纪—奥陶纪—中石炭世，古板块处于南纬20°左右，为大洋中克拉通块体与陆缘裂谷阶段，主要发育海相碳酸盐岩和碎屑岩沉积。晚石炭世—二叠纪，塔里木板块向北漂移到北纬20°附近、陆块拼合、周缘洋盆关闭（图2.5），期间发生了二叠纪大规模的玄武岩喷发。海相克拉通盆地之上叠置海陆交互相的碎屑岩沉积层序，夹有二叠系玄武岩。除了三叠纪早期塔里木板块周缘发育冲断挤压构造变形外，整个三叠纪—白垩纪期间以陆内拗陷湖盆叠置为主。新生代印藏碰撞及其远程效应影响，陆内俯冲、盆山耦合致使塔里木克拉通盆地边缘发育冲断褶皱和板缘挠曲形成巨厚的陆相磨拉石堆积（图2.9）。塔里木板块以南地区与塔里木盆地一样发育有海相地层，中生代以来都处于统一的特提斯域构造作用下。特提斯洋依次从南向北的俯冲、拼贴、碰撞，塔里木盆地南缘的海相盆地最先经受构造改造，发生挤压抬升或拉张下的岩浆活动，位于远端的塔里木盆地北缘遭受的构造变动相对较弱，再加上塔里木板块本身具有前寒武系结晶基底，抗构造变革的强度大，盆地保存得较完整。总体上盆地内部地质结构稳定、古生界海相地层发育齐全；但是盆地边缘分别受印支期和喜马拉雅期褶皱冲断和挤压挠曲沉降（沉积），控制了塔里木古生界海相油气的生成和聚集（图2.9）。

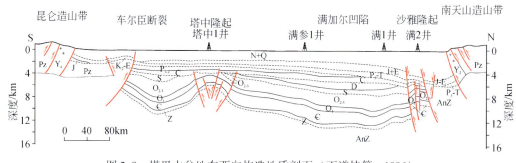

图2.9　塔里木盆地东西向构造地质剖面（丁道桂等，1996）

塔里木克拉通盆地海西期以来周缘仍旧遭受破坏，其中东部的南北缘受走滑－冲断作用隆升剥蚀，西部的南北缘受冲断抬升剥蚀与俯冲消减，目前仅剩下塔里木克拉通的核心部位承载的海相盆地。根据目前南天山的地层发育特征显示，在塔里木盆地北缘应该存在下古生代寒武系至泥盆系的海相地层，但是受到晚海西期—早印支期南天山洋盆关闭和板块碰撞的作用，塔北地区作为当时前陆盆地的前缘隆起（李曰俊等，2001），遭受剥蚀，特别是在柯坪塔格、乌什拗陷、库车拗陷及塔北隆起等地区；在喜马拉雅期受到天山造山带复活和挤压冲断作用（Lu et al.，1994），残留的克拉通盆地边缘再次被造山带逆掩推覆和褶皱变形，根据平衡剖面恢复计算，柯坪塔格地区新生代的克拉通盆地边缘构造缩短量大约60km，库车拗陷的构造缩短量约20km，另外从重磁及电法勘探资料显示塔里木克拉通北缘至少有20km的范围俯冲到南天山以下。在塔里木盆地北缘的东部地区，受库鲁克塔格南缘右旋走滑作用（舒良树等，2003），原先塔里木克拉通盆地北缘的一部分受到走滑构造的切割，北部隆升遭受剥蚀，出露元古界甚至太古界地层，古克拉通盆地荡然无存。在塔里木盆地的南缘，在塔西南地区根据深部地震反射资料显示（高锐等，2001），在昆仑山下仍旧存在于塔里木克拉通南缘连续分布的平直的地震同相轴反射，它代表在铁克里克山体推覆之下存在广泛分布的塔里木克拉通部分，达100km以上；同时根据塔西南地区沉积地层的构造平衡剖面恢复显示新生代塔里木南缘西部的构造缩短量达到80km以上（李本亮等，2008）。同样，在塔里木盆地南缘的东部地区受车尔臣及阿尔金左旋走滑断裂的切割，原先的克拉通盆地抬升剥蚀，在且末、民丰等地区侏罗系或古近系直接覆盖在元古界地层之上，甚至在阿尔金山的北缘直接出露元古界，早先的克拉通盆地被破坏。过去我们讲古生代克拉通盆地，更多的是突出大陆的增生和克拉通的拼合，实际上从晚海西期以来看，克拉通盆地周缘更多的是遭受破坏，特别是新生代克拉通边缘的构造破坏作用更加明显，这就是中国海相克拉通盆地规模小的主要原因。

（二）从华南区域构造看四川海相克拉通盆地构造演化

中下扬子海相克拉通盆地的形成演化、沉积序列，甚至气源岩、储集层段、含气组合、晚期成藏等都与四川盆地有相似之处（戚厚发，1998），关键是海相原型盆地的后期保存程度不一致。中下扬子板块自古生代以来基本上为大陆地壳从东南向西北俯冲、拼贴、碰撞而增生，地壳结构不断复杂化的过程（罗志立，2000）。印支期到燕山期太平洋板块向东亚大陆俯冲、走滑，来自ES方向不同期次的挤压和拉张运动直接作用于扬子板块，中下扬子首先遭受隆升剥蚀、断层切割、岩浆活动；古生界地层裸露，现今只是发现了一些显示古油藏的沥青砂（图2.10）。位于远端的上扬子地区（四川）经受的构造变革相对较弱，四川盆地自震旦纪以来，总体上没有大规模褶皱冲断抬升，古生界盆地能够得以保存，才具备古生界含油气系统和天然气藏的盆地基础。

新元古界带早奥陶世，与Rodinia大陆裂解相关的南华洋分隔开了扬子板块和华夏古陆。中奥陶世—志留纪，由于南华洋的关闭造山，扬子板块与华夏古陆拼贴，扬子板块之上的中国华南地区形成统一的大陆。三叠纪，随着钦州-右江裂陷槽、川西（松潘地区）裂陷槽的构造反转造山和金沙江洋盆的关闭，上扬子板块与松潘地体拼贴在一起，云开地体与下扬子板块拼贴在一起，扬子地区开始经历相同的构造演化和沉积充填。到燕山期（侏罗纪—白垩纪），受太平洋板块的俯冲和弧后伸展，华南地区遭受强烈的岩浆活动，早期的海相盆地，特别是邻近太平洋板块的中下扬子板块之上的海相盆地由于拉张断陷、岩浆侵入等破坏，盆地中的生烃有机质和油气藏被破坏，而远离太平洋板块的上扬子地区（四川盆地）海相盆地受到的构造变革相对较弱，古油气藏得以保存。新生代，随着印度板块向欧亚大陆南缘碰撞及其远程效应，紧邻青藏高原的松潘与龙门山地区发生强烈的构造变形并隆升，改造或破坏了先期形成的松潘-川西克海相拉通盆地，四川盆地由于远离该期造山带，并且有坚硬的结晶基底，只是盆地边缘被冲断推覆改造，盆地内部海相层序得以保存（图2.10）。

四川海相克拉通盆地构造演化过程如下：震旦纪开始拼合成结晶基底的杨子板块，震旦纪—奥陶纪—志留纪扬子古板块处于赤道以南1°~3°，为大洋中的克拉通块体与陆缘裂谷阶段，自震旦纪开始处于稳定沉降的克拉通盆地状态，以海相克拉通盆地中的碳酸盐岩沉积为主（图2.5）；以低水位体系域碎屑沉积开始，在扬子克拉通盆地广泛沉

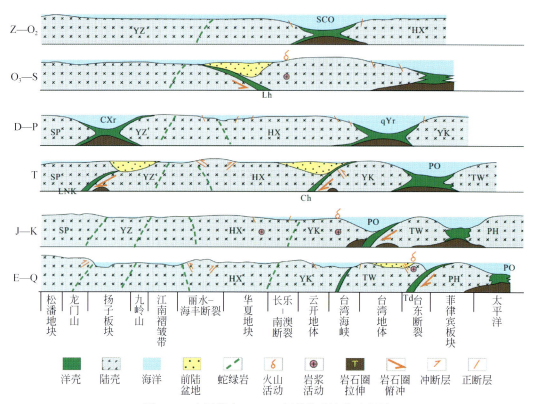

图 2.10 中国华南 NE-SW 板块构造演化示意图

SP. 松潘地块；YZ. 扬子板块；HX. 华夏地块；YK. 云开地块；TW. 台湾地块；PH. 菲律宾地块；
SCO. 南华洋；qYr. 钦州-右江裂陷柄；CXr. 川西裂陷槽；PO. 太平洋；
Lh. 丽水-海丰断裂；Ch. 长乐-南澳断裂

积高水位体系域灯影组白云岩，厚约 700～1000m，为四川盆地内主要含气层之一。寒武纪开始发育有代表凝缩层的低速含磷沉积，向上发育高水位体系域的碳酸盐岩，形成广袤碳酸盐台地，而在克拉通边缘东南斜坡带则沉积浊积扇。奥陶纪中期开始大陆边缘反转形成中奥陶世—志留纪复理石前陆盆地。泥盆纪—二叠纪，扬子古板块仍旧还处赤道以南，既有洋中古陆抬升剥蚀形成川中古隆起、也有北缘勉略洋盆拉开沉积巨厚海相碳酸盐岩，还有二叠纪的玄武岩喷发事件。三叠纪扬子板块已经进一步向北漂移到北纬 15°附近，与华北板块拼贴挤压，四川盆地西、北缘由于挤压普遍发育褶皱冲断构造，陆内叠置拗陷湖盆。大部地区形成巨大规模的华南碳酸盐台地，至中三叠世转化为蒸发台地，沉积厚达 1000～2000m，二叠系—三叠系碳酸盐-蒸发岩层序成为四川盆地主要产气层。新生代印藏碰撞及其远程效应影响，陆缘冲断改造变形，盆山耦合致使四川盆地整体隆升剥蚀（图 2.11），盆缘被上升的山体围限成为现今的地貌盆地。在整个扬子板块控制的海相沉积区，在构造演化、沉积序列，甚至气源岩、储集层段、含气组合、成藏期次等都有很多相似之处，关键是海相原型盆地的后期保存程度不一致。中下扬子板块自古生代以来基本上为大陆地壳从东南向西北俯冲、拼贴、碰撞而增生，地壳结构不断复杂化的过程。印支期到燕山期，太平洋板块向东亚大陆俯冲、走滑，来自东南方

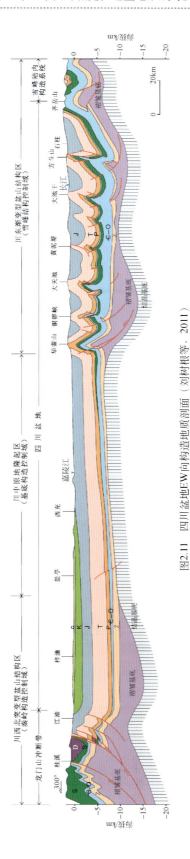

图2.11 四川盆地EW向构造地质剖面(刘树根等,2011)

向不同期次的挤压和拉张运动直接作用于扬子板块，中下扬子海相盆地首先遭受隆升剥蚀、断层切割、岩浆活动，现今只发现一些显示古油藏被破坏的沥青砂。位于远端的上扬子地区（四川盆地）除了加里东期盆地内部的川中古隆起上抬升剥蚀和印支期、喜马拉雅期在盆地周缘有大规模褶皱冲断、抬升剥蚀外，盆地内部总体上经受的构造变革相对较弱，构造平缓、地层发育齐全，早期沉积的海相盆地能够得以保存，具备发育古生界含油气系统和天然气成藏基础（图 2.11）。

扬子克拉通盆地印支期以来周缘仍旧遭受破坏，目前仅剩下扬子克拉通的核心部位承载的四川海相盆地。印支期以来，扬子板块的东南部受到来自雪峰山造山带的挤压，中下扬子区发生弥散性的褶皱变形，原来与四川盆地相似的古生代海相沉积地层褶皱隆升，抬升至地表或进一步遭受剥蚀，克拉通盆地被破坏。扬子板块的西侧来自龙门山造山带，在印支期、喜马拉雅期的构造挤压冲断，西侧的松潘–甘孜地区被隔离出去成为褶皱区外，龙门山东侧的沉积盆地仍旧遭受冲断褶皱或抬升剥蚀，广泛的克拉通盆地被掩埋在推覆体之下或发生褶皱缩短，海相克拉通盆地受到明显破坏。特别是扬子板块的西南部（西昌、楚雄、兰坪–思茅等地区）由于新生代紧邻青藏高原东南缘侧向挤出的部位受到走滑冲断的破坏作用，(Taponieer et al., 2001) 原来统一的扬子克拉通海相盆地被走滑断裂切割成分散的小盆地（雷永良等，2009，2010）。受上述构造作用影响，古生代扬子克拉通海相盆地的范围和规模大大减少。

（三）从华北区域构造看鄂尔多斯海相克拉通盆地构造演化

整个华北地区在前印支期都为统一的华北板块，构造演化过程、沉积层序等基本相同。自印支期以来由于受到东端库拉–太平洋板块的俯冲，华北板块从西向东发生由弱到强的弧后拉张作用。东边的华北古克拉通海相盆地首当其冲在印支、燕山期受到剧烈块断拉张成支离破碎的断陷盆地，火山、岩浆活动强烈改造古生界海相含油气系统；喜马拉雅期进一步发育深裂谷盆地，现今的华北盆地虽然有古生界海相地层保留，原型盆地基本被深大断裂分割成碎片（图 2.12）。拉张构造应力从东向西依次递减，华北板块西缘的鄂尔多斯海相盆地完整性才得以保存，盆地块体较大、上伏地层较齐全，成为油气成藏的基本条件。

在中奥陶世之前伸展断陷和拗拉槽盆地发育基础上，整个华北板块在中奥陶世—泥盆纪接受区域性的抬升，华北克拉通海相盆地遭受剥蚀，特别是太行山以东的地区构造抬升更加明显。在石炭纪—二叠纪，整个华北板块重新区域性沉降，接受海陆交互相煤系地层沉积，特别是太行山以西鄂尔多斯盆地沉降幅度大，地层沉积厚度大。三叠纪，贺兰裂陷槽反转造山，华北板块西缘海相盆地被部分改造。燕山期（侏罗纪—白垩纪），受古太平洋板块的俯冲和弧后伸展影响，华北地区，特别是邻近太平洋板块的华北板块东部（渤海湾盆地）的海相盆地由于拉张断陷、岩浆侵入等破坏，盆地中生烃有机质和油气藏被破坏，而远离太平洋板块的鄂尔多斯盆地海相盆地受到的构造变革相对较弱，盆地和古油气藏得以保存。新生代，随着印度板块向欧亚大陆南缘的碰撞及其挤压应力场的远程效应的作用和太平洋板块向欧亚板块的俯冲和弧后伸展应力场的远程效应作用，紧邻青藏高原的六盘山地区发生强烈的构造变形并隆升，部分改造了先期形

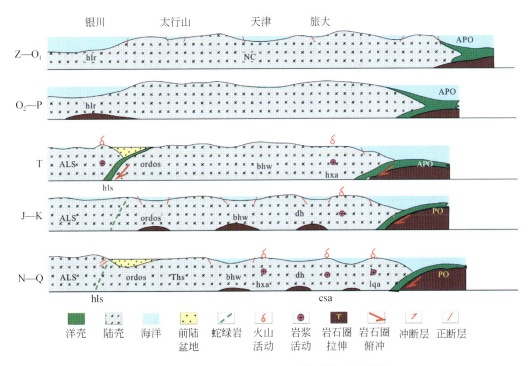

图 2.12 中国华北地区 EW 向构造演化示意图
(冯石等，1979；车自成等，1979；程裕祺等，1994)

ALS. 阿拉善地声；ordos. 鄂尔多斯盆地；bhw. 渤海湾盆地；dh. 东海盆地；hls. 贺兰山；Ths. 太行山；hlr. 贺兰裂陷槽；APO. 古太平洋；PO. 太平洋；hxa. 华夏岛弧；csa. 冲绳岛弧；lqa. 琉球岛弧

成的海相克拉通盆地。紧邻太平洋板块的渤海湾盆地发生强烈的伸展断裂和岩浆作用，即使有坚硬的结晶基底，但是在伸展作用下岩石圈板块很容易破碎，所以盆地被拉分开，海相克拉通盆地变得支离破碎，不利于油气藏形成。新生代虽然整个华北板块经受西部挤压、东部伸展的构造环境下，但是具有结晶基地的华北板块及其岩石圈，抗挤压强度远大于抗伸展强度，所以西侧的鄂尔多斯盆地在挤压条件下相对容易保存，而东侧的渤海湾盆地在拉张构造下更容易破碎，太行山东、西两侧海相盆地中油气勘探前景完全不同，关键是后期构造改造条件不同的结果（图 2.12）。

鄂尔多斯海相克拉通盆地构造演化过程如下：中元古界就开始拼合成结晶基底，震旦纪—奥陶纪华北古板块处于赤道附近，周围被蒙古洋、秦岭洋所包围，在板块边缘发育拗拉槽和裂谷盆地，以碳酸盐岩沉积为主，在志留纪—泥盆纪期间处于大洋中的华北古陆抬升，早古生界海相碳酸盐岩被风化剥蚀，普遍处于沉积间断。华北板块在古生代发育相对完整的克拉通内盆地及克拉通边缘（大陆边缘）盆地，由于裂陷作用相继形成裂谷、拗拉槽等。华北克拉通盆地在寒武纪—奥陶纪广泛发育碳酸盐台地沉积，以浅水碳酸盐岩沉积为主，后期则转化为蒸发台地。随后进一步抬升遭受溶蚀，成为鄂尔多斯盆地大型气田的主要产气层位，而在冀中一带寒武系—奥陶系碳酸盐岩则为产油层，在克拉通盆地西南缘，贺兰拗拉槽及六盘山古大陆边缘则发育深水-半深水重力流沉积，主要为滑塌角砾岩及浊积岩,厚度约 4000~5000m。随着北祁连洋和北秦岭洋俯冲,华北地台隆升,仅在阿拉善地块南部大陆边缘发育志留纪—泥盆纪前陆盆地粗碎屑沉积。到石炭纪—二叠纪,华北古板块已经漂移到北纬 12°附近(图 2.5);由于周围的洋盆关闭,发育巨厚海陆过渡相的煤系地层沉积;三叠纪—白垩纪进入陆内断陷湖盆发育阶段;新生代印藏碰撞远程效应和太平洋俯冲的双重地球动力学机制控制下盆地倾斜,陆缘拉张断陷。作为华北板块西缘一部分的鄂尔多斯盆地,在古生代与华北板块虽然经历相同的构造演化和沉积过程,地层层序也基本相同;但是自印支期以来由于受到东端库拉-太平洋板块的俯冲,华北板块从西向东发生由弱到强的弧后拉张作用。东边的华北古克拉通海相盆地首当其冲在印支期、燕山期受到块断拉张而成为支离破碎的断陷盆地;现今的华北盆地虽然有古生界地层保留,但原型盆地基本被深大断裂分割成碎片。拉张构造应力从东向西依次递减,华北板块最西缘的鄂尔多斯古生代盆地的完整性才得以保存,现存的海相盆地块体较大、上伏地层齐全,是现今鄂尔多斯古生界海相地层油气成藏的基本条件(图 2.13)。

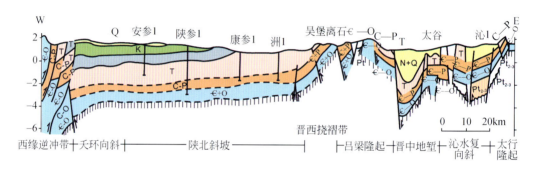

图 2.13　鄂尔多斯盆地 EW 向构造地质剖面(杨俊杰,2002)

华北板块在燕山期以来,东部渤海湾、沁水盆地等遭受伸展变得支离破碎,仅在六盘山-贺兰山与太行山之间保留了克拉通核心部位承载的鄂尔多斯海相盆地。燕山期以来,华北板块的东部受到来自西太平洋的弧后俯冲伸展作用,太行山以东的渤海湾盆地、沁水盆地等地区发生弥散性的伸展破裂和裂陷沉降,原来与鄂尔多斯盆地相似的古生代海相沉积地层断陷或隆升,稳定的克拉通盆地变成地堑地垒式结构。

华北板块西侧石炭纪受到来自贺兰裂陷槽的分隔,印支期、喜马拉雅期在六盘山-贺兰山造山带的构造挤压下,西侧的阿拉善地区被隔离出去成为变质-褶皱区外,六盘山-贺兰山东侧的沉积盆地也遭受冲断褶皱、抬升剥蚀,甚至走滑拉分作用改造,古生代海相克拉通盆地受到明显破坏。另外在华北板块北部在海西期遭受兴(大兴安岭)蒙(蒙古)褶皱系的影响部分可能遭受破坏;华北板块的南部在印支期受到秦岭造山带的挤压逆冲破坏。原来统一的华北克拉通海相盆地周缘受到破坏,海相盆地的范围和规模大幅度减少。

第三节　海相克拉通盆地层序结构及油气地质意义

一、中国海相克拉通盆地的构造变革

地球动力学演化具有旋回性，在某一伸展时期形成断陷（裂谷）或被动大陆边缘盆地，随后的聚敛时期形成沟-弧-盆体系或前陆盆地体系；当演化进入新的伸展-聚敛旋回时，虽然可能再次形成相似的盆地类型，但盆地基底、范围、沉积充填、沉降机制等已发生明显变化。例如，塔里木盆地和柴达木盆地，震旦纪—奥陶纪以伸展作用为主，志留纪—泥盆纪表现为挤压作用为主，石炭纪—早二叠世代表着另一期伸展构造。沉积充填序列上，震旦纪—奥陶纪以碳酸盐岩沉积为主，志留纪—泥盆纪以碎屑岩沉积为主，石炭纪—早二叠世为海陆交互相沉积，在这些伸展和挤压转换的时期，如奥陶纪末期、泥盆纪末期发生了重要的构造变革。构造变革是指对盆地构造性质及内部结构有明显改造、区域上普遍发生且可以对比的构造事件。它不仅控制了盆地的形成演化、构造转换和叠置样式，而且深刻地影响了油气成藏主控因素和成藏过程，以及圈闭中烃类流体的性质。这里以构造变革为主线，探讨跨重大构造期油气成藏要素及演化历史，揭示海相盆地油气地质特征及叠合盆地油气成藏分布规律（张小台等，2011）。

显生宙以来，漂移于大洋中的小型克拉通依次向北聚合，随着古大洋的发育，各个古板块边缘形成了以被动大陆边缘或拗拉槽为主的海相克拉通盆地，古板块内部发育陆内裂谷盆地、断陷或拗陷海相盆地。根据板块构造演化的背景和盆地边缘保存下来的古冲断构造的痕迹，可以识别出中国海相沉积盆地大致经历了三期大的构造变革：加里东晚期、海西晚期-印支早期和喜马拉雅晚期。中国海相克拉通盆地的形成演化与其密切相关，表现为三个主要的伸展聚敛旋回（图2.8、图2.10、图2.12）：①震旦纪—早奥陶世的洋盆扩展和板块边缘伸展相关的海相沉积盆地与志留纪—泥盆纪洋盆关闭造山和前陆盆地的形成。例如，南华洋、商丹洋、北祁连洋、昆仑（祈漫塔格）洋、古亚洲洋等就在这一构造旋回中发育和消减，形成对应的海相克拉通盆地（Wei et al.，2002）。目前保存较好的该期古冲断构造可见于塔南到塔中的构造剖面上（图2.14），在塔里木盆地南缘，从车尔臣断裂向北，在上泥盆统（地震反射同相轴Tg3，即东河砂岩层，以前划分为石炭系底界）之下，在塔中Ⅰ号断裂带以南，可以清楚地看到一期加里东晚期的古冲断带，沿塔中东南地区呈向西北凸起的弧形展布（李本亮等，2009；李传新等，2009；周新源等，2011；杨海军等，2011）。②二叠纪特提斯洋盆的扩张、中西部大面积玄武岩的喷发和陆内裂谷形成海相沉积盆地与随后晚二叠世—三叠纪陆相前陆盆地形成和古冲断带发育，如阿尔泰-扎伊尔山、天山等造山和准噶尔西北缘、准南、库车等二叠纪前陆盆地的形成（舒良树等，2003；李本亮等，2010），金沙江洋、勉略洋的关闭和塔西南、川西、川北、楚雄等晚三叠世前陆盆地的形成。关于晚三叠世前陆盆地的形成与构造特征，人们已经有深入的研究和认识（贾承造等，2003，2005；Dong et al.，2006；魏国齐等，2009），这里简单介绍准噶尔西北缘二叠纪前陆冲断带的发育特征。如图2.15所示，在冲断带的前缘（ES方向的未变形区），三叠系与下伏的石炭系—二叠系之间呈角度不整合接触，可以明显看到三叠纪沉积前的古冲断构造的存在（管树巍等，2007），同时，这期晚海西期的准噶尔盆地西北缘前陆冲断带控制了克-百断裂带及其前缘二叠系的扇体发育与迁移（蔚远江等，2004）。③中生代断（拗）陷盆地的叠置和晚新生代环青藏高原盆山体系与环西太平洋盆岭体系对海相沉积盆地的改造和破坏，已经有了广泛而深入的研究（陈发景等，1992；Lu et al.，1994；魏国齐等，2000；贾承造等，2003，2005；李景明等，2006；李本亮等，2008；李本亮等，2009，2010，2011），此处不再多述。

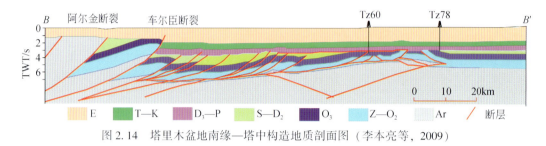

图 2.14 塔里木盆地南缘—塔中构造地质剖面图（李本亮等，2009）

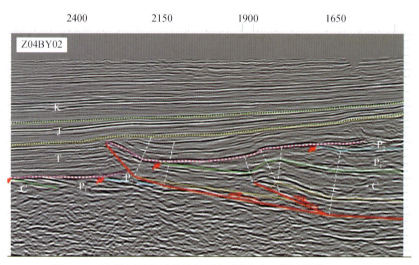

图 2.15 准噶尔西北缘构造地震解释剖面（管树巍等，2007）

除了上述记录相对明显的三期构造变革外，通过造山带内部的区域构造研究显示，可能存在晚泥盆世—早石炭世的洋盆扩展和晚石炭世洋盆消减所对应的构造旋回。例如，天山洋、阿尔泰洋形成和随后残余小洋盆发育，这一期洋盆关闭并没有发生明显的板块碰撞，尚没有发现典型的前陆古冲断带，但是在南天山的研究中显示了该期古洋盆的存在和消亡（舒良树等，2007）。鉴于这期构造变革在沉积盆地中的记录比较模糊，所以将其笼统地归在海西-印支期构造变革期中（魏国齐等，2009；李丰亮等，2010）。

古板块的分离和聚敛与古洋壳的生长和消亡决定了中国海相克拉通盆地的形成演化和后期构造叠加改造过程，主要经历早古生代末期、晚古生代—早中生代和晚新生代三期对于海相盆地改造有重要影响的构造变革期。如图 2.16 所示，每一个构造变革都对应着一期从伸张到挤压的构造旋回，拉张沉降构造下形成的沉积盆地经受挤压构造变形和改造，

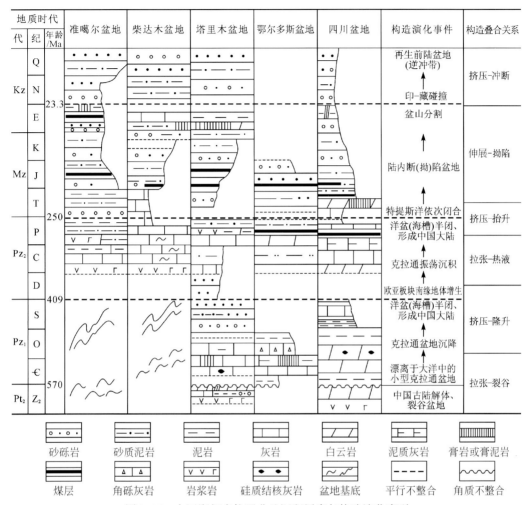

图 2.16 中国海相克拉通盆地沉积层序与构造演化序列

主要表现为区域性的构造隆升、地层剥蚀或冲断变形。中国克拉通盆地深层的海相层序经历了三个主要的伸展-聚敛旋回（图 2.16）：① 震旦纪—早奥陶世的洋盆扩展和陆缘拉张与志留纪—泥盆纪的洋盆关闭造山，控制了海相沉积盆地的形成和第一期改造。例如，南华洋、商丹洋、北祁连洋、昆仑（祈漫塔格）洋、古亚洲洋等就在这一构造旋回中发育和消减，形成对应的裂谷盆地、被动大陆边缘盆地和随后的板缘冲断和板内古隆起构造变形；另外塔中、塔北、川中乐山-龙女寺、鄂尔多斯盆地中部等古隆起为该构造期板内长波挠曲变形的结果。② 晚泥盆纪—石炭世的洋盆扩展、二叠纪陆内伸展导致的区域性（四川、塔里木、准噶尔等盆地）玄武岩喷发和晚二叠世—三叠纪洋盆消减期，如天山洋、康西瓦洋、勉略洋（包括随后残余小洋盆）的发育控制的海陆交互相地层沉积，随后这一期的洋盆关闭和晚海西期—印支期板缘冲断和板内古隆起构造变形（郭正吾等，1996；刘树根等，2001；杨俊杰，2002；舒良树等，2007）；板缘冲断构造变形保存较好的地方在准噶尔盆地西北缘达尔布特山前，可以见到晚二叠世古冲断带（管树巍等，2007），还有在川西龙门山前,可以见到明显的晚三叠纪古冲断变形(Jia et al.,2006);但是在天山南北缘、西昆仑山前,这一期的古冲断带被喜马拉雅期的推覆构造破坏而目前尚没见发现,但是在准噶尔盆地内部依旧能够看到当时前陆盆地前缘隆起的形态,从天山北缘向莫索湾地区,二叠系向北逐渐减薄,甚至剥蚀,呈明显的箕状凹陷沉积,为当时前陆盆地的斜坡和前缘隆起部位(魏国齐等,2008);这一期形成的板内古隆起除了莫索湾地区发育外,还见于塔北、巴楚、开江-泸洲等古隆起。③中生代断(拗)陷盆地的发育和晚新生代环青藏高原外围巨型盆山体系内古板缘冲断带的形成及其构造发育特征,已经有了广泛而深入的研究,此处不再多述(魏国齐等,2008);这里要说明的是在紧邻青藏高原的地区,如塔里木盆地南缘、祁连山北缘、川西等部位,早古生代海相沉积盆地被造山带前缘大规模的推覆体掩盖或者板缘挠曲沉降后巨厚的新生代沉积层序深埋;而在天山南北缘、贺兰山东缘、四川盆地北缘,主要以冲断带从造山带向盆地传播的形式改造海相盆地,致使地层褶皱变形或抬升剥蚀(李本亮等,2008,2011)。三个主要的构造变革期控制了海相盆地油气成藏富集的各个环节,主要表现在控制海相沉积盆地的沉积与烃源岩发育、高能相带储集体沉积与改造、后期成烃演化与油气聚集调整等(图2.16),下面以塔里木盆地为例详细论述。

二、中国海相克拉通盆地结构的叠合特征

(一) 三期构造变革与三套构造层序叠置

中国海相克拉通盆地发育相当于超级大陆形成阶段,即震旦纪到志留纪,以大陆裂解和拼合演化为特征,大陆裂解的结果是在中国主要形成华北、扬子和塔里木三大克拉通盆地,构成中国古生代海相盆地发育的主要构造环境,同时也是古生代主要含油气系统赋存的场所。根据克拉通盆地经历从离散到聚合的整个威尔逊构造旋回中发育的原型盆地特征显示(张渝昌等,1997;刘和甫,2005),板块离散期主要发育伸展为主的裂谷盆地等,漂移期则沉积克拉通盆地,聚合期则以前陆盆地为主。中国克拉通盆地主要发育在早古生代板块漂移期的海相沉积和晚古生代板块聚敛期的海陆交互相沉积,可以是克拉通内拗陷和裂陷盆地,也可以是克拉通边缘盆地。在克拉通之上发育起来的海相盆地,均经历古生代和中、新生代两个世代的盆地发育过程,分布于塔里木、扬子、鄂尔多斯三个较大型古陆块区。

加里东期构造旋回。寒武纪—早奥陶世时在塔里木盆地、鄂尔多斯盆地与四川盆地等发生裂陷后热沉降,早期形成碳酸盐台地,晚期发育蒸发岩台地,构成海进-海退旋回。中、晚陶奥世—志留纪时,克拉通盆地受到板块边缘俯冲作用及碰撞作用的影响,克拉通盆地内隆升,发育古隆起,形成不整合面,而在克拉通边缘产生挠曲沉降,形成淹没面,上叠前陆盆地,成为中国克拉通盆地演化中重要阶段。

海西期构造旋回。海西早期伸展作用呈现为克拉通边缘形成小洋盆或弧后盆地,泥盆纪—石炭纪海水逐步上覆到克拉通盆地内古隆起上。海西旋回晚期拼合作用常呈斜向对接,具有穿时性,如天山洋的闭合由西向东,从晚石炭世到二叠纪;秦岭洋的闭合由东向西,从二叠纪到三叠纪,总体处于全球收缩期,塔里木盆地及鄂尔多斯盆地相继转

化为陆内盆地。但扬子板块处于特提斯域裂解期，因此四川盆地二叠纪—三叠纪时主要处于海平面上升时期。

中新生代盆地叠加与构造改造。中生代以来，中国中、西部以挤压聚敛作用为主，克拉通周缘发生强烈造山作用，形成对称或非对称的逆冲推覆构造，并在海相克拉通盆地之上叠置了前陆型及陆内拗陷盆地。前陆盆地在造山带前缘沉降幅度较大，向克拉通内部沉降幅度逐步减小，在剖面上呈楔形叠加在古生代克拉通盆地之上。塔里木盆地中、新生代时期，受特提斯洋和南天山洋闭合及其后羌塘、拉萨和印度陆块向北碰撞挤压作用的影响，库车拗陷与塔西南拗陷强烈沉降，形成前陆或称再生前陆盆地（Lu et al.，1994）；在满加尔-阿瓦提地区叠置了陆内挠曲拗陷盆地。鄂尔多斯盆地西缘因阿拉善地块向东推挤以及古六盘山向北东推挤而发育褶皱-冲断带，其前缘发育前陆盆地，叠加在古生代克拉通盆地之上。四川盆地中、新生代时期受特提斯域碰撞作用派生的向东推挤力和太平洋板块俯冲作用产生的剪切挤压作用的双重影响，盆地边缘为褶皱冲断带所环绕，形成 EW 向挤压变形与 SN 向剪切变形共存的构造格局。川西地区由于龙门山褶皱冲断带的推覆作用，龙门山前形成前陆盆地，成为四川盆地中生代时期的主要沉降-沉积区，向东沉积厚度减薄。东部地区则主要发生冲断褶皱-隆升变形作用。中国东部地区在中生代早中期主要为抬升隆起期，华北陆块东部和下扬子地区在隆起背景上发育一些分散的小型陆相沉积盆地，规模有限。中生代晚期以来，由于太平洋板块俯冲方向的改变和印度板块向北强烈推进派生的滑移线场的作用，在中国乃至整个亚洲的东部产生了引张构造环境，形成一系列带有一定拉分性质的裂谷盆地。其中渤海湾盆地、南华北盆地、江汉盆地、苏北-南黄海盆地等叠加在古生代克拉通盆地之上，均以古近纪断陷阶段为主要成盆期，从而形成古生代克拉通与中新生代裂谷的改造型克拉通盆地。

（二）海相克拉通盆地叠合-复合结构

中西部地区从上到下分别叠置了下古生代海相、上古生代海-陆交互相沉积为特征的克拉通盆地，中新生代以红色碎屑岩岩和煤系地层为特色的陆相盆地，特别是新近纪以来造山带山前为沉降中心、陆相磨拉石堆积的再生前陆盆地。不同时期、不同性质的盆地在纵向上叠合（图 2.16）；平面上，以较稳定的、未变形或弱变形的小型克拉通为核心，边缘环绕构造活动强烈、发生褶皱或冲断变形的前陆盆地，克拉通盆地与前陆盆地或逆冲带在空间上的复合（图 2.8、图 2.10、图 2.12）。

早古生代，克拉通板块稳定沉降，克拉通内部以盆地相碳酸盐岩沉积为主，克拉通边缘为拗拉槽、被动陆缘或边缘拗陷盆地为主沉积了一层深水环境下的陆缘海碳酸盐岩夹砂页岩的组合，并发育优质的海相烃源岩。塔里木、鄂尔多斯和四川三个克拉通盆地的下古生代沉积上以海相碳酸盐岩沉积为主，地层厚度较稳定，各个克拉通盆地内大面积覆盖；构造上以大型古隆起为主，地层平缓，岩浆活动少，无明显褶皱或变质活动；大型古隆起露出水面遭受大气淡水淋滤、发育岩溶储层。除了华北板块晚奥陶纪—泥盆纪露出水面长期遭受剥蚀导致地层缺失外，塔里木和扬子克拉通都保存了较完整的古生代地层。

晚古生代克拉通边缘有限裂解，发育天山、祁连山、南昆仑-南秦岭等有限洋盆或裂谷带，克拉通内的拗陷盆地和克拉通边缘的裂陷盆地接受了石炭纪—二叠纪的海陆过渡相沉积。早石炭世海侵，华北和扬子古板块虽仍为古陆，但塔里木古板块已沉没接受浅海碳酸盐岩和碎屑岩建造，一直延续到中-晚石炭世，并形成石炭系烃源岩；扬子古板块主体在中、晚石炭世仍为古陆，但华北古板块却沉积了很厚的海陆交互相含煤建造。从华夏植物群和石膏等矿产分布判断，当时两个板块同处在热带-亚热带的干旱-潮湿交替低纬度分布区，有利于煤系地层发育（田在艺等，1997）。

三叠纪至古近纪，克拉通盆地边缘上叠了一系列拗（断）陷型陆相盆地，其中充填含煤系的湖沼相砂泥岩和含膏盐质泥岩的河流相红色砂泥岩。中西部各个克拉通盆地边缘几乎都发育中-下侏罗统暗色泥岩和煤系地层，三叠系、晚侏罗统—白垩系几乎都沉积有红色砂泥岩或砾岩地层，古近纪炎热干旱条件下沉积的湖沼相含膏盐质泥岩。新近纪以来，中西部地区造山带复活，从造山带向克拉通方向呈箕状不对称叠合再生前陆盆地。前陆拗陷堆积巨厚的磨拉石沉积，最大厚度可达 4000~7000m，依次向克拉通中央隆起方向减薄。

总之，塔里木、鄂尔多斯、四川、柴达木、准噶尔等古生代小型克拉通盆地内部构造变形微弱、沉积稳定，主要发育海相、海陆交互相烃源岩，且以高成熟-过成熟演化为主。其中大型继承性古隆起和斜坡构造上众多构造圈闭及与不整合面有关的地层超覆削蚀圈闭的发育，为克拉通盆地天然气聚集成藏奠定了有利条件。克拉通盆地边缘上叠中新生代前陆盆地，前渊凹陷沉降较深，容易形成深水沉积，发育湖相暗色泥岩和煤系烃源岩，储集层主要为河湖相砂岩体，盖层除湖相泥岩和煤系地层外，还包括古近系膏岩、膏质泥岩。

中国中西部古生代小型克拉通盆地与中新生代前陆盆地在空间上的复合，从盆地边缘的造山带向克拉通方向，依次发育前陆逆冲带、前渊凹陷、前渊斜坡、前缘隆起，构造变形越来越平缓（贾承造等，2005）。例如，塔里木盆地由中间稳定的古生代克拉通盆地和周缘的库车、塔西南、塔东南等中新生代前陆盆地复合而成；鄂尔多斯盆地由中间稳定的下古生代碳酸岩层序和中新生代西缘前陆盆地并置；四川盆地整体上由川中稳定古生代克拉通盆地与边缘的川西、川北等前陆盆地复合；准噶尔盆地由中央稳定的上古生界地块和西北缘、南缘等中新生代前陆盆地构成；柴达木盆地由古生代不同层系与中新生代叠置，并由古生代稳定地块与柴北缘前陆盆地、柴西压扭性盆地等构成。

中国海相叠合盆地的主要形式是为前陆-克拉通、断陷-克拉通、残留-克拉通三种基本叠合类型。前陆-克拉通叠合型盆地以塔里木（贾承造等，1992，1997；何登发，1996）、四川（翟光明等，2002）及鄂尔多斯盆地（汤锡元等，1993；杨俊杰等，2002）等代表。普遍发育了古生界被动陆缘或陆内拗陷的泥岩或泥质碳酸盐岩烃源岩，以及中生界湖相泥岩或湖沼相煤系地层两套烃源岩。下部烃源岩展布范围广，生烃潜力大，上覆前陆盆地叠加部位有较大程度的变化；上部烃源岩展布于前陆拗陷内，展布范围窄，但常常厚度较大，也具有一定的生烃潜力。断陷-克拉通叠合型盆地以松辽、渤海湾等盆地为代表，主要为晚中生代、新生代陆内伸展断陷与拗陷盆地叠置在被伸展破碎的克拉通盆地之上（李德生，1982；胡见义等，1991）。残留-克拉通盆地以南方（尤以中下扬子地区为主）、西北石炭系的众多盆地为代表，表现为后生盆地叠置于早期强烈改造过的克拉通盆地之上；新生盆地与下伏残留盆地的烃源岩的时代、相带、生烃潜力、成熟度等就相差甚远，但二者生成的油、气还可通过多种方式发生复合。

三、中国海相克拉通盆地之间的差异性

海相克拉通盆地与其周缘中新生代前陆盆地要叠合-复合而成的鄂尔多斯、四川、塔里木、准噶尔、柴达木等中国主要的海相盆地具有前震旦酸性、中基性变质岩系为基底的沉积盆地，内部构造平缓、地壳厚度 35~45km，紧邻造山带的盆地边缘发育大量中新生代前陆冲断带。同时这也决定了板块构造的活动性，克拉通边缘有利于烃源岩发育的大陆斜坡相沉积部位破坏严重，奠定了海相沉积盆地油气地质的物质基础。加里东期洋盆发育控制板缘（内）断（拗）陷海相烃源岩沉积，洋盆关闭控制板内挠曲隆升形成古隆起，控制高能相储集体和风化壳岩溶储层发育，决定了海相克拉通盆地内部古隆起控制油气的分布和聚集。海西期—印支期洋盆关闭控制了海相克拉通盆地下部层序区域盖层的形成、上部层序内台缘高能相带的礁、滩、坝等储集体的发育和板内拗陷中烃源岩的沉积，控制了海相克拉通盆地的边缘（前陆盆地）和内部（古隆起）的油气地质条件。喜马拉雅期构造控制了海相克拉通盆地下部层序构造格局的变化、地层埋深、天然气晚期充注和古油气藏的重新调整（表 2.2）。

表 2.2 三期构造变革控制下的中国三大海相克拉通盆地之间的油气地质特征对比

变革期	加里东期			海西期—印支期			喜马拉雅期		
地质作用	重大事件	盆地响应	成藏体系	重大事件	盆地响应	成藏体系	重大事件	盆地响应	成藏体系
四川	O_3—S 南华洋关闭	中下扬子区褶皱，乐山-龙女寺隆起	Z—O 岩溶（威远气田）	T_3 勉略、松潘洋关闭	龙门山-大巴山冲断带，陆相沉积	P_2—T_2 礁滩体（普光-龙岗）与 T_3—J 拗陷（致密油、气藏）	特提斯洋关闭、青藏高原隆升；环青藏高原盆山体系形成	川西-川北冲断，川西南沉降，川东-川东北抬升	川西 J 次生气藏和川东-川东北气藏调整
鄂尔多斯	O_3—D 区域抬升	华北区域抬升，靖边 L 型隆起	O_1 岩溶（中部气田）	T_3 贺兰裂陷槽构造反转造山	T 陆相拗陷从东向西退缩沉积	C 海陆交互相煤系气藏（苏里格），T 三角洲体系岩性油藏		贺兰山冲断，六盘山断陷，西南缘沉降，东北抬升剥蚀	伊盟斜坡气富集
塔里木	O_{2-3} 库地洋关闭	塔中、塔北隆起，塔南-塔中冲断走滑	O 岩溶与礁滩体（轮南-塔河油田、塔中）	P—T_1 康西瓦、南天山洋关闭	库车-柯坪、塔西南冲断带和塔北、巴楚前缘隆起、陆相沉积	塔西南 C—P 生屑灰岩（和田河、柯柯亚气藏）、塔北油气田群		周缘冲断-走滑，南部沉降，中部隆升，山前沉降，克拉通内隆升	库车油气区、克拉通内天然气晚期充注与油藏调整

(一) 三大海相克拉通盆地构造层序差异

塔里木、华北、扬子三大克拉通（陆核）元古生代已经固结，具有明显的前寒武纪结晶基底，上覆晚元古代—古生代稳定的海相沉积盖层，例如，鄂尔多斯发育寒武系—中奥陶统稳定的陆表海沉积和石炭系—二叠系海陆交互相沉积，塔里木发育齐全的下古生代碳酸盐岩和上古生代海相-海陆相碎屑岩沉积，四川除了泥盆系—石炭系部分出现沉积间断或剥蚀外，整个古生代海相沉积普遍发育。但是准噶尔、柴达木盆地的古生界发育并不清晰，盆地周缘造山带中虽然存在前寒武系结晶基底和古生代海相地层，但是从整个盆地结构分析，结晶基底分布的均一程度和古生代地层，特别是下古生代地层的分布范围和发育特征都不清楚。准噶尔盆地上古生代地层及其分布特征都比较明显，而下古生代是否存在或变质等不清楚，柴达木盆地除东部德令哈地区尚零星存在石炭系地层外，其余地区古生界基本褶皱变质，分布也不稳定。除了上述五个主要克拉通盆地外，其余地区的古生界都基本上卷入造山带中发生褶皱或变质（图 2.16）。

(二) 三叠系—古近系盆地叠置的差异

中生代以后由于古提斯洋的闭合，其北缘的准噶尔、塔里木、柴达木盆地转为陆内拗陷盆地，发育砂泥岩沉积建造和部分含煤建造。而四川盆地直到中三叠世仍为浅海碳酸盐岩和碎屑岩建造；中三叠世末，金沙江特提斯洋盆及其以北海槽关闭，扬子板块与华北板块碰撞，形成四川、鄂尔多斯上三叠统陆相盆地。早、中侏罗世班公湖-怒江特提斯洋明显拉张，正处于班公湖-怒江特提斯洋的正北边的贺兰山-龙门山以西地区受到区域性拉张构造影响，进入断陷盆地发育阶段，包括天山、祁连山等在内的中西部普遍沉积一套暗色细粒湖沼相煤系地层，准噶尔、塔里木、柴达木及其间的小型盆地内普遍接受侏罗系沉积。而位于特提斯洋东北部的鄂尔多斯、四川盆地受到持续性挤压，形成拗陷性侏罗系盆地，并发育燕山期和喜马拉雅期的逆冲推覆构造。古近纪雅鲁藏布江特提斯洋自西向东的多次海侵活动，西缘的塔西南、库车，甚至影响到柴西地区，形成巨厚的海陆交互相沉积体系：陆相煤系、浅海相礁灰岩、潟湖相膏盐岩、湖泊三角洲、河流相砂泥岩等。EW 方向有大规模的复杂相变，海侵西强东弱。贺兰山-龙门山以东的鄂尔多斯和四川盆地几乎不受影响。

(三) 新近纪以来构造改造的差异

新近纪以来，受印藏碰撞影响，昆仑山、天山、秦岭、大巴山等造山带复活，形成现代活动造山带环绕的再生前陆盆地（或逆冲带）。其中东西有明显的构造分异，西侧的塔里木、准噶尔、柴达木盆地快速沉降，沉降幅度达 4000~7000m；而东侧的鄂尔多斯和四川盆地中部隆升，边部挤压形成前陆逆冲带，发育时期也不同于西侧。

印藏碰撞带正北缘的天山、昆仑山、扎伊尔等造山带复活，再次逆冲挤压，在造山带的侧翼与克拉通盆地的邻接部位形成再生前陆盆地：准南、吐哈、库车、塔西南，同时也发育部分再生前陆冲断带：准噶尔西北缘、博格达山前（北缘）、喀什、塔东南等。前陆逆冲带常常形成叠瓦式的冲断构造，沿多套滑脱层发育双重冲断构造；前缘隆起向克拉通中部迁移。处于印藏碰撞带东北侧，贺兰山-龙门山以东受到影响较小，晚侏罗世—第四纪经受持续挤压，发育燕山期和喜马拉雅逆冲推覆带，但是并不伴生再生前陆盆地，即无明显的前渊凹陷。虽然局部地区仍旧存在各个沉积地层，只是由于地貌高差导致的沉积物堆积，不是前陆挠曲凹陷。早期的构造遗迹基本上被晚期同向冲断带叠加改造。

受印藏碰撞伴生的挤出构造的影响，阿尔金山以东与贺兰山-龙门山以西的地区受阿尔金左行走滑构造控制，形成逆冲-走滑构造，特别是在该区域的各个盆山交界部位，再生逆冲带大都伴生走滑运动。

四、海相克拉通盆地油气地质特征

中国海相克拉通盆地中的含油气层序分为元古界—下古生代海相沉积为主的克拉通下部构造层序和上古生界海陆过渡相为主的克拉通上部构造层序，受大地构造背景、构造演化历程、原型盆地沉积特征、构造改造等因素的影响，这两个构造层序又具有各自不同的油气地质特征和油气富集规律。

（一）下构造层序油气地质特征

新元古代晚期 Rodinia 古陆解体，华北、扬子、华南、塔里木等小陆块从其上裂解出来。早古生代初期，它们处于南半球中、低纬度区，随后向北长距离漂移。塔里木、四川、鄂尔多斯等盆地震旦纪—早古生代早期为拗拉槽沉积阶段。例如，塔里木台地的满东及鄂尔多斯盆地的庆阳东部为拗拉槽发育区，早古生代中晚期表现为稳定的台地碳酸盐岩沉积体系，平面上由台内潟湖相、台地白云岩相、台地边缘相及浅海相所组成。克拉通块体内部发育稳定的浅拗陷或台地相碳酸盐岩沉积，块体边缘发育陆架及斜坡相碳酸盐岩沉积。这些小型克拉通中下组合具有与西伯利亚、北美大陆等克拉通盆地相似的构造特征。地层平缓，岩浆活动少，断裂不发育，无明显褶皱或变质活动；以升降构造运动为主，形成多期不整合界面、发育古岩溶储层，其中华北板块晚奥陶世—早中志留世露出水面长期遭受剥蚀，塔里木和扬子克拉通盆地内部也发育多期不整合面；但是中国这些小型或微型克拉通盆地规模较小，构造稳定性差，它决定了克拉通盆地内部构造的活动性，普遍表现在克拉通内部发育古隆起。塔里木克拉通盆地内发育了塔北、塔中、巴楚、塔东、塔南等古隆起（贾承造，1996，1997，2002），鄂尔多斯克拉通盆地内发育了中央古隆起、四川克拉通盆地内形成了乐山-龙女寺古隆起。克拉通沉积期间，由于古隆起露出水面遭受大气淡水淋滤、发育风化壳岩溶储层，成为油气运聚和储集的良好空间。上述构造-沉积特征决定了海相盆地下构造层序的油气地质特征。

烃源岩方面，早古生代西部克拉通盆地沉积了一套深水环境下的陆缘海碳酸盐岩夹砂页岩组合，并发育优质海相烃源岩，热演化成高-过成熟气源岩；储集层方面，以岩溶储层为主；保存条件上，塔里木、四川、鄂尔多斯三大克拉通盆地内部构造相对稳定，盆内发育多套区域性盖层；在成藏规律上，下层系的古隆起是天然气聚集的有利场所。这里主要讲述该组合中制约油气勘探的关键因素——储层发育特征。

克拉通下部油气组合中的储层由于经历的地质时期长，成岩压实作用严重，砂岩储层中孔隙空间破坏严重，再加上该组合对应的层系以海相碳酸盐岩沉积为主，以发育碳酸盐岩岩溶储层为主，主要为次生孔隙。克拉通盆地长期稳定的构造演化，为下古生界大型继承性古隆起基础上的风化壳储层发育创造了条件。鄂尔多斯盆地中部古隆起的奥陶系岩溶储集体构成了长庆气田的主要储层；四川盆地乐山-龙女寺古隆起上发育的溶蚀孔洞型储层控制了威远震旦系气藏的形成与演化；四川盆地在泸州-开江古隆起基础上的古风化壳溶蚀储集层形成了川东石炭系气田群；塔里木盆地和田河气田、雅克拉气田、塔中 6 号气田分别与巴楚古隆起、塔北古隆起、塔中古隆起上的不整合面及局部高孔渗储集层相关。

下古生界以非砂岩型岩溶储层为主。一是碳酸盐岩地层和溶蚀不整合面广泛发育；二是发现大中型油气田仅见于碳酸岩溶储层；三是成岩时间长、埋藏深，砂岩孔隙丧失大。下古生界岩溶储层依成因可分四类：同生期层间岩溶、裸露期风化壳岩溶、埋藏期压实岩溶、深埋期热水岩溶，其中最重要的是裸露期风化壳岩溶储层。风化壳储层按演化阶段可分为三期：① 老年期潜台型风化壳，如乐山龙女寺、鄂尔多斯中部等；② 中年期垅岗型风化壳，如轮南、巴楚；③ 青年期丘陵山岳型风化壳，如任邱、千米桥等。风化壳储层按产状又分为两类：① 全暴露型，如任丘、鄂尔多斯、轮南；② 半暴露型，如塔河、桩西。其中中、青年期全暴露型风化壳岩溶储层最好。在平面上，斜坡部位岩溶缝洞比较发育。宏观上，由岩溶高地向洼地高差聚变；微观上，呈条带状、星点状、网络状分布。

克拉通古隆起富集成藏为克拉通下组合油气分布的主要规律。西部地区除具有国外大型克拉通盆地构造的相对稳定性外，不稳定性也是它的典型特点之一。克拉通盆地中已发现的大油气田主要是古隆起构造油气藏。古隆起及其斜坡控制油气藏分布的特征明显，古隆起长期继承性发展，是油气运移聚集的指向区。例如，塔里木盆地塔中、塔北、巴楚三大古隆起控制了克拉通区大部分油气资源的分布。准噶尔盆地中央隆起带、鄂尔多斯盆地庆阳古隆起周缘对油气分布有明显的控制作用。克拉通下部油气组合中古隆起控制了油气的富集。古隆起构造带主要分布于四川、鄂尔多斯和塔里木古生界克拉通盆地中。克拉通盆地的长期稳定演化发展，为大型继承性古隆起及斜坡构造的形成与发展创造了条件。我国所有的碳酸盐岩大气田都与古隆起密切相关。对世界特大型、大型气田的统计（张子枢，1990）也表明，特大型、大型气田储量中 30.6% 富集在古隆起中，若加上在古隆起基础上改造过的气田资源，世界上与古隆起背景有关的特大型、大型气田天然气储量占总储量的 75%。古隆起控油气的主要原因有四点：① 古隆起有利于岩溶储层的发育，构造高部位裂缝改善储集性能。古隆起露出水面，地层易受到大气淡水淋滤、溶蚀，发育岩溶储层；同时古隆起位于构造高部位，构造应力集中，裂缝发育，改善了脆性碳酸盐岩的储集性能。塔北地区奥陶系潜山虽然油气水分布复杂，但是具有整体含油气的特征，风化壳岩溶储层控制了油气分布及富集程度，形成轮南-塔河特大型潜山油气田。古地貌盐溶高地上发育的孔洞控制了鄂尔多斯下古天然气的聚集。② 古隆起是天然气运移聚集的指向区。北美二叠盆地、北非三叠盆地的中央古隆起是现今油气富集的主要场所；中国塔里木、四川、鄂尔多斯盆地内的古隆起都已发现工业油气藏。③与古隆起相关的不整合面、断裂为油气运聚的主要通道。塔北隆起上的石炭系顶面、四川乐山-龙女寺古隆起震旦系顶面成为油气运聚的主要通道，鄂尔多斯盆地上古生界的天然气直接通过不整合面进入奥陶系岩溶储层中聚集成藏。④古隆起有利于早期成藏、晚期调整。川中乐山-龙女寺（加里东期）古隆起上的威远气田和川东开江（印支期）古隆起上气田群都是在早期古构造基础上天然气聚集成藏、晚期再次调整的结果。

（二）中构造层序油气地质特征

从构造背景来看，克拉通盆地中构造层序的发育受控于晚古生代大洋盆地的关闭和小型克拉通聚敛过程中的沉积。古亚洲洋在晚二叠世之前消减殆尽，华北、准噶尔-吐哈、塔里木等小陆块拼合在西伯利亚块体的南缘，在这些小陆块之间由于早期洋盆的关闭形成阿尔泰山、天山、秦岭、昆仑山、贺兰山等小洋盆地或造山带，并最终拼贴成统一的古亚洲大陆。这时的华北、准噶尔-吐哈、塔里木等克拉通盆地以海陆交互相碎屑岩沉积为主，沉积地层厚度较稳定，各个克拉通盆地内大面积覆盖层状砂岩体储集层和膏盐岩封盖层。例如，石炭纪时，塔里木盆地沉积以滨岸砂体与滨湖相膏质泥岩、泥岩岩性组合为主，鄂尔多斯盆地则在本溪期海陆交互沉积之后，形成了一套近海湖沼煤系及三角洲沉积体系。由于晚古生代的大地构造背景控制了主要以海陆交互相沉积为主，并且煤系地层发育，所以这一构造-沉积特征控制了对应的油气地质条件。

在烃源岩方面，主要发育上古生界海陆交互相泥岩烃源岩与煤系腐殖型气源岩；储集层方面，以粗粒沉积的砂砾岩、鲕粒岩为主的粒间孔隙性储层为主；在保存条件上，稳定克拉通内发育多套区域性煤系封盖层；在成藏规律上，大面积分布的砂岩体（礁滩）是天然气聚集的有利场所。这里主要讲述制约油气勘探的关键因素——储层。

上古生界以粒间孔隙性碎屑岩及碳酸岩为主。晚古生代的构造-古地理演化为滩坝、生物礁等孔隙性碳酸盐岩和三角洲砂岩体发育提供了条件，破坏性成岩作用较弱，原生孔隙得以保存。晚古生代沉积的克拉通上层系为海陆过渡相为主，河道砂、滩坝、滨岸砂等原生孔隙发育，演化历程相对较短、成岩压实较弱，粒间孔隙保存较好。例如，鄂尔多斯盆地石炭系—二叠系滩坝砂、三角洲砂、河道砂等储集体；塔里木盆地石炭系滨-浅海东河砂岩储集层；川东北开江-梁平海槽碳酸盐岩台地边缘飞仙关鲕滩储集层。

大面积连片含油气的地层岩性油气藏为油气富集的主要规律。在克拉通上部油气组合中，大面积岩性储层含油气具有普遍特征。例如，鄂尔多斯盆地上古生界低渗透油气藏、四川盆地川东下三叠统飞仙关组鲕滩油气藏和塔里木盆地的东河砂岩，粗粒沉积的砂体或滩坝直接控制了成藏。鄂尔多斯地块相对于塔里木地块和扬子地块稳定，在各地质时期，盆地总体处于整体升降状态，盆地内断裂较少，储层大面积分布，且物性相对较差［孔隙度平均为$4\% \sim 12\%$，渗透率平均为$(0.1 \sim 2) \times 10^{-3} \mu m^2$］，烃源岩广覆式展布，油气短距离垂向运移，使鄂尔多斯盆地储集层大面积含油气（90%以上的探井含气）。同样四川盆地川东下三叠统飞仙关组鲕滩在开江-梁平海槽的控制下大面积分布，上二叠烃源岩广泛分布，油气短距离垂向运移，使其大面积含油气。目前发现了鄂尔多斯盆地苏里格气田、四川三叠系飞仙关组鲕滩气田和塔里木盆地和田河石炭系气田等。

第三章 中国海相克拉通盆地的原型

中国海相克拉通盆地经历了三期构造变革，不同地球动力学背景控制不同时期、不同构造性质的盆地类型、层序组合、边界条件和盆-山耦合作用的相互叠加。经历多期构造变革后海相盆地原型已经显著变化，成为残留盆地（刘光鼎，1997）、改造型盆地（刘池阳等，2000）或叠合-复合盆地（贾承造等，1996），恢复海相盆地原型难度更大，重要性更加明显。海相克拉通盆地的原型特征决定于其形成的大地构造背景、基底结构和性质、与板块边界的关系、动力学背景和成盆期的深部过程等。沉积与构造的结合始终是盆地原型分析的中心环节，构造是控制沉积充填的首要因素，沉积记录是恢复构造的核心资料。通过地层划分对比、构造发育史、沉积充填和地层层序等研究不整合面的级别和性质，确定原型盆地之间的叠置关系和后期构造变革过程。塔里木盆地早古生代发育一个完整的从伸展到挤压的构造旋回，控制了寒武纪—早奥陶世被动大陆边缘、拗拉槽等海相伸展盆地的形成和中奥陶世—志留纪前陆盆地的叠加，以及塔里木克拉通盆地下构造层序的第一次改造。扬子板块海相盆地的发育经历两个构造旋回，第一个构造旋回包括寒武纪—奥陶纪被动大陆边缘盆地和志留纪克拉通边缘前陆盆地沉积和克拉通内部古隆起发育；第二个构造旋回包括泥盆纪—二叠纪克拉通边缘裂谷盆地的发育和中晚三叠世前陆盆地的叠加。这两个构造旋回控制了四川古生代海相克拉通盆地的原型特征。元古代至早奥陶世，漂移于大洋中的华北克拉通板块受控于被动大陆边缘的伸展，华北克拉通内部和克拉通边缘之间发育了大量的拗拉槽，形成华北克拉通海相盆地主要时期；随后从中奥陶世至泥盆纪，受华北板块边缘洋盆关闭的影响，由被动大陆边缘转化为活动大陆边缘，华北板块受周缘挤压作用抬升，沉积间断或海相地层遭受剥蚀，现存以寒武系—奥陶系为克拉通内沉积为主的海相地层。

第一节 塔里木早古生代海相克拉通盆地原型

塔里木盆地四周被新近纪复活的古造山带包围，西北为天山南侧柯坪塔格，东北为天山南侧库鲁克塔格，东南为阿尔金山，西南为昆仑山；形成一个菱形的"盆"地，面积56万 km^2，是中国面积最大的海相克拉通盆地。塔里木盆地虽然经历了三期主要的构造变革，但是震旦纪到志留纪所经历的从陆内裂谷、拗拉槽、被动大陆边缘盆地到挤压前陆盆地和冲断构造变形的这个阶段，控制了塔里木海相碳酸岩盐油气地质条件和发育特征。震旦纪—奥陶纪漂移于大洋中的小型克拉通，沉积海相碳酸盐岩地层，奠定了成藏的物质基础，目前已经在塔里木的塔中古隆起、塔北古隆起界巴楚隆起的早古生代海相地层中发现了大量的油气田，证实了早古生代盆地是海相勘探的主要领域。这里主要介绍塔里木盆地的寒武纪和奥陶纪期间的原型盆地特征，这一阶段发育的海相盆地奠定了塔里木盆地海相油气地质的物质基础。

一、早古生代海相克拉通盆地发育的构造背景

（一）下古生界不整合面结构特征与构造旋回

根据"柯坪运动"表现出来的柯坪地区寒武系之下有古岩溶，之上为寒武系海侵沉积，结合大量区域地震剖面解释和区域地质分析，认为存在震旦系-寒武系之间的一级不整合面（陈子元，1996；贾承造，1997）。塔里木盆地存在中上奥陶统之间和志留系—泥盆系之间的不整合，拗陷内部表现为急剧下沉形成淹没不整合或沉积间歇，塔中和塔北等古隆起部位为区域性抬升超覆或削蚀不整合（图2.9）。奥陶纪末期是塔中隆起形成的主要时期，形成的剥蚀厚度也最大，其依据是地震剖面上显示塔中为同沉积隆起，志留系、泥盆系向古隆起超覆减薄，显得前志留纪的剥蚀厚度很大；塔中隆起与南北两侧拗陷之间的地层厚度和层位差别很大，经过抽道显示和沿石炭系标准灰岩层拉平剖面上可以清楚地显示，志留系和泥盆系都是从北向南由满加尔拗陷向塔中隆起逐层超覆的，沉降速率的差异使得同期地层从隆起到拗陷楔状增厚（图3.1）。

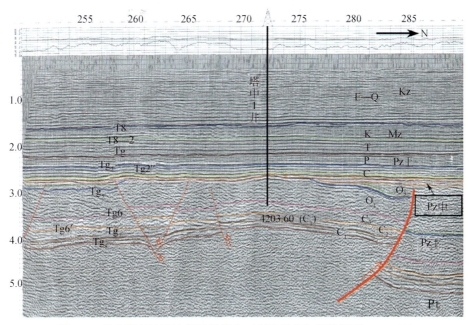

图3.1 塔中隆起构造地震层序划分（据地震叠加偏移剖面D99-540）

塔北隆起、轮南及其以东地区，海西期剥蚀强烈，志留系保存不多，塔北隆起的南部拗陷斜坡区，志留系与下伏地层的削蚀关系不明显，向塔北隆起呈增厚趋势，而后突然在石炭系之下被削蚀，与塔中明显不同。因此塔北隆起在加里东运动时期隆升和剥蚀还不很明显，海西期才是主要活动时期。但通过NW向或近EW向的地震剖面发现，志留纪对下

伏地层有削蚀，说明加里东中期运动在塔北有活动，而且志留系和泥盆系向塔北隆起也有超覆和减薄的趋势，说明塔北隆起在加里东运动时期也是同沉积隆起。

根据上述存在的震旦系–寒武系之间和中上奥陶统与志留系–泥盆系之间的两个区域不整合面，限定了在这两个不整合面之间存在的一次从盆地伸展到挤压的构造旋回，下面重点介绍在这个旋回中的海相克拉通盆地原型。

（二）寒武纪—奥陶纪洋盆的存在和消亡

塔里木盆地南缘，沿昆仑山存在一条重要的蛇绿岩带。蛇绿岩主要沿乌依塔格–库地–阿其克库勒湖–香日德分布，两侧沉积类型差别较大，北侧中、晚元古界及其地层为稳定型大陆边缘沉积建造，南侧则为强动力变质作用形成的陆缘活动带及加里东期岛弧型岩浆带；区域变质作用南侧强、北侧弱。沿该构造带有晚元古代—早古生代的蛇绿岩套成带状断续分布：如库地蛇绿岩、柯岗蛇绿岩、乌依塔格蛇绿岩、木吉北蛇绿岩、纳赤台西野牛沟、诺木洪南、乌妥、清水泉等（图3.2）。库地蛇绿岩套由下部超基性岩、辉长岩、幔源型花岗岩和上部基性火山岩、杂色火山碎屑岩系等成分构成；下部的超镁铁质岩体出露于沟北侧托排土达坂及不孜完达坂之间。超镁铁质岩体西部被晚古生代黑云母二长花岗岩侵入，其余三面均与围岩呈断层接触，断面向岩体内倾。根据整个剖面的情况，由下至上的超基性岩的纯橄榄岩、斜辉橄榄岩和基性的辉长岩（魏国齐等，2002）。

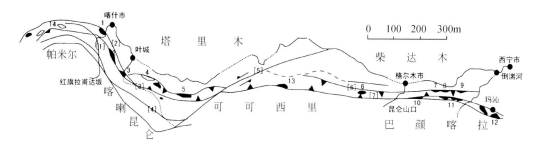

图3.2 昆仑山构造带和蛇绿岩分布示意图（魏国齐等，2002）

1. 乌依塔格蛇绿岩；2. 柯岗蛇绿岩；3. 库地蛇绿岩；4. 苏巴什蛇绿岩；5. 幕土山蛇绿岩；6. 东昆仑山野牛沟蛇绿岩；7. 清水泉蛇绿岩；8. 诺木洪南蛇绿岩；9. 乌妥蛇绿岩；10. 黑茨沟蛇绿岩；11. 布青山蛇绿岩；12. 玛沁蛇绿岩；13. 大九坝蛇绿岩；14. 北帕米尔蛇绿岩；[1] 塔什库尔干断裂；[2] 喀拉斯坦河断裂；[3] 康西瓦断裂；[4] 乔尔天山-红山湖断裂；[5] 阿尔金断裂；[6] 东昆中断裂；[7] 东昆南断裂

根据库地蛇绿岩套中超基性岩的地化特征研究，它代表寒武纪—早奥陶世大洋中脊的大地构造环境（贾承造等，2004）。超基性岩具有低铬、钛、贫钙和高镁的特点，辉长岩类具有富铝，钛含量中等的特点，基性熔岩在 SiO_2-FeO^*/MgO 的判别图解上，它们属拉斑系列；在 TiO_2-FeO^*/MgO 图解上落入大洋中脊玄武岩区。库地蛇绿岩中的基性杂岩（辉长岩、玄武岩）都较富集 Sr、K、Rb、Ba、Th 等大离子亲石元素，类似于洋中脊玄武岩。库地玄武岩的稀土元素总量大多数在 19.8~81.92ppm（1ppm = 10^{-6}，质量分数），轻、重稀土元素比值主要集中在 1.57~4.09，与洋中脊玄武岩特征相近。蛇绿岩套的同位素年龄位于 550~956Ma（汪玉珍，1983；潘裕生，1994；马瑞士，1995），形成于震旦纪—早古生代，它代表该时期在中昆仑和塔里木板块之间存在一个拉开的北昆仑大洋。

在乌依塔格-库地-阿其克库勒湖-香日德缝合带南侧发育了大量早古生代中酸性侵入岩和火山岩。库地北闪长岩、花岗闪长岩体、不孜完沟花岗岩体、库地北花岗岩体、康西瓦北花岗岩体、乌依塔格花岗岩岩体、万宝沟花岗岩岩体等就是该中酸性侵入岩的典型代表。这些岩体的同位素年龄集中在449~494Ma，属于中奥陶世—志留纪，该期岩浆活动代表该时期北昆仑洋的俯冲和中昆仑地体与塔里木板块之间的碰撞。

20世纪90年代以后，分别对东、西昆仑的早古生代造山作用及大地构造进行了讨论，并提出碰撞造山及增生造山的观点（潘裕生等，1990，1996；姜春发等，1992；肖文交等，2000；边千韬等，2002）。昆仑山早古生代镁铁质-超镁铁质岩出露情况复杂，但是根据其赋存的围岩地层、伴生的岩石组合、本身的岩石地球化学特征和南北两侧出露的前震旦纪地质体的分布特征可分为南、北两个镁铁质-超镁铁质岩带（图3.2）。

柳什塔格-吐木勒克-乌妥镁铁质-超镁铁质岩出露于清水泉、诺木洪以南（东昆仑）、吐木勒克等地，在西昆仑以发育典型的洋岛型玄武岩组合为特点。岩石组合及各种地球化学特征显示其为形成于消减带之上的SSZ型蛇绿岩（朱云海和张光信，1999；王国灿等，1999），蛇绿岩中辉长岩的锆石U-Pb年龄518Ma（姜春发等，1990，1992）、467.2±0.9Ma（边千韬等，1999），南侧布青山蛇绿岩残块具典型N-MORB型蛇绿岩地球化学特征，并发育早古生代岛弧花岗岩（边千韬等，1999）。

镁铁质—超镁铁质岩的成因前人多归为两类。其一是岩浆成因，即基性岩浆侵位于陆壳中，典型特征是具有明显的环带构造，产出于大陆环境。其二便是蛇绿岩，为消失的洋壳残片，产出于大洋环境。现代研究结果表明，蛇绿岩可产于多种构造环境，根据其产出的地质背景和地球化学特征划分为洋中脊型（MORB）和俯冲型（SSZ）两大类（Pearce et al.，1984），二者在岩石组成及地球化学组成等方面可连续过渡（张旗和周国庆，2001）。

关于库地蛇绿岩，目前已达成的基本共识是：库地蛇绿岩的同位素年龄位于550~560Ma之间，形成于震旦纪—寒武纪。通过基性的辉长岩、玄武岩的矿物学、岩石学和地球化学研究得出，辉长岩表现出与典型蛇绿岩套中的堆晶辉长岩的特征相一致；而玄武岩则与大洋中脊玄武岩的特征一致，因此认为该蛇绿岩套是形成于洋中脊的蛇绿岩套。结合库地岛弧花岗岩的特征，提出塔里木盆地南缘在震旦纪—早古生代存在广阔的大洋。库地蛇绿岩套大部分单元完整，变形变质程度较低，所以该蛇绿岩套的侵位过程中未经历俯冲消减再逆冲推覆上升的复杂构造作用，是在洋盆闭合和陆块碰撞过程中挤出的洋壳碎片。综上分析，可以得出库地蛇绿岩套的侵位机制是洋盆闭合的挤出作用（杨树峰等，1999）。结合所确定的早古生代岛弧火山岩带（马瑞士等，1995），可以确定在乌依塔格-库地-阿其克库勒湖-香日德构造带的南侧存在了一条早古生代岛弧火山-成岩带。根据岛弧火山-成岩带与蛇绿岩套相互关系可以发现，该区洋壳的消减作用是由北向南。

阿尔金地区存在两条蛇绿岩带，即阿尔金北缘蛇绿岩带和阿尔金南缘蛇绿岩带，北阿尔金蛇绿岩带沿阿尔金山脉北段出露，从西至东由米兰红柳沟经阿克赛至肃北半鄂博，全长大于600km，走向近EW，主要产在新元古代的以片麻岩为主的阿尔金群中（图3.2），郭召杰等（1998）取得的阿尔金北缘半鄂博辉长岩Sm-Nd等时线年龄为829Ma，代表了塔里木板块和中阿尔金微陆块（古岛弧）拼合时间。南部沿着阿尔金南缘断裂分布的新元古代—早古生代变质岩系具有"蛇绿岩"特征。变质基性火山岩和变质基性岩墙的原岩成分以大洋拉斑玄武岩为主，少数为大陆拉斑玄武岩或钙碱性、碱性玄武岩，原岩形成的构造环境主要是 M 型洋中脊环境；其次为岛弧环境，它们代表了岛弧背景下的一套火山岩组合。西安地质矿产研究所在南阿尔金地块东部玉苏普阿勒克塔格一带测得该套变质基性火山岩的 Sm-Nd 等时线年龄为：$1307±110$Ma；而在东部茫崖一带测得阿尔金南缘蛇绿岩带变质基性火山岩的 Sm-Nd 等时线年龄为：$481.3±53$Ma。由此说明，早古生代阿尔金南缘残余洋盆再次被拉开扩大，形成小洋盆、微古陆、多岛海古地理面貌（即多岛洋面貌）；南侧柴达木地块内亦发生裂解，形成了夏勒赛、朝阳沟等多个呈 NW 向分布的裂陷槽。

奥陶纪晚期的加里东运动使南阿尔金洋盆向北俯冲，塔里木板块与中阿尔金微陆块（古岛弧）焊接在一起的统一古陆与柴达木地块发生碰撞，导致了南阿尔金洋盆最终闭合，并使南阿尔金地块中不同构造环境下形成的陆缘-岛弧沉积建造、洋壳残片、古老微陆块和岛弧型火山岩系等岩石拼合在一起构成阿尔金南缘构造蛇绿混杂岩带；同时，柴达木地块内部的裂陷槽也发生闭合。随着柴达木地块向北侧块体下俯冲的加剧，阿尔金南缘变质岩系发生高压绿片岩相变质作用；而塔里木地块与中阿尔金微陆块（古岛弧）之间亦发生了陆内俯冲碰撞造山作用，导致了中阿尔金地块北部岩石发生榴辉岩相高压变质作用的叠加改造（张建新等，1999，2001，2002；刘良等，2002，2003）。陆-陆俯冲碰撞造山过程中，北阿尔金地块和古尔嘎盆地南侧均形成了一系列同碰撞型花岗岩组合。

二、寒武纪原型盆地特征

（一）岩相及沉积作用

寒武纪为 Rodinia 大陆的快速裂解时期，塔里木克拉通东北部的库鲁克塔格，下寒武统为一套暗色泥页岩、瘤状灰岩，间有硅质岩及钙屑浊流沉积，厚约 676m，属深水欠补偿环境沉积。在塔里木草湖一带，据 TBB-88-E78 线、EW-500 线揭示，寒武系具前积结构特征，属陆坡沉积。草湖以东至孔雀河断裂，寒武系为盆地相沉积，岩性为深灰至黑色泥灰岩。早寒武世塔里木克拉通西南缘与北缘分别发育北昆仑裂谷盆地和南天山裂谷盆地，东南侧为阿尔金-祁漫塔格隆起。克拉通内部西高东低，西部为克拉通内拗陷，沉降较快，发育开阔台地与局限台地沉积；东部为克拉通边缘拗陷。南天山裂陷作用东强西弱，东部为海水较深的槽盆，火山活动发育，西部则为浅海陆架沉积。兴地断裂为南天山裂陷与塔东克拉通边缘拗陷的分界断裂，其南侧为半深海盆地，而北侧为浅水台地，也可能形成水下隆起（图 3.3）。

下寒武统（以及整个早古生代地层）在塔西南铁克里克地区缺失，但地震剖面资料揭示塔西南拗陷下古生界普遍存在。柯坪地区下寒武统露头显示，其岩相主要为浅水台地碳酸盐岩，如深灰色灰岩、泥灰岩、白云岩以及磷灰岩等。下寒武统可分为三个组，由下向上分别为玉尔吐斯组、肖尔布拉克组和吾松格尔组，其中玉尔吐斯组中含有磷矿层以及含海绿石砂岩层，指示自寒武纪开始发生明显海侵。下寒武统中、上部多以发育灰黑色瘤状灰岩等为特征，为深水陆棚或深水碳酸盐缓坡沉积环境。下寒武统在塔里木西部岩相变化不大（贾承造，1997），因此，柯坪地区下寒武统基本代表塔西南下寒武统沉积特征。

中寒武世继承早寒武世构造格局，碳酸盐台地进一步发育，北昆仑洋的出现，相应地

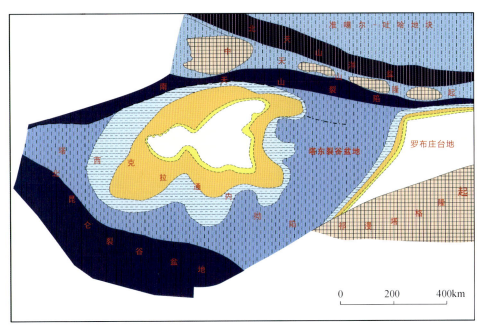

图 3.3 塔里木盆地及邻区早寒武世构造古地理图

沿着塔西南缘的叶城-和田-于田一带形成了被动大陆边缘,主要发育开阔台地与斜坡相沉积。塔西克拉通内坳陷发育了宽广的膏泥坪沉积,属局限台地内坳陷的产物,与早寒武世相比,局限台地向东、向南的塔中地区扩展,而开阔台地向塔北西部地区拓展。塔东地区为克拉通内裂谷盆地(图3.4)。根据地震剖面反映,在塔西碳酸盐台地与塔东裂谷盆地之间,有一个厚度陡变带,为陆架斜坡相沉积。位于该带上的库南1井未钻到下寒武统,但钻遇的中-上寒武统证实了斜坡相的存在。裂谷盆地两侧发生了沉积相带的迁移,发育台地边缘相-台缘斜坡相沉积。中寒武统沙依里克组和上统阿瓦塔格组主体为灰色块状白云岩,局部出现膏泥岩,并夹紫红色粉砂岩及粉砂质泥岩。奥陶系下统丘里塔格上亚群与寒武系为整合接触关系,仍主要由白云岩和白云质灰岩组成。中统由下向上分别为萨尔干组、坎岭组和其浪组,其内部岩相主要为灰、灰黑色灰岩、瘤状灰岩、泥灰岩以及粉砂岩、页岩。上统为印干组,岩相组合为黑、灰黑色泥岩、泥质粉砂岩及少量灰岩薄层。

晚寒武世基本继承了早中寒武世原型盆地的特点。北昆仑洋宽度进一步扩大,南天山裂陷进一步加强。由于北昆仑带拉张程度的加大,位于其北侧的叶城-和田一带形成了一个水下低隆起,这是塔西南隆起的雏形(也被称为和田隆起)。它的形成是在早期裂谷的肩部,后期均衡翘升作用的结果,这从另一侧面说明北昆仑可能为不对称裂谷。在地震剖面上,可见上寒武统自北而南向其减薄超覆。塔西克拉通内坳陷由于海平面上升,局限台地范围缩小,且由于沉降的不均一性,于巴楚-塔中一带形成近EW向的台地内坳陷。

寒武纪沉积基本覆盖了整个盆地,构造格局整体上为"西高东低"。由早寒武世的初始海侵,到中寒武世的海退,再到晚寒武世的海侵,表现出海平面总体升高的演变趋势。由于拉张活动与沉降的不均一性,沉积物源供给的平面变化,塔东边缘坳陷为欠补偿环境沉积。

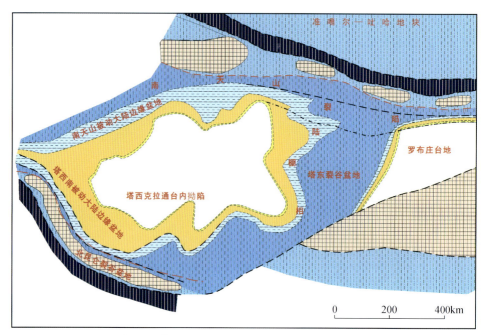

图 3.4 塔里木盆地及邻区中寒武世构造古地理图

(二) 盆地边缘构造

寒武系在于田南部柳什塔格一带命名为阿拉交依群，平行不整合在震旦系冰碛层之上。整个寒武系厚 1414m，底部约 1m 厚砾岩，总体为一套硅质碎屑岩组合，如粉砂岩、细砂岩、石英砂岩以及少量硅质岩等，向上逐渐相变为厚层白云岩和白云质灰岩（马宝林等，1991）。

塔里木西南缘西昆仑造山带内，库地缝合线含一套蛇绿岩。对这套蛇绿岩的形成时代目前还存在争议。姜春发等（1992）认为库地蛇绿岩形成于石炭纪，其主要依据为库地玄武岩的 Rb/Sr 年龄为 359～297Ma，同时再结合伴生硅质岩中的放射虫定年结果。潘裕生（1994）等则根据构造变形、库地枕状玄武岩的模式年龄以及侵入玄武岩中的花岗岩年龄值，认为库地蛇绿岩应形成于 700～450Ma。最近对库地蛇绿岩中的超基性和基性岩又进行了单锆石测年，并得出了三组年龄值，即 100Ma±≥696±38～550±30Ma 和 380Ma±，并认为第二组年龄值所代表的震旦纪—寒武纪应是蛇绿岩的形成期（马瑞士等，1995）。由裂谷至洋盆的转换时间为中寒武世，一方面有 550Ma± 年龄证据，另一方面则通过与邻区构造环境的对比而推论。潘裕生等（1996）通过研究格尔木-纳赤台东昆仑剖面后，亦认为东昆仑在震旦纪—寒武纪为裂谷发展阶段。西昆仑库地蛇绿岩带向东延伸大致可与阿尔金南缘断裂带（阿南断裂）以及祁漫塔格构造带相对比，它们在早古生代构造环境应基本一致（车自成等，1996）。南天山显生宙洋壳形成于中寒武世，并导致"新疆克拉通"的解体（汤耀庆等，1995；蔡东升等，1995）。

(三) 原型盆地特征

依据上文对塔西南、南天山、西昆仑以及阿尔金和祁漫塔格寒武纪岩相、沉积作用和构造背景分析，塔西南地区和塔北-库车地区由于北昆仑洋和南天山洋的形成而已逐渐演化为被动大陆边缘型盆地，塔东地区为裂谷或拗拉槽（图 3.5）。南天山洋在此阶段一直处于扩张和发展过程，而北昆仑洋则在中、晚奥陶世开始向南俯冲，并形成中昆仑岩浆岛弧带。岩相分析证明，塔西南内部岩相组合反映一种陆棚碳酸盐台地环境，由陆棚潟湖、开阔台地以及浅滩等亚环境组成。岩相主要为白云岩、白云质灰岩、灰岩和鲕粒灰岩等。然而，盆地边缘同期岩相则主要由深灰、黑色泥灰岩、薄层灰岩、泥岩和瘤状灰岩等组成，显示向盆地边缘明显逐渐加深的趋势。这种趋势在盆地边缘层序中也表现得十分清楚，反映浅水台地向大陆斜坡环境的转换。

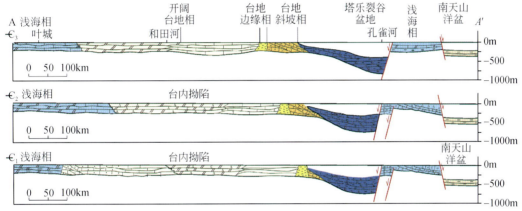

图 3.5 塔里木盆地寒武纪南北向构造-沉积剖面示意图

中寒武世原型盆地的主要特征是北昆仑洋的出现，相应地沿着塔西南缘的叶城-和田-于田一带形成了被动大陆边缘，主要发育开阔台地与斜坡相沉积。另外，在海退背景下塔西克拉通内拗陷发育了宽广的膏泥坪沉积，属局限台地内拗陷的产物，与早寒武世相比，局限台地向东南的塔中地区扩展，而开阔台地向塔北西部地区拓展。塔东仍为克拉通边缘拗陷，仅仅发生了沉积相带的迁移。

晚寒武世基本继承了早中寒武世原型盆地的特点。北昆仑洋宽度进一步扩大，南天山裂陷进一步加强。晚寒武世塔里木地块北缘南天山洋盆的形成，南部库地洋壳的继续扩展增生，海侵逐渐转入高潮。塔西克拉通内拗陷由于海平面上升，局限台地范围缩小，且由于沉降的不均一性，于巴楚-塔中一带形成近 EW 向的克拉通内拗陷。

三、奥陶纪原型盆地特征

(一) 岩相及沉积作用

柯坪地区奥陶系下统丘里塔格上亚群与寒武系为整合接触关系，仍主要由白云岩和白云质灰岩组成；中统由下向上分别为萨尔干组、坎岭组和其浪组，其内部岩相主要为灰、灰黑色灰岩、瘤状灰岩、泥灰岩以及粉砂岩和页岩；上统为印干组，岩相组合为黑-灰黑色泥岩、泥质粉砂岩及少量灰岩薄层。中-上奥陶统岩相逐渐发生了变化，层序主要由灰、深灰色以及黑色的灰岩、泥质灰岩、瘤状灰岩以及泥质粉砂岩和泥岩组成，含笔石和头足类化石，不见中-大型各种交错层，总体显示陆棚碳酸盐台地沉积环境。巴楚隆起北部厚度1000m，至叶城凹陷减薄到几百米。麦盖提斜坡东部玛参1井4320.5m进入上丘里塔格组，钻厚479.5m，缺失上部灰岩段，灰岩云岩段上部也缺失部分地层，只保留云灰岩段的中下部，岩性与北部和4井、西部罗南1井、塔中低凸起的塔参1井具有相当的可对比性。塔中地区，上丘里塔格组（$O_{1-2}s$）为局限台地相厚层状灰、浅褐灰色泥晶灰岩，亮晶、泥晶砂屑灰岩，燧石结核灰岩，白云质灰岩与厚层状浅褐灰色泥晶、粉晶白云岩，塔中1井（T_{z1}）钻厚达1906.5m。巴楚隆起北部的和4井（4290~3300m）钻揭本组地层990m，其下部（4290~3410m）为巨厚层状灰白、浅灰色灰质云岩、白云岩与浅褐灰、灰色云质灰岩、灰岩不均一互层；上部以灰岩、泥晶灰岩为主。

台盆过渡区之间存在一条狭窄的弧形斜交地震反射区，构成台地边缘礁滩-斜坡带。轮南-塔中29井（T_{z9}）一带存在近SN向展布、向西呈弧形突出的碳酸盐岩台缘坡折带，为寒武纪—中奥陶世继承性发育的弧形台地边缘相和边缘礁相（图3.6），斜坡带发育有钙屑碎屑流和钙屑浊流沉积、灰色泥晶-粉晶灰岩、深水黑色钙质泥岩沉积。斜坡相主要由静水沉积的泥灰岩、瘤状灰岩夹钙屑碎屑流和钙屑浊流沉积组成。在英买力地区，发育一范围较小、近EW向延伸的局限台地相区。塔中29井已钻揭具有斜坡相特征的中奥陶统顶部地层，库南1井已钻揭中奥陶统底部地层，该斜坡带在地震反射剖面上清楚地显示出复合型前积结构特征。塘古孜巴斯拗陷第一次出现较大幅度的沉降，形成了半深海-深海环境，海水浸漫到阿尔金一带。

塔东库鲁克塔格地区则持续表现为欠补偿的深水盆地，沉积薄，细粒沉积为主，以突尔沙克组（群）和黑土凹组为代表的、厚度不大的黑色碳-硅质灰泥组合（远洋泥），属于强烈拉张环境的产物。塔东1井揭示一套上部为灰色泥晶-粉晶灰岩，灰色、灰黑色瘤状泥晶-粉晶灰岩夹灰黑色钙质泥岩，下部为深灰、灰黑色重结晶灰岩，钻厚147m。生物以深水浮游生物为主，发育笔石组合、薄壳腕足类组合，海水深度大于3500m。罗西1井钻在罗布庄台地与塔东裂谷发育的过渡部位，罗西1井-英东2井一带主要发育中晚奥陶世的礁滩体，往东罗布庄地区继承寒武系古地理构造格局发育台地相碳酸盐岩沉积（图3.6）。

中-上奥陶统仅在塔里木西部巴楚地区和柯坪地区北部和东部保存较好，为一套台盆边缘-斜坡相细粒碎屑岩夹灰岩沉积，并因后期剥蚀作用而造成塔西南地区大面积缺失，其残留厚度0~2000m。整个塔里木西部中奥陶统主要为浅水碳酸盐台地沉积和浅水硅质碎屑岩沉积。中-上奥陶统萨尔干组（O_{1-2}）与上丘里塔格组为整合接触，为一套笔石页岩相沉积，属中奥陶统部分仅厚4.2m。往上为坎岭组和其浪组，为一套灰、灰绿色泥晶灰岩、瘤状灰岩与钙质泥岩互层，共厚184m。由盆地混合相变为陆架相，海水由深变浅；边缘盆地相变为海相。库鲁克塔格-孔雀河地区中奥陶统上却尔却克组为绿灰、灰色长石岩屑砂岩与深灰色泥岩互层。群克1井于井深2628m进入奥陶系，直至完钻井深4502m，皆为深灰色泥岩，属深海盆地相与海槽盆地海底浊积扇相（图3.7）。

塘古孜巴斯拗陷第一次出现较大幅度的沉降，形成了半深海-深海环境。塔东裂谷盆

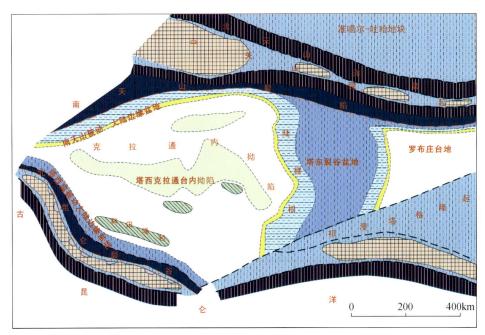

图 3.6 塔里木盆地及邻区早奥陶世蓬莱坝构造古地理图

地区和塘古孜巴斯凹陷均发育盆地相细粒碎屑岩沉积，其厚度可达 6000m。在塔中地区则为台地相区，发育一套灰岩、泥岩沉积，巴楚隆起为细粒碎屑岩夹灰岩薄层，局部发育有灰泥丘。在盆地西缘，由塔中 29 井已钻揭至具有斜坡相特征的中奥陶统顶部地层、库南 1 井已钻揭中奥陶统底部地层，该斜坡带在地震反射剖面上清楚地显示出复合型前积结构特征。

晚奥陶世盆地的构造古地理格局发生重要变化，塔里木克拉通受到挤压，发育近 EW 向的塔中、塔北隆起，盆地古构造地貌显示南高北低的特点（图 3.8）。中西部的台地相碳酸盐岩相分解成东西走向台地相、台地边缘相和半深水泥质、泥灰质盆地相沉积。台地相区位于麦盖提地区-巴楚地区。柯坪-塔中地区属于台地边缘相，如柯坪地区奥陶系上统为印干组，岩相组合为黑、灰黑色泥岩、泥质粉砂岩及少量灰岩薄层，为台地边缘相沉积环境；巴东-塔中地区，晚奥陶世为混积深水陆棚相区，沉积物以暗色泥质岩为主，夹灰岩。方 1 井和 4 井钻揭的良里塔格组（O_3l）厚 240~380m，上部为台地边缘斜坡亚相的泥岩、泥灰岩互层，下部为开阔台地亚相的纯灰岩。其上桑塔木组（O_3s）在区内分布较广泛，厚 43.5~247m，岩性为灰质泥岩夹灰岩，向玛扎塔格断裂构造带东端灰质含量略有增高趋势。晚奥陶世沿塔北隆起、塔中隆起的古隆起边缘形成典型的镶嵌陆架边缘型碳酸盐岩台地，沿台地边缘广泛发育了生物礁和滩坝相等高能沉积相，发育生长地层。塔中 I 号断裂于晚奥陶世开始活动，发育上奥陶统生长断层背斜带，对其上、下盘的沉积有重要的控制作用，断裂上盘生物礁滩相沉积，构成塔中油气储集体。在阿合奇-阿瓦提-阿拉尔南缘一带，发育 EW 走向静水沉积泥灰岩、瘤状灰岩夹钙屑碎屑流和钙屑浊流沉积组成的台地斜坡相。轮南-塔中 29 井近 SN 向展布、向西呈弧形突出的碳酸盐岩台缘坡折带，中晚奥陶世以后该坡折带趋于平缓，良里塔格组沉积时期发育台缘礁滩相沉积。

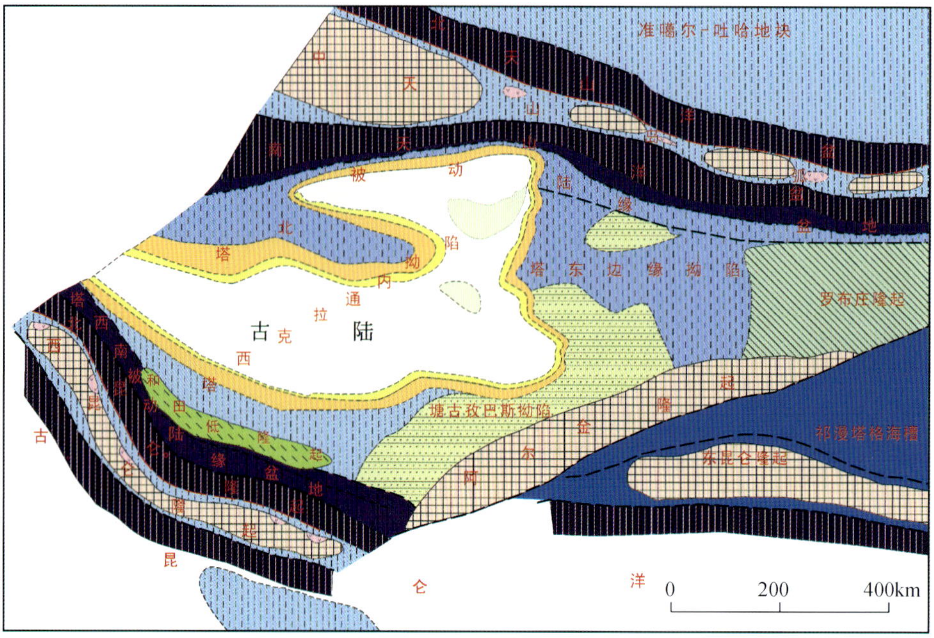

图 3.7 塔里木盆地及邻区中奥陶世—间房构造古地理图

北部（阿瓦提-满加尔）拗陷带堆积了厚度巨大的盆底扇浊积碎屑岩和盆地相泥页岩，拗陷带海底扇物源来自于 EN 方向、ES 方向和塔中低凸起，扇体厚度可达 2000m 以上（图 3.8）。满加尔地区上奥陶统其岩性为灰、灰绿、紫红，灰黑色长石砂岩、岩屑砂岩、粉砂岩、泥岩、页岩等，组成韵律层，局部夹砂质灰岩，为典型的深海斜坡扇、海底扇浊流岩。已知厚度 1000~2000m，地震推测沉积最厚处大于 5000m，为典型的深海盆地斜坡扇浊积岩。塔北地区主要为一套台地相沉积，羊屋 2 井井区中上奥陶统丘状地震反射，英买力 1 井钻揭上奥陶统 71.5m，岩性为浅灰、灰褐、灰白色灰岩夹浅灰色含灰质泥质粉砂岩；轮南 46 等井亦钻揭该套岩石组合，基本反映了台地边缘相沉积（张朝军等，2010）。

塔东 SN 向裂谷盆地充填有巨厚深海盆地的浊积碎屑岩沉积，如库鲁克塔格南区上奥陶统银屏山组为浊积相沉积，岩性为灰绿色泥质长石砂岩与灰黑色泥岩频繁韵律互层，厚 1549m。草 1 井钻揭中-上奥陶统 401.45m，岩性主要为深灰、灰色泥岩，粉砂质泥岩，细砂岩互层。库鲁克塔格兴地断裂以北乌里格孜塔格组除底部 43m 属中奥陶统外，以上 1038m 均为上奥陶统，其下部 366m 为灰色薄层至块状泥晶-亮晶生屑灰岩、砂屑灰岩及凝灰质砂屑灰岩，上部 672m 为灰色钙质泥岩与薄层状疙瘩状泥粉晶灰岩、泥灰岩组合，沉积环境为台地相-台地边缘相沉积。

塘古巴孜斯拗陷发育半深水泥质碎屑岩和深水浊积岩。塘参 1 井区却尔却克组（$O_{2-3}q$）为厚层灰、深灰色浊积岩沉积，上部为灰、深灰色泥岩、粉砂质泥岩夹同色粉砂岩、泥质粉砂岩，近顶部夹灰色灰岩、泥质灰岩；中部为灰色泥质粉砂岩、粉砂岩与深灰

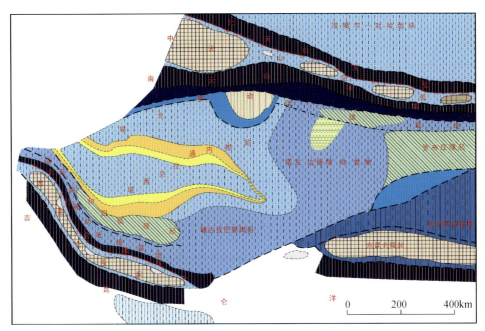

图 3.8 塔里木盆地及邻区晚奥陶世良里塔格组构造古地理图

色粉砂质泥岩、泥岩不等厚互层；下部为灰褐、深灰色泥岩，底部夹深灰色灰岩。却尔却克组（$O_{2-3}q$）在塔东地区广泛分布为复理石建造或典型浊积岩沉积。

从中-上奥陶统底界特征以及地层等厚图上可以看出陆架坡折带（台地边缘）较发育（图3.9），从盆地北部往南发育了满加尔-塔东坡折和罗布庄坡折，分别位于塔东裂谷盆地西侧和东侧。地震剖面分析表明：满加尔-塔中坡折是晚寒武世—早奥陶世陆架坡折继承发育的结果，但坡折的规模尤其是高差和坡度比早期大得多，坡折之上发育台地边缘相，之下为斜坡相，整个坡折是盆地相和台地边缘相的分界。罗布庄坡折受塔东断裂带的控制，主要为一断裂坡折，坡折的宽度较小，但高差较大，达2600m。

铁克里克断隆上的奥陶系主要分布在棋盘河上游及博查特塔格一带，岩相特征与柯坪断隆上的奥陶系基本一致。下统博查特塔格群主要为灰白和浅红色中-厚层状白云岩，而中-上奥陶统苏玛兰群则为灰色泥灰岩，瘤状灰岩和粉砂岩（马宝林等，1991）。整个层序也指示一种滨岸潮坪向陆棚碳酸盐台地的变化，地质露头以及部分钻井岩心资料的综合分析结果显示，奥陶纪塔西南整体处于陆棚型碳酸盐台地环境，中-上奥陶统黑色泥-页岩和瘤状灰岩应指示外陆棚沉积环境（Read，1985）。

（二）盆地边缘构造作用

奥陶纪是塔里木克拉通盆地构造演化的一个重要阶段，克拉通北缘柯坪地区的震旦系—下寒武统与中天山（伊犁地块）上的同时代地层具有相同的沉积岩相和生物组合特征，但奥陶纪的生物面貌则出现很大的差异（马瑞士等，1993）。南天山蛇绿岩中辉长岩的 $^{40}Ar/^{39}Ar$ 定年结果为439.4±26.7Ma，基本确定为奥陶纪（郝杰和刘小汉，1993）。许多其他相关研究结果表明，南天山蛇绿岩形成时代主要在晚志留世到早石炭世期间（王作勋

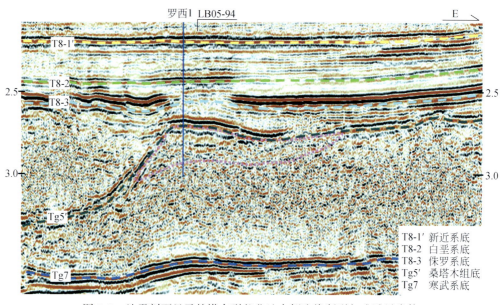

图3.9 地震剖面显示的塔东裂谷盆地东侧边缘断裂与礁滩异常体

等，1990；张旗，1990；郭召杰等，1993；高俊等，1994，汤耀庆等，1995）。奥陶纪时伊犁地块与塔里木地块生物组合特征以及沉积岩相发生明显分异应是可信的直接证据。

西昆仑库地蛇绿岩形成时间应主要在中–晚寒武世和早奥陶世，因为对侵入蛇绿岩中花岗岩的定年结果显示，它的 $^{40}Ar/^{39}Ar$ 和 U/Pb 单锆石年龄值变化在 449~474Ma，即中–晚奥陶世可作为蛇绿岩形成年龄的上限。另外，对库地缝合带南侧火山岩研究结果表明，其主要岩性为安山岩和玄武质安山岩，岩石地球化学特征显示钙碱性，因此代表岛弧火山岩系列。与这套火山岩共生的还有早古生代花岗岩侵入体，如库地北岩体和崔善河岩体等。岩体主要为石英云母闪长岩、花岗闪长岩、黑云母二长花岗岩以及黑、云钾长花岗岩等，其岩石地球化学特征主要显示为钙碱性，仅个别为碰撞型花岗岩（马瑞士等，1995）。这些花岗岩同位素年龄为 445~480Ma（中–晚奥陶世）。上述表明，库地蛇绿岩所代表的中昆仑与塔里木之间的洋盆存在于中–晚寒武世—早奥陶世，自中奥陶世开始向南俯冲，并形成相应的岩浆岛弧带（中昆仑），塔里木南缘此阶段显然处于被动大陆边缘构造环境（图 3.10）。

祁漫塔格和东昆仑，奥陶纪蛇绿岩的出现证明当时那里亦已形成洋壳。北侧阿尔金山构造带不仅发育深水浊积岩沉积组合，而且与许多火山岩共生。浊积岩为中–上奥陶统（张显庭等，1984）。最近从碳酸盐岩中又分离出牙形石化石，指示这套地层还应包括下奥陶统（车自成和孙勇，1996）。火山岩地球化学特征显示出双峰式特征，从而指示一种裂谷构造环境。由于这一区域目前研究程度很差，祁漫塔格蛇绿岩所代表的大洋在当时的俯冲极性还很难确定，因为目前还没有识别出相应的岩浆岛弧带。考虑到阿尔金–祁漫塔格的区域构造环境与塔西南–库地（北昆仑）洋–中昆仑的构造环境相似，本书认为阿尔金山当时亦应处于被动陆缘，并发育陆缘裂谷。南天山奥陶纪主要为复理石建造夹碳酸盐岩建造，沿着塔里木地块的北缘，发育了斜坡、浅–半深海相的被动大陆边缘环境下的沉积（图 3.10）。

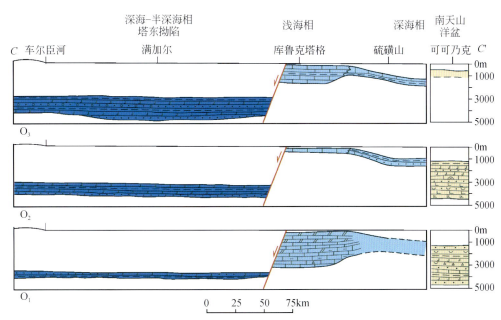

图 3.10 满加尔-库鲁克塔格-南天山硫磺山奥陶系构造-沉积剖面图

晚奥陶世的沉积序列自下而上呈现由早期细粒陆源物质的少量出现到晚期大量粗陆源碎屑快速注入的进积特征，反映一个盆地变浅和被充填的过程。中寒武世—奥陶纪塔西南为一个被动陆缘型盆地，盆地内部主要为陆棚型碳酸盐台地，中-晚奥陶世的俯冲作用使盆地南缘的构造-沉积环境转变为沟-弧-盆体系。此阶段塔西南被动陆缘盆地属伸展型盆地，同生伸展断陷是造成盆内不同沉积亚环境出现的原因。裂陷部位形成相对深水环境，而相对抬升部分则形成水下高地，形成潮坪。中-晚奥陶世构造挠曲抬升进一步影响到古地理环境，碰撞作用造成塔西南挠曲抬升，处于剥蚀状态，仅在南缘前陆拗陷中发生沉积。

（三）原型盆地特征

依据上面对塔西南、南天山、西昆仑以及阿尔金和祁漫塔格寒武纪—奥陶纪岩相、沉积作用和构造发展的分析结果，塔西南地区由于南天山洋和北昆仑洋的形成而已逐渐演化为被动大陆边缘型盆地（图 3.10）。南天山洋在此阶段一直处于扩张和发展过程，北昆仑洋则在后期（中-晚奥陶世）开始向南俯冲，并形成中昆仑岩浆岛弧带。岩相分析证明，塔西南内部岩相组合反映一种陆棚碳酸盐台地环境，由陆棚潟湖、开阔台地以及浅滩等亚环境组成。岩相主要为白云岩、白云质灰岩、灰岩和鲕粒灰岩等。然而，盆地边缘同期岩相则主要由深灰、黑色泥灰岩、薄层灰岩、泥岩和瘤状灰岩等组成，显示向盆地边缘明显逐渐加深的趋势。这种趋势在盆地边缘层序中也表现得十分清楚，反映浅水台地向大陆斜坡环境的转换。

塔西南向南的俯冲不仅导致中昆仑岛弧的产生，而且同时形成相应的弧前盆地。对库地缝合带内一些克沟基性熔岩之上的沉积岩分析结果证明，它们为一套浊积岩系，沉积物成分主要为玄武岩、变火山岩等，矿物的地球化学成分与下伏基性熔岩成分基本一致（王东安和陈瑞君，1989）。显然，浊积岩物源应是南侧的岩浆岛弧，沉积作用发生在弧前环境，并在空间上可能构成深水扇体系（王东安和陈瑞君，1989）或小型浊积裙体系。后期强烈变形使海沟和远洋细粒沉积，如硅质岩和远洋-半远洋沉积物等，卷入蛇绿杂岩中。

塔里木盆地中西部上奥陶统-中奥陶主要沉积一套开阔台地相碳酸盐岩沉积，从英买2井-库南1井附近逐渐相变为台地边缘缓坡含泥质的碳酸盐沉积，在塔东几乎为深海泥岩沉积，再向东到罗布庄一带则相变为台地相碳酸盐沉积格局。

从中奥陶世的中晚期开始，上述格局被打破。以塔中前陆隆起、塔北隆起、阿瓦提-满加尔隆间拗陷和塘古孜巴斯弧后前陆拗陷的形成为标志（图3.8），前期西浅东深的台-盆体系转化为南北向隆、拗间的格局。这种构造作用直接影响到塔西南内部沉积环境的变化。对奥陶系沉积厚度和岩相分析显示，在塔西南内部出现一个大致平行于库地缝合带的隆起带，隆起带不仅表现出沉积厚度的减薄，同时还显示出岩相的变化，即以白云岩为主，而其北边和南边则分别为开阔台地碳酸盐岩和深水陆棚和斜坡沉积。

总之，奥陶纪塔西南为一个被动陆缘型盆地，盆地内部主要为陆棚型碳酸盐台地，中-晚奥陶世的俯冲作用使盆地南缘的构造-沉积环境转变为沟-弧盆体系。此阶段塔西南被动陆缘盆地属伸展型盆地，同生伸展断陷是造成盆内不同沉积亚环境出现的原因。裂陷部位形成相对深水环境，而相对抬升部分则形成水下高地，形成潮坪。中-晚奥陶世的构造挠曲抬升进一步影响到当时的古地理环境。阿尔金当时的构造-沉积环境与塔西南基本一致，而那里强烈裂谷的沉积作用和火山活动进一步证明当时地壳处于伸展构造体制。

四、志留纪—泥盆纪原型盆地特征

（一）岩相与沉积作用

志留纪，塔里木盆地南缘昆仑洋向其南部的中昆仑岛弧不断地俯冲消减，洋壳消减，中晚志留世时中昆仑弧与塔里木大陆碰撞，在俯冲的塔里木大陆板块边缘形成了与缝合带有关的周缘前陆盆地。中晚志留世塔里木盆地南缘发生弧陆碰撞的证据在于：中昆仑出现碰撞型的423Ma的花岗带，同时在碰撞缝合线出现蛇绿岩套（魏国齐等，2002）；东西昆仑地区、塔里木盆地南部（中央隆起及其以南的广大地区）均见泥盆系与下伏志留系、奥陶系间的不整合；以及盆地内中上志留统（及泥盆系）均为反映远造山标志的红层相沉积等（图3.11）。

泥盆纪，盆地南缘塔里木大陆板块继续与南部的中昆仑岛弧碰撞挤压，直接证据见于甜水海地区和北昆仑地区。①甜水海地区可见上泥盆统提孜那甫组角度不整合在中泥盆统布拉克巴什群之上，而布拉克巴什群又角度不整合在下伏中上志留统达板沟群之上；②北昆仑地区上泥盆统与中（下）泥盆统岩性、岩相发生很大变化，上泥盆统主要为一套厚度巨大的陆相红色碎屑岩建造，岩性主要为紫红、褐红、灰绿色砾岩、石英砂岩、钙质砂岩、粉砂岩、泥质粉砂岩等，一般厚367~4146m，以喀什西南的库山河剖面最为发育，达5521m。中下泥盆统主要为海相的碎屑岩夹薄层碳酸盐岩。

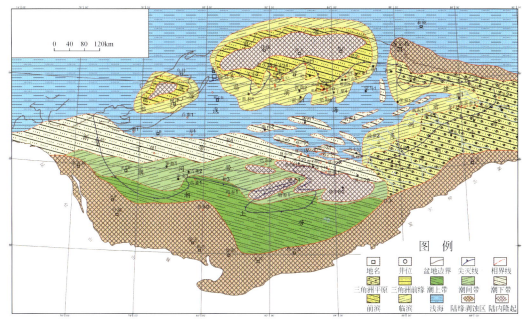

图 3.11 塔里木盆地志留纪沉积构造格局分布图

(二) 盆地周缘构造作用

中奥陶世—中志留世,存在于塔里木板块和中昆仑地体之间的古昆仑洋沿着乌依塔格–库地–阿其克库勒湖–香日德向南俯冲消减,形成了位于中昆仑地体上的早古生代岛弧岩浆岩带(图3.2),这一岩带的同位素年龄大多集中在 449～494Ma。晚志留世位于塔里木板块和中昆仑地体之间的古昆仑洋向南俯冲消减完毕,造成早古生代中昆仑岛弧和地体相继与塔里木板块发生碰撞,形成了碰撞造山带,在塔南地区形成了周缘前陆褶皱冲断带雏形和塔南周缘前陆盆地。由于塔里木板块与中昆仑早古生代岛弧和中昆仑地体间的碰撞作用继续进行,一方面使得前陆的褶皱冲断作用不断加强而且往后陆方向发展,另一方面在前陆褶皱冲断带的前缘地带发育了塔南周缘前陆盆地,在前陆盆地内部发育了巨厚的晚志留世、中下泥盆统和上泥盆统磨拉石、复理石沉积。志留纪中昆仑地体与塔里木板块发生碰撞,形成塔里木盆地南缘晚志留世碰撞造山带。它由乌依塔格–库地–阿其克库勒湖–香日德缝合带、乌依塔格–库地–阿其克库勒湖–香日德南早古生代岛弧火山–深成岩带、塔南前陆褶皱冲断带以及塔南周缘前陆盆地组成。上述特征反映昆仑山北缘地区从晚志留纪的磨拉石、泥盆系巨厚海相复理石和陆相磨拉石沉积的转换过程,是典型的前陆盆地沉积。因此昆仑山北缘和塔里木盆地南缘属于中昆仑地体向塔里木盆地大规模逆冲的前陆盆地(图2.14)。

南天山蛇绿岩带的分布及其年龄特征显示晚奥陶世—早泥盆世塔里木板块北缘仍旧为稳定的被动大陆边缘。南天山蛇绿岩(王作勋,1990;高俊,1995)中辉石单矿物 $^{40}Ar/^{39}Ar$ 年龄为 $439.4±6.9Ma$(郝杰,1993)。库米什地区混杂带中硅质岩放射虫的时代为晚志留世至早泥盆世(王作勋,1990),东延的新甘交界红柳河地区与基性熔岩共生的石灰岩中珊瑚等化石时代为中、晚志留世（郭召杰，1998）。因此该蛇绿岩带的形成时代（洋盆形成时代）应为中、晚志留世至早泥盆世。从柯坪哈尔克地区志留系沉积总厚达上万米，主要为碎屑岩、碳酸盐岩组成的类复理石夹硅质岩、火山碎屑岩等显示该期被动陆缘沉积的特征。南天山洋志留纪沉积5000余米浊积岩、碳酸盐岩，夹火山岩、放射虫硅质岩，火山岩厚达2700m，属基性玄武岩与富硅质酸性火山岩组成的双模式火山岩套，是构造拉张的产物。从古地磁资料表明（方大钧等，1996），塔里木板块早泥盆世—晚石炭世，曾发生较大规模的向北漂移，漂移纬度达9.3°。上述说明早古生代塔里木板块北缘为广阔的大洋，板内的挤压构造变形主要受控于南缘的板块间的活动。

（三）原型盆地特征

塔里木板块南缘受古洋盆关闭和造山带的隆升，盆地整体上呈现"南高北低中隆"的构造格局。阿尔金-昆仑山前成为塔南前陆盆地中碎屑物沉积的主要物源区，阿尔金山前结束海相沉积（图3.11）。志留系与下伏奥陶系为全盆地级的区域不整合-假整合接触。志留系由于受多期构造事件影响一般残缺不全，主要分布于北部拗陷、塘古孜巴斯拗陷以及柯坪断隆、库鲁克塔格断隆等地区，其他地区均缺失。据周边地面露头和盆地内探井资料，志留系主要为滨浅海相的碎屑岩沉积。泥盆系主要分布在北部拗陷、塔西南以及中央隆起中西部地区，塔北地区、和田—塔中1—塔东1井一线以南地区大面积缺失。泥盆系主要为一套滨浅海相-陆相碎屑岩沉积。泥盆系与上覆石炭系为不整合接触。

五、早古生代的盆地原型的叠加

寒武纪—中奥陶世早期，整个塔里木盆地的古地理面貌均呈现"西台东盆"的格局。中西部广大地区为稳定的浅水碳酸盐台地，沉积了以下丘里塔格群和上丘里塔格群为代表的巨厚碳酸盐岩，东部的满加尔和库鲁克塔格地区则持续表现为欠补偿的深水盆地，沉积了以突尔沙克组（群）和黑土凹组为代表的、厚度不大的黑色碳-硅质灰泥组合（远洋泥）；两者之间存在一条狭窄的弧形斜交地震反射区，构成台地边缘礁滩-斜坡带。从中、上奥陶统底界特征以及地层等厚图上可以看出陆架台地边缘礁体较发育，从盆地北部往南发育了塔东（包括塔中）台地边缘礁体，分别位于塔东裂谷盆地周缘和塔中隆起北缘。地震剖面分析表明：塔东-塔中台地边缘礁体是晚寒武世—早奥陶世陆架台地边缘礁体继承发育的结果，但台地边缘礁体的规模尤其是高差和坡度比早期台地边缘礁体要大得多，台地边缘礁体之上发育台地边缘相，斜坡相主要发育在斜坡位置，整个台地边缘礁体是盆地相和台地边缘相的分界。

陆架台地边缘礁体的发育与盆地演化、区域构造特征息息相关。塔里木盆地震旦纪—奥陶纪发育满加尔拗拉槽、塔西南克拉通内拗陷（贾承造，1997）和南北缘被动大陆边缘，盆地北缘为南天山裂谷盆地和伊犁陆缘隆起，南缘西段为西北昆仑洋和西中昆仑陆缘隆起，东段为阿尔金台隆。沿着满加尔拗拉槽是陆架台地边缘礁体发育区，晚寒武世—早奥陶世塔东裂谷盆地边缘礁体最为突出。奥陶纪仍然是塔里木盆地南北缘被动大陆边缘发展的重要时期，表现为对寒武纪构造活动的继承和发展。奥陶纪早期，塔中鼻状隆起开始发育，塔中台地边缘礁体开始出现；奥陶纪中晚期，塔北隆起、塔中隆起形成，同时塔中Ⅰ号断裂形成，表现为中晚奥陶世塔中台地边缘礁体的逐渐发育并形成。在盆地北部，塔东裂谷盆地发展至奥陶纪晚期消亡，沿该裂谷盆地仍然发育台地边缘礁体，同时出现塔中台地边缘礁体。在经历晚奥陶世构造变形期后，塔里木从志留纪开始步入活动大陆边缘发展期，其板块内部为克拉通内拗陷，志留纪塔里木盆地为稳定沉降沉积区，因此在整个志留纪陆架台地边缘礁体发育的可能性较小。但志留纪古地貌特征受奥陶纪末期构造运动控制，与北部拗陷区的过渡带仍保留陡坡地形，地形差异的古地貌对地层和沉积起到一定的控制作用。总之，塔里木盆地早古生代构造古地貌具有明显的特色，广泛发育台地边缘礁体带，台地边缘礁体具有早期小，中期大（形成陆架台地边缘礁体），晚期小的特点；早期近 EW 向展布，中期近 SN 向展布，晚期表现为近 NE 向和 NW 向展布，末期又转变为近 EW 向展布。

各时期发育的台地边缘礁体与沉积体系的展布有着明显的匹配关系，如晚寒武世—早奥陶世满加尔台地边缘礁体是台地边缘相和深海盆地相的明显相带分区，与碳酸盐岩沉积相模式完全一致。中-晚奥陶世满加尔-塔东台地边缘礁体明显控制了台地边缘礁体之上的台地边缘相和斜坡位置的斜坡相，整个台地边缘礁体是盆地相和台地边缘相的分界；塔中台地边缘礁体是一个断裂台地边缘礁体，在断裂台地边缘礁体上、下也发育了不同环境的沉积。志留纪时，昆仑、阿尔金地区是可能的物源区之一，天山也可能是物源区，垂直于北部台地边缘礁体。同时，志留纪时期盆地地形南缓北陡，南浅北深，决定了南部以潮坪体系为主，北部以滨岸体系为主。志留系总体上表现为填平补齐的沉积特点，决定了地形早陡晚缓，水体早深晚浅，从而晚期表现为潮坪体系更发育。沿着南部和北部台地边缘礁体将不同的沉积体系分割开，塔中地区南部台地边缘礁体明显控制了潮坪和滨岸沉积；台地边缘礁体塔东段也具有类似的特征，但从地震剖面上看，对低位域的控制更为明显。北部台地边缘礁体是滨岸体系中远滨和前滨-临滨很好的分界带。目前塔中所见到的主要是上部地层的潮坪体系，下部柯坪塔格组滨岸体系均超覆尖灭在满南斜坡下部。

第二节 四川海相克拉通盆地原型

四川盆地四面被不同时期的山系环绕，北起秦岭的大巴山-米仓山，南抵云贵高原的大凉山；西自龙门山，东达鄂华山，形成典型的"盆"，面积18万 km^2。四川盆地作为扬子板块的一部分，自晋宁运动回返、基底固结形成克拉通以后，开始接受稳定的海相地层沉积，进入海相盆地发展阶段。寒武纪—奥陶纪，扬子板块漂移在大洋中，沉积被动大陆边缘海相盆地；志留纪开始，扬子板块周缘洋盆关闭和造山，受西、北缘洋盆的关闭和周缘板块的碰撞，板块边缘出现前陆盆地，板块内部发育乐山-龙女寺等古隆起，并遭受剥蚀，这是扬子板块经历的第一个构造旋回。泥盆纪—二叠纪期间，随着扬子板块周缘勉略洋盆、昌宁-孟连洋、金沙江-墨江洋的发育和中-晚三叠世西、北缘的洋盆关闭和造山，控制上扬子板块边缘地区裂谷盆地的发育和前陆盆地的叠加，扬子板块经历第二期构造旋回（雷永良等，2009）。尽管四川盆地在地史上升降运动频繁，但自震旦纪以来总体上以下沉为主。盆地内震旦系—中三叠统属海相地层，以碳酸盐岩为主，厚4000～7000m，上三叠统—第四系属陆相沉积（图3.12）。

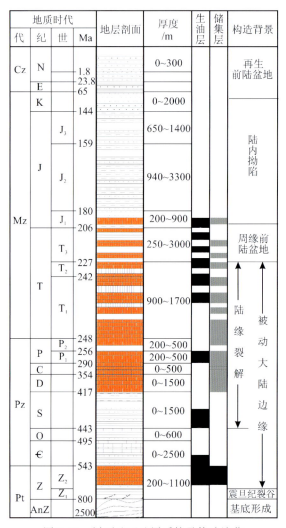

图3.12 川西地区地层系统及构造演化

一、四川海相克拉通盆地形成的构造背景

受上扬子板块西部边界构造演化控制，四川海相盆地的构造-沉积演化与特提斯构造域密切相关。上扬子地区的特提斯构造演化主要经历了原特提斯和古特提斯两个阶段，伴随着这两个阶段洋盆的拉张-消减，海平面出现两次大规模的升降周期变化。并与之相对应，形成晚震旦纪—早古生代和晚古生代—早中生代以克拉通内被动大陆边缘为特色的沉积体系。

在原特提斯阶段，上扬子板块西部地区的边界构造事件可分为两段，晚震旦世—中奥陶世（Z—O_2）主体为洋盆强烈拉张裂离，晚奥陶世—志留纪（O_3—S）为洋盆消减（钟大賽等，1998）。与之对应，晚震旦世—中奥陶世形成以川中为核心的克拉通台地到周缘被动大陆边缘的沉积组合特征。被动大陆边缘边界北部可能大致位于迭部—十堰一线，向北为商丹洋盆，南部可能位于金沙江沿线，向南西方向为昌宁-孟连洋盆（图3.13）。

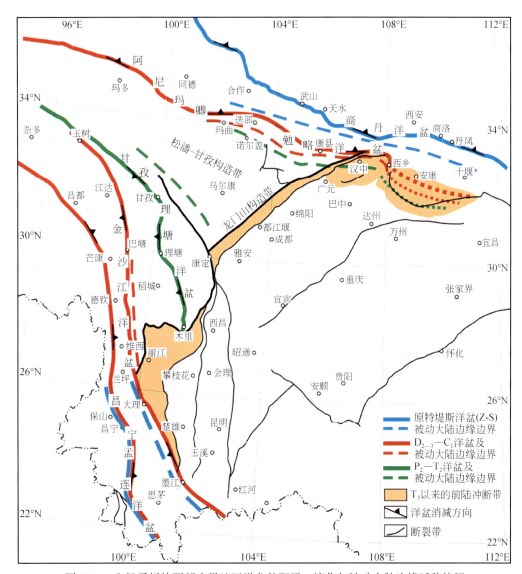

图3.13　上扬子板块西部边界地区洋盆的配置、演化与被动大陆边缘迁移特征

古特提斯阶段，上扬子板块西部地区以昌宁-孟连主洋盆、金沙江-墨江支洋盆、阿尼玛卿-勉略支洋盆和甘孜-理塘支洋盆的演化为特点。被动大陆边缘沉积随着洋盆的迁移具有向克拉通内部发展的趋势（图3.13）。泥盆纪—早石炭世时期（D_{2-3}—C_1），被动大陆边缘沉积的边界在扬子北缘可能大致位于康县—西乡一线，向北为勉略洋盆，西南缘大致位于金沙江沿岸，奔子栏-霞若一带仍残留被动陆缘沉积岩片，而龙门山以西可能有台盆沉积的特点。中-晚二叠世—中三叠世（P_2—T_2）是上扬子西部被动大陆边缘进一步裂解

的主要时期，期间发生短暂而快速的板内裂陷作用，自南而北具有统一的动力背景，但总体上又受金沙江-墨江支洋盆和阿尼玛卿-勉略支洋盆俯冲-消减的制约。因此，构造变动处于以合为主、板内拉张的格局。被动大陆边缘边界可能退至阿尼玛卿-勉略混杂岩带（玛沁-诺尔盖-勉县-汉中）以南，甘孜-理塘混杂岩带（或炉霍-道孚）以东。晚三叠世时期（T_3），上扬子板块西部地区被动陆缘和克拉通边缘转化为周缘前陆盆地发展阶段。其中，在诺尔盖-松潘地区，中-上三叠世拉丁期—卡尼期之间开始发育的前陆盆地具有自NE向SW迁移演化的特征，诺利期—瑞替期以来，前陆盆地表现出自西向东的迁移、发展。这种构造变动主体发生在瑞替期，与此同时，龙门山断裂带具有左行挤压转换的构造变形特征。晚三叠世印支期以来，上扬子西部地区基本结束了古特提斯构造域的演化，转变为陆内造山和构造变形环境，开始以陆相沉积体系为主。在四川盆地，前陆盆地的同造山沉降中心以川中为核心在西部和北部呈弧形迁移，沉积序列不断更替和叠加。晚三叠世时沉降中心位于龙门山前，侏罗纪向北迁移至北侧大巴山前，早白垩世时向西迁移至米仓山前，晚白垩世-古近纪、新近纪再至龙门山前成为再生前陆盆地。而上扬子西南部的楚雄盆地在侏罗纪—白垩纪的沉积演化具有向东迁移的特征。

二、晚震旦纪—早古生代海相盆地原型

（一）原特提斯构造域控制下的被动大陆边缘

上扬子板块西缘，根据古地磁研究表明，晚奥陶世时期，滇西的保山地块存在向南漂移，而华南（扬子）地块存在向北漂移（李朋武等，2005），这意味着这一时期二者之间可能形成一个拉张的大洋。钟大赉等（1998）推测，在滇川西部地区，大致以昌宁—孟连一线为界的早古生代古生物地层区分别代表滇西（西侧）和上扬子（东侧）两个不同属性的被动大陆边缘沉积，而此时的思茅地块可能已增生到扬子微大陆边缘，成为上扬子板块西部被动陆缘的一部分，具有亲扬子的特征。该区变质岩、糜棱岩、花岗闪长岩中所获得的410～440Ma的同位素年龄，是晚奥陶世—志留系期间洋盆俯冲-碰撞事件的佐证。

上扬子板块北缘，商县-丹凤一带的商丹洋盆存在洋岛型、岛弧型和少量洋脊型蛇绿岩残片，并和大量的岛弧火山岩块混杂构成蛇绿构造混杂岩带。张国伟等（1996）认为它代表了震旦—中奥陶世时期存在的扩张洋盆，并构成扬子板块在北缘与华北板块在秦岭的缝合界限。平行于商丹蛇绿混杂岩带分布的444～357Ma的俯冲型花岗岩显示向北的极性特征，指示该洋盆在晚奥陶世—志留纪时期已开始转入板块俯冲收敛期（张国伟等，1996），扬子与华北两陆块沿北秦岭一带发生碰撞造山，并构成北秦岭为活动大陆边缘而南秦岭为被动大陆边缘的分带特征。

原特提斯阶段，上扬子板块以北缘和西缘边界为活动特征，经历了晚震旦世—中奥陶世的强烈拉张和晚奥陶世—志留纪的洋盆消减事件。郝子文等（1999）认为，扬子周缘的裂谷扩张开始于中晚寒武世阶段，奥陶纪后逐步完成大陆裂解的演化过程。原特提斯阶段上扬子西缘的构造事件总体上与扬子大陆东南缘的活动阶段可对应，指示扬子区主体为稳定克拉通，而周缘具有大陆边缘活动性的特征。不同的是，扬子大陆东南缘，志留纪以来的加里东构造由于华南洋向江绍一带俯冲-消减形成江南和雪峰两个造山带并与黔中牛首

山古隆起相连,与造山前缘相对应的地带通常认为存在前陆盆地演化,并在晚志留世—早泥盆世早期实现江南造山带和雪峰造山带相连形成一体的隆升区(马力等,2004)。

(二) 晚震旦纪—早古生代原型盆地的沉积充填特征

早古生代是上扬子西部地区被动大陆边缘发展的主要时期,其被动大陆边缘沉积向北未超越商丹蛇绿混杂岩带,可能在迭部—十堰一线;向南未超越昌宁-孟连蛇绿混杂岩带,而被动大陆边缘的深水碳酸盐岩和泥岩有机质丰富,是潜在的成为有利烃源岩。晚元古代—早古生代的上扬子板块具有以川中为中心的镶边台地性质(马力等,2004)。伴随着原特提斯洋盆的拉张-消减,海平面出现第一次大幅升降,沉积相随之发生演化变迁。

晚震旦世—中奥陶世期间,上扬子微大陆的主体在早震旦世为以陆源碎屑沉积占优势的海陆并存古地理面貌;晚震旦世,伴随原特提斯洋的强烈拉张作用,存在广泛海侵,晚震旦世下部观音崖组碎屑岩沉积和上部的灯影组白云质碳酸盐岩沉积基本反映了这一沉积面貌的转变。上震旦统灯影组是以碳酸盐岩为主的台地相沉积,平武-茂县-威州-丹巴-木里一带的水晶组和巴塘地区的茶马山群沉积特征与之相似(侯立玮等,1994;郝子文等,1999),表现为一种厚度、岩相均一,碳酸盐岩广布的陆表海环境(蔡立国等,1993;夏文杰等,1994)。夏文杰等(1994)认为,上扬子克拉通晚震旦时期的主体为潟湖-潮坪发育的局限台地;梅冥相等(2006)认为是一种较为典型的缓坡型台地。寒武纪的沧浪铺期,台地区形成碎屑岩陆架,中、晚寒武世时期形成最大的碳酸盐台地,并延续至早奥陶世时期(马力等,2004)。晚寒武世时期,巴塘沉积一套滨海、浅海泥质碎屑岩相为主,夹碳酸盐岩相、中基性火山岩相地层;川东的南江-峨眉-会理一带沉积一套滨海、浅海碳酸盐岩相为主,夹红色碎屑岩相对地层;城口-叙永-酉阳沉积一套浅海含膏盐碳酸盐岩相地层(图3.14)(四川省地质矿产局,1991)。扬子微大陆的北、东南、西南三面边缘,由于震旦纪—中奥陶世时期处于拉张构造环境,发育面向周围古大洋的被动大陆边缘盆地,并在整体拗陷沉降的同时伴有断陷活动,呈现向大洋倾斜的阶梯状断阶或垒、堑相间结构。其中,上扬子北缘与商丹洋有关形成秦岭被动大陆边缘盆地,西缘、西南缘与昌宁-孟连洋有关形成川滇西部陆缘盆地,东南缘与华南洋有关形成扬子东南被动大陆边缘盆地。各个被动陆缘普遍接受富含泥质和硅质的深水沉积,由陆架渐变为陆坡至深海洋盆,厚度较川中地区同时代陆架沉积大大增加。其中,西南缘与昌宁-孟连洋有关的被动大陆边缘盆地由于受后期改造的影响,残留岩片较少且不易识别,尚无完整的认识成果。仅在滇川西部的屏边-金平-绿春,从震旦系到志留系表现为向西的被动陆缘斜坡,浊流沉积由东向西侧向加积、陆棚-台缘沉积由东向西发生进积(钟大赉等,1998)。

在上扬子北缘的秦岭地区,西段下寒武统下部以泥岩夹碳质、硅质-页岩为特征,东段以钙质、砂质泥岩为主,上部主要为浅水碳酸盐岩,地层厚度显示自NW向SE减薄的趋势,反映海水来自秦岭方向;中-晚寒武世—早奥陶世时期,海域范围缩小,且主要为潮坪沉积,代表海退低位期沉积(梅志超等,1995)。在扬子微大陆西北部,下寒武统太阳顶群在诺尔盖北侧为被动大陆边缘的非补偿性沉积,形成于半深水的滞流水沉积环境(姜琦刚,1994),迭部地区表现为还原条件下的陆棚-盆地相沉积,岩石以深灰、灰黑色含碳硅质岩、硅质板岩、碳质板岩为主,水平层理发育(蔡立国等,1993);下奥陶统在

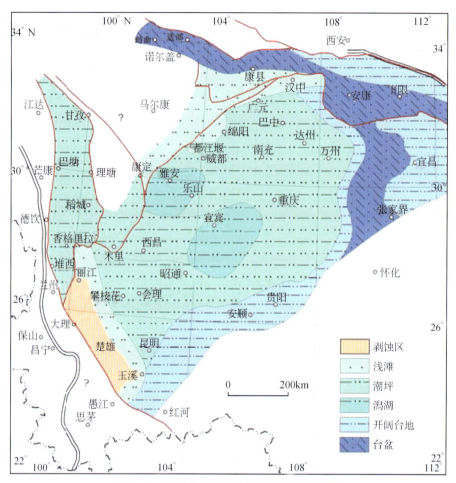

图 3.14 四川盆地早寒武世岩相古地理略图

迭部和平武以东有零星分布,为碳质板岩、硅质岩夹少量灰岩的组合(蔡立国等,1993)。由于上扬子西部地区部分早古生代地层出露不完全或缺失,剥蚀区的认识尚存在一定的差异。杨逢清等(1994)认为,松潘-甘孜的东北部阿坝、诺尔盖、松潘等地在震旦纪、早古生代和晚古生代泥盆纪时基本处于古陆状态。根据梅志超等(1995)的研究,上扬子地区海进作用始于寒武纪梅树村期,至龙王庙期末发生海退,川中、汉南、勉县、略县以及西乡等地隆升为陆。冯增昭等(2001)根据古构造的恢复认为,上扬子板块西部地区寒武纪时期的剥蚀区主要见于康定地区和元谋以西至下关(大理)地区,此外,在川北城口至陕南紫阳地区,缺失下寒武统早期沉积,表现为陆地。寒武纪以后的地壳上升使得上扬子板块西部和南部陆地不断扩大,川中地区可能形成了水下隆起(郭正吾等,1996)。

奥陶纪—志留纪,四川盆地从稳定型沉积逐渐向活动型或次稳定型演化(图 3.15、图 3.16)(郝子文等,1999)。中-晚奥陶世时期,伴随着扬子周缘洋盆的消减事件,扬子克拉通区海退扩大,导致碳酸盐岩沉积作用结束。穆恩之等(1981)和冯洪真等(1993)认为,晚奥陶纪的五峰期上扬子区总体已存在海退的过程,同时其间有两次次级的海进和海退（冯洪真等，1993），表层水体为淡化富氧，底层水体为盐度正常缺氧环境，扬子海域由碳酸盐台地转变为以碎屑岩为主的陆棚沉积体系（周名魁等，1993）。至志留纪，以川中为主的大部分地区缺失中、晚志留世沉积而成为剥蚀区（郭正吾等，1996），也即前人所谓的乐山-龙女寺古隆起，也可能是华南洋俯冲消减作用的响应。在上扬子西北部的诺尔盖-松潘地区，上奥陶统—志留系仅零星分布于北缘-东缘的降札、白龙江、康县、平武、茂汶等地，岩性为板岩、硅质岩、粉砂岩、砂岩等组合，厚度约在599~1894m（上奥陶统）和1130~5000m（志留系），自下而上有盆地相到盆地边缘-陆棚相到浅海碎屑岩相的发展趋势（蔡立国等，1993）。在上扬子西缘的木里水洛河一带保留有下志留统笔石相页岩、硅质岩，夹基性火山岩及碳酸盐，巴塘一带有碳酸盐岩、中基性或中酸性火山岩组合（侯立玮等，1994）。由此推测，晚奥陶世—志留纪海退作用的影响并没有使上扬子板块西部完全退出海域，并可能持续到泥盆纪时期表现为上扬子西部的被动大陆边缘。晚奥陶世—志留纪时期，上扬子板块可能已初步具备东高西低的趋势和隆凹展布格局。

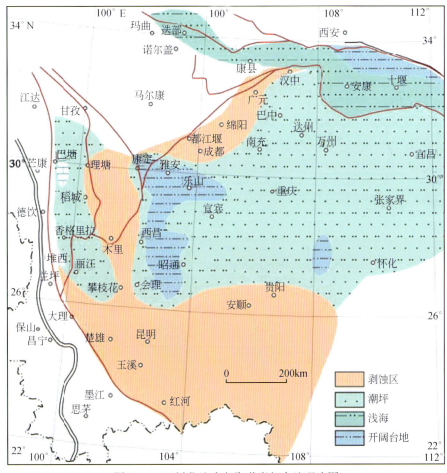

图3.15 四川盆地晚奥陶世岩相古地理略图

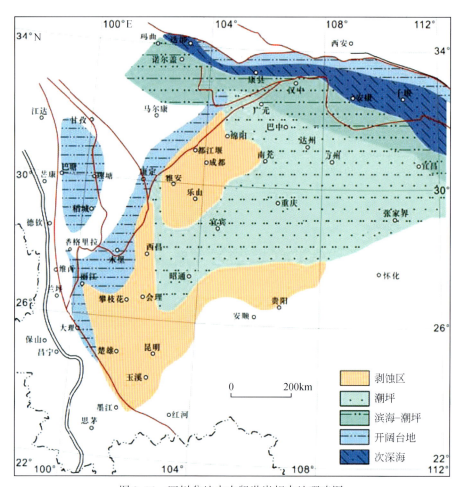

图 3.16 四川盆地中志留世岩相古地理略图

(三) 晚震旦纪—早古生代原型盆地的构造格局

晚震旦纪—早古生代四川盆地构造作用以区域性隆升和沉降为特征，表现为"大隆大坳"特征。隆起区在陆块边缘发育好，如汉南古岛、龙门山古隆起和康滇古陆，同时也发育在坳陷内部，如乐山-龙女寺古隆起（图 3.17）。边缘隆起走向与板块边界走向大致平行，板内隆起则主要为 NNE 向。晚震旦世乐山-龙女寺古隆起已具雏形，隆起高点在安岳北—岳池一线，但整个隆起形态不甚规则，规模也较小。寒武纪，过洪雅—简阳—南充的主隆起带已形成，并具有较宽的轴部，它兼具有同沉积隆起与剥蚀期隆起的两重性；隆起区隆升幅度和坳陷区相比，可达 3000m。奥陶纪期间，古隆起和相邻地带的差异活动逐渐减弱。志留纪初古隆起与周缘地区差异性升降活动又增强，但其后又逐渐减弱。志留纪末的加里东运动，四川盆地和其他地区一样整体抬升，遭受剥蚀，古隆起轴部剥蚀强烈，由东北部经倾没端向西南核部，剥蚀作用不断增强，地层出露不断变老。至此，乐山-龙女寺古隆起已形成。加里东运动阶段乐山-龙女寺古隆起遭受剥蚀，直到二叠纪在全区整体沉降阶段才下沉接受沉积。在二叠纪到早三叠纪期间，上扬子区处于拉张松弛环境下，古隆起形态没有发生大的变化。加里东期间的乐山-龙女寺古隆起，形态极不规则，以川西为核部，分为 NE 向和 NEE 向两个巨型鼻状隆起。前者为龙门山隆起，后者为乐山-龙女寺隆起。后者规模最大，成为加里东期古隆起的主体（图 3.18）。寒武系、奥陶系和志留系在川南拗陷保留齐全，总厚 3200m 以上，川中缺失奥陶系，相对隆起幅度 2600m。古隆起两翼不对称，南翼陡、北翼缓，主轴线倾没于岳池附近，以志留系缺失区计算，古隆起顶部范围为 6.25 万 km^2。

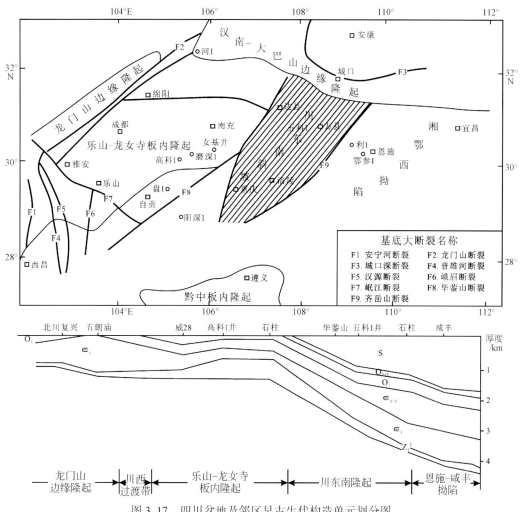

图 3.17 四川盆地及邻区早古生代构造单元划分图

自寒武世开始，龙门山边缘隆起就已形成，主要分布于宝兴及其以北地区，隆起东侧接受陆源碎屑岩沉积。早寒武世末，发生区域性隆升，使得全区未接受中上寒武统沉积，或者剥蚀缺失。奥陶纪早期在天井山一带为古陆（图 3.19），中晚期呈岛链状分布，NE 向延展。志留纪期，受松潘-甘孜大洋沉降带影响，普遍接受沉积。志留纪末的加里东运动，全面隆升，遭受剥蚀。近年来研究发现，在志留纪期间，龙门山古隆起和乐山-龙女寺古隆起已基本连为一个整体（罗志立，1998）。总之，龙门山古隆起在早古生代具有继

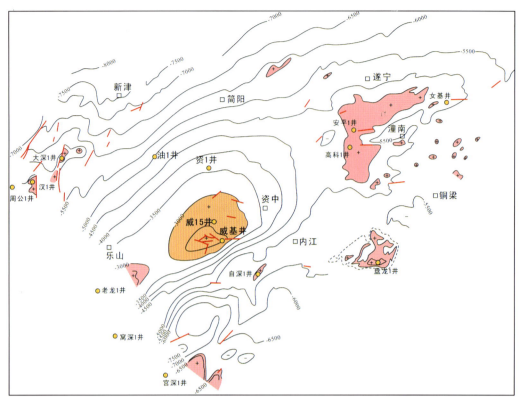

图 3.18　四川盆地加里东期乐山-龙女寺古隆起构造略图

承性发育特征。和板内古隆起相比较,龙门山边缘古隆起的后期改造更为强烈,首先,在海西阶段,由于龙门山地区边缘裂陷作用强烈,完整的古隆起被分割,部分成为被动陆缘沉陷带的一部分。其次,在从印支运动到喜马拉雅运动的多次挤压推覆期,使古隆起被复杂化,发育于上扬子板块西部边缘,向西南延续与康滇古陆相接。

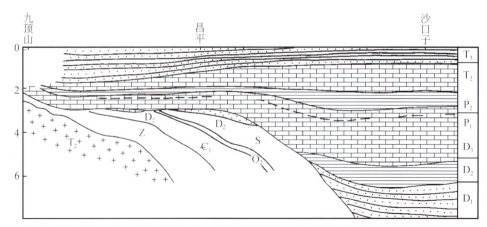

图 3.19　龙门山加里东期古隆起与上覆层构造接触关系(据全国地质图绵阳幅,1970,修改)

大巴山前缘古构造研究表明（张力等，1993），区内自晚震旦世到中三叠世末具有继承性边缘隆起特征。印支运动以来，来自于秦岭造山带自北向南的挤压作用，该古隆起遭受强烈的冲断褶皱改造，导致万源断裂以北古生界地层广泛出露地表。该古隆起位于上扬子板块北部边缘，北与秦岭海槽相接。

自晚震旦世至志留纪一直处于古隆起的斜坡与古沉降带位置的川东南（包括川东、湘鄂西地区），沉积相带东西分异较为明显。特别是泸州-长宁地区，地层厚度大，尤其以灯影组、下寒武统及志留系最为明显，又称为川南拗陷，是下古生界重要生烃中心。该斜坡带的后期改造主要受雪峰山前陆褶皱冲断带影响。印支、燕山早期以NE向展布的古隆起为特征，形成泸州印支期古隆起和开江古隆起，燕山晚期—喜马拉雅期发生强烈褶皱冲断。

三、晚古生代—早中生代的海相盆地原型

（一）古特提斯构造域控制下的海相裂谷盆地

晚古生代—早中生代是四川盆地古特提斯构造域演化发展的主要时期。古特提斯残迹从南到北主要分布于晚古生代昌宁-孟连、金沙江-墨江、甘孜-理塘及阿尼玛卿-勉略蛇绿岩带之间（许志琴等，1992；张国伟等，1995；钟大赉等，1998；张旗和周国庆，2001），并由蛇绿岩带及其相关岩系的空间配置记录着洋盆打开与闭合的历史。从以上古特提斯洋主洋盆和分支洋盆的形成演化可以看出，洋盆的扩张打开-消减俯冲-洋盆闭合主要发生在D_{2-3}—T_{2-3}时期，控制着四川海相盆地的形成演化可大致概括为以下四个阶段（图3.20）。

第一，初始扩张裂陷-洋盆打开阶段（D_{2-3}—C_1）。滇川地区的昌宁-孟连主洋盆出现洋壳（D_2），金沙江-墨江支洋盆初始扩张（C_1），秦岭地区勉略带自西向东发生扩张裂陷，并发展转化为初始洋盆（C_1）（图3.20）。伴随边界地区洋盆的打开，上扬子板块西缘地区总体表现为从初始同裂谷到初始小洋盆的沉积充填特征，早前的被动大陆边缘出现裂解，并可能在其内形成新的被动陆缘沉积体系。从柏林（1988）认为，攀西地区在泥盆纪—二叠纪期间（D—P）为裂谷环境。在川西盆地南段，陈竹新等（2006）通过地震剖面构造解释发现二叠纪之前发育伸展的裂谷盆地，裂谷内数千米厚的充填物可能与龙门山志留系—石炭系的沉积特征相对应。这反映古特提斯洋盆扩张作用下龙门山一带可能存在裂陷作用。

第二，分支洋盆扩张发育阶段（C_1—P_1）。张国伟等（2003）认为，早石炭世贯通东西的统一勉略支洋盆已初步形成。昌宁-孟连主洋盆可能已出现向东的消减作用。许效松等（1997）认为，扬子陆块的西部大陆边缘是双动力机制作用下控制的复合大陆架，一方面受不同块体边缘汇聚的相互制约，另一方面受古特提斯洋扩张力影响。金沙江支洋盆和勉略支洋盆在该阶段具有控制扬子西缘主要沉积展布的边界属性。受金沙江洋盆扩张的影响，昌都-思茅地块从扬子大陆裂离，三江口-木里一带形成裂谷，成为甘孜-理塘洋的先声。

第三，洋壳消减俯冲和板内裂陷阶段（P_2—T_2）。岛弧火山岩、俯冲花岗岩以及俯冲变质变形作用揭示晚二叠世（P_2）金沙江支洋盆和勉略支洋盆已开始收缩，洋壳消减俯冲，出现岛弧岩浆和弧扩张与弧裂陷的演化。消减俯冲方向为昌宁-孟连主洋盆向东，金沙江支洋盆向西，勉略支洋盆向北（图3.20）。然而，甘孜-理塘支洋盆在晚二叠世则处于主体扩张时期，并延续到早、中三叠世。与之相应的是上扬子西部地区发生了广泛的区域性扩张裂陷活动，属大陆裂谷范畴。这包括早二叠世末—晚二叠世大规模玄武岩喷发的"峨眉地裂运动"（罗志立等，1988）、炉霍-道孚和龙门山后山增强的裂陷活动（蔡立国等，1993）以及南秦岭的裂陷槽活动（吉让寿等，1997）等。上扬子北部地区，南秦岭的裂陷作用具有陆内拗拉槽性质（吉让寿等，1997），川北晚二叠世长兴期—早三叠世飞仙关期期间可能也存在裂陷作用，导致广元-旺苍海槽、开江-梁平海槽和鄂西-城口海槽的形成（王一刚等，1998，2006；魏国齐等，2006）。

第四，陆-陆碰撞造山阶段（T_3）。中-晚三叠世，洋盆因陆-陆碰撞而相继闭合。尤其在三叠纪晚期，随着金沙江洋盆、甘孜-理塘洋盆和阿尼玛卿-勉略洋盆的俯冲消亡，上扬子西缘卷入了褶皱-冲断活动中。秦岭地块、中咱地块和思茅地块转化为强烈的碰撞造山环境。挟持于勉略缝合带和甘孜-理塘缝合带之间的松潘-甘孜地区转化为前陆，并自印支晚期结束海相沉积历史，开始发育大规模的推覆-滑覆和冲断构造。

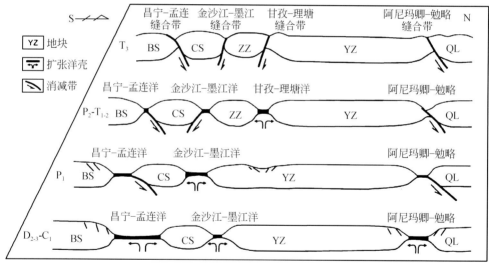

图3.20 上扬子板块西部边界地区古特提斯阶段板块演化模式图
BS. 保山地块；CS. 昌都-思茅地块；YZ. 扬子微大陆；ZZ. 中咱地块；QL. 秦岭地块

（二）晚古生代—早中生代原型盆地的沉积充填特征

泥盆纪—早石炭世，加里东运动后，上扬子地区受隆起的影响，川中古陆迅速扩大，与米仓山-大巴山和康滇古陆连成一片（四川省地质矿产局，1991），无沉积，以侵蚀和夷平为特征。沉积作用伴随着古特提斯洋的扩张和原特提斯商丹（秦岭）洋的碰撞闭合而主要发生在古陆边缘。北部勉略洋盆和南部昌宁-孟连洋盆的打开分别控制了其所挟持的上扬子西部地区的海相沉积特征。泥盆纪时期，秦岭地区呈现北高南低的古地形（杜远生，1997）。近年来的研究认为其沉积物细、石英含量很高，成熟度高，可能代表一个伸展构造环境，而非弧前盆地或前陆沉积（任纪舜，2004）。在南秦岭的略阳—勉县一线，出露的岩片表明这一地带发育初始裂陷快速粗砾屑堆积（踏坡群 D_{1-2}）、裂谷边缘相冲积扇体系的扇三角洲至深水扇、斜坡相的重力流浊积岩系和盆地相的深水浊积岩系（三河口群浊积岩系 D）等，代表了勉略支洋盆从初始同裂谷到初始小洋盆形成的拉张环境（张国伟等，1996，2003；李三忠等，2002），并转变为一个由东向西变深的槽形浅海域，其西部深水域内为继承海盆，东部为新生盆地（许效松等，1997）。南秦岭勉略带，西部文县-康县一带中、下泥盆统发育良好，由下部的三角洲碎屑岩沉积向上过渡为碳酸盐岩台地相沉积，勉略地区的中、下泥盆统以碎屑岩为主，由下部快速垂向加积的冲积扇体系向浅海三角洲体系过渡；而东部西乡-高川一带缺失中、下泥盆统（D_{1-2}），晚泥盆世出现碎屑沉积和碳酸盐岩台地沉积（图 3.21）（李亚林等，2002）。纵向上的沉积相序表现出碎屑岩陆架向碳酸盐岩陆架转化的过程，具有被动大陆边缘盆地的特征。

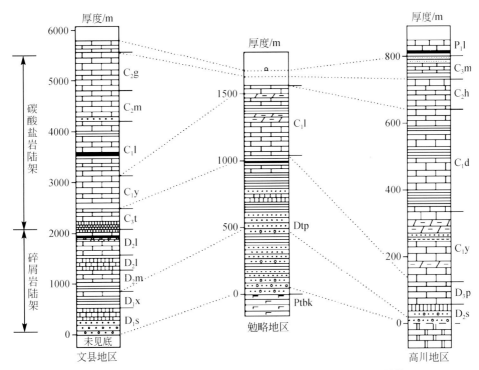

图 3.21　南秦岭勉略缝合带泥盆系—石炭系地层划分与对比（李亚林等，2002）

D_1s. 石坊群组；D_1x. 西沟组；D_2m. 岷堡沟组；D_2l. 冷堡子组；D_2l. 团布沟组；D_3t. 铁山群；C_1y. 益哇沟组；C_1l. 略阳组；C_2m. 岷河组；C_2g. 尕山组；Dtp. 踏坡群；D_2s. 三岔沟组；D_2p. 蟠龙山组；C_1y. 岩关组；C_1d. 大塘组；C_2h. 黄龙组；C_3m. 马平组；P_1l. 梁山组

早石炭世期间，受海平面相对下降的影响，南秦岭地区海水退至康县-汉中-竹山-老河口以北，龙门山地区退至康定-江油-文县以西，发育滨岸-局限台地碳酸盐岩组合（翟光明等，2002）。而勉略带内沉积相带发展差异较大，反映勉略洋的扩张具有自西向东不均一的特征（李亚林等，2002）。西部沉降速率大，文县一带为深水细碎屑岩夹薄层泥灰岩、灰岩、层状硅质岩沉积，东部西乡—高川一带为碳酸盐岩镶边的陆棚环境（孟庆任等，1996）。勉略带内主要以陆棚–盆地体系为特征，一些研究者在略阳附近蛇绿混杂岩的硅质岩夹层中和西乡孙家河组硅质岩层中分别发现早石炭世（C_1）的放射虫动物群表明石炭纪已开始发育深水盆地相沉积（冯庆来等，1996；王宗起等，1999；张国伟等，2003）。因此，古特提斯时期，随着商丹洋南部勉略支洋盆的打开，洋盆位置向南迁移，泥盆纪—早石炭世时期扬子北缘的被动大陆边缘可能在康县—西乡一线。

中部滨岸–台盆沉积，分布在龙门山和康滇西北巴颜喀拉地区。泥盆纪总体上为持续海侵，沉积类型经历了陆源碎屑岩与碳酸盐岩相混的浑水沉积到清水碳酸盐沉积（李祥辉等，1998）。翟光明等（2002）认为，早泥盆世早期为滨岸相碎屑岩沉积，中期以后，由于海侵作用而具有碳酸盐岩组合为主的局限台地–开阔台地相演化特征。龙门山后山带的危关群是一套厚达 1196~3129m 以上、由变质砂岩、千枚岩为主夹许多薄层灰岩或凸镜体的浅变质岩系，郝子文等（1999）认为属次稳定型裂陷槽沉积。刘文均等（1999）认为，自东向西从龙门山前山带到后山带，泥盆系显示为东缓西陡的不对称裂陷盆地，总体上边缘相带形成宽阔平坦的碳酸盐台地，而深水沉积偏向西，危关群主体应属深水环境下的浊积岩沉积。根据现有的地震测线解释，龙门山一带二叠系之下确有裂陷盆地的表现（陈竹新等，2008）。

南部台地–陆棚沉积。扬子古陆的西南缘，受昌宁–孟连洋盆打开的影响，三江和滇黔桂海域泥盆纪时期沉积范围不断扩大，岸线大致沿禄丰—会东—昭觉一线和六盘水—筠连一线向北侵，可达马边南部地区，形成局限台地–开阔台地的碳酸盐岩沉积（翟光明等，2002）。而分布在金沙江东岸四川白玉–云南中甸（香格里拉）一带的格绒组、穷错组、苍纳组和塔利波组属稳定的碳酸盐局限台地沉积，总厚度 621~904m（郝子文等，1999）。而在金沙江沿岸奔子栏–霞若一带，上泥盆统至下石炭统断片中由石英片岩、千枚岩、泥质板岩、结晶灰岩及火山–沉积岩组成的岩系为是大陆拉张阶段的产物，指示浅海陆棚–斜坡半深海环境（冯庆来等，1999），应为上扬子西缘、西南缘的被动大陆边缘。

晚石炭世—早二叠世受洋盆扩张作用的影响，以区域整体沉降、接受广泛海侵为主，形成广阔的碳酸盐岩台地。晚石炭世，金沙江洋盆、勉略洋盆的扩张和华南陆块的整体沉降使得海水自 WS、WN、ES 方向向古陆侵入，海侵范围扩大，除上扬子南部（川南–滇东北–黔北）为隆起区外，其余广大地区均成为开阔台地。沉积差异不大，主要为碳酸盐岩夹碎屑岩，下统为泥质灰岩与千枚岩的互层，上统为灰岩、生物灰岩（图 3.22）。郝子文等（1999）认为，在巴塘–中甸（香格里拉）一带，顶坡组为南厚北薄的开阔台地鲕粒滩相沉积，而在龙门山后山带，从早石炭世的雪宝顶组为薄层含砂条带的泥质灰岩、泥灰岩与绢云千枚岩互层，晚石炭世的西沟组为薄层含白云质条带、生物屑条带、硅质条带或团块的结晶灰岩，反映从早到晚海水逐渐加深的台沟沉积环境。南秦岭地区则发育陆棚碳酸盐岩沉积（翟光明等，2002）。早二叠世早期，海侵达到最大，上扬子地区演变为克拉通盆地，康滇古陆在丹巴—康定—西昌一线尚有部分存在，其东侧为滨岸相–局限台地相碎屑岩、沉积组合。沉积特征显示为自南而北的碳酸盐岩缓坡。在相对高的部位（川中–黔北）沉积了浅色厚层灰岩，其他地区为较深水灰岩、燧石灰岩夹硅质岩（梁山组—栖霞组），是上扬子地区的重要烃源岩系。金沙江东岸的冰峰组为浅灰色厚层块状、质地较纯的细粒灰岩沉积，为稳定型沉积产物，龙门山后山带的三道桥组为一套角砾状灰岩，具有东厚西薄、南厚北薄的沉积趋势，反映次稳定型沉积特征（郝子文等，1999）。从沉积特征来看，推测这一时期的上扬子板块南、北的被动大陆边缘边界位置较前期可能变化不大。

中、晚二叠世—中三叠世是扬子陆块西缘的重大转折期。康滇古陆隆起剥蚀，可能与扬子西南缘金沙江支洋盆自南向北的消减、昌宁-孟连主洋盆的陆陆碰撞和冈瓦纳型地块群拼贴有关。岩相古地理的突变反映了上扬子地区于中二叠世茅口晚期发生大规模海退和地壳快速抬升作用，这导致西南高、东北低的总体古地理格局形成，并在此背景下晚二叠世的海侵形成了颇具特色的碳酸盐岩缓坡沉积（图3.23）。

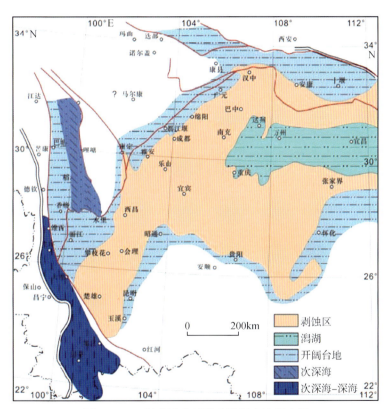

图3.22　四川盆地晚石炭世岩相古地理略图

康滇古陆以东的扬子地区，中二叠统茅口组浅海台地碳酸盐岩沉积在南部突变为上二叠统宣威组陆相沉积，在北部突变为上二叠统龙潭组滨浅海相碎屑岩沉积。空间上，上扬子早-中二叠世南北分带岩相古地理格局在晚二叠世时期转变为东西向的展布特征。自西向东依次为川滇古陆（剥蚀区）、川滇冲积平原、川黔滨海平原碎屑岩和川黔赣浅海碳酸盐台地，其分界大致在丹巴—玉溪一线、都江堰—曲靖—开远一线和遂宁—富源—师宗一线（翟光明等，2002）。康滇古陆以西，金沙江东岸中咱冉浪-赤丹地区以赤丹潭组为代表，发育开阔台地碳酸盐岩沉积，含鲕粒灰岩、含燧石灰岩交替出现（侯立玮等，1994；

郝子文等，1999；翟光明等，2002）。在松潘-阿坝地区，中-晚二叠世表现为由浅海突变为陆地环境。蔡立国等（1993）认为，在理县以北、松潘以西缺失上二叠统沉积。而玛曲-诺尔盖至西秦岭舟曲的大部分地区则继承了早二叠世的沉积面貌，主要为滨浅海台地碳酸盐岩夹碎屑岩沉积。晚二叠世时期，上扬子西部地区的板内裂陷和伸展活动在西南部主要表现为峨眉山玄武岩的喷逸。九龙-西昌-华坪至丽江-盐源-稻城之间由于甘孜-理塘洋盆的打开，以卡翁沟组为代表的上二叠统为陆棚-沼泽相碎屑岩、泥质岩沉积，岩性、岩相变化极大，冈达概组出现玄武岩，上部沉积灰岩、白云质灰岩（郝子文等，1999）。龙门山-锦屏山、炉霍-道孚一带的大石包组以发育厚层玄武岩为特征，显示裂陷活动型沉积（图3.26）（郝子文等，1999）。川北地区，一些研究者提出广元-旺苍、开江-梁平和鄂西-城口等地存在晚二叠世裂陷海槽（王一刚等，1998，2006；魏国齐等，2006），或水体相对较深的碳酸盐缓坡或台盆（马永生等，2006c；倪新锋等，2007）。王一刚等（1998）认为，碳酸盐缓坡环境实质上是包括滨岸在内的狭义的陆棚沉积环境，将川东地区晚二叠世沉积环境确定为碳酸盐缓坡带主要是从总体上看该区上二叠统不具备碳酸盐台地相（镶边陆棚相）的基本特征。

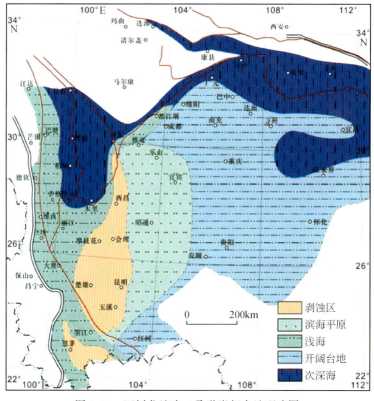

图3.23　四川盆地晚二叠世岩相古地理略图

川北地区裂陷系主要发育于晚二叠世长兴期——早三叠世飞仙关期，制约着川北地区晚二叠世长兴组生物礁气藏和早三叠世飞仙关组鲕滩气藏分布（魏国齐等，2004）。根据地层沉积特征（图3.24），晚二叠世长兴期海槽为欠补偿沉积，为一套深水相泥质岩系，水平层理发育，含有浮游生物化石，如菊石、硅质放射虫、海绵骨针等，在海槽的边缘发育陆棚边缘礁相沉积；到早三叠世飞仙关早期，海槽分布范围最广，深灰、灰色薄层状泥晶灰岩、泥质泥晶灰岩夹硅质泥岩沉积为主，含有放射虫、骨针等微体生物化石，在环海槽的边缘发育斜坡相沉积和陆棚相沉积，主要为泥晶灰岩和少量泥灰岩，产出厚度较大、分布较稳定、连片性较好的鲕粒滩；飞仙关组沉积结束时，开江-梁平海槽完全关闭，海水向广海方向退出（魏国齐等，2006），深水区被填平补齐，台地均一化为开阔台地到局限台地，最后以发育台地蒸发岩为主，斜坡及台盆相以及台缘鲕粒滩不发育（图3.25）。南秦岭地区，中-上二叠统以浅海-半深海硅质岩为主，岩性主要为硅质岩、硅质泥岩、泥灰岩、泥岩等，具有韵律层理，分布孤立碳酸盐岩台地（王立亭等，1994）。长兴期沉积自南向北加深，具有典型被动大陆边缘沉积体系特征，指示其北侧存在勉略洋盆（张国伟等，2003）。

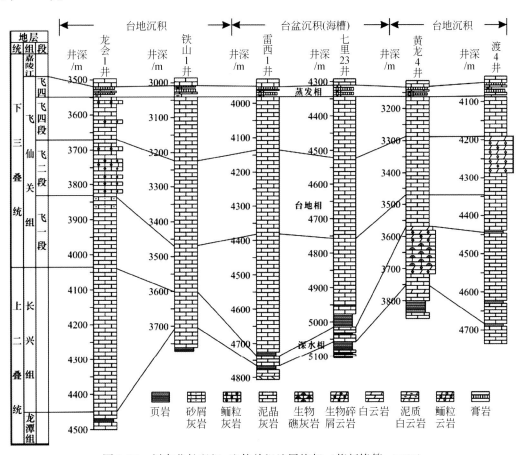

图 3.24 川东北长兴组-飞仙关组地层格架（倪新锋等，2007）

早-中三叠世。康滇古陆作为一个隆起区始终存在，其西、南部由于金沙江洋盆趋于封闭，楚雄盆地缺失了早-中三叠世的沉积，其东侧四川盆地及其相邻区继承了二叠纪时期浅海和碳酸盐岩台地沉积体系特征，并在干旱气候环境下出现了较大规模的咸化海域，尤其在川中-泸州隆起周围具备较好的成盐条件，形成蒸发台地相或局限台地相（翟光明等,2002),如下三叠统嘉陵江组和中-三叠统雷口坡组的膏盐沉积。勉略带南部的早三叠世自北而南发育下部浅海泥质-灰泥质盆地体系、中部浅海碳酸盐陆架斜坡体系和上部碳酸盐岩台地体系,反映了勉略有限洋盆有所萎缩(Liu and Zhang,1999)。而上扬子北缘巨厚的巴东组(T_2)垂向从细粒向粗粒的沉积演化表明,自中三叠世开始,勉略带自东向西已开始转入早期海相前陆盆地沉积,勉略洋盆斜向碰撞封闭具有自东向西的穿时过程(张国伟等,2003)。川北地区为浅海陆棚和三角洲或滨海平原沉积环境的前陆斜坡。康滇古陆以西的川滇地区早-中三叠世主要发育台地-滨岸碎屑岩沉积体系及碳酸盐岩沉积体系,为扬子板块西缘被动大陆边缘的组成部分(翟光明等,2002);在甘孜-理塘构造带以西的义敦地区,下-中三叠统的党恩组和列依组为盆地边缘相到斜坡相的重力流和深水硅泥质沉积(陈明和罗建宁,1999),反映甘孜-理塘支洋盆的拉张活动在这一时期仍有延续。在甘孜-理塘构造带以东的诺尔盖-松潘地区,三叠系是一套灰黑色砂岩、板岩组成的砂-泥复理石,以沉积韵律频繁、象形印模发育、古生物化石单调、几乎不含火山岩为特征,已知最大厚度达10982m(郝子文等,1999),被国内外学者普遍认为形成于深海环境,发育浊流沉积。

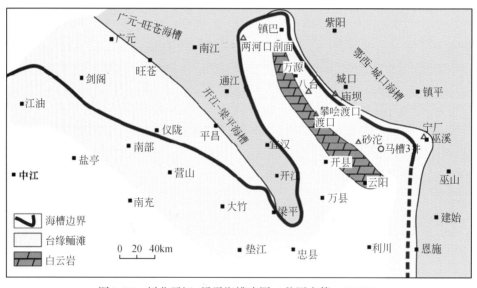

图3.25 川北开江-梁平海槽略图(魏国齐等,2006b)

蔡立国等(1993,2005)认为,早三叠世时,诺尔盖-松潘发育开阔碳酸盐台地-蒸发岩台地,但在北部的阿尼玛卿一带和南部的炉霍-道孚一带可能存在裂陷槽活动(图3.20)。代表裂陷槽活动的浊积岩在阿尼玛卿一带出现于中三叠世晚期(拉丁期)。杨逢清等(1996)在诺尔盖-唐克一带发现晚三叠世卡尼期的侏倭组等深流沉积下伏砂泥-质的低密度浊流沉积,上覆非重力流的深海-半深海沉积,这种共生关系反映了若尔盖地区在晚三叠世卡尼期时,位于被动大陆边缘的陆隆至盆地边缘区,既接受了大量低密度浊积物,同时或稍后又受到等深流的叠加改造,说明此时三叠纪拉丁期开始后裂陷活动在不断地加深扩大。孟庆任等(2007)通过松潘与西秦岭地区的区域地层对比认为,松潘地体北部和西秦岭宕昌-迭部一带的下三叠统和中三叠统的下部(波茨沟组、马热松多组和郭家山组）由厚层碳酸盐岩相组合组成，反映浅水碳酸盐台地沉积环境。但从中三叠世安尼期到拉丁期，沉积相出现快速转变，中三叠统上部（杂谷脑组–光盖山组）和上三叠统下部（侏倭组）的沉积相组合反映深水盆地和斜坡底部沉积裙体系沉积。这一方面指示从中三叠世安尼期到拉丁期，碳酸盐台地发生了快速沉降；另一方面也可能印证松潘地体北缘存在裂陷活动。闫臻等（2007）认为，诺尔盖–松潘地区中三叠世沉积以河流湖泊及浅海相为主，但并不排除局部存在复理石沉积。岩性组合的空间展布特征及其粒度变化表明，北部沉积主要为细砾岩、含砾泥岩、砂屑灰岩、内碎屑灰岩、长石砂岩、岩屑杂砂岩等组合，发育砾石叠瓦状构造、丘状层理等河流及滨岸沉积构造组合，向南逐渐变为泥灰岩、泥岩、粉砂岩、微晶灰岩等岩石组合，发育羽状层理、波纹层理等沉积及滑塌构造，显示岩石粒度变细，水体逐渐加深。因此，中三叠世时期的松潘–甘孜盆地在 SW 方向上应为深水环境，而在 NE 方向上为相对浅水的近源沉积，且碎屑沉积成熟度不高（陈岳龙等，2006；闫臻等，2007）。

综上所述，诺尔盖–松潘地区在早–中三叠世时期可能受北部勉略洋盆消减闭合的影响显著，总体上呈 NE 高、SW 低的沉积面貌。而与此同时受南部甘孜–理塘洋盆扩张的影响，使得整个区域总体处于稳定沉降阶段，并可能卷入板内张裂活动而形成裂陷沉积体系。中三叠世晚期（拉丁期），由于裂陷槽演化速度快，发育厚度巨大的滑塌混杂堆积、碳酸盐岩重力流及浊积岩。晚二叠世—中三叠世，上扬子西部地区的被动大陆边缘普遍存在区域板内裂陷活动。一方面，甘孜–理塘支洋盆在这一时期处于主体扩张阶段，且南、北陆缘均有裂陷活动；另一方面，由于受勉略支洋盆和金沙江支洋盆消减–俯冲的总体制约，裂陷活动均短暂而快速。被动大陆边缘边界在西南部可能退至甘孜–理塘混杂岩带（或炉霍–道孚）以东，在西北部可能退至阿尼玛卿–勉略混杂岩带（玛沁–诺尔盖–勉县–汉中）以南。中三叠世，诺尔盖–松潘地区 NE 高 SW 低的沉积面貌成为被动陆缘向周缘前陆转化的前奏。

晚三叠世随着金沙江洋盆、阿尼玛卿–勉略洋盆和甘孜–理塘洋盆的相继闭合和陆陆碰撞的发生，上扬子地区大面积海退，沉积盆地的沉降中心主体位于四川盆地以西。古地理面貌在晚三叠世早期有所继承，而在诺利期后普遍发生巨大变化，上扬子北缘、西缘、西南缘普遍转为周缘前陆盆地的主要发展时期。沉积特征的纵向变化显示，前陆盆地大致经历了卡尼期—诺利中期的前陆沉降与复理石充填阶段和瑞替期的陆相磨拉石充填阶段。至晚期（瑞替期）以后，诺尔盖–松潘所属的巴颜喀拉地层区缺失部分沉积（图 3.26）。卡尼期—诺利期上扬子台地西部边缘下沉，沿巴颜喀拉盆地边缘向台地形成后退的碳酸盐岩缓坡，自东向西，由陆向盆地为混积滨岸–生物礁–缓坡–盆地相沉积，在龙门山东缘、绵竹、安县、江油一带马鞍塘组的鲕粒灰岩、粒屑灰岩和生物灰岩、部分生物丘等显示了这一碳酸盐缓坡沉积特征（图 3.26）。从此整个四川盆地基本结束了古特提斯构造域的演化，全面退出海相沉积，转变为陆内造山和构造变形环境。

（三）晚古生代—早中生代原型盆地的构造格局

晚古生代随着古特提斯洋的开启，于华南板块南、西、北缘形成被动大陆边缘，使上扬子板块及周缘地区在整个海西期处于张性构造环境。晚石炭世—二叠纪是四川盆地沉积构造格局发生重大变化时期，扬子板块内部这期间发生了重要的隆拗分异，北部地区由泥盆纪—石炭纪的克拉通边缘拗陷演化为二叠纪克拉通内裂陷，至早三叠世转为克拉通内拗陷。中三叠世在挤压构造背景下，形成前陆拗陷及相关的川中蒸发岩盆地。西部松潘-甘孜海盆是由志留纪开始裂陷，后演化成被动大陆边缘盆地，并延续至晚三叠世早、中期。隶属现今四川盆地的部分，除少数克拉通边缘部分外，大都处于剥蚀状态。早二叠世的海侵使上扬子地区大部分淹没，形成以浅水碳酸盐岩沉积为主的克拉通内拗陷盆地。东吴运动后发生整体抬升，造成明显的侵蚀间断，盆地沉积作用发生分异，早中三叠世上扬子地区仍以克拉通盆地为主，发育了陆相-浅海相沉积。

盆地西北侧的龙门山地区，泥盆系发育齐全，厚度较大，最厚达6000m。泥盆纪沉积古地理格局明显受基底断裂活动控制，具有同沉积特征。龙门山北段主要表现为块断式的沉降，形成巨厚的下、中泥盆统沉积，晚泥盆世茅坝期至早二叠世早期为盆地相的稳定充填层系。石炭纪—二叠纪，龙门山地区仍处于拉张环境，沉积了厚达600m的石炭系以及厚达1000m的二叠系。拉张活动在晚二叠世晚期最强烈，以大隆组普遍发育放射虫为标志（金若谷，1989），沉积环境已出现深水-半深水相。

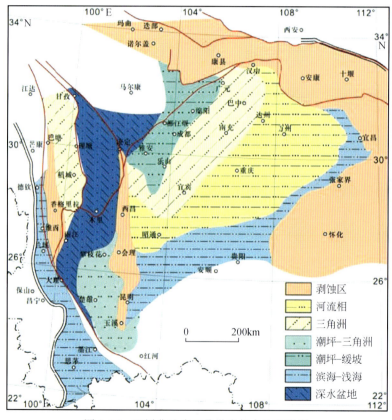

图3.26 四川盆地晚三叠世岩相古地理略图

四川盆地内部从晚泥盆世—晚石炭世发育近东西向的拉张断陷盆地（图3.22、图3.27）。海水自东向西侵进，其滨-浅海相碎屑岩和灰泥坪相白云岩、灰岩沉积不足200m，晚石炭世又一次区域抬升。经短暂间断后,二叠纪早期伴随全球性海侵,整个扬子陆块没于水下,中国南方又一次成为统一的碳酸盐岩台地。上扬子地块区由西向东的沉积环境变化呈滨海潮坪→局限台地→开阔台地→台地边缘浅滩,再经斜坡带到克拉通边缘浅水拗陷的变化序列,沉积厚150~1200m,为深灰、灰黑色泥晶灰岩、粒屑灰岩、燧石灰岩、亮晶灰岩和生物灰岩及泥灰岩硅质岩等,属于欠补偿的台内拗陷沉积组合。

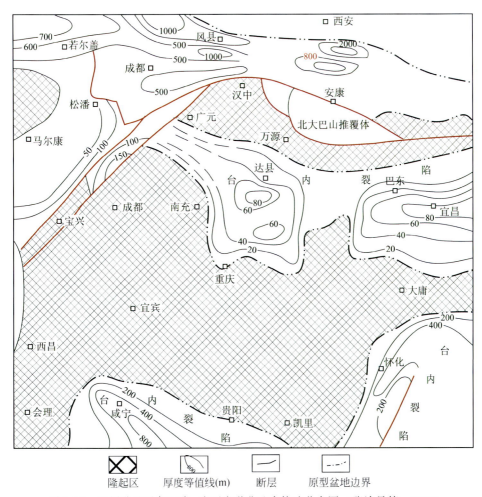

图 3.27 四川盆地及邻区中-晚石炭世盆地古构造分布图(张渝昌等,1997)

早二叠世晚期(茅口期),台地上拉张活动进一步加剧,即峨眉地裂活动(罗志立,1988),发育NWW向和NE向的断陷盆地(地槽),并相互交叉。台地区发生沉积分异,在上扬子区主要有巴东-万源-广元北西向槽地;贵阳-遵义、咸丰-巴东NE向槽地等,槽地中以硅质灰岩、放射虫硅质岩沉积为主。这类断陷盆地自中、晚石炭世—晚二叠世具有一定的继承性。拉张断裂活动在晚二叠世早期达到高峰,盐源-会理地区有峨眉山玄武岩喷发,沉积厚度逾3200m,并不断扩大。在重庆、达县地区也有辉绿岩和玄武岩发育。自康滇隆起向东,由海陆交替的含煤岩系渐变为碳酸盐岩台地。台地区的裂陷活动在这期间又有扩展,裂陷两翼上升盘发育众多礁、滩相沉积,成为后期油气运移聚集的有利相带。

晚二叠世的峨眉地裂运动,一方面沿基底断裂发生玄武岩喷发;另一方面在盆地东部、北部形成裂陷槽,川东北部的"广元–开江海槽"为盆地北部边缘裂陷向盆内延伸的部分。该海槽东端位于川东的开江、梁平一带,往西经达县、昌平,与广旺海槽相通,成为横贯川北地区的陆内裂陷海槽(图3.23)。海槽内沉积主要以薄层状生物泥晶页岩、硅质泥岩和硅质岩沉积为主,含钙球、骨针、放射虫、微体有孔虫等生物化石(图3.23)。

早三叠世,地裂活动明显减弱,进入了拗陷期。海水从东侵入,从鄂西→川东→川中→川西→西昌,沉积相依次为广海陆架、台地边缘滩、开阔局限台地、海陆过渡相,再到康滇古陆的陆相沉积。地层厚度也表现出由东到西逐渐增厚的趋势。川东北部地区早三叠世早期沉积,继承了晚二叠世的沉积格局,广元–梁平海槽仍然存在,海槽两侧高能环境发育大面积分布的鲕粒滩相(图3.23、图3.24)。早三叠世晚期(嘉陵江期),弧形滩堤上进一步上叠了若干鲕粒滩,形成障壁岛,分布于台地边缘的贵阳—万县—宜昌—万源—镇巴一线。海水尚可频繁进退往复于台地之上,有三次较大海进,而康滇隆起已被剥蚀夷平,陆源碎屑物极少。由于广泛沉积浅水灰岩,故而有白云岩、膏盐、灰岩的频繁互层和多次萨布哈沉积发育。上扬子台地内泸州–开江水下隆起也逐渐形成,改变了整个上扬子地区的沉积格局。

总之,晚古生代—早中生代克拉通内裂陷作用,使盆地沉积分异作用明显,为广泛发育孔隙型储层提供了基础,形成了各具特色的沉积环境和储集层。石炭系以孔隙型储层为主,分布在川东及川北地区;下二叠统发育岩溶型储层及白云岩储层;上二叠统以发育生物礁储层为特征;下三叠统以发育鲕滩沉积的鲕粒灰岩为特征。这几套储层总体说来具有成层性好、分布广且稳定、天然气产量高等特点,是目前川东地区勘探的重点。

第三节　鄂尔多斯早古生代海相克拉通盆地原型

鄂尔多斯盆地四面被不同时期的造山带环绕,北起阴山,南抵秦岭;西自六盘山,东达吕梁山,形成"盆"、"山"分布格局,面积37万km^2。鄂尔多斯盆地作为华北板块的一部分,自中元古代基底固结形成以后,开始了克拉通内和克拉通边缘过渡带之间的拗拉槽发展阶段。Rodinia大陆裂解阶段以来,经历了四期大地构造发展阶段、五个不同发育时期的克拉通沉积盆地(图3.28),元古代至早奥陶世,漂移于大洋中的华北克拉通板块受控于被动大陆边缘的伸展,在克拉通内部和克拉通边缘之间发育了大量的拗拉槽(也可能早期被动大陆边缘的沉积盆地被后期破坏,仅剩拗拉槽部分),这是华北克拉通海相盆地沉积的主要时期;随后从中奥陶世至泥盆纪,受华北板块边缘洋盆关闭的影响,由被动大陆边缘转化为活动大陆边缘,华北板块受周缘挤压作用抬升,沉积间断或海相地层遭受剥蚀。海西期受华北板块南北缘裂陷构造的影响发生海侵,控制了整个华北克拉通之上煤系地层的沉积;随后受印支期周缘海盆关闭和造山作用,秦岭、六盘山–贺兰山等开始隆升,华北克拉通完全进入陆相沉积阶段,并且整个中生代华北克拉通东高西低,沉积湖盆从东向西依次退缩。新生代以来,鄂尔多斯盆地正好处于西太平洋俯冲的弧后伸展构造域与印度–欧亚板块碰撞的挤压构造域共同作用区,鄂尔多斯盆地周缘受到挤压和伸展作用,发育地堑和走滑拉分盆地(六盘山前也存在挤压冲断构造)。鄂尔多斯盆地受加里东晚期区域性抬升剥蚀作用，现存以寒武系—奥陶系为主的海相地层，目前的海相油气勘探也主要集中在奥陶系，所以这里主要介绍奥陶纪海相克拉通盆地的原型。

地质时代					大地构造发展阶段		构造旋回		盆地发育时期
代		纪	代号	年龄/Ma					
显生宙	新生代	第四纪	Q	2.48	新全球构造阶段	板内造山作用	喜马拉雅运动	III	拉张断陷及走滑拉分盆地发育时期
		古近纪、新近纪	N	23.8				II	
			E_3						
			E_2					I	
			E_1	65				V	
	中生代	白垩纪	K_2	97			燕山运动		
			K_1	115 144				IV III	陆内挤压前渊发展时期
		侏罗纪	J_3	163				II	
			J_2	178				I	
			J_1	208				II	
		三叠纪	T_3	230			印支	I	
			T_{1+2}	250					
	古生代	二叠纪	P_2		过渡阶段	古特提斯的发展与消亡	海西运动		克拉通拗陷、断陷和弧后盆地
			P_1	290					
		石炭纪	C_{2+3}	320					
			C_1	360					
		志留纪—泥盆纪	S+D	439	古全球构造阶段	主动大陆边缘	加里东运动		克拉通拗陷及其周边拗陷和拗拉槽
		奥陶纪	O_3	458					
			O_2	476					
			O_1	510		被动大陆边缘			
		寒武纪	€	570					
元古宙	晚元古代	震旦纪	Z	800					
		青白口纪	Qb	1000					
	中元古代	蓟县纪	Jx	1400					
		长城纪	Chc	1800					
	早元古代	滹沱纪	Ht	2500	古陆块(幕序)发展阶段		中条		拉张断陷
太古宙	太古代	五台纪	Ar_2				五台		—

图 3.28 鄂尔多斯盆地构造演化与沉积充填结构示意图

一、早古生代海相克拉通盆地形成的构造背景

鄂尔多斯盆地属华北板块的一部分，克拉通盆地基底是由五台、吕梁-中条运动后的陆壳固结而成。吕梁-中条运动之后，克拉通内部及其边缘大规模的再次裂陷解体，形成

非造山岩浆活动和似盖层性质的稳定型沉积建造。华北板块在中元古代拉张早期发育多个拗拉槽，如贺兰拗拉槽、晋陕拗拉槽、晋豫拗拉槽、燕辽拗拉槽、徐淮拗拉槽和白云鄂博-渣尔泰拗拉槽（图 3.29）。它们多呈 NE、NNE 方向展布，向古陆方向收敛，向古大洋方向敞开，并与华北克拉通南北边缘近东西向展布的北秦祁拗拉槽、白云鄂博-渣尔泰拗拉槽相连，共同组成了多个三叉裂谷-拗拉槽体系。中晚元古代（即长城期—蓟县期）是拗拉槽发育期，经过晋宁运动，拗拉槽关闭形成统一的华北克拉通，在鄂尔多斯盆地周缘形成贺兰、晋陕两个中晚元古代拗拉槽。早古生代盆地沉积南、北分别受秦祁昆古大洋与古亚洲洋影响，东、西分别为贺兰、晋陕拗拉槽，克拉通内浅海碳酸盐岩台地沉积。北侧主要受华北北缘古亚洲洋演化控制，南缘受秦祁昆古大洋演化控制，鄂尔多斯盆地南、北部边缘，分别为北秦岭北带裂陷槽和白云鄂博-渣尔泰裂陷槽。它们分别以近 SN 向和 NE 向垂直古陆的西南和南线插入古陆内部，并具有向 N 和 NE 方向收敛、向 S 及 SW 方向敞开的楔形轮廓。北部乌加庙至杭锦旗地区地震资料显示，该区也发育有 NE 和 NW 两个方向的不对称裂陷槽，槽内具裂陷型充填沉积。陆内裂陷槽之间，乌审旗-庆阳一带为北高南低的平缓台地，其上广覆着一百至数百米长城期—蓟县期沉积。值得注意的是，这一近 SN 向的平缓台地不仅为后期盆地中央古隆起的发育奠定了基础，而且对其后中央古隆起的发展和沉积展布、油气聚集具有不同程度的影响。此时盆地的基本格局是北部高，南部低，东西两侧低。奥陶纪晚期盆地总体抬升，从而缺失志留系、泥盆系和下石炭统，在中奥陶统顶部形成古喀斯特。早古生代晚期秦祁昆洋闭合导致鄂尔多斯形成中央隆起和南部隆起，复合为一个"L"形古隆起。现今的鄂尔多斯盆地在构造属性上为一残留的克拉通内盆地（赵重远等，1993）。

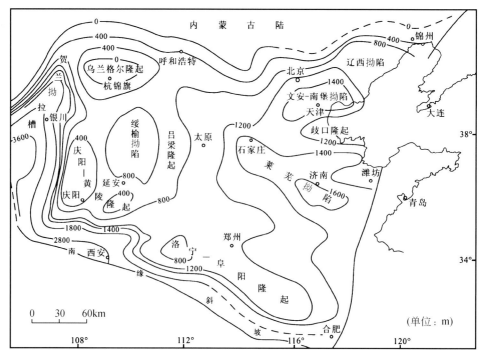

图 3.29　华北地区中、晚元古代拗拉槽分布图（王同和等，1999）

与海底扩张有关的板缘拗陷沉积。自早寒武世辛集期起，来自商丹洋的海水自西南向北侵入，沿着华北陆块的南缘和西缘向东和向北超覆，沉积了下部含磷砂、页岩，向上过渡为碳酸盐岩的海进沉积序列。从晚寒武世凤山期开始海退，一直延续到早奥陶世的亮甲山期末，但陆块南缘和西缘处于开阔台地蒸发台地-半局限潮下-潮间坪的海退沉积环境。从早奥陶世下马家沟期又开始海侵，到上马家沟期达到最大，沉积了一套潮间坪-半局限潮下-内陆棚的碳酸盐岩海进序列。

与俯冲作用有关的台缘拗陷沉积。早奥陶世晚期峰峰期，是个重要的转折期，海水开始由东向西侵入至上马家沟期，西部祁连洋的海水开始进入盆地。峰峰期之后，海水则主要由祁连洋由西往东侵入。中奥陶世时期，是本区一个比较特殊的发展时期，为板缘海盆强烈拗陷时期，海水从西侵入。当时贺兰拗拉槽的发展到了鼎盛时期，始终保持一个"L"形的狭长海槽，台缘发育了深水盆地相。沉积发育特点是：以笔石页岩相为主要特征，大约以扶风瓦罐岭-乾县磨子沟为界，以东变为壳相。同时沉积中除普遍夹有凝灰岩、凝灰质砂泥岩组成的火山沉积层外，还发育一套特殊的高密度的泥石流和碎屑流，负载了某些特大的岩块而形成滑塌砾岩。这套深水的笔石相页岩、深水碎屑流角砾岩和碳酸盐碎屑流沉积，厚度特别大，最大达1071.7m。晚奥陶世早期背锅山组是盆地沉积萎缩期，沉积范围明显减少，沉积厚度明显变薄。环鄂尔多斯边缘具有潮上-潮间泥云坪沉积，占优势的相带是潮下生物碎屑及藻屑浅滩及风暴性沉积，大面积的次棱角状砾屑搬运不远的浅水生物碎屑占统治地位。砾屑岩基质多泥晶，少亮晶，说明砂砾屑是未经充分搬运的快速堆积。西南角千阳、岐山地区可能是碳酸盐与泥砂质大陆斜坡重力流沉积。

鄂尔多斯克拉通拗陷沉积。鄂尔多斯克拉通拗陷实际上是华北克拉通拗陷原型盆地的西延部分。早古生代时期它的古构造格局（图3.30）实际上为两个部分组成，即由大同斜坡、乌兰格尔隆起、乌审旗庆阳隆起和三门峡洛阳隆起等所围限的克拉通内的沉降拗陷，即米脂拗陷。在拗陷内沉积了一套陆表海的潟湖相的碳酸盐的白云岩和膏盐沉积，从东往西，由石膏潟湖至盐（NaCl）潟湖，最大厚度达 1000~1100m。由于板块的俯冲消减，早奥陶世末、中奥陶世初整个华北克拉通拗陷隆起成陆，盆地消失。

鄂尔多斯地区只是华北板块的西部，其盆地的发育受制于围绕它的洋盆扩张和消减，其西北部和西部发育贺兰拗拉槽，其南部发育永寿-灵宝克拉通边缘拗陷，鄂尔多斯与东部华北地区主体部位相连，发育克拉通内拗陷原型盆地（图3.30）。早古生代，华北板块南缘由商丹洋、西缘有祁连洋、北边有古亚洲洋，华北板块处于被动大陆边缘的构造背景；中-晚奥陶世以后，随着周缘洋盆的关闭，由被动大陆边缘转化为活动大陆边缘，华北克拉通也开始从早古生代的构造伸展成盆转化为构造挤压改造盆地阶段。

二、寒武纪—奥陶纪海相克拉通盆地边缘构造特征

早古生代，华北板块南缘由商丹洋，西缘有祁连洋、北边有古亚洲洋，华北板块处于被动大陆边缘的构造背景；中-晚奥陶世以后，随着周缘洋盆的关闭，由被动大陆边缘转化为活动大陆边缘，华北克拉通也开始从早古生代的构造伸展成盆转化为构造挤压改造盆

地阶段。早古生代晚期华北板块南、北活动大陆边缘显示的拉张与俯冲是克拉通内沉积和构造格局的主要控制因素,两者相比尤以南部边缘更为活跃。

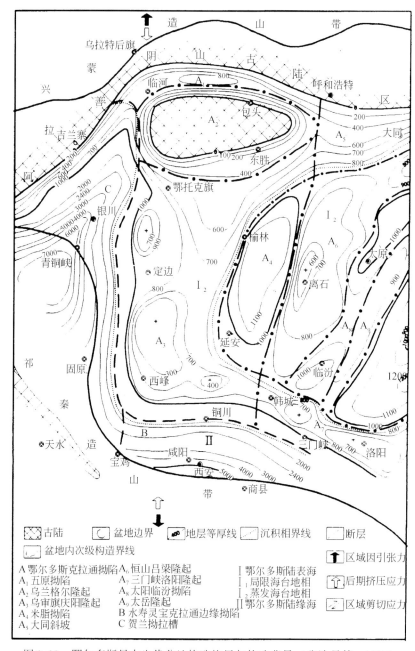

图 3.30 鄂尔多斯早古生代盆地构造格局与构造背景 (张渝昌等, 1997)

(一) 北部边缘拗陷

早古生代克拉通边缘的发展与毗邻的加里东期海槽的活动特点紧密相联系。北部边缘拗陷呈 EW 向展布于乌兰格尔隆起与"内蒙地轴"之间,下古生界的沉积厚度 400~

600m，用华北型陆表海沉积，反映北缘虽属古活动大陆边缘环境，但在边缘的表现相当稳定。近几年，内蒙古加里东期造山带的研究成果表明："内蒙地轴"北缘断裂是一俯冲带，在早古生代中晚期存在内蒙古洋壳向鄂尔多斯陆块的俯冲。由于内蒙古洋壳向南和南缘秦岭洋壳向北俯冲的联合作用，引起了克拉通内在早古生代发生新生构造变形以及克拉通在寒武纪末、中奥陶世后整体抬升。

（二）南部边缘坳陷

秦岭造山带研究表明（张国伟，1987），该边缘凹陷南邻的北秦岭现今是一个复杂的构造组合体，包括有组成秦岭群的硬化基底岩块、糜棱岩带、钙碱性中酸性岩体和岛弧火山岩等。该研究指明它们原是一系列介于南部俯冲海沟和北部边缘海盆间的链状岛弧系，其南缘商县-丹凤县断裂带及其间发育蛇绿岩带表征的洋壳俯冲带是一个已经消失了的海沟系。由此可见，华北克拉通南部边缘是一发育沟-弧-盆系的活动大陆边缘，其边缘凹陷应属边缘海盆和弧后盆地性质。上述沟-弧-盆系的活动机制主要发现为陆壳的扩张与洋壳的俯冲作用，克拉通内坳陷和边缘凹陷发育于陆壳扩张期，克拉通和边缘的整体抬升则与洋壳的俯冲作用相关联。早古生代两大海进-海退旋回，正是两次扩张与俯冲作用的结果。

（1）震旦纪至早奥陶世，华北板块南缘被动大陆边缘。洛南-栾川断裂，以北为华北板块内稳定陆壳，以南为离散型过渡地壳。该断裂带以南几条平行的断裂带控制了洛南-栾川、红花铺-二郎坪裂谷断陷盆地的发育。在这些裂谷盆地内沉积了震旦系至下古生界下部包括陶湾群下部，二郎坪群下部，主要为浅海相碎屑岩和碳酸盐岩，不过它们的沉降幅度和水体深度都比北部稳定地块内大得多，陶湾群底部宝山沟组以粗面岩为主，同位素 Rb-Sr 全岩等时年龄为 507Ma，黑云母 K-Ar 年龄为 570Ma 伴有浅成碱性侵入岩，属碱性玄武岩系列，其上的三岔口组具滑塌和浊流沉积特征。岩浆活动及沉积作用显示陶湾群下部地层形成于张裂构造环境。三岔口组在庙湾一带发现有三叶虫、介形类、海百合等生物碎屑及藻类，据此时代拟为晚震旦世—寒武纪。二郎坪群的下步火神庙组（二进沟组）由细碧岩、中酸性熔岩、磷灰岩、角斑岩夹多层薄层含放射虫硅质岩组成，具有类似蛇绿岩套的特征，细碧岩的同位素 Rb-Sr 年龄为 681Ma，上覆大庙组产有中、晚奥陶世化石（Fengfen goceras），其形成时代可能为晚震旦世—早奥陶世。火神庙组的形成环境，根据类蛇绿岩的岩石和元素地球化学分析，多数认为是边缘海型，亦属于拉张环境下的产物。

（2）中、晚奥陶世时期，华北板块南缘发育活动大陆边缘。商南-丹凤断裂作为划分性的地壳古缝合线已被公认。从该断裂北侧出露的一套构造混杂岩看，它们由丹凤群变质火山沉积岩、超镁铁岩岩块和部分秦岭群混合片麻岩组成；再往北为秦岭群，它组成了古岛弧。古岛弧北侧发育了一套以二郎坪群中上部为代表的火山沉积岩，组成弧后盆地堆积，总体构成了沟、弧、盆体系。分布在秦岭群北侧的二郎坪群的上部大庙组由含碳硅质板岩，大理岩，中酸性火山岩，砂岩等组成，层理发育，未见深水沉积特征；下部大理岩中发现珊瑚、头足类、腹足类及海百合茎等早奥陶世晚期—中、晚奥陶世化石，并有 239~475Ma 同位素年龄。二郎坪群中的火山岩为钙碱性和碱性岩系组合，而沉积碎屑岩具有 K/Na<1，Mg、Fe 含量增高的趋势，实为弧后盆地的火山沉积建造。陶湾群的上部主要为碳酸盐和含碳砂泥质的沉积，表明海水明显变浅很可能代表海盆晚期封闭阶段的产物。北秦岭古生物区系的变化亦反映上述特点。在陕西山阳、河南淅川一带早奥陶世牙形石属华南型之大西洋动物地理区，此时南秦岭洋盆与扬子板块相通；中、晚奥陶世的牙形石则转变为华北型属北美大陆地理区。早奥陶世头足类、腕足类以南方型占绝对优势，分区性较明显，中、晚奥陶世已转变为华南-华北-祁连混合型生物群，如二郎坪群上部大庙组的生物群呈现了较浓厚的华北型生物群色彩，说明其与华北陆缘具有较密切的关系。晚奥陶世混合型珊瑚动物群为特征，分区性遂趋于消失，表明了中、晚奥陶世时，古秦岭洋已不再成为隔绝南北生物群相互交流的障碍。高长林认为东秦岭早古生代洋向北单边俯冲，消减始于稍滞后的岛弧火山岩，为 477Ma，相当于早奥陶世晚期至中奥陶世早期，在岛弧上 S 型花岗岩终止年龄为 420～380Ma，中间经历了 57～97Ma。从此东秦岭地区沉积构造、岩浆、变质作用等均在大陆地壳范围内进行。

北秦岭由被动大陆边缘转变为活动大陆边缘的时间应为早奥陶世末、中奥陶世早期。在富平以西地区的中奥陶统平凉组中广泛发育有单层厚度不等、层数不同的火山凝灰岩夹层，源自岛弧喷发。经岩石化学分析后，表明其主要为海相中基性火山岩成分的特点，分归拉斑玄武岩、玄武安山岩和安山岩、流纹岩，后两者皆属钙碱性玄武岩。

（三）西部边缘拗陷

贺兰拗拉槽是早古生代秦祁海槽洋盆形成时衰萎在华北板块西部的拗拉槽。它向 NNE 方向台内收敛，向西南与祁连海槽相通（图 3.30）。贺兰拗拉槽形成初期，从早寒武世—早奥陶世只是华北西部陆缘拗陷的一部分，唯厚度大于华北陆块内克拉通拗陷同时期的沉积厚度。早奥陶世晚期克里摩里期（峰峰期）沉积时拗拉槽开始强烈沉降，到中奥陶世平凉期达最高峰。晚奥陶世回返上升，结束了拗拉槽的发育。克里摩里期，海水主要从祁连海侵入，沉积了一套泥晶灰岩夹页岩，富含笔石，沉积厚 203.3～1000m 以上。平凉期时，由于剧烈拉张而出现了一个深海槽，发育了一套深水盆地的沉积，其中堆积了以重力流为主的碎屑岩（包括滑塌堆）和夹于其间的浊积岩、深水页岩、碳酸盐岩及硅质岩、凝灰岩、凝灰质砂泥岩等火山沉积岩，最大厚度达 4472.4m。

西部边缘凹陷是夹持于阿拉善与鄂尔多斯两个地块之间的特殊沉降带。在中、晚元古代贺兰山拗拉槽基础上，寒武纪以稳定的拗陷形式接受厚度 500～1400m 的潮间-潮间下带陆源碎屑沉积。但南段固原—青铜峡一线以西厚度突变为 3500m 以上，发育较深海放射虫硅质岩、中基性和中酸性火山岩、凝灰岩、砂泥质复理石岩及部分碳酸盐岩，是强烈活动的海槽沉积，反映了西南与之截交并强烈活动的北祁连张裂海槽影响。早奥陶世早期，该凹陷仍保持寒武纪以来的拗陷性质，但随拗陷幅度的加大，在早奥陶世晚期开始转化为断陷，致使早期克拉通西线发育逐渐变深的碳酸盐缓坡，到克里摩里组沉积时变为末端变陡的缓坡环境。断陷幅度以中奥陶世最大，形成沉积厚度达 2000 多米的类复理石岩，夹火山凝灰岩。火山凝灰岩夹层有自西向东、内南向北层数变少（13～2 层）、累计厚度相应递减（129～1m）的变化规律。晚奥陶世断陷转化为拗陷，并于末期平静封闭抬升成陆，其沉积物展布除石板沟一带在晚奥陶世早期发育厚度不大的陆棚-斜坡相沉积外，其余地区均表现为碳酸盐台地沉积。

祁连洋于沧浪铺期从西侵入本区，连续地沉积了一套以碳酸盐岩为主的、向上逐渐变深而后变浅的沉积层序。沉积相的纵向变化是由台地潮坪、潟湖、浅滩、半局限潮下带逐渐过渡为陆棚、斜坡和盆地相，在盆地相沉积之后该区沉积相又变浅为陆棚和台地相，其间没有台地边缘相的礁、滩和前缘斜坡相。斜坡和盆地相发育于峰峰期末期和中奥陶世，台地和陆棚相发育于早寒武世至峰峰期早期以及晚奥陶世。沉积相的平面变化总的规律是向西沉积环境逐渐变深。台地边缘无明显披折，即无礁、滩分布；台地边缘坡度不足1°，台地和斜坡之间是广阔的陆棚相沉积物；相组合从陆向海依次由潮坪、潟湖、浅滩、半局限潮下带陆棚、斜坡和盆地组成。

西缘凹陷的起止时期与南部边缘凹陷同步，说明秦岭海槽的活动机制对该凹陷的形成和发展又具有重要控制作用。从西缘凹陷在主体断裂发育时期沉积、构造和火山活动的特点看，它又明显受到北祁连强烈活动海槽的影响。因此，它的形成机制有别于中、晚元古代的热体制，是北祁连海槽对北邻阿拉善地块、秦岭洋壳对鄂尔多斯地块的不均衡拉张和俯冲在克拉通边缘的相对薄弱地带上所产生并发展起来的剪切-张性裂谷。这种不均衡作用，还导致南缘也发育部分近SN向剪切-张性断裂，由于其规模较小，仅使南部边缘断裂错断成向南突出的台地舌或向北凹进的海湾。

鄂尔多斯盆地位于华北克拉通的西部，古生代时盆地受秦岭-祁连洋俯冲的影响，发育了近"L"形展布的中央古隆起。该隆起的长期发育，使早古生代盆地占构造格局呈现出西隆东拗面貌，从而导致中东部长期处于蒸发潮坪环境（冯增昭等，1998），特别是在奥陶纪，由于海水的进退或海平面的升降形成碳酸盐岩和蒸发岩组合的多旋回陆表海沉积，为中央大气田储集空间的形成奠定了基础。奥陶纪继承了寒武纪构造格局，为定边-庆阳-黄陵边缘隆起和洛阳-信阳-淮南边缘隆起和克拉通盆地北部的隆起（图3.30）。

三、奥陶系海相盆地的沉积充填特征

华北板块南部边缘拗陷是克拉通南缘濒临北秦岭的沉降带，它北抵现今的渭北地区，南界为北秦岭北缘的洛南断裂。拗陷内下古生界厚度从陆缘向秦岭海域方向由1000m逐渐增至5000m，形成一个巨大的楔形体。寒武纪至早奥陶世以障壁海陆缘碎屑沉积为主，属潮间、潮下带沉积。中奥陶世水体加深，自陆缘向外依次发育台地边缘生物礁、滩斜坡及盆地相，其间火山沉积岩发育，并有一系列平行边缘、依次向南跌落的断阶。这些断阶控制着沉积层厚度向南依次增大，同时也为台地边缘生物礁的发育提供了构造条件。晚奥陶世，该凹陷表现为陆缘浅海盆地（姜家湾组）与残留海槽（背锅山组）。

商丹洋海侵开始于沧浪铺期，早古生代地层发育状况与盆地西缘相似，但沉积相演化与盆地西面缘存在明显差异。其主要的差异是，该区在中奥陶统和上奥陶统中存在典型台地边缘礁、滩沉积。沉积相自下而上的演化序列是：潮坪—潟湖—浅滩—半局限潮下带—台地边缘浅滩—斜坡—台地—斜坡—台地边缘生物礁—开阔台地和局限台地。沉积相的平面演化特点是由北往南变深。

早古生代地层主要由碳酸盐岩组成，早古生代地层总厚度为350~6450m，与下伏地层多呈假整合接触。盆地及其东线早古生代地层的沉积特点与华北类似，缺失中、晚奥陶世沉积，从寒武纪到早奥陶世均以稳定的地台型碳酸盐岩沉积为主，古生物群亦与华北雷同。但在盆地西缘和南线，因毗邻秦祁海槽而具过渡型沉积特征，其特点是地层发育全、沉积厚度巨大、有大量碎屑岩和火山凝灰岩出现，并在早奥陶世开始出现华南型古生物群分子，这些特征均指示着秦祁加里东海相对盆地西线和南缘的影响。从地层层序、岩石组合和古生物群来看，本区早古生代地层基本可以划为三个地层分区，即鄂尔多斯分区、西缘分区和南缘分区（图3.31）。下古生界各组之间的接触关系以整合过渡为主，仅凤山组与冶里组、亮甲山与下马家沟组之间存在着假整合面。寒武纪海侵始自辛集期，海侵方向自南而北；毛庄期海水由东向西侵入，至徐庄期—张夏期海侵范围遍及除乌兰格尔隆起之外的整个鄂尔多斯克拉通内部。晚寒武世，庆阳地区抬升成陆、海水退缩、水体变浅。整个寒武纪是一个完整的陆表海海进-海退旋回。

奥陶纪初始，鄂尔多斯克拉通整体抬升成陆，海水进一步退缩，冶里组—亮甲山组仅分布在古陆四周，厚度数十米至200m的含燧石结核或条带深灰色白云岩夹灰岩。根据此时华北南部熊耳-伏牛古陆的存在、冶里组—亮甲山组北厚南薄的特点推知，本区晚寒武世以来克拉通南部NWW-近EW向的隆起构造带应是南邻秦岭构造带同一方式外力作用控制的产物。

马家沟期是盆地早古生代第二次大的海进开始，并在克拉通拗陷的主体部位发育了潟湖相沉积。由此可见，亮甲山组和马家沟组之间是早古生代沉积和构造环境发生显著变化的分界面，此期构造活动被称为怀远运动。近年来，在鄂尔多斯和华北地区下古今界天然气前景研究中，该期运动的特点、特别是侵蚀面对下古生界天然气聚集的控制，已越来越引起人们的重视。克拉通拗陷内的马家沟组沉积以台地相碳酸盐岩发育为特征，次级隆起部位的沉积厚度为$0\sim400m$，拗陷中的沉积厚度为$500\sim800m$，差异性较寒武系明显。亚相展布受次级隆起、凹陷控制明显，隆起部位发育蒸发台地亚相，凹陷部位发育局限台地（米脂凹陷的潮间坪和潟湖沉积）和开阔台地相（昂苏庙-盐池凹陷的潮下高能-低能带沉积）。在盆地东面，冶里期以活动性潮坪沉积为特点，潮道竹叶状砾屑灰岩特别发育，并发育有砾屑、砂屑滩和鲕粒滩等。至亮甲山期海水虽然亦较活跃，但潮汐能量明显减弱，潮沟沉积无论在频率上、还是在规模上均比冶里期大大减小，而且浅滩沉积不发育。亮甲山期的潮坪主要发育具有脉状、波状和水平层理的含泥碳酸盐岩，以及因藻类繁盛而形成的球状、柱状叠层石相层纹石。亮甲山期末，遍及华北的怀远运动使本区抬升海水退出，并遭受到不同程度的风化剥蚀，其沉积很难预测。

早奥陶世的古构造面貌，基本继承晚寒武世的构造轮廓（图3.32）。由于内蒙古海槽活动性增强的影响，克拉通北部的乌兰格尔古隆起带仍保持古陆形式，而南部环县-庆阳古隆起则表现为相对较低的水下隆起。

中奥陶世时期华北大部分（除伊盟古陆外）都在亮甲山期再次海侵的基础上，至马家沟期和峰峰期，海水全部侵漫。下马家沟组—上马家沟组碳酸盐岩-石膏岩，形成于怀远运动古侵蚀面上，沉积范围几乎遍及全区。该海进-海退旋回沉积时受到若干水下隆起和凹地的控制，在水下隆起处形成潮上泥云坪和萨勃哈沉积，在凹地上则为潟湖洲沉积，其间足广阔的潮间坪。海进期以碳酸盐灰泥沉积为主，局部出现颗粒堆积和介壳堆积。海退

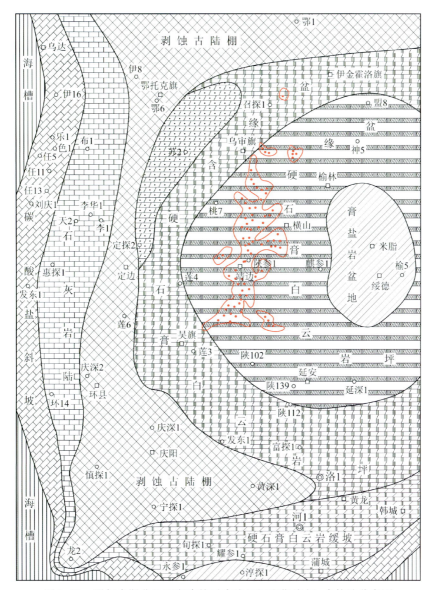

图 3.31 鄂尔多斯盆地下奥陶统马家沟组沉积期岩相-古构造分布图

期以咸化潟湖和萨勃哈膏盐沉积以及微晶白云岩沉积为特征，是海水补给量小于蒸发岩的结果。该时期潮间坪的沉积特点是，藻类和底栖生物均不太发育，局部地区出现有规模很小的叠层石。

峰峰期后大面积隆升为陆，仅在西缘、西南缘保留狭长海槽。至此华北陆块大面积结束了早古生代的海相沉积历史，但其西南缘的陇县—岐山—富平一线，尚发育中奥陶世的平凉组和晚奥陶世的龙门洞组和背锅山组，并以笔石页岩相为主要特征，普遍夹有凝灰岩、凝灰质砂泥岩组成的火山沉积层；在富平的平凉组碳酸盐岩中，发育深水的碳酸盐碎屑流沉积（梅志超，1995）和背锅山组的重力消沉积。

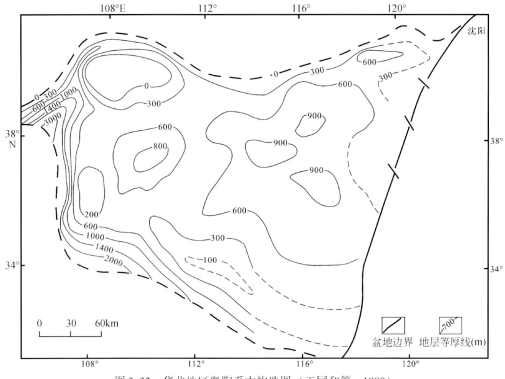

图 3.32 华北地区奥陶系古构造图（王同和等，1999）

中奥陶世晚期和晚奥陶世华北陆块的上述差异性，应具特殊的区域背景；它们可能主要受秦岭和祁连洋向北俯冲消减作用的影响，在陇县—岐山—富平一线显示继承陆缘海盆的弧后扩张盆地的特征，并与鄂尔多斯地块西缘的贺兰拗拉槽相联通。贺兰拗拉槽是秦、祁晚元古代—早古生代再生洋盆形成初期的初始裂谷向北深入华北陆块的夭亡支，其中发育类复理石砂岩、板岩、千枚岩和中基性晶屑凝灰岩、安山凝灰岩、安山岩和结晶灰岩（赵重远，1990）。据林畅松等（1991）研究，中奥陶世贺兰拗拉槽盆地强烈沉降，形成了巨厚的含笔石页岩、泥灰岩和重力流粗碎屑沉积。

四、原型盆地特征

鄂尔多斯地区西缘和南缘早古生代地层广泛发育，地层出露完整，由克拉通内部向边缘，即由东向西和由北向南海水逐步加深，地层逐步加厚，主要沉积了一套陆缘海的碳酸盐岩，夹有砂、页岩组成的沉积组合。盆地实际上是边缘拗陷近陆的部分（图2.29），是在震旦纪拉张断陷的基础上向洋扩张发展的过程中形成的。它经历了初始沉降（ε_1、O_1）、强烈拗陷（ε_2、O_2p）和盆地充填消失（ε_3、O_3、背锅山期）三个演化阶段。

早古生代华北板块处于一个边缘活动、内部稳定的克拉通盆地稳定发育时期，沉积了一套全区稳定可对比追踪的寒武、奥陶纪海相碳酸盐岩夹碎屑岩的沉积。鄂尔多斯盆地的早古生代沉积是在晚元古代拉张断陷和南部秦岭区裂陷扩张向洋发展的基础上形成的。自早寒武世辛集期开始，来自秦岭洋的海水自南而北大面积侵漫超覆，开始了华北陆块早古生代的陆表海和华北陆块南缘陆缘海的海相沉积历史（图3.30）。经馒头期、毛庄期、徐庄期，海侵范围不断扩大。张夏期是寒武纪华北海浸的高潮期，华北陆表海已经由以陆源碎屑沉积为主转变为以碳酸盐沉积为主（冯增昭，1990）。晚寒武世固山期、凤山期华北整体海退，一直延续到早奥陶世的亮甲山期末期。就华北整体而言。虽然经历了从辛集期的海边到张夏期达到高潮再转为冶里期的海退，组成了一个大的沉积旋回。但华北陆块南缘及西缘始终保持最大的沉积厚度，处于潮间带和潮下带，西南为广阔海域的沉积环境。

（一）寒 武 纪

在早寒武世晚期（相当南方沧浪铺组）开始海侵，海水主要来自于祁连—商丹洋向北东方向插入的贺兰山拗拉槽，在鄂尔多斯地区的西缘和北缘形成一个"L形"的陆架边缘斜坡，以泥云坪沉积为主（图3.33）。其后内陆架台坪地区以砂泥坪为主，寒武纪中晚期海侵达到高潮，早期陆架上的砂泥坪转变为局限海白云岩和石灰岩沉积；陆架边缘则为台缘浅滩，沉积了鲕粒灰岩和竹页状灰岩等，再往外则为开阔海泥灰岩沉积。陆架盆地为克拉通盆地，以开阔台地-蒸发台地相沉积为主，未见满湖沉积。最大海侵为张夏期（$\epsilon_2 z$），此后即发生明显的海退。台盆的基本面貌在中寒武世表现为北高南低，西隆东凹，晚寒武世表现为南北高、中间低，北为伊盟隆起，南为庆阳隆起，中间为盐池-米脂凹陷西部边缘的寒武系为厚500~1400m潮间潮下带碎屑岩沉积，至固原-青铜陕一带进入拗拉槽区，厚度变为3500m，发育深水硅质岩、中基性和中酸性火山岩、砂泥质复理石及部分碳酸盐岩（图3.33）。

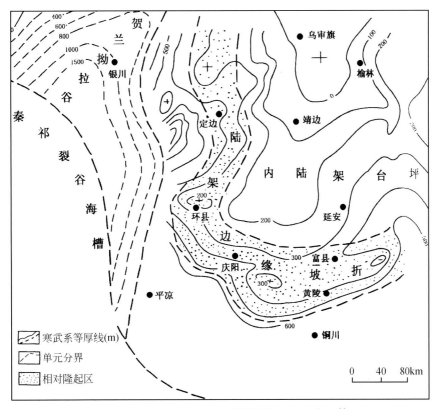

图3.33 鄂尔多斯盆地寒武纪原型与构造格局（罗志立等，2005）

（二）奥 陶 纪

华北克拉通在奥陶纪期间，有三次重要的海平面下降（史晓颖等，1999），分别是红花园期末期、庙坡期晚期和临湘期末—五峰期初。早奥陶世，鄂尔多斯大部分地区为隆起剥蚀区，冶里组和亮甲山组只发育在盆地的东南边缘；中奥陶世马家沟期沉积扩大，但加里东中期运动使盆地大部抬升；晚奥陶世只在盆地西、南部边缘有沉积，加里东晚期运动折返抬升，以中央降起为轴部，长达 130Ma 以上的风化剥蚀，造就了古岩溶的长期发育，使盆地中东部奥陶系侵蚀面从西向东依次形成岩溶高地、岩溶台地和岩溶洼地等地貌单元，特别是原碳酸盐六地的古岩溶对天然气成藏具有重要意义。早古生代，鄂尔多斯地区表现为稳定的整体升降运动，在陆块内部形成典型的克拉通拗陷，其北、西、南边缘形成了三种不同类型的边缘拗陷带（图 3.34）。

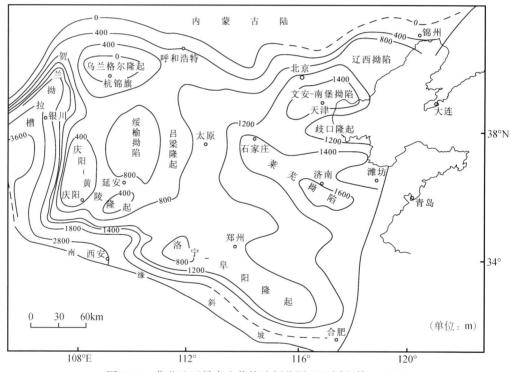

图 3.34　华北地区早古生代构造划分图（王同和等，1999）

西南部仍以贺兰拗拉槽和商丹洋所围限。但盆地内部因受海槽和洋盆扩张增加，形成盆地中东部内陆架拗陷，陆架边缘的定边—庆阳—黄陵"L形"翘升隆起，形成了限制海水流通，使内陆架转变成为闭塞潟湖环境（图 3.35）。早奥陶世的冶里期（O_1y）和亮甲山期（O_1l）继承寒武纪末海侵的格局，沉积范围局限在盆地西南缘，烃源岩不发育。马家沟期（O_1m）再次发生海侵，马一、三、五期为低海平面期，内陆架拗陷为局部膏盐环境，发育暗色泥灰岩、灰岩等有利烃源岩沉积。隆起的陆架边缘，则以沉积薄层白云岩、云灰岩为主，高带位缺失，烃源岩不发育；"L形"隆起外侧陆坡范围发育环陆砂泥云坪、云质坪和泥云坪及泥灰岩，为有利的烃源岩沉积。马二、四、六期为高海平面期，盆地主体转为开阔海环境，形成有利烃源岩和储集岩。中、上奥陶统仅残存于盆地西南部，西缘的平凉组（O_2p）以深水斜坡相砂泥岩和砾屑灰岩为主，为有利的烃源层；背锅山组（O_3b）为砂屑灰岩、灰岩夹泥灰岩，亦为有利烃源岩。

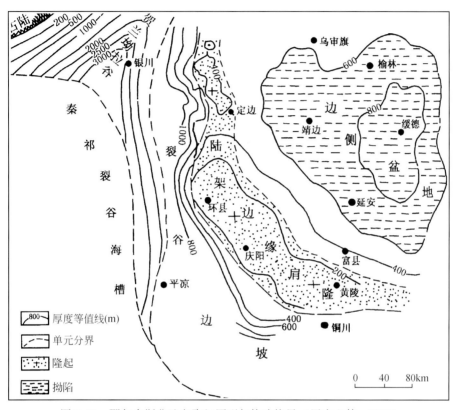

图 3.35　鄂尔多斯盆地奥陶纪原型与构造格局（罗志立等，2005）

鄂尔多斯克拉通拗陷是否存在中央隆起带，历来争论较大。从现在工作结果看来，乌审旗庆阳隆起带是存在的，它是克拉通边缘拗陷与克拉通内沉降拗陷之间的继承性的隆起。隆起带的形成始于早奥陶世中晚期，一直延续至石炭纪—二叠纪，到早、中三叠系沉积以后才完全消失。在下奥陶系沉积时，克拉通东部沉积了冶里组—亮甲山组的沉积，而西部却缺失。

加里东运动使鄂尔多斯盆地隆起，遭受较长时间的侵蚀，直至中石炭世时，西侧的羊虎沟海和东侧的本溪海分别向克拉通内海侵。由于中央隆起带较高，阻隔了羊虎沟海和本溪海的沟通。早二叠世山西组沉积时，水体才弥漫全区。但在石盒子组沉积时，在地震剖面上可明显见到 T9 以上的反射波，在 JC-84160 测线以西，向东上超，其线以东，向西下超，说明中央隆起带仍在起作用（图3.36）。以上沉积状况说明中央隆起带在较长的时期中表现为一水下古隆起，故在长期的地质历史中，对东西两侧的油气生成、运移、聚集起到了一定的控制作用。中央隆起带的含油气远景已引起广泛重视，现已勘探证实是一个大气区。

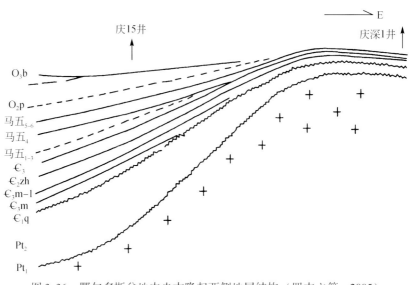

图 3.36　鄂尔多斯盆地中央古隆起西侧地层结构（罗志立等，2005）

综上所述，早古生代构造格局的发育特点是：继承和新生构造的复合，在两期隆起复合部位仍保持隆起状态（乌兰格尔隆起、环县-庆阳隆起），在隆起与凹陷复合部位形成鞍部（盐池凹陷与米脂凹陷间的鞍部）（图 3.35），在两期凹陷复合部位仍保持为凹陷状态（昂苏庙-盐池凹陷、米脂凹陷）。沉积建造和古地理特征反映，华北陆块广大范围始终以陆表海的沉积环境为特征，周缘为广阔的海盆、海槽围限。华北陆块西缘与贺兰拗拉槽相连，南接祁、秦古洋盆。加里东早期，鄂尔多斯地区南北因受商丹洋和古亚洲亚板块活动的影响，早奥陶世马家沟期末转为古陆隆起，历经 O_2—C 长达 1.3 亿～1.5 亿年的剥蚀，形成多种侵蚀地貌。以南北向中央古隆起为中心，西侧为贺兰山拗拉槽，东侧为克拉通内拗陷盆地格局，至中石炭世本溪期再度沉降开始接受沉积。

第四章　中国海相克拉通盆地构造变形特征

　　受岩石圈板块及沉积地层的力学性质控制，其他类型沉积盆地中发生的构造变形方式，在海相克拉通盆地中同样存在。对于海相克拉通盆地构造变形方式，传统上认为主要以板内挠曲控制下的古隆起为基本特征，对变形样式的研究也主要停留在构造形态上，这与海相克拉通盆地早期油气勘探所提供的地震、钻井等资料有限相关，随着高品质的地震资料（特别是三维地震）和高密度钻井资料的出现和地质信息综合认识能力的提升，对于克拉通盆地内部结构及其变形几何学、运动学和动力学的认识逐步提高。基于海相克拉通盆地所经历的威尔逊构造旋回和它所发育的板块构造位置，决定了克拉通内断（拗）陷、克拉通边缘被动陆缘或前陆盆地和克拉通内部与边缘过渡位置的拗拉槽等盆地构造性质，构造性质决定了海相克拉通盆地的变形特征主要体现为以下几种形式：伸展断陷及其构造反转、盆缘冲断推覆构造及其改造作用、盆内-盆缘过渡带的走滑断裂及其破坏、板内基底卷入的冲断构造和克拉通盆地内差异压实作用下构造复活等。各个盆地或者同一盆地的各个部位可能以某一种形式为主，也可能是几种形式叠加，本章根据中国海相克拉通盆地构造地质认识的现状和盆地内部主要构造特征，讨论中国海相克拉通盆地的主要构造变形特征。

第一节　克拉通盆地内部伸展断陷及其构造反转

　　克拉通盆地是构造相对稳定的盆地类型，正常情况下板块边缘的构造变形难以影响到克拉通盆地内部。在相同大小的构造应力作用下，岩石（或岩石圈）的抗压强度是其抗剪强度的 2 倍，是其抗张强度的 10 倍（孙岩等，1999，2005），即针对同样力学性质的岩石圈板块，只需要 10% 左右的抗压应力强度就能够使其伸展破裂。这就是为什么克拉通盆地内部容易发生伸展断陷，例如，华北板块东部，海相克拉通盆地在新生代经历伸展构造后发生区域性的断陷。中国海相克拉通盆地主要经历三期有重要影响的构造变革：① 震旦纪—早奥陶世的洋盆扩展、陆缘拉张与志留纪—泥盆纪的洋盆关闭造山；② 晚泥盆纪—石炭世的洋盆扩展、二叠纪陆内伸展导致的区域性（四川、塔里木、准噶尔等盆地）玄武岩喷发和晚二叠世—三叠纪洋盆消减及挤压构造；③ 中生代断（拗）陷盆地的发育和新近纪环青藏高原外围巨型盆山体系内古板块边缘的冲断构造、及新近纪环西太平洋盆岭体系内的古板块断陷破裂。每一期构造变革都对应着一期从伸张到挤压的构造旋回，构造演化历程决定了中国海相克拉通盆地形成于伸展构造环境之下，发育张性正断层；同时受后期挤压构造的改造，发育反转构造。由于受克拉通盆地油气勘探资料的限制和本身构造稳定性特征，难以确定出典型的正反转构造，但是盆地构造性质的反转到是容易识别，发现早期正断层发育的相关部位容易出现逆断层。这里主要通过川西、川北的古构造特征来阐述海相克拉通盆地内部的反转构造。

一、四川北部开江-梁平海槽断陷构造及其构造反转特征

（一）开江-梁平海槽断陷盆地构造特征

二叠纪至早、中三叠世是四川盆地北缘沉积盆地转换的重要时期。早、中三叠世仍保持大陆边缘盆地沉积环境，但是早三叠世末或中三叠世勉略洋先后关闭，转换为残留海盆。早期的大陆边缘盆地受北侧勉略洋俯冲关闭作用发生急剧萎缩消亡，中三叠世开始进入东秦岭-大别山全面碰撞造山阶段（刘少峰等，1999）。

开江-梁平海槽东部边缘在更大的范围内类似于裂谷盆地的一翼，以一系列复式的地垒和地堑的结构形成断陷盆地边界，向西逐渐变化为盆地环境的斜坡-深水相沉积。地震解释中发现，几条穿过海槽东部边界的剖面深层和浅层有不同的构造样式：浅层主要表现为沿早三叠世晚期的嘉陵江组石膏层的滑脱收缩变形而形成的薄皮冲断构造；深层（仅仅局限于二叠系—下三叠统）则主要以伸展变形为主，一系列平行于海槽边界的伸展断层控制了同期的构造和沉积，这些断层有以下几点特征：① 断面陡倾，断层倾角多大于 $45°\sim60°$。② 深部的伸展断裂有极大的层位分布的局限性，一般不会穿入嘉陵江组以及更新的层位；另外这些伸展断裂也极少二叠纪以前的地层沉积，反映出断裂活动的时间不会更早。断层不控制晚古生代和三叠纪晚期的沉积，断层进入晚三叠世层序后很快地消失，可以在断层两侧的层序中见到晚二叠世和早三叠世地层的加厚和变薄现象，反映出晚二叠世和早三叠世地层受断层控制的同沉积层序。③ 断层具有伸展背景下的正断层特征，阳新统（P_1顶）的强反射同相轴发生明显的位错，上盘断块由于拉张产生旋转回倾，所形成的空间被晚二叠世和早三叠世的同沉积层序所补偿，因此，下降盘具有较大的沉积厚度。这些伸展断层的断面倾向多变，具有西倾的正断层，同时也发育一些东倾的断裂。

（二）开江-梁平海槽正反转构造

图4.1是位于通江东南NE向的地震剖面，剖面位于开江-梁平海槽东侧边界上，向北东进入大巴山冲断体系，剖面西南进入到海槽内部。因此，对于该剖面进行合理而正确的解释有助于加深对开江-梁平海槽东侧边界。通过对该剖面的精细解释，发现该地区有两大截然不同的构造体系和沉积环境。

从时间上分析，第一个构造体系位于晚二叠世—早三叠世，主要以伸展体系所控制的断陷盆地。这一时期海槽内部和海槽的东部边缘区具有不同的构造变形特点，海槽内部（剖面的西南端）主要为稳定的深水沉积，盆地基底（P_1和P_2）整体沉降，即没有控制沉积的次级断陷发育，也没有发现明显的超覆点和其他差异性同沉积的特征。这反映出稳定的湖盆深水沉积背景。这一套同构造期所形成的层序为浅灰色薄层的泥灰岩，在海槽的北部旺苍一带发现许多深水环境的指相标志。例如，在南江桥亭的早三叠世飞仙关组中发育深水盆地相沉积，为纹层状的泥灰岩，发育深水浊流沉积，有清晰的底部冲刷面。在旺苍普济天台寺早三叠世飞仙关组中发育有深水滑动形成的包卷层理和深水等深流沉积。沿海槽向东就进入到了海槽的东部鲕滩边界，图4.1的深部多条由正断层组成的凸起和凹陷带

（地垒-地堑系统）就是海槽边界的系统反映。正如前面已经论述的，这些正断层的倾角较大，多大于60°；断层主要切割二叠系和更老的地层，向上极少切过三叠系；同时，这些正断层的下降盘也是晚二叠世—早三叠世沉积厚度较大的部位，说明断层对于晚二叠世—早三叠世沉积的控制作用。考虑到晚期构造对于本层序的改造程度较弱，今天所见到的正断层组合就是当时的原始断层-地层系统，该地垒-地堑系统也就是当时开江-梁平海槽的东部边界的形态。

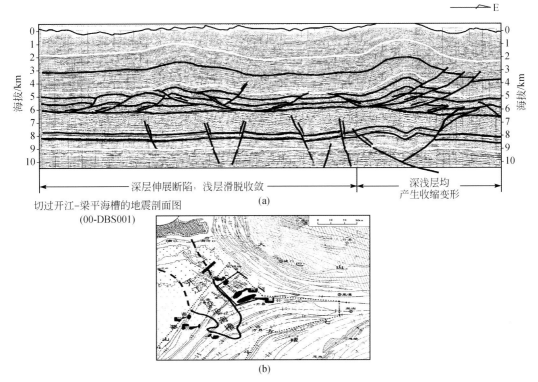

图4.1 穿过开江-梁平海槽东界的地震剖面

(a) 地震剖面解释图；(b) 地震剖面位置图。剖面上反映了明显的两期变形特征，第一期为晚二叠世—早三叠世，主要以伸展断陷为主形成了一系列控制同沉积拗陷的地垒和地堑构造。第二期为晚三叠世以后的收缩变形。变形主要沿着喜陵江组内部的膏泥岩层滑脱，但是不影响深部的原始沉积特征和盆地结构类型，剖面的西部进入了开江-梁来海槽内部，为稳定的深水沉积特征，向东为海槽的边界断陷区，并且逐步被大巴山推覆体所改造

第二个构造体系为晚期（变形层位为嘉陵江组以上）收缩的薄皮冲断变形，该期变形基本上位于嘉陵江组以上的层位，主要以推覆冲断变形为特征。尤其是大巴山冲断系的前缘地区更是如此，目前的开江-梁平海槽及其东部边缘地区基本上位于大巴山冲断系的前缘地区，该冲断系极少卷入嘉陵江组以下的层序，这样的晚期变形特点使早期的盆地原型得以保存，从地震剖面上所见到的下部层序的分布和变形基本上就是早期（晚二叠世—早三叠世）的原始就位状态，不受晚期变形的干扰，详细的研究早期的盆地原型和结构成为可能。大巴山的冲断推覆体开始于晚三叠世末期—早侏罗世，当时华北板块在四川地块东北缘发生碰撞，四川地块发生强烈的变形，四川盆地东北部边缘进入了前陆盆地和前陆褶皱冲断带发育阶段。新生代晚期的变形使四川地块东北部边缘的冲断推覆体系同向加强，

形成了今天的复杂冲断推覆结构。

开江-梁平海槽的西部边界与东部的边界有较大的差异，如果说东部边界以断陷为主，那么西部的海槽边界更加接近于斜坡的沉积环境。目前已经收集到有多条地震剖面切过海槽的西部边界，在这些剖面上均难以发现典型的控制同时期沉积的大断裂分布，晚二叠世—早三叠世的沉积主要表现为在角度极小的斜坡上逐渐地超覆特征，与海槽的东部边界形成鲜明的对比。反映出整体的海槽西部形态为由深水—浅水逐步的变化的渐变过程，在这些剖面上仅仅发现孤立的、小型的、基本上不控制沉积过程的断层和挠折带分布。图4.2剖面位于仪陇县以西，仪1井沿剖面穿过。可能是海槽西斜坡较为平缓的原因，在正常垂直和水平比例展示的剖面上不太容易发现海槽形成时原始沉积层序厚度的变化，在研究中，将剖面垂向比例尺放大2倍，尽管与真实的海槽结构比较，形态有所变化，但是，斜坡的形态更加直观和易于对比。从图4.2看到，晚二叠世—早三叠世的沉积形态基本上是西薄东厚，沉积层序由东向西逐层超覆，以至于尖灭，这种现象在小范围内不容易被发现，只有大的区域对比才有可能发现，垂直比例尺放大以后更加清楚地反映出海槽内部层序向西逐渐减薄的趋势，海槽内部层序超覆在晚二叠统之上，从剖面上可以对比出层序内部的尖灭点，箭头所示为超覆带。有多条小型正断层改造了西斜坡的底部形态，可能对于晚二叠世—早三叠世沉积过程有控制作用，但是不太明显。几个明显的挠折带对于海槽同期的沉积具有一定的制约，挠折带的两侧晚二叠世—早三叠世的沉积厚度具有较大的差异。

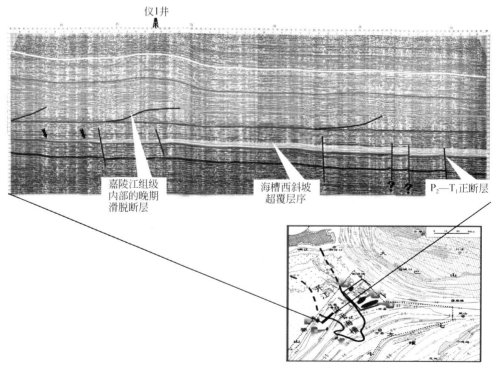

图 4.2　96-yp002 剖面解释图

与常规剖面相比，剖面垂向比例尺放大2倍，海槽内部层序超覆在晚二叠统之上，箭头所示为超覆点。有多条小型正断层改造了西斜坡的底部形态，可能对于晚二叠世—早三叠世沉积过程有控制作用，但是不太明显，主要为沿平缓斜坡的超覆过程。嘉陵江组以上地层有低幅度的收缩滑脱变形，主要是晚期的改造所致浅层为沿着早三叠世晚期嘉陵江组滑脱层形成的低幅度背斜，明显是中生代以后的变形所致，主要为逆断层，基本上不会对深部的构造产生影响。与早期的形成海槽的成盆机制应该属于两个构造体系和时代，这种深浅双构造层的特点与海槽的东部边界是相同的。但是在早期正断层的上方，容易发育对应的逆断层，这可能与早期正断层发育部位由于岩石圈板块伸展减薄，抗压强度低，后期挤压作用下容易发生收缩，成为晚期逆断层发育的先导条件。

二、四川盆地西南部隐伏裂谷盆地的构造反转

（一）四川盆地西南部隐伏裂谷盆地

许多学者认为上扬子板块西缘的盆地演化是一个构造正反转过程，早期受扬子陆块被动陆缘上的同沉积正断裂控制，接受沉积；三叠纪晚期以来受周缘陆块的碰撞产生的NW-SE向挤压的影响，川西和龙门山地区至少发育了两次强烈的挤压构造和褶皱-逆冲变形，（龙学明，1991；林茂柄和吴山，1991；罗志立，1991；Chen and Wilson，1996；贾东等，2003；陈竹新等，2005）。在地震剖面精细解析的基础上，发现川西前陆盆地南段呈现一个明显的双层构造，即浅层薄皮冲断构造之下隐伏前二叠纪裂谷盆地。

地震剖面构造解释发现川西前陆盆地南段二叠纪之前发育伸展裂谷盆地，其中可能充填沉积了数千米厚的志留系至石炭系的古生代地层；晚期经历了新生代的构造挤压变形，在几何学上表现为一个双层构造，即浅层逆冲褶皱构造和深部裂谷构造。浅层构造表现为一些断坪-断坡式逆冲断层以及与其伴生的褶皱变形，构造样式主要表现为断层转折褶皱，局部褶皱发育突破断层；而深部裂谷构造则发育地堑盆地和半地堑盆地，遭受挤压变形后发育局部正反转变形，并使得上覆的二叠系、中生界和新生界发生同步褶皱变形。深部裂谷构造在一定程度上控制了浅层冲断构造的发育形成及其龙门山冲断带及川西前陆盆地形成的正反转构造。深部前二叠纪的裂谷盆地及其构造反转将成为油气勘探的新领域。

（二）四川盆地西南部隐伏裂谷的正反转构造

挤压逆冲构造是龙门山和川西地区主体构造表现，地表地质事实和地震剖面解析都证实了这一认识。在地震剖面上发现在川西前陆盆地南段二叠系之下发育早期裂谷盆地，表现为一些地堑盆地构造以及箕状盆地构造。

四川盆地西部地表构造表现出整体上呈带状展布的前陆冲断构造变形特征，主要包括高家场-张家坪构造带、观音寺-汉王场构造带、苏码头-盐井沟-三苏场构造带、洪雅背斜、大兴场构造和东瓜场构造以及龙泉山背斜（图4.3）。对川西南部的两条地震剖面进行构造解析，一条剖面横切汉王场和洪雅背斜（图4.3，$A-A'$）；另一条剖面切过大兴场构造和东瓜场背斜（图4.3，$B-B'$）。其构造特征如图4.6和图4.7所示，整体上表现为一个双层构造，即浅层的薄皮冲断构造和深部的隐伏裂谷盆地。其中早期的深部裂谷构造在一定程度上控制了川西盆地南段晚期浅层冲断构造的发育。

图4.4是汉王场-洪雅构造剖面中的一个深部裂谷盆地地震剖面的地堑构造解释。图中可以清晰地识别出断面波以及盆地内部同相轴和断面波之间的角度接触关系，体现了一种断陷盆地的沉积特征。该构造是一个地堑构造，可能是古生代拉张环境下形成的一个古

裂谷，由三条正断层控制形成，盆地中可能充填沉积了较厚的志留系至石炭系。图4.5是大兴场-东瓜场构造剖面中的一个深部裂谷盆地，图中可以清晰地观察到地震剖面中同相轴所表现出的箕状断陷盆地的正断作用和超覆沉积现象，但该盆地发育规模相对较小。

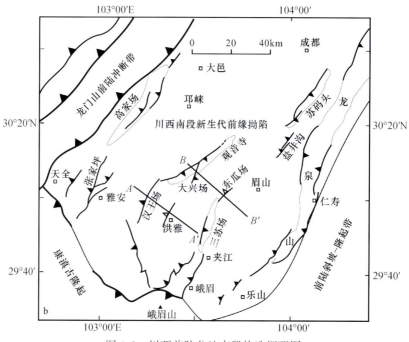

图4.3 川西前陆盆地南段构造纲要图

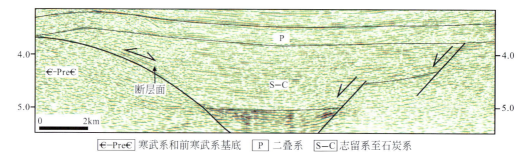

图4.4 汉王场-洪雅构造剖面中的深部地堑盆地（位置见图4.6中的虚线框）

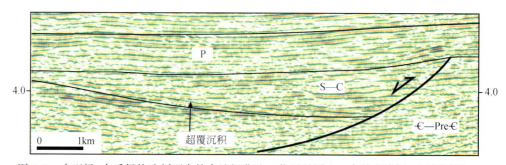

图4.5 大兴场-东瓜场构造剖面中的半地堑盆地（位置见图4.7中的虚线框，图例同图4.4）

图 4.4 和图 4.5 中裂谷盆地边缘的正断层之上二叠系及以上的地层发生小规模的褶皱弯曲，这表明裂谷盆地后期遭受构造挤压，盆地内的物质沿早期的正断层发生逆冲推覆，使得其上的地层发生弯曲变形，最终在早期正断层的上部形成背斜构造（图 4.4）。通过地震剖面的精细构造解析，在两条地震测线的深部发现了四个裂谷盆地（图 4.6，图 4.7），而且这些深部裂谷构造中都经历了小幅度的构造反转。至于这两条近平行测线中的深部裂谷盆地在空间上的联系及平面展布特征，则需要更精确和详细的地球物理工作来厘定。过去普遍认为四川盆地内部缺失大部分古生界，一般情况下是二叠系直接覆盖在寒武系或者局部的奥陶系之上（四川省地质矿产局，1991；郭正吾等，1996）。结合龙门山冲断带的构造演化历程（陈竹新等，2005），认为川西盆地南段深部裂谷盆地可能沉积了志留系至石炭系。

二叠系之上发育薄皮冲断构造。在深部裂谷盆地之上，川西前陆盆地内部发育了较为完整的二叠系、中生界和新生界，其中发育薄皮冲断构造（图 4.6、图 4.7）。冲断滑脱层主要位于三叠系内，而且随着挤压变形向前陆方向的传播，滑脱断层也从老地层向上切入新地层，从而变得越来越浅。二叠系之上的浅层薄皮冲断构造表现为一些断坪-断坡式逆冲断层作用以及伴生的褶皱变形，其构造样式主要是断层转折褶皱，局部褶皱发育次级的突破断层。在汉王场-洪雅剖面中，浅层构造发育正向冲断作用，发育两条滑脱冲断层，分别控制了汉王场背斜和洪雅背斜的形成，而且汉王场构造中发育突破断层。该剖面中浅滑脱断层控制了汉王场背斜的形成，而深部的滑脱断层则控制了洪雅背斜的形成。根据前锋构造的前展式发育特点，笔者等认为该剖面中浅层滑脱断层形成早，后期不活动，而汉王场背斜中的突破断层和深部滑脱断层（F_1）则形成晚。在大兴场-东瓜场构造剖面中，浅层构造同时发育有强烈的反向冲断和微弱的正向冲断作用。其中反向逆冲形成了变形相对强烈的大兴场背斜，而且该背斜中发育两条突破断层；而正向冲断则控制形成了完整的东瓜场背斜。在图 4.6 和图 4.7 中，所有浅层的逆冲和褶皱变形均卷入了三叠系、侏罗系、白垩系以及古近系，这些地层发生了同步的褶皱和掀斜变形，从而说明新生代挤压构造变形基本上控制了川西前陆盆地南段内部浅层冲断构造的发育和形成。

(三) 四川盆地西南部深部裂谷对浅层构造的控制作用

图 4.6 和图 4.7 的构造剖面中有一个明显的构造特征就是二叠系之下的裂谷盆地在经历了后期挤压变形以后，发生了局部的构造反转，裂谷中的地层沿早期的正断层产生小规模的逆冲，并发生褶皱变形，形成背斜构造。这种构造反转变形作用对裂谷盆地的所有上覆地层都产生了影响，最终使得二叠系及其以上的地层发生同步褶皱，形成了多个深部背斜构造。结合图 4.6 和图 4.7，还可以观察到一个非常显著的构造变形特征，就是深部的断裂构造与浅层的冲断构造在垂向上具有很好的一致性。在汉王场构造中，深部裂谷盆地的边缘断层和浅层的冲断层在垂向上的发育类似于镜像关系，而洪雅背斜则正好发育在深部隆起的地垒之上。而且大兴场构造和东瓜场背斜的构造位置在垂向上与其深部裂谷边缘断层的发育同样有比较好的一致性。这说明浅层逆冲断层及褶皱的发育可能受到深部早期的正断层以及构造反转形成的深部构造的控制。而且这种构造一致性的特点也进一步验证了深部裂谷盆地的存在。因此笔者推测，在川西前陆盆地南段内部其他地表背斜之下可能也发育深部裂谷盆地，但这同样需要开展更精细和准确的地球物理工作来探索和验证。

· 130 ·　中国海相克拉通盆地地质构造

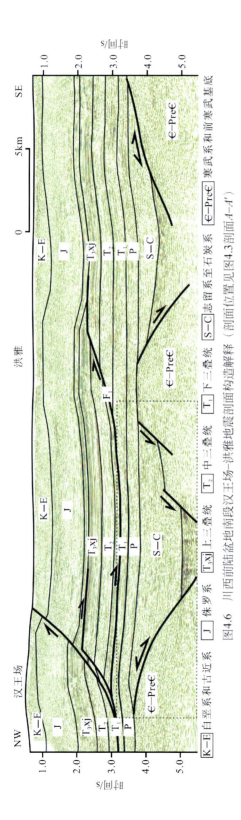

图4.6　川西前陆盆地南段汉王场-洪雅地震剖面构造解释（剖面位置见图4.3剖面A-A'）

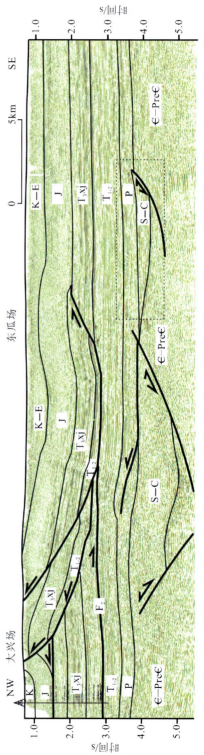

图4.7　川西前陆盆地南段大兴场-东瓜场地震剖面构造解释（剖面位置见图4.3剖面B-B'，图例同图4.6）

龙门山冲断带及川西前陆盆地的发育是一个构造正反转过程，古生代和早-中三叠世时期，川西地区整体上处于被动大陆边缘。而在志留纪至中三叠世期间，川西地区发生了陆缘裂解事件，其地层发育受被动陆缘上同沉积正断裂控制。晚三叠世和新生代的两期挤压构造变形，使得川西地区产生构造反转，形成龙门山逆冲推覆构造。新生代构造挤压向前陆方向的传播形成了川西盆地南段内部的多条冲断构造带。川西盆地内部发现二叠系之下存在发育构造反转的裂谷盆地。而且裂谷构造的发育与龙门山冲断带的演化在空间和时间上具有较好的一致性。裂谷盆地中可能沉积有志留系至石炭系的古生代地层，裂谷盆地正反转构造演化说明川西地区在二叠纪以前存在伸展构造，后期遭受挤压变形，这一认识进一步论证了龙门山及川西前陆盆地形成的构造正反转演化过程。

四川盆地中，古生界是海相地层，油气地质条件好。其中生油气层多，主要为海相生油气岩，既有碳酸盐岩也有碎屑岩，包括上震旦统灯影组为灰色至灰白色白云岩、下寒武统是一套灰、灰黑色泥质岩和碳酸盐岩、志留系的暗色泥质岩以及下二叠统的深灰至灰色生物灰岩和含生物灰岩（刘洛夫和金之钢，2002）。而且储集层在古生界中也有很好的分布，但是其中的油气勘探却未取得突破性的进展，究其原因，则可能是在川西地区尚未发现完整的古生界圈闭构造。在薄皮冲断带之下的原地和准原地地层中往往拥有巨大的油气储量，这一认识已经在世界上多个前陆冲断带中得到验证，喀尔巴椤（Carpathian）就是其中最好的例子（Picha，1996）。而油气远景最好的构造圈闭则是由局部正反转形成的背斜构造，即早期为正断层控制的断陷盆地，后期遭受弱挤压形成的背斜构造（Flöttmann et al.，1997；Chaelton，2004）。尤其在前陆冲断带中，由于区域性滑脱层的存在，使得前陆冲断构造中可能存在多套完全不同的构造体系，而且区域性的滑脱层是比较好的盖层。如果生油岩、储集岩和盖层在时间和空间上得到很好的配置，这些构造层系中将分别拥有良好的油气资源。而且裂谷盆地是油气勘探的首选对象，其中的油气勘探具有很高的成功率（Macgregor，1995）。川西盆地南段薄皮冲断带之下隐伏有裂谷盆地，而且裂谷盆地正好发育局部构造反转变形，形成了古生界和中生界完整的背斜构造，其上发育有很好的盖层，如上三叠统须家河组以及区域性滑脱层等。川西盆地南段的深部裂谷盆地和深部背斜构造是川西地区油气勘探的新领域和新方向。

第二节 克拉通盆地内部基底卷入构造

克拉通盆地边缘，最深滑脱层以下不再卷入构造变形，沿滑脱层冲断的前锋带为冲断构造变形的最远端，随后克拉通盆地内部不再发生大位移的水平缩短构造变形。但是事实上在克拉通盆地内部总是存在水平缩短的冲断构造，以前简单描述为克拉通盆地内部隆起，随着新的地震资料提供更多的地质信息，发现这些所谓的克拉通盆地内的古隆起，基本上是来自克拉通盆地边缘的冲断构造位移量沿着中地壳韧性剪切带（地下10~17km的深度）发生远距离的滑脱（Li et al.，2001），在克拉通盆地内部早期发生张性正断层或古构造等异常部位发生切层冲断，引起整个沉积盖层变形的基底卷入构造。有的基底卷入构造将原来的克拉通盆地分割开，使得一部分克拉通盆地剧烈抬升成山或者成为山中的盆地，例如，达尔布特山将合什托洛盖盆地从准噶尔克拉通盆地的西北部分割开，赛什腾-

埃姆尼克山将花海盆地从柴达木克拉通盆地的北部分割开,基底卷入的山系两侧盆地中具有相似的沉积盖层,山系形成以后两侧的盆地沉积才开始分异,这里选取将汉中盆地从四川盆地分割开来的米仓山来介绍这类基底卷入构造。另一类基底卷入构造则只是从克拉通边缘的水平缩短位移量沿中地壳滑脱传入到克拉通盆地内,冲断构造的垂向位移量并不大,只是形成克拉通内部的构造,但是并没有破坏克拉通盆地,这里以四川盆地内部的乐山-龙女寺古隆起来介绍它。

一、克拉通盆地内部基底卷入构造

判断一个冲断构造带是否为基底卷入,主要看它的结晶基底是否与盖层一起卷入了构造变形。当沉积岩或者低变质的沉积岩层与深部的结晶基底一起卷入冲断活动时,称之为基底卷入的冲断构造,也叫做"厚皮"构造(thick-skin structure)(图4.8);如果仅仅盆地的沉积盖层沿着某一个区域性的滑脱层发生收缩变形,基底不参加褶皱汇聚型的活动,称之为盖层滑脱的冲断构造,也叫做"薄皮"构造(thin-skin structure)。在克拉通盆地内,一级构造深部地壳的推覆体位于中地壳脆性-塑性过渡带中。基底卷入构造的典型特

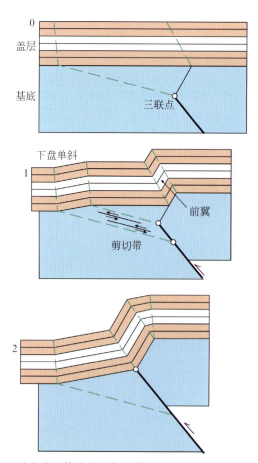

图4.8 基底卷入构造的几何学模型(Narr and Suppe,1994)

征是一个长的、低倾的（0°~20°）后翼和一个较短的、平缓至陡倾的（30°乃至于倒转）前翼。在地震剖面上构造的后翼有很好的反射，而前翼反射特别差，如图4.9所示，构造变形起始于基底内断裂的顶端，三联点的迁移控制褶皱的形成；随着断层进一步滑移，三联点向上移动引起下盘剪切形成一个单斜构造；上盘隆升导致沉积盖层褶皱，产生一个地层倾角平行断层上段的前翼；上下盘之间的沉积盖层受基底断裂控制，存在明显的高差；构造变形集中在三联点上方，上盘冲断带的后翼无变形。

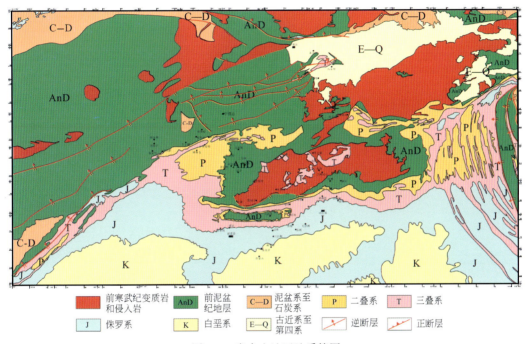

图4.9 米仓山地区地质简图

米仓山整体为一个大型基底卷入的断层传播褶皱

二、四川盆地北部米仓山基底卷入构造

震旦纪—早古生代扬子板块北缘为被动大陆边缘环境，随着泥盆纪开始勉略洋从扬子板块北缘打开，区内开始处于相对稳定的克拉通内的陆表海沉积环境。从大地构造格局上看，扬子板块北缘的米仓山隶属于龙门山构造体系，与龙门山构造系统不同的是，作为位于扬子北缘与南秦岭汇合带的大型冲断构造体系，米仓山是唯一例外的以基底卷入作为变形格架的构造带（图4.9）。背斜核部老君山-檬子为前震旦系，向两翼逐渐过渡为震旦系、下古生界、上古生界和中生界。背斜的北翼地层倾角较小，一般为15°~20°，也可以见到小于10°的缓倾层序。例如，米仓山的西侧老君山一带，震旦系角度不整合在下面的花岗岩之上，地层基本上为水平状。与之对应的是米仓山南侧的层序陡倾、直立以至于倒转，在江源，太古代花岗岩逆冲在震旦系之上，其中一部分震旦系被掩覆其下。所以，米仓山南北两侧的层序反映出一个基底卷入的大型断层传播褶皱的形态（图4.9）。

图 4.10 的地质剖面显示了米仓山南侧和北侧的褶皱形态，反映出这一大型基底卷入褶皱的南北形态，来自于古勉略缝合带的冲断构造位移沿着中地壳韧性剪切带从佛坪地体传播到米仓山南缘，发生基底卷入构造，形成的米仓山构造带将汉中盆地从上扬子板块北部克拉通盆地中分割出来。如果没有米仓山基底卷入构造带，汉中盆地将成为四川盆地的北部，米仓山则是四川盆地内部的组成单元。米仓山南翼由于中地壳的韧性剪切变形增厚，将山前的沉积地层抬升，地层陡倾；而在米仓山构造带的北翼，地层为5°~7°的单斜，无明显的冲断构造变形。然而，其东西两翼均为薄皮滑脱的褶皱冲断带，西侧为龙门山冲断带，东侧为大巴山冲断带，在三个不同构造带的转换中，米仓山基底卷入形态发生侧向变化。

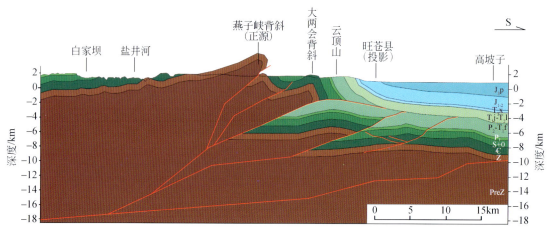

图 4.10　通过旺苍县向北的过米仓山的区域构造剖面图

大两会-盐井河之间为基底卷入的大型断层传播褶皱

三、川中乐山-龙女寺古隆起的基底卷入构造

加里东晚期形成的乐山-龙女寺古隆起位于四川盆地的腹部，又称川中古隆起。川中古隆起在中新生代发生了持续性的构造活动，特别是新生代受川西龙门山冲断构造的作用，川中古隆起及其东侧发生了冲断构造活动。根据克拉通盆地边缘构造变形的分布规律，新生代前陆冲断带的构造变形的范围应该限制在中三叠统雷口坡组区域滑脱层以上，乐山以西的范围内。但是通过精细的构造地震解释，发现在乐山-龙女寺古隆起内部仍旧存在新生代的前陆冲断构造，只是传播该冲断构造的滑脱层位于深部中地壳的韧性剪切带内。下面用川西-川中的区域构造剖面来说明沿中地壳滑脱的基底卷入构造在四川克拉通盆地内部构造变形中的作用。

如图 4.11 所示，从川西熊坡到川中资阳的区域构造剖面上，可以看到两个区域性的滑脱层，将新生代的前陆冲断构造变形向东传播，一个是中三叠统雷口坡组区域滑脱层，其冲断带的前锋在乐山构造带；另一个是中地壳的韧性剪切带内，来自西部的冲断构造构造沿中地壳传播到威远构造带东侧后向上切层后持续向东传播，从基底内部突破到沉积盖层中，致使乐山-龙女寺古隆起发生基底卷入构造变形，并且由于中地壳的韧性剪切增厚，

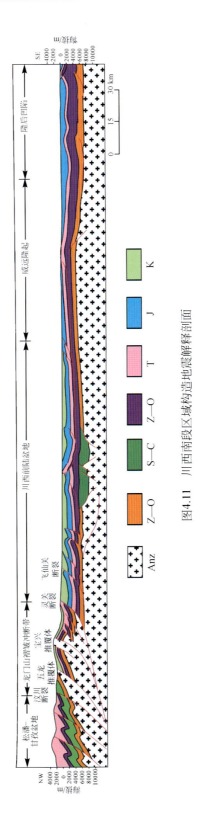

图4.11 川西南段区域构造地震解释剖面

威远以西的地区发生整体抬升，同时位移量在沉积盖层内部持续向东传播，形成资阳等构造带。关于威远构造带在新生代发生过冲断构造，一方面可以从地层的分布上来说明，从川西成都平原到川中威远地区，基底面整体上为一个向西倾的大单斜，这一大单斜是受新生代龙门山的前陆冲断而使克拉通板块发生挠曲沉降的结果，导致川西-川中区域上地层分布从西向东依次出露第四系、古近系、新近系、白垩系和侏罗系。另一方面从威远构造带东陡西缓的整体结构特征，可以推测冲断构造是从西向东，并且与基底卷入构造的变形特征是一致的，也是与龙门山新生代冲断构造的运动学特征一致的。当然在威远构造内部，由于来自基底的冲断构造在切入沉积盖层后，一部分来自西部的冲断构造位移量在威远构造东侧在基底内部发生楔形反冲，在威远构造带的沉积盖层内部出现西陡东缓，反映楔形反冲的构造变形特征；另一部分构造位移量突破到沉积盖层后持续向东传播，冲断导致地层的叠置加厚，引起上覆地层的褶皱抬升，控制地面地层的分布特征，从地面出露白垩系褶皱显示该冲断构造活动是白垩纪以后。

川中乐山-龙女寺古隆起的基底卷入构造变形与四川盆地北缘米仓山发生的基底卷入构造变形有明显的不一样，一方面是米仓山内沿中地壳滑脱的断层构造位移量大，并且直接突破到地表，将盆地基底冲断到地面，这种断裂直接将盆地分割开；而乐山-龙女寺这种基底卷入的构造变形。另一方面由于构造位移量小，加上断裂没有突破到地表，沿中地壳的滑脱断层虽然改造了早期的海相克拉通盆地的沉积地层结构，但是并没有破坏原来的盆地，并且这类基底卷入的构造特征随着高品质地震资料提供更多的信息，将会在海相克拉通盆地内进一步普遍发现。

第三节　克拉通盆地边缘冲断构造及其改造作用

中国海相克拉通盆地由于经历三期重大构造变革，早古生代漂移于大洋中的克拉通上覆的海相盆地，除了经历晚古生代海陆交互相沉积盆地与中新生代陆相沉积盆地的叠置和深埋外，同时经历了志留纪—泥盆纪、晚二叠世—三叠纪、新生代的盆缘前陆冲断构造的推覆与改造作用。由于前两期前陆冲断构造在海相克拉通盆地中的构造作用（或者古冲断构造变形带）已经被新生代最后一期构造所叠加（或者被叠置深埋、抬升剥蚀、构造重构），难以再现克拉通盆地边缘的古冲断构造（李本亮等，2009），所以这里选取塔里木盆地西部边缘在新生代的冲断构造来展示海相克拉通盆地的边缘冲断推覆构造特征。

一、塔里木盆地新生代区域构造背景与盆缘构造

位于青藏高原北缘又紧邻青藏高原的塔里木盆地，受青藏高原的隆升和向北推挤作用，作为刚性块体的塔里木克拉通板块周缘的古造山带再次复活隆升，板块边缘受造山带的构造挤压荷载和沉积负荷的作用下，发生挠曲沉降，在天山和昆仑山前分别发育库车和塔西南再生前陆盆地，库鲁克塔格与阿尔金山前的走滑断裂直接切割海相克拉通盆地后大幅度的差异沉降和抬升导致盆地被剥蚀。受青藏高原向北持续不断的推挤和塔里木板块周缘古造山带向克拉通盆地内的冲断，构造变形也不断地从造山带向克拉通内部依次传播，

主要特征是邻近造山带的部位，构造变形强烈，构造形成时间早，向克拉通内部构造变形趋于平缓，构造形成时间晚。在造山带前缘的冲断构造主要为刚性基底卷入变形、叠瓦或堆垛构造，随后向克拉通盆地内转换为由断坡-断坪组成的台阶状构造，构造滑脱面依次抬升，发育成排成带的背斜构造，直到冲断构造位移量在克拉通内通过断层传播褶皱、反冲的楔型构造或者滑脱褶皱等方式消减。但是受到与青藏高原距离远近的影响，南缘的昆仑山前构造挤压冲断和盆地挠曲沉降作用较北缘的天山山前强烈。例如，塔西南的前陆冲断构造位移达到巴楚隆起，构造带变形范围达250km，昆仑山前的前陆冲断带构造缩短量近80km，现今的古近系、新近系底界和紧邻的造山带之间的高差达到20km；塔西北的柯坪地区前陆冲断构造位移穿越达100km，西天山山前的前陆冲断带构造缩短量近50km，现今的古近系、新近系底界和紧邻的西天山造山带之间的高差达到12km；塔北的库车前陆冲断带终止于秋立塔克构造带，库车前陆冲断构造位移穿越约40km，天山山前的前陆冲断带构造缩短量近30km，现今的古近系、新近系底界和紧邻的西天山造山带之间的高差达到8km。同时受造山带前缘边界断裂构造性质的影响，塔东南由于受阿尔金断裂和车尔臣断裂的左行走滑构造的控制，冲断构造位移限制在车尔臣断裂附近，阿尔金山前的前陆冲断带构造缩短量近10km，现今的古近系、新近系底界和紧邻的阿尔金造山带之间的高差仅5km，相对于塔里木的其他地区（如库车、塔西南）要小。这些特征显示了水平挤压作用下古生代海相克拉通盆地的构造变形特征。关于塔里木海相克拉通盆地在新生代的板缘构造变形特征，这里分别通过塔西南、柯坪、库车、塔东四条区域性的构造剖面来展示（图4.12）。

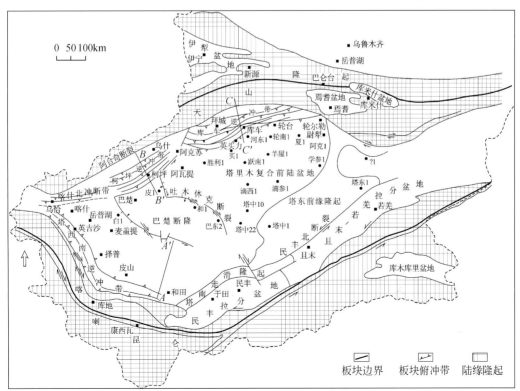

图4.12 塔里木盆地及其周缘构造纲要图

二、塔里木盆地西南缘冲断推覆构造特征

在目前山前的野外地质和钻井资料中都无法提供塔西南存在早古生代海相克拉通盆地边界的直接证据，但是通过昆仑山内部的岩相古地理和早古生代的区域构造背景、原型盆地等分析，大致推测出现今的塔西南与昆仑山接触的部位为古生代塔里木板块被动大陆边缘上斜坡的海相盆地，在晚奥陶世甚至出现混积陆棚沉积环境（何登发等，2007），结合地面地质与构造地质解释推断在早古生代塔里木克拉通被动大陆边缘的下斜坡部位在新生代被昆仑山逆掩推覆后深埋在造山带之下。

紧靠塔里木盆地西南缘的昆仑山的前缘是以大型推覆构造为特征的铁克力克推覆构造带，推覆带前缘的玉龙喀什河南岸，可以看到铁克力克山的元古界变质火山岩直接推覆在第四系西域组砾岩地层之上，显示出塔里木盆地的西南缘在新生代（西域组沉寂之后）被覆盖在铁克力克元古界地层之下（图4.13），那么古生代海相克拉通盆地也相应地俯冲在昆仑山造山带之下。

塔里木盆地内部，通过构造地震解释和钻井资料分析也同样显示出古生代地层发生了一定规模的冲断推覆。在铁克力克山以北约30km的和田南构造带，一套浅变质的地震空白发射层叠置在一套强反射的沉积地层之上（图4.14）。和参1井钻井证实，从上至下依次穿越中生代、二叠系、石炭系的沉积地层和志留系—泥盆系的浅变质岩地层，但是这套无反射的变质地层之下地层具有明显的强反射，显示其为沉积地层；根据这套强反射地层向北连续稳定分布的特征，应该是一套未变形的正常沉积地层。通过区域构造地质分析（图4.14），深部沿寒武系膏盐岩层滑脱的断裂在和田构造南端切过奥陶系—二叠系后在古近系的膏盐岩层中继续向北滑脱冲断，在和田构造部位，寒武系滑脱层与古近系滑脱层之间的地层重叠，通过断层转折褶皱的轴面分析，这套地层冲断推覆导致重叠的距离约21km，图4.10中活动轴面和固定轴面之间的长度。沿着古近系滑脱层21km的冲断构造位移量持续向北传播，直到巴楚隆起的玛扎塔克构造带。

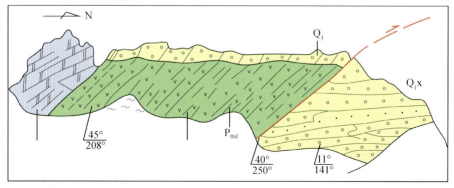

图4.13 塔里木盆地西南缘与铁克力克山之间的地面接触关系图

塔里木盆地西南边缘，一方面通过新生代造山带向盆地内部的逆掩推覆，古老的海相克拉通俯冲到造山带之下；另一方面通过盆地边缘的冲断推覆引起的地层重叠，使得海相

克拉通盆地的地理分布范围缩小。根据塔西南山前区域构造地质剖面的平衡恢复，塔里木盆地边缘的海相克拉通盆地在新生代的水平缩短量在120km左右，卷入前陆冲断带的构造变形范围约250km。推覆体之下的海相克拉通盆地在油气钻探深度上难以触及，但是仍旧具有生烃价值，并通过断裂将深部油气运移到浅层，这在海相盆地资源评价中需要重视。

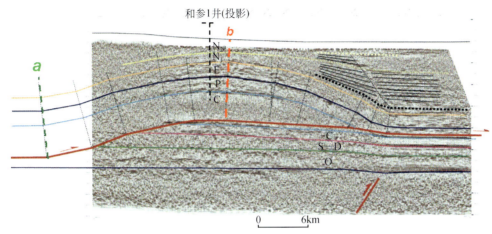

图4.14 塔西南边缘和田河冲断推覆构造地震解释剖面（剖面位置见图4.12 A–A'）

(何登发等，2005)

三、塔里木盆地西北缘柯坪叠瓦冲断构造特征

西天山南缘的塔里木盆地西北缘，发育柯坪叠瓦冲断构造带。在地质图上，以断裂为边界的寒武纪—新生代连续地层4次重复出现，成排成带分布，向东南凸向塔里木盆地内部的弧形冲断构造带，揭示出沿寒武系底界统一滑脱层发生叠瓦冲断构造变形（图4.12、图4.15）。

通过区域构造地震剖面的构造解释（图4.15），从南天山向塔里木盆地内部依次是乌什凹陷、阿尔巴切依奇克背斜、卡拉布拉科赛断裂、依姆干他吾断裂、柯坪塔格断裂，来自南天山的冲断构造位移沿着寒武系底界的滑脱层向塔里木盆地内部传递过程中，依次突破到地表，形成相间排列的叠瓦状冲断构造带。根据图4.15区域构造地质剖面的平衡恢复计算，塔里木盆地西北缘通过叠瓦冲断导致的海相地层水平构造缩短量大约50km，卷入新生代前陆冲断带构造变形的范围约110km宽（苗继军等，2007）。

海相克拉通盆地边缘，沉积盆地内发生冲断滑脱的层位决定了卷入构造变形的深度和变形的样式，滑脱层以上的地层都会在冲断变形的范围内卷入冲断构造，滑脱层以下的地层会保持相对稳定。如果只有一个滑脱层，则会形成滑脱层以上连续地层相间重复的、成排成带的、弧形分布的冲断带。这种单一滑脱层控制下的叠瓦冲断构造，一方面使海相克拉通盆地通过地层重复缩短而使盆地范围缩小；另一方面也使得沉积地层冲断抬升剥蚀，盆地被破坏，也容易破坏早期已有的油气藏。

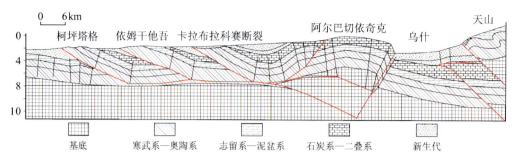

图 4.15　塔西北边缘柯坪地区叠瓦冲断构造地震解释剖面（剖面位置见图 4.12 B-B'）

（苗继军等，2007）

四、塔里木盆地北缘隐伏于库车冲断带之下的单斜构造

如果只是讨论塔北库车地区的中新生代构造变形特征，主要是沿古近、新近系膏盐岩地层和侏罗系煤系地层滑脱形成的前陆冲断带构造变形特征；但是讨论古生代海相克拉通盆地的构造变形特征，以前研究得很少。根据最新处理的地震测线能够隐隐约约显示出中生界之下一组强反射地震同相轴，可能代表古生代海相沉积地层。海相地层整体上表现为一个向北倾的单斜，其上叠置了沿古近系、新近系膏岩盐层滑脱的背驮盆地——拜城-阳霞凹陷和沿古近系、新近系膏岩盐、侏罗系煤层滑脱的冲断构造（图 4.16）。

由于库车前陆冲断带中目前发现的最深滑脱层为侏罗系煤层，所以侏罗系滑脱层之下的古生代海相地层不卷入冲断构造变形。根据库车前陆冲断带的构造地质剖面的平衡恢复计算，中新生代地层的前陆冲断带构造变形范围约 40km，水平构造缩短量约 30km（李本亮等，2008）。那么中新生界缩短的 30km 之下的海相地层到哪里去了呢？从目前南天山前缘从新生界到古生界地层连续性分布推断，这些地层不会通过冲断缩短来达到平衡，很可能是沿着北倾单斜向南天山之下发生陆内俯冲，来与其上的中新生代地层的缩短量达到平衡。

塔里木海相克拉通盆地北缘，由于最深的侏罗系滑脱层以下的地层保持相对稳定，沿着 2°~3° 的临界楔顶角北倾，向南天山之下俯冲。虽然库车地区目前的勘探层系主要是针对中新生代地层，其下的海相地层直接钻探尚不现实，但是深埋增温后在高热演化阶段形成的天然气资源，可能会通过断裂垂向运移到浅层，在资源评价中不可忽视。

这里以新生代构造活动为例，说明塔里木海相克拉通盆地西部边缘的构造特征主要有三种形式：第一种是克拉通海相盆地被推覆深埋，如塔西南昆仑山前；第二种是海相地层卷入冲断构造带内，如柯坪-乌什地区；第三种是海相盆地发生陆内俯冲至造山带之下，如库车地区。同时新生代前陆冲断带直接叠加在克拉通盆地内的古构造上，克拉通盆地内部受新构造活动波及，构造倾向反转，导致油气藏被重新调整。例如，哈德逊油田受新生代地层由南倾向北倾转变的影响，油气藏向南移动，油水界面向 WN 倾斜，油水界面尚未达到平衡定型。

第四章 中国海相克拉通盆地构造变形特征

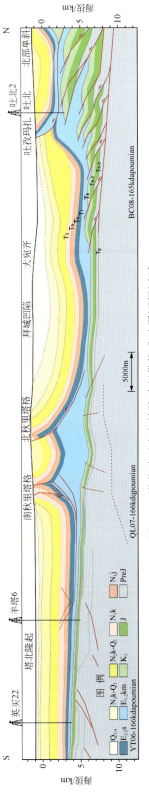

图4.16 塔北地区库车前陆冲断带构造地震解释剖面

第四节 克拉通内部与边缘之间的走滑构造及其破坏作用

克拉通盆地构造相对稳定，正常情况下板块边缘的构造变形难以影响到克拉通盆地内部，特别是单独的挤压冲断构造，一般都只是在克拉通盆地边缘发生有限范围的构造变形。但是在相同大小的构造应力作用下，岩石的抗压强度是其抗剪强度的两倍左右（孙岩等，2005），针对同样克拉通岩石圈只需要 1/2 的抗压应力就能够使其剪切破裂。这就是为什么从克拉通边缘向克拉通内部，水平挤压的冲断构造传播范围有限，而水平剪切的走滑构造容易形成。由于板块边界条件不均一性，在统一区域构造应力场下发生斜向挤压或伸展，形成走滑构造。20 世纪 80 年代以来，地质界普遍认为与造山带平行的走滑运动在逆冲推覆体中占有重要地位（Dewey，1982；Sengor，1991），认为约 58.5% 的逆冲带中都有走滑位移分量，特别是喜马拉雅造山带中约 20% 缩短量转成走滑分量（Molnar，1988；Woodcock，1989；Sengor，1990），也有人认为特提斯造山带中至少 60% 地段有走滑运动，其中走滑位移量超过 1000km 的占 25% 左右。与逆冲构造相伴生的走滑运动已成为盆地构造地质的重要特征。走滑–逆冲构造的典型特征：① 纵向上呈"花状构造"（Gregory，1979）；② 平面上沿主干构造带发育雁行排列断层或褶皱；③ 垂直造山带方向上具有一定规模的推覆构造。这里主要选取塔里木盆地东部、柴达木盆地和楚雄盆地西部来介绍在克拉通盆地边缘与内部的过渡带位置存在的走滑–逆冲构造及其对克拉通盆地的破坏作用。

一、塔里木盆地东部边缘走滑构造与盆地破坏

塔里木盆地的西南缘、西北缘、北缘由于受冲断推覆构造作用，海相地层或俯冲深埋、或褶皱冲断，虽然遭受大范围的构造变形，但是残留的海相克拉通盆地仍旧得以保存。但是在塔里木盆地东部，由于分别受北缘的库鲁克塔格走滑构造和南缘阿尔金走滑构造的作用（图 4.17），古生界海相盆地被走滑断裂切割，靠造山带的一侧受挤压抬升后被剥蚀掉，靠克拉通盆地一侧受挤压挠曲沉降，接受巨厚的新生代沉积（图 4.17）。

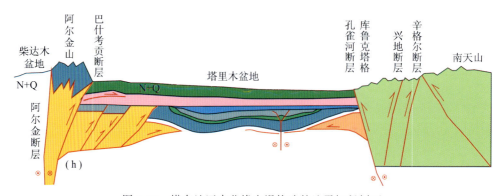

图 4.17 塔东地区南北缘走滑构造的地震解释剖面

如图 4.18 所示，塔里木盆地北缘是印支期抬升剥蚀的海相克拉通残留盆地，新生代

再次受库鲁克塔格陡立的走滑构造的切割,走滑断裂以北的海相地层挤压抬升后被剥蚀得荡然无存,地面出露元古界和太古界;走滑断裂以南的残留海相盆地被中新生代地层深埋;走滑断裂成为山体大幅度抬升和盆地快速沉降的分界线。同样,在塔里木盆地东部的南缘,被印支期冲断变形和抬升剥蚀的海相克拉通残留盆地,在新生代再次受阿尔金陡立的走滑构造的切割,走滑断裂以南的古生代海相地层被抬升剥露出地面;走滑断裂以北的残留海相盆地被中新生代地层深埋;走滑断裂成为山体大幅度抬升和盆地快速沉降的分界线。

在走滑构造边界的控制作用下,一方面海相克拉通盆地的边缘被切割后遭受破坏;另一方面在克拉通盆地内部受走滑断裂控制的盆山耦合作用挠曲沉降,接受中新生代沉积后深埋增温,提供古生代海相地层"二次生烃"的有利条件。

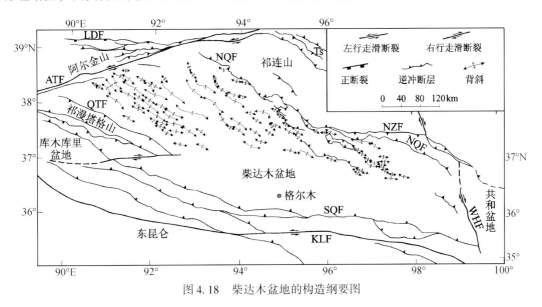

图4.18 柴达木盆地的构造纲要图

二、柴达木盆地走滑构造与克拉通盆地破裂

(一)柴达木盆地构造变背景

柴达木盆地位于青藏高原北部,柴达木盆地北邻祁连山,南接昆仑山,西靠阿尔金山,盆地面积12.1万 km²,虽然现今的柴达木盆地表层是一个中新生代大型高原盆地,难觅海相克拉通盆地踪迹,但是它具有前寒武纪结晶基底,与克拉通盆地具有类似的岩石圈性质。同时在南部祁曼塔格山前的奥陶纪为深海–半深海的复理石沉积到泥盆纪—三叠纪的滨浅海、海陆交互相或陆相沉积;北部中雾隆山出露的石炭系和二叠系为碳酸岩盐沉积的海相地层,据此推测柴达木盆地古生代仍旧为海相克拉通盆地,只是受后期的构造抬升被剥蚀或浅变质。所以这里通过柴达木盆地西部来说明海相克拉通盆地的走滑构造特征及其破坏作用。柴达木盆地虽然受祁连山和昆仑山的南北夹持的挤压冲断作用,但是真正控制盆地内部克拉通盆地破裂的关键是阿尔金走滑构造分量向盆地内部的迁移,再紧靠阿尔

金走滑断裂的柴达木盆地西北部，发育一系列的近 EW 走向与阿尔金断裂锐角相交的断裂，如冷湖二、三号北缘断裂、鄂博梁断裂、牛鼻子梁断裂等，这组断裂均表现为向 ES 倾伏的基底卷入的褶皱带，这与一般的克拉通盆地的构造变形明显不同（图 4.18）。

柴达木盆地处于 SN 向挤压构造应力场中，在古近纪（65~23.3Ma）时发育两组强烈活动的走滑断裂，一组为 NEE 向的阿尔金断裂和"柴西断层"，主要表现为左行走滑，另一组为 NWW 向的昆北断裂、XI 号断裂、"柴中断裂"（陵间断裂）、柴北断裂、南祁连山前断裂等，主要表现为右行走滑。前者引起青藏高原整体向东挤出，后者使得局部地块向西移动。不过在古近纪、新近纪，上述两组走滑断裂并非同等程度的发育，受当时区域应力场的影响，以 NWW 向的右行走滑活动为主。丁国瑜等（1986）根据新近纪以来活动断裂的水平运动速率，计算出柴达木地块向 $N25°E$ 方向的位移速率为 15mm/a。新近纪（23.3~1.64Ma）时，一方面继承了古近纪走滑扭动、旋转变形的特点，在柴达木盆地和祁连山西段由于柴南和祁连地区 NW 向的右行走滑活动加剧，旋转扭动构造变形进一步发展，使得柴达木盆地昆特依、尕斯等旋涡构造及相伴生的扭动背斜构造最终定型。阿尔金山前褶皱带的构造轴向与阿尔金断裂和"柴西断层"走向斜交。显而易见，这些背斜的发育不是阿尔金山造山带向盆内逆冲挤压的产物，而是阿尔金断裂带左行挤压的产物。从这些背斜的展布来看，它们分布在柴西断层左行遇阻的右侧，说明这些背斜是由柴西断层走滑遇阻时产生的侧向压扭应力形成。

（二）柴达木盆地走滑-逆冲构造

喜马拉雅期以来受印度与亚欧板块碰撞远距离效应影响，特别是帕米尔凸刺向北楔形挤入，其 EN 方向大规模挤出（逃逸）构造，柴西北缘阿尔金山形成规模达数百公里的左行走滑构造，柴北缘在这一区域构造背景下发育以走滑-逆冲为主的构造变形特征。具有如下典型的走滑构造特征。

（1）断层和地层陡倾。露头区均反映出断层和地层产状的陡倾特征。柴北缘露头区，包括赛什腾山-埃姆尼克山以及库尔雷克-欧龙布鲁克山两条 NW 向的山系均反映出断层和地层产状的陡倾特征。沿库尔雷克-欧龙布鲁克山系之间的大媒沟煤矿向北至大哇图的路线上，整个古近系、新近系产状基本直立，倾角多大于 $60°$，一些部位大于 $80°$。

（2）构造带斜列展布。柴达木山南缘-库尔雷克-欧龙布鲁克山线形带和赛什腾山-绿梁山-埃姆尼克山线形带；褶皱轴部次一级断层发育，背斜轴部发育密集的雁行排列的次级断层带，是简单剪切应变条件下的产物。许多地面出露的背斜轴部发育密集的雁行排列的次级断层带，是简单剪切应变条件下的产物，如冷湖 7 号与南八仙即为多个雁列褶皱组成。

（3）花状构造，地球物理资料更加明确了构造带的变形为受断层控制的背斜带或者是断裂带的复合体。剖面解释结果指出：无论是盆地内部的变形带，还是盆地边缘的隆起带，控制它们的主要断层基本上为断层面浅层平缓，深部陡，背斜带两翼断层深部收敛为一条主断裂，断层为明显的花状或者半花状。这反映出受走滑控制的收缩变形。垂直切过埃姆尼克山东段的地震剖面（97-570）结构清晰，两条大断层控制了埃姆尼克山南北边界，断层在深部汇聚在一起，是典型的规模较大的正花状构造（图 4.19）。除了类似于埃

第四章 中国海相克拉通盆地构造变形特征

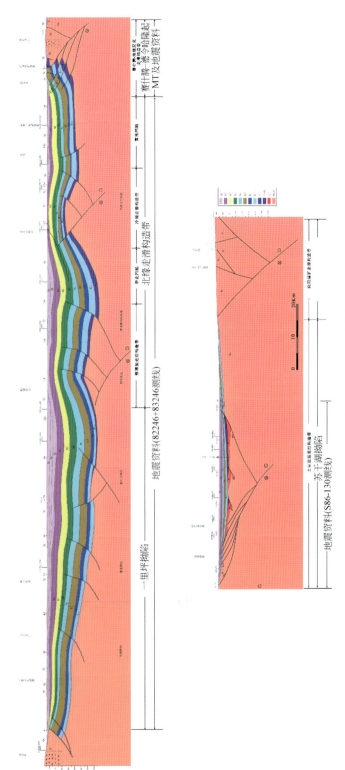

图4.19 柴西北花状构造的综合地质构造横剖面

姆尼克山这种规模较大的走滑推覆构造带以外，盆地内部的背斜带和断裂带同样发育花状和半花状构造。如冷湖3号为一右旋走滑的构造带，其中的次级断裂（5-8号断层）构成了完整的正花状构造。类似的构造带如鄂博梁、昆北、冷湖、马仙和无东等均反映出走滑挤压的变形特征。

（4）凹陷或隆起水平移位。当一个沉积或者构造形成的凹陷及隆起被走滑断层切割后，会形成对应层位及对应厚度的水平位移，一旦今天我们认识到这种走滑构造的存在，反过来可以利用隆起或者凹陷的对应关系确定水平位移的方式和大小。断层两侧存在巨大的厚度差，许多断层两侧对应地层厚度不相等，以至于一侧完全缺失。冷湖4-5号构造深层侏罗系为一个残余的凹陷被冷湖北1号断层SN方向错断，分割成位于冷湖北1号断层东西两侧的两个凹陷。东西走向切过南端凹陷的剖面表现出明显的厚度差。残余隆起被断层水平错断的实例位于马海中生代晚期的隆起带上，隆起带东部的尕丘地区局部有一个次级的高点，缺失侏罗系。新生代晚期无东断层发生左旋走滑，将这一个高点左旋错断了8km，表现出较大的走滑位移量。

柴达木盆地北缘走滑和冲断推覆构造均有发育，大部分断层的走滑分量均大于冲断推覆分量。为了尽可能地定量研究柴北缘构造变形，我们特搜集各种资料对于一些大的断裂系统进行研究，分析出其最大的冲断量和走滑量（表4.1）。各主要的构造带既具有冲断推覆的特点，也具有走滑平移的运动方式。东西走向的构造带的推覆距离较大，其他的大多数构造带都是走滑位移大于冲断推覆量。以冷湖4-5号为例，走滑位移为5km，冲断位移只有1.3km；无东断裂走滑位移达10km，冲断位移是1km；推覆量较大的园顶山推覆体走滑位移为4km，冲断位移是5km，二者相对接近。因此，相比较而言，在走滑位移量大于冲断推覆量。

表4.1 柴北缘主要断裂带中发生走滑位移量和推覆位移量数据表

断裂带名称	埃母尼克山	冷湖-南八仙构造	无东构造	陵间断裂	鄂博梁构造	萍东构造
走滑量/km	4.0	5.0	10.0	—	—	8.0
推覆量/km	5.0	1.3	—	4.0	1.8	2.6

（三）走滑-逆冲构造变形时间及变形机制

利用与构造活动期同步沉积的生长地层的底界可以厘定构造活动的初始时间，活动期和后续静止期之间有一个突变带（生长层序的终止或者是角度不整合面的出现），该带就可以作为下伏层构造变形期的上限。柴达木盆地北缘地区的构造形成大致经历了三个阶段：第一个阶段在中生代晚期，以古隆起为特征；第二个阶段开始于下油砂山组，主要部位在冷湖以北的赛什腾山一带；第三个阶段开始于第四纪之后，整个北缘地区的主要构造带均是这个阶段的产物。柴北缘的走滑-逆冲构造带变形开始时间较晚，除阿尔金山前（冷湖3号以北）是下油砂山组（N_2^1）或者较早开始活动的。从冷湖4号开始向东，盆地大部分地区的构造带均是第四纪以来形成的。

柴北缘变形动力学机制源于阿尔金左旋走滑，基底断层由阿尔金构造带逐步向东扩展。新生代以来变形最早始于阿尔金山前，沿盆地西界发育尔斯、大风山、牛鼻子梁和赛什腾山等几个鼻状构造，依次由西向东按时间顺序扩展。盆地内部单一构造带远离阿尔金山，构造开始活动时间逐渐变新，这一结果暗示柴达木新生代构造变形受阿尔金山控制（图4.20）。

柴达木克拉通内部构造非常发育，但是构造圈闭发育受深部走滑控制，为不对称正花状构造，背斜内部的完整性受断层的分割，表面上完整的背斜构造实际上由一系列断层圈闭所构成。翼部断层更有利于油气运移的遮挡，背斜两翼古近系、新近系与侏罗系断层圈闭可能是油气勘探的有利地区。西北部盆地内走滑-挤压变形形成诸多雁行排列的短轴背斜带，背斜的变形特征为深部的主冲断层与浅层的反向滑脱组合，形成深浅层不同的变形机制，从成因上分析，这种深部和浅层的反向冲断组合是同期走滑冲断所造成的，而不是两期或者多期的产物。圈闭的发育受深部的走滑断裂控制，类似于不对称的正花状构造，因此，背斜圈闭内部的完整性在某种程度上受到断层的分割，表面上完整的背斜构造实际上由一系列断层圈闭所构成，其中的断裂系统形成了背斜翼部的大量断层圈闭可能是较好的有效储油空间。

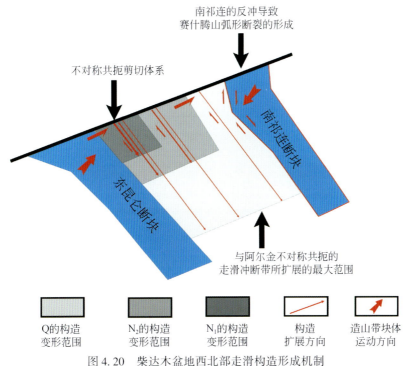

图4.20 柴达木盆地西北部走滑构造形成机制

三、楚雄盆地走滑构造及其对扬子板块的破坏作用

（一）楚雄盆地构造背景

楚雄盆地是扬子板块西南边缘上的前中生代海相盆地和中-新生代陆相盆地相互叠置的构造残留盆地，前者以克拉通边缘浅海相碳酸盐岩夹细碎屑岩为主，后者以陆相碎屑岩

占绝对优势，仅在晚三叠世早期（云南驿期和罗家大山期）盆地西南缘局部发育有海相碎屑岩。东、西两侧边界分别是普渡河断裂和程海断裂，西南界为红河断裂，南北长305km，东西平均宽125km，面积约36500km^2，呈北宽南窄的楔形。处于扬子块体西端的楚雄盆地，虽然面积不大，且处于克拉通之上。晋宁运动中固结或褶皱，形成了扬子块体的统一基底。早古生代受原特提斯洋的影响，处于扬子克拉通西部被动大陆边缘，受控于区域隆拗格局-海陆格局，发育了一系列断陷盆地。晚奥陶世—志留纪区域隆升，早-中泥盆世也仅在云龙-武定一带形成了海湾盆地，为小规模的不对称断陷，中泥盆世末期海水由南向北退出，缺失了上泥盆统—二叠系的沉积。泥盆纪—早二叠世楚雄盆地为火山型被动大陆边缘盆地。晚二叠世受地幔柱活动的影响，处于区域隆升引张状态，出现大面积玄武岩的喷发。早-中三叠世楚雄盆地处于周缘前陆盆地的环境，不过离沉降中心很远，总体处于剥蚀状态。中生代的盆地为克拉通上的断陷与拗陷的复合盆地，总体处于弱拉张背景，差异升降活动明显。始新世—渐新世形成了陆内前陆盆地，以冲断推覆活动为特色；不过晚渐新世—中新世初期发育走滑构造，为后生压扭性盆地。中新世以来西部冲断活动加强，SN 向走滑加剧，块体顺时针旋转形成构造残留盆地。

（二）新生代走滑构造及其对盆地的改造

楚雄盆地在晚燕山期 SE-NW 向挤压作用下，形成了一系列向西逆冲的断层，南北向基底断裂也发生左行走滑-逆冲作用；喜马拉雅期则在 SW、NW 两个方向主挤压应力作用下，发生了喜马拉雅早期自西而东的逆冲挤压、喜马拉雅中期的 SN 断裂左行走滑与块体顺时旋转扭动，喜马拉雅晚期的 SN 向断裂自北而南单向走滑-逆冲作用。其构造背景表现出深部汇聚，浅层断陷；至现今，NW 向断裂发生右旋走滑-逆冲，隆升剥蚀加剧（图4.21）。

新生代，新构造运动在地质、影像特征和地震活动等方面均表现明显，走滑运动明显增强。其前方东缘构成巨大的右旋剪切带。川滇地块受印度板块和欧亚板块碰撞的影响，以一定的速度向 ES-SSE 方向作走滑运动，在其西界断裂带产生巨大的右旋剪切作用，而在块体内部，NE 向的小金河-丽江断裂带几乎把川滇地块一分为二，沿断裂带发生左旋走滑运动，使得北、南两块体运动方向有所不同。在这一时期，盆地发育以下 6 个构造单元。

（1）西部逆冲褶断带。喜马拉雅期它们分别是 SN 向和 NW 向两个逆冲带。经过中喜马拉雅期块体的顺时针旋转运动，将 SN 向渔泡江断裂和 NW 向小箐河断裂贯通使两个带连为一体。它们都是由一系列逆冲断裂和长轴的紧密褶皱所组成，为早喜马拉雅期强烈挤压形成。

（2）东部左旋走滑带。即元谋断裂和普渡河断裂之间的 SN 向块体。从构造角度，实际上它是元谋断裂与小江断裂之间组成的昆明块体的一部分，新生代的变形特征完全一致。该带构造格架是由 SN 向断裂形成，这些断裂将地块分割成若干长条形断块。早喜马拉雅运动对该地区影响甚微，自中喜马拉雅运动以来都是持续的左旋走滑活动。其他构造变形几乎都是伴随走滑作用形成。除 SN 向主干断裂外，主要发育 NNE 向褶皱和断裂，都分布于 SN 向断裂旁侧，并与之形成"入"字形组合形式，表明是 SN 向短列左旋的派生

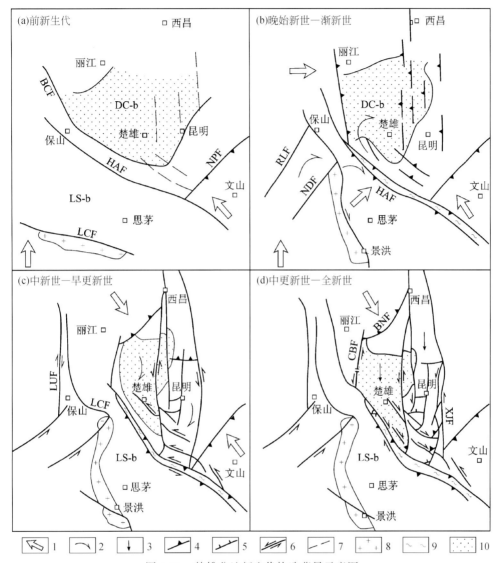

图 4.21 楚雄盆地新生代构造背景示意图

1. 应力方向；2. 块体旋转方向；3. 块体运动方向；4. 逆冲-逆掩断层；5. 正断层；6. 平移断层；7. 破裂面；8. 前新生代花岗岩；9. 哀牢山变质岩带；10. 晚中生代—早新生代盆地。DC-b. 滇中盆地；LS-b. 兰坪-思茅盆地；LCF. 澜沧江断裂；HHF. 红河断裂；NPF. 南盘江断裂；BCF. 宾川断裂；RLF. 瑞丽断裂；NDF. 南汀河断裂；HAF. 红河-哀牢山断裂带；NUF. 怒江断裂；QHF. 箐河断裂；YMF. 元谋断裂；XJF. 小江断裂

产物。SN 向断裂左行走滑过程中产生的 EW 向弧形会聚在普渡河断裂带南段西侧特别发育。因此，SN 走滑，NNE 褶皱和 EW 逆冲会聚组成了该带构造变形的主要样式。东部左旋走滑带在喜马拉雅早期运动影响甚微，中、晚期运动均表现为 SN 向断裂左旋走滑性质，块体运动以自北向南单向滑移为特征。

(3) 南华平移褶皱带。该带沿 NW 向楚雄-南华断裂形成，将楚雄盆地中部拦腰截断分割为北部的短褶皱区和南部的平褶皱区。由于中喜马拉雅运动导致楚雄断裂的强烈左旋平移，使沿断裂两侧形成了两个帚状褶皱带，分别向 SE 和 NW 撤开，且延长数公里即消失，它既成为该带重要变形特征，也证明了楚雄断裂的左旋性质。南华平移褶皱带实际上是一个构造单元间的转换带。它是喜马拉雅中期 NW 向楚雄断裂强烈右旋的结果。紧密线性褶皱和断裂在断裂两侧呈帚状分布，并向南北两侧消失，对储油构造形成不利。

（4）北部短褶皱区。楚雄断裂以北，渔泡江断裂和元谋断裂之间的地区。这个地区主要发育短轴褶皱，向斜开阔，背斜狭窄。地表断裂并不发育。构造形变主要是中喜马拉雅期块体顺时针旋转而成。地震资料确证该地区深部存在隐伏的 SN 向走滑断裂和自北向南推覆的低角度逆掩断层，会机关探井已证实地表和深部变形迥异。因此，该区浅部和地表呈现的是中喜马拉雅期形成的短轴褶皱变形；而该区深部则可能是晚喜马拉雅期发生的走滑和会聚的变形样式。两种完全不同的变形样式在同一构造区垂直方向上叠加，可能是该地区最重要的特征。深部存在晚期运动形成的隐伏的 SN 向走滑和横向会聚，对已经形成的短轴褶皱的构造具有强烈的影响和改造作用，而且这种改造往往都发生在深部，使地表构造在深部被削失、变形或错位。这种改造作用可能自北向南增强，越靠近楚雄断裂更显复杂。

（5）南部平缓褶皱区。楚雄盆地南端与北部构造区相似。该区也是以褶皱变形为主，地表断裂稀少。

（6）元谋古隆起。元谋古隆起位于元谋断裂北端东侧，出露地层主要为元古界结晶基底，缺失整个古生代及中生代地层，上新统及第四系则仅沿其晚期断陷盆地零星分布。

第五章 海相克拉通盆地构造演化与古隆起结构特征——以早古生代的塔里木盆地塔中古隆起为例

塔里木盆地是在前震旦纪陆壳基底上发展起来的海相克拉通盆地，经历了震旦纪—泥盆纪（中泥盆世）、石炭纪—三叠纪、侏罗纪—第四纪三大伸展-聚敛构造旋回。塔中古隆起主要形成于中晚奥陶世—志留纪的加里东运动晚期，当时塔里木板块南缘构造动力学环境总体由离散伸展向聚敛挤压转变，同期沉积由海相向海陆过渡相转变。塔中古隆起为一种典型的古生代造山活动导致的克拉通内变形，其构造演化特征及动力学机制长期以来备受关注。这里要通过地质结构、构造-沉积演化的时序对应关系和周缘板块构造事件等的研究，认为塔中古隆起早古生代的构造发育受控于塔里木板块南缘的板块构造活动（周新源等，2011）。塔中古隆起既有拉张构造环境下的正断层发育、也有挤压构造下的冲断推覆构造以及这两种性质相反的构造叠加而成的反转构造，更具有明显的基底卷入构造特征，也有走滑构造控制下的花状构造，塔中古隆起具有上述克拉通盆地内部构造的典型特征。这里以目前国内最大的克拉通盆地内 3D 地震覆盖区——塔中 I 号断裂带北斜坡的构造地震解析，来解剖中国海相克拉通盆地的基底卷入构造、逆冲推覆、张性正断层及其反转逆冲、走滑构造、岩浆刺穿构造等典型构造。

第一节 塔里木南缘板块构造演化与塔中古隆起的形成

一、塔里木盆地早古生代板块构造演化

太古代为塔里木盆地南北陆核形成阶段。塔里木盆地周缘太古代变质岩系主要分布在库鲁克塔格的辛格尔及库尔勒以东、阿尔金山前因格布拉克和大黑山、南天山奥图拉托格拉克及中天山尾亚等地区（胡蔼琴等，1993；车自成等，1996；董富荣等，2001）。其中库鲁克塔格地区古-中太古代变质岩均有出露，新太古代阜平期和五台期变质岩均发育，代表了塔里木北部的陆核；阿尔金山山前仅出露新太古代阜平期变质岩（王云山，1987；车自成等，1996），代表了塔里木南部的陆核。南天山新太古代变质岩出露于辛格尔断裂以北奥图拉托格拉克一带，为阜平期和五台期变质岩（冯新昌等，1998）。中天山仅见新太古代五台期变质岩，出露于新疆哈密尾亚一带（董富荣等，1998）。太古宙变质岩系的特征基本反映了大陆基古陆核的形成，其时代北早南晚，表明塔里木南、北基底"生来"就有较大差异，这种差异影响着后来的构造发展历程。

古-中元古代板块形成阶段。库鲁克塔格地区太古代主体岩石组合是托格灰色片麻岩系，其上被原兴地塔格群不整合覆盖，兴地塔格群是一套以碎屑岩-碳酸盐岩为主的建造，代表了塔里木克拉通的第一套沉积盖层。北塔里木地块广阔平缓负磁异常特征，可能是北塔里木地块早-中太古宇之上巨厚的上太古界—元古界沉积盖层层系的反映。南塔里木块体的克拉通化发生在中-晚元古代，阿尔金地区中元古界巴什考供群下部为酸性凝灰岩夹片理化砂岩与碳质粉砂岩（含玄武岩和集块岩），中上部为绿片岩、灰岩与粉砂岩的互层。南、北塔里木块体之间及周缘发育着元古代洋盆。

晚元古代洋盆闭合、陆块拼合与大型克拉通板块形成。沿阿尔金山北缘自西向东从新疆的红柳沟、拉配泉，到甘肃的阿克塞—肃北一线，发育一条蛇绿岩带，其中玄武岩和辉长岩的 Sm-Nd 同位素等时线年龄为 949 ± 62Ma（2σ），辉长岩等时线年龄为 829 ± 60Ma（2σ），前者可能代表了蛇绿岩形成年龄，后者应是岩浆房最后固结年龄（贾承造等，2004）。塔中古隆起上的塔参 1 井钻遇前寒武纪花岗岩类基底，是与俯冲相关的闪长岩（贾承造等，2004），其中角闪石$^{40}Ar/^{39}Ar$重量平均年龄分别为 790.0 ± 22.1Ma、754.4 ± 22.6Ma 和 744.0 ± 9.3Ma，这些冷却年龄可能是岩体侵位的上限。这期晚元古代的花岗岩在阿尔金地区也有发现，如沿芒崖—若羌公路变形花岗岩的 U-Pb 年龄为 969 ± 6Ma（Cowgill，2001），显示塔中地区晚元古代花岗岩可能是阿尔金地区岩浆弧的延伸。这期构造和岩浆活动在塔里木西北缘阿克苏的蓝片岩高压变质岩也显示了碰撞缝合作用（Liou et al.，1989；Nakajima et al.，1990）。塔里木中央岩浆弧、阿尔金北缘晚元古代蛇绿岩带和阿克苏前震旦纪蓝片岩的发育，为南北塔里木地块曾被一个晚元古代洋盆分割的观点提供了佐证（何登发等，1996；郭召杰等，1998，2003），阿尔金山北缘蛇绿岩带是该洋盆闭合的残留，阿克苏蓝片岩应该是震旦纪前缝合的标志。沿塔里木中央展布的高航磁异常带，应是南北塔里木块体的缝合带（何登发等，1996）。在晚元古代拼合完成后，形成了新疆的统一克拉通（肖序常等，1992）乃至全球的泛古陆——Rodinia 古陆。

沿中央构造带，前震旦纪缝合而成的南北塔里木地块的基底结构明显不一性，在航磁异常分布特征上有明显反映。乔日新等（2002）认为塔里木盆地基底具双层结构特征，由上下两套不同磁性的变质岩组成，在航磁 ΔT 图上（图 5.1），塔里木盆地显示为大范围宽缓升高的正磁异常区，航磁 ΔT 异常值主要分布在约 $-150\sim350$nT，具有以下几个特征：① 在塔里木盆地北部为变化平缓的负异常区；② 塔里木盆地中央存在近 EW 向的正异常带；③ 塔里木盆地南部为以 NEE 向正异常为主，并伴有基本同方向延伸的负异常带；④ 塔里木盆地东南缘分布特征以 NE 向串珠状的正负异常成对出现为主；⑤ 塔里木盆地西部（巴楚地区）在较宽缓的正异常背景之上，存在强烈的磁异常变化带或强异常变化区；⑥ 库鲁克塔格一带存在强局部异常。许炳如（1997）划分的塔里木盆地基底岩相分布图，显示出几组不同方向的磁异常带相互交汇现象，第一组是塔中近 EW 向正磁异常带；第二组由 4 条 NE 向正负相间的磁异常组成；第三组显示为 NW 向的磁异常，主要出现在巴楚与麦盖提之间的地区，分布较局限。

塔里木板块基底变质岩系构造层由前震旦系太古界、下元古界深变质岩系和中上元古界中浅变质岩系组成，基底岩系经过多期构造事件区域变质作用形成，在盆边缘隆起和周缘褶皱带中广泛出露。塔里木盆地航磁资料揭示的航磁异常分区性和特征的差异，充分反映了盆地基底变质岩系的复杂性和不均一性，并控制盆地形成与演化。中-晚元古代，该古陆北部稳定、南部较活动，古陆东北缘处于稳定边缘，南部边缘则经历了一个由活动向稳定边缘转化的历程。首先，沉积组合已表现出这种特点；其次，火山岩组合也体现出这种趋势：阿尔金地区中元古界下部层位（如巴什考供群底部）含大量基性火山岩，主要为玄武岩、粗玄岩、英安岩与流纹岩，为典型的基性-酸性双峰式火山岩组合，基性火山岩出现碱性、钙碱性、拉斑玄武岩整个系列，表明出现这套火山岩的古裂谷环境经历了较为彻底的演化，裂谷伸展已达一定程度，出现初始洋壳。以上说明中元古代早期处于活动陆缘环境，中元古代末才出现叠层石灰岩为主的稳定沉积。

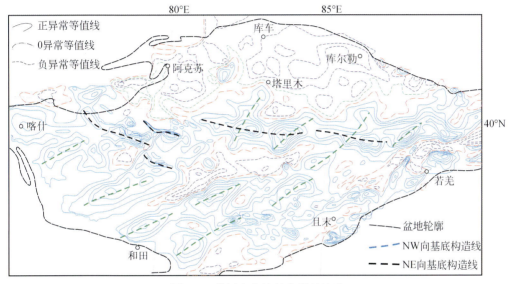

图 5.1　塔里木盆地基底岩相构造

1. $M_s>1500\times10^{-3}$ A/m 具有很强磁性的太古宇刚硬岩块；2. M_s 为 $(1000\sim1500)\times10^{-3}$ A/m 具强磁性的太古宇刚硬岩块；3. M_s 为 $(600\sim1000)\times10^{-3}$ A/m 具较强磁性的太古宇刚硬岩块；4. M_s 为 $(200\sim600)\times10^{-3}$ A/m 具磁性的太古宇刚硬岩块；5. $M_s<200\times10^{-3}$ A/m 前寒武系致密岩块；6. $M_s<50\times10^{-3}$ A/m 弱磁性低绿片岩相塑性基底；7. M_s 为 $(0\sim200)\times10^{-3}$ A/m 弱磁性低绿片岩相（黑云母级）塑性基底；8. 弱磁性高绿片岩相塑性基底；9. 低角闪岩相塑性基底；10. 绿片岩相与角闪岩相未分区塑性基底；11. 中酸性火成岩侵入体；12. 基性、超基性岩体；13. 时代与岩性不明的火成侵入体；14. 太古宙形成的基底古断裂；15. 已确认的基底大断裂或岩石圈断裂；16. 航磁推测断裂；17. 基底岩相分界线。盆地内依据磁场特征、岩石磁化强度并结合部分露头和钻井资料而推断的，盆地周边依据地质资料和磁场特征确定的

二、震旦纪—早奥陶世伸展构造与断陷盆地

震旦纪—早奥陶世塔里木板块被大洋围限，盆地周缘均为被动大陆边缘，这期间塔里木盆地南缘，中昆仑地块从塔里木大陆分离，形成昆仑洋，沿乌依塔格-库地-阿其克库勒湖-香日德分布的蛇绿岩就是这期洋盆关闭后的残留体。这期洋盆的发育控制了塔里木盆地的沉积特征。盆地内寒武系大致以库尔勒—满参1—且末一线为界分为东西两个相区：西部为台地相区，东部为次深海盆地相区。下奥陶统分布范围大致同寒武系，除局部地区

缺失外，全区均有分布，盆地内下奥陶统沉积大致以库尔勒—且末一线为界分为西部台地相区和东部深海槽盆相区。中-上奥陶统由于剥蚀，分布范围较小，主要分布在北部拗陷和塘古孜巴斯拗陷地区。中-上奥陶统西部台地相区与东部槽盆相区分界线已移至塔中—满西1—库尔勒一线。

晚震旦世塔里木盆地南缘西中昆仑地块逐渐从塔里木大陆板块分离，塔西南为断陷盆地，西中昆仑陆缘隆起以及塔东南民丰-阿尔金陆缘隆起，盆地内包括塔西克拉通内拗陷和库满拗拉槽。与震旦纪相比，寒武纪沉积基本覆盖了整个盆地，由南、北陆中间海的"南北分异"格局演变为"西高东低"的形态。早奥陶世仍是塔里木盆地南北缘被动大陆边缘发展的重要时期，南缘西段分别为西北昆仑洋，西中昆仑隆升区，南缘东段为阿尔金台隆。早奥陶世末西北昆仑洋向其南部的西中昆仑地块俯冲，中奥陶世塔里木盆地南缘和已由震旦纪—早奥陶世的被动大陆边缘转为活动大陆边缘。由早寒武世的初始海侵，到中寒武世的海退，再到晚寒武世的海侵，表现出海平面总体升高的演变趋势。由于拉张活动与沉降的不均一性，沉积物源供给的平面变化，塔东边缘拗陷为欠补偿沉积。

三、中-晚奥陶世塔南碰撞造山与前陆盆地

早奥陶世末—中奥陶世南天山洋进一步发育，北昆仑洋和南阿尔金洋分别开始向西昆仑隆起和塔里木板块之下俯冲，古多岛洋壳上离散的岛弧和微陆块与塔里木板块发生碰撞拼贴，使得塔里木盆地处于一种挤压动力学环境中。受这种区域性压扭应力场控制，塔里木板块被动挠曲并冲断破裂，塔中古隆起形成。塔中地区一间房组沉积期接受了浅水碳酸盐岩台地相沉积，围绕这些突起边缘发育台地边缘礁滩相沉积，中奥陶世后期，周缘构造运动加强，并伴随全球性的海平面下降，低凸起逐渐暴露海面以上，导致先期沉积的中奥陶统甚至下奥陶统受到剥蚀，从而导致塔中古隆起上整体缺失中奥陶统吐木休克组和一间房组。中晚奥陶世昆仑洋向其南部的中昆仑地块俯冲，其证据是中昆仑山中酸性岩浆岩广泛出现，大型岩基呈带状分布，多属钙碱性系列，其中一期同位素年龄为539Ma。晚奥陶世末塔里木南缘俯冲活动剧烈，南缘发育祁漫塔格增生俯冲杂岩。由于物源供给充分，拗拉槽快速沉降，碎屑岩充填沉积，拗拉槽消亡。

中奥陶世开始，由于塔里木板块南缘祁漫塔格洋-库地洋的关闭和中昆仑地体向北碰撞，塔里木盆地从东西分异、西高东低的盆地格局上叠加了南北分异（EW走向）、隆拗相间的构造格局（按现今地理位置为参照系）（图5.2），海相沉积盆地经受第一期构造变革（贾承造，1997；Wei et al.，2002）。构造变革后的构造格局奠定了塔里木盆地海相碳酸岩盐的油气地质条件，大型古隆起控制了台-盆（隆-凹）分异及台缘高能相带和台地岩溶带的发育，进而控制了烃源岩和碳酸盐岩原始储集相带的形成和分布（图5.2）。作为塔南前陆盆地隆后拗陷的满加尔-阿瓦提拗陷区控制了中-上奥陶统的海相烃源岩的分布格局，改变了寒武系—下奥陶统烃源岩只在塔东盆地相（库满拗拉槽）集中分布的格局，进而延伸到阿瓦提凹陷（张水昌等，2002，2007）；同样，分布在塘古孜巴什凹陷的前缘凹陷区也可能是重要的烃源岩发育区，值得在以后的勘探中引起重

视，在巴东2、塘参1等井的钻探中都见到沥青，需要加强该凹陷内的成烃演化过程研究，寻找二次生烃形成的油气藏。除了在拗陷区形成烃源岩分布区外，在隆起部位的台地边缘控制了上奥陶统良里塔格组高能相带礁滩体储集层的发育和分布（图5.2），这已经成为塔中北斜坡、塔北南斜坡油气勘探的主要目标层系（邬光辉等，2005；韩剑发等，2007）。古隆起的内部，由于构造抬升幅度大，露出水面，导致碳酸盐岩遭受多期风化剥蚀，形成广泛分布的岩溶孔洞缝型和大型溶洞型储层，碳酸盐岩储层的储集性能得到了极大的改善和提高，例如，中加里东中期隆升形成的鹰山组顶部内幕岩溶储层，在塔北、塔中隆起已经获得勘探突破，成为海相碳酸岩盐油气勘探的主要领域（范嘉松，2005）。同时该期构造活动直接控制了塔中、塔北等大型古隆起和构造圈闭的发育，成为油气初次运聚成藏的指向区（贾承造，1997）。这次构造变革引起海相碳酸岩盐沉积的结束和巨厚的陆相地层沉积，一方面为海相碳酸岩盐成藏提供了优质的区域性盖层（桑塔木组）；另一方面，巨厚的沉积层序的叠加，满加尔凹陷东部的下奥陶统和寒武系烃源岩由于巨厚（>5000m）的中-上奥陶统快速沉积，在晚奥陶世至志留纪经历了快速生烃过程。

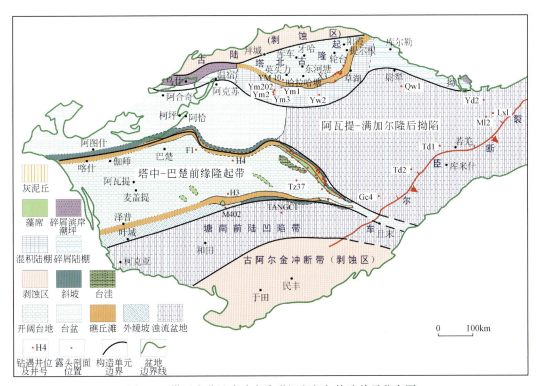

图5.2 塔里木盆地中晚奥陶世沉积相与构造单元分布图

库鲁克塔格南区中奥陶统分别称却尔却克组、杂土坡组和元宝山组，岩性主要为浊积相的绿灰、深灰、黑灰色砂岩与泥岩韵律性互层，分别厚725m、115m和308m；阿尔金山中奥陶统亚普恰萨依组以及盆地内塔东1井Td1中奥陶统均为上述岩性组合，分别厚

947.1m 和 1377m（残厚）。阿尔金山环形组中奥陶统部分，岩性下部为黑灰色泥粉晶灰岩，上部为灰、灰绿色砂岩、泥页岩。上述地区反映古昆仑洋盆的关闭，中昆仑地体的拼贴和板块之间的挤压隆升而提供大量外来物源的碎屑岩沉积，也显示了由于洋盆关闭，来自于外部的碎屑物大量注入改变了以前碳酸盐岩、硅质泥岩、泥岩沉积为主的环境。通过花岗岩类和火山岩类的构造环境研究表明，阿尔金山北缘地区在早古生代可能发育完整的沟-弧-盆体系。北为中、晚奥陶世于田南-若羌弧后盆地；其南侧沿阿尔金断裂北缘发育的中、酸性侵入岩带及双峰式火山岩，为岛弧环境产物；南侧发育海沟（许志琴等，1999，2006）。近年来，对阿尔金英格利萨依一带超高压石榴子石、二辉橄榄岩和超高压含石榴子石花岗质片麻岩的研究表明，这些超高压岩石的形成是陆壳深俯冲作用的产物（刘良等，2002，2003），进一步证明了该海沟的存在。在弧后盆地中，沿巴什考供断裂南北出现相带分异；其南侧肃拉穆宁地区以台地及其边缘浅水相沉积为主，其北侧拉配泉地区为一套巨厚的槽盆相酸性-基性火山岩、碎屑岩夹灰岩地层，含 Caradoc 期的腕足类，为中奥陶统沉积，称为亚普恰萨依组。该弧后盆地在晚奥陶世消亡。

中奥陶世塔里木盆地北缘为南天山洋和南天山克拉通边缘拗陷，南缘西段为西南陆缘隆起，西北昆仑洋和西中昆仑陆缘隆起，东段为阿尔金陆缘隆起。晚奥陶世，盆地北缘为南天山洋，南缘西段为西中昆仑岛弧，西北昆仑残余海盆和西南陆缘隆起，东段为阿尔金古陆；盆地内包括塔西克拉通内拗陷，库满拗拉槽和柯坪-南天山克拉通边缘拗陷。

四、志留纪—泥盆纪挤压冲断构造

志留纪—泥盆纪塔里木盆地南缘周缘前陆盆地，以俯冲带附近的前渊（西北昆仑地区）沉积巨厚的海相复理石和陆相磨拉石沉积为特征；志留系塔里木克拉通内拗陷为一套滨岸-浅海盆地相沉积，泥盆系塔里木克拉通内拗陷为一套浅水陆表海相沉积；志留纪—泥盆纪塔里木盆地及周缘经历了志留纪末和泥盆纪末两期重要的构造事件。塔里木盆地及南缘发生的志留纪末构造事件，是盆地周缘前陆盆地演化过程中发生的一期构造事件，主要与塔里木板块南缘中晚志留世中昆仑岛弧与塔里木大陆发生的碰撞事件有关。该期构造事件不仅使昆仑洋消亡，中昆仑岛弧与塔里木大陆板块拼贴在一起，而且引起塔里木盆地南部（中央隆起及其以南地区）强烈逆冲褶皱变形和泥盆系与志留系、奥陶系间的广泛不整合。铁克力克断隆的图甫鲁克、克孜苏胡木等地区可见上泥盆统不整合在上震旦统库尔卡克组之上；西昆仑山的楚隆斯帕塔地区可见中泥盆统落石沟组角度不整合在中上志留统达板沟群之上；东昆仑山上泥盆统不整合在含中下志留统的奥陶系祁漫塔格群之上；盆地内 SN-88-400 剖面泥盆系直接不整合在奥陶系之上，HA-81-01S 剖面亦反映了泥盆系与奥陶系的不整合关系。由于塔里木板块南缘的碰撞挤压作用继续进行，使得前陆的褶皱冲断作用不断加强而且往前陆方向发展，塔里木盆地东南缘前陆冲断变形沿寒武系膏盐岩传播到早期的塔中前缘隆起部位。泥盆纪末，塔里木盆地构造变形以大面积隆升剥蚀和发育塔里木南部逆冲带，中央冲断-走滑隆起带。

五、塔里木南缘构造演化对塔中古隆起构造的控制作用

从早古生代塔里木板块的区域构造背景和演化过程来看（图5.3），北缘为不受外来板块影响的洋盆围限，南缘受到中昆仑地体的拉开、北昆仑洋的向南俯冲关闭、中昆仑地体的向北碰撞挤压等不同演化过程的影响，直接控制了塔里木盆地及塔中地区的沉积充填和构造变形特征。

（一）寒武纪—早奥陶世正断层控制塔中地区不等厚沉积

寒武纪—早奥陶世陆缘拉张，正断层控制塔中两侧不等厚沉积（图5.4）。塔里木盆地西部克拉通内坳陷次级构造分区比较，除中部凹陷有一定的继承性外，其余部位后期对早期构造改造作用明显。寒武纪—早奥陶世在阿满中部坳陷的北部形成柯坪-英买力隆起，寒武纪塔西南鼻状隆起向塔中地区发展，形成塔西南-塔中鼻状隆起。塔中地区位于阿瓦提-满西1井和塘古孜巴斯两个沉积中心之间，两个沉积中心主要为开阔台地相沉积，之间的塔中地区为局限台地相沉积，一些微弱的张性正断层控制了塔中南北两个沉积中心的形成。盆地内塔中1井（Tz1）钻揭寒武系867.3m，主要为一套灰褐、深褐灰色中细晶白云岩夹藻凝块白云岩，含硅质和硅质团块。其中，阿瓦提-满西1井、塘古孜巴斯地区为开阔台地相，塔西南、塔中地区为局限台地相。塔西南鼻状隆起位于塔西克拉通内坳陷西南部，为两个向东部的中部凹陷倾没的鼻状隆起组成的构造。

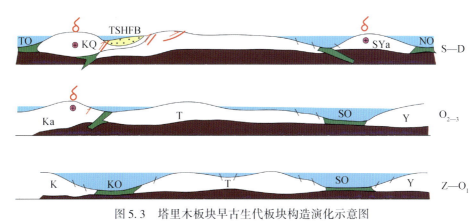

图5.3 塔里木板块早古生代板块构造演化示意图

Ka. 库地火山弧；SYa. 南伊犁火山弧；TSHFB. 甜水海前陆盆地；K. 喀喇昆仑；T. 塔里木；Y. 伊利；KQ. 昆仑洋（库地洋）；SO. 南天山（洋）；NO. 北天山洋；TO. 新特拉斯洋

地震剖面上，塔中古隆起北部边缘的寒武系—下奥陶统地层中存在一定的张性正断裂，张性正断裂控制了寒武系—下奥陶统地层在盆地区内比台地区内更厚。如图5.4所示，张性正断层b以北，寒武系地层厚度为700ms，在断裂b以南的寒武系地层减薄到550ms，进入到台地相的塔中古隆起位置，地层减薄到450ms。考虑到寒武系地层内部不存在沉积间断和地层剥蚀，所以现存的地层厚度基本上反映当时沉积时的构造背景。另外由于寒武系—下奥陶统的地层内部也同样不存在沉积间断和地层剥蚀，在盆地相区的地层

厚度达 1400ms，但是在斜坡区的隆起位置只有 900ms 厚，这也显示出塔中Ⅰ号断裂带处在寒武纪—早奥陶世存在张性正断裂控制了地层的不等厚沉积，塔中Ⅰ号断裂带的深部断裂与航磁资料解译出来的认识也是一致的。同时考虑到寒武纪—早奥陶世为区域性的拉伸构造背景，将其解释成正断层。

在前面论述塔里木板块的基底拼合与形成时也曾经提到，塔里木盆地由南、北两个具有不同时代、不同结构的结晶基底在塔中Ⅰ号断裂带拼合而成。在现今的地震剖面上也可以明显看出，如图 5.4 所示，在寒武系 Tg7 以下，仍旧可以看到一组向北倾斜的地震反射，显示 Tg7 以下沉积地层的存在，虽然目前尚没有钻井钻遇该地层，但是从区域构造演化可以推测它是元古界地层向北倾斜，在晚元古时期南、北塔里木板块拼合的时候没有完全造山剥蚀，残留下来的地层，这一先存的沉积地层应该发育于元古界裂谷盆地环境下。在塔中古隆起 3D 区的中段（Tz45—Tz54 区间），地震剖面上可以看到明显的 Tg7 以下存在北断南超的箕状裂谷盆地，大致与塔中Ⅰ号断裂带平行，呈 NW 走向。裂谷的南部边界在 Tz63—Tz54 一线，裂谷的北部边界超出了 3D 区的地震剖面，更加靠北（图 5.5）。由于现存板缘位置的岩石圈减薄而抗压强度降低，寒武纪—早奥陶世区域伸展构造作用，南、北板块拼合位置的塔中Ⅰ号断裂带附近，由于岩石圈力学强度低而优先发生断陷，形成沿塔中Ⅰ号断裂带分布的正断层。加里东晚期挤压构造下，沿张性正断裂发育的薄弱位置发生构造反转，诱发塔中Ⅰ号断裂带的冲断隆升。

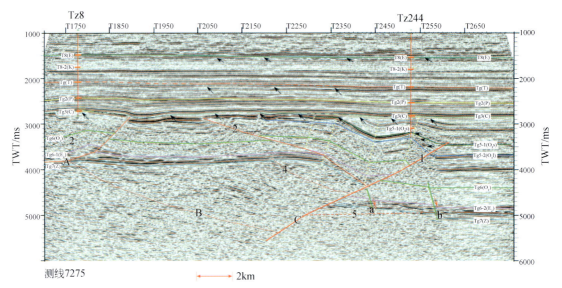

图 5.4　塔中古隆起北斜坡东段 3D 区构造地震解释图

（二）中晚奥陶世塔里木盆地南缘碰撞挤压与塔中前缘隆起形成

中奥陶世北昆仑洋俯冲消亡，中昆仑地体与塔里木板块碰撞，塔南地区形成了周缘前陆褶皱冲断带和塔南周缘前陆盆地。挤压挠曲使塔中成为塔南前陆盆地向塔里木克拉通盆地过渡的前缘隆起（图 5.3）。隆起部位构造相对平缓，无明显的构造位移发生，这期构造活动控制了塔中隆起上的沉积间断和地层剥蚀，发育了第一期广泛分布的风化壳型岩

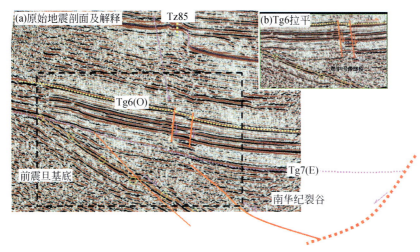

图 5.5　Tz 85 三维地震剖面显示的元古界裂谷盆地
（a）为原始地震剖面及解释；（b）为（a）中方框内地震反射按 Tg6 拉平的形态

溶储层。如塔中（Tz）1 井上奥陶统良里塔格组中下部直接超覆于鹰山组下部，塔中 162 井、塔中 451 井、塔参 1 井等都钻揭下奥陶统风化壳，碳酸盐岩间缺失中奥陶统大湾—庙坡—牯牛潭阶牙形石，而南北两侧凹陷中的塔中 29 井、塘参 1 井均发现了中奥陶统化石。从塔中 451 井、塔中 452 井、塔中 35 井与塔中 162 井、塔中 12 井等的钻探分析可见西部地区上奥陶统地层西薄东厚，而且中央断垒带西部下奥陶统塔中 2 井、塔中 19 井等的剥蚀量大于东部塔中 1 井、塔中 3 井、塔中 5 井等，表明塔中隆起西高东低，西部地区是寻找下奥陶统风化壳型储层油气藏的领域。同时由于中昆仑地体与塔里木板块碰撞隆升而提供大量的外来碎屑物源沉积，塘古孜巴斯凹陷接受阿尔金古陆的硅质碎屑物源沉积，库满坳拉槽中也快速充填，沉积数千米厚的碎屑岩，岩性主要为浊积相的绿灰、深灰、黑灰色砂岩与泥岩韵律性互层。北昆仑洋的关闭致使大地构造环境改变，来自于南部的外来碎屑物大量注入改变了塔里木盆地内（特别是塔中台地相）碳酸盐岩、硅质泥岩、泥岩沉积为主的环境。

如图 5.6 所示，在塔南-塔中的区域构造地质剖面上，奥陶系地层在塔中隆起部位明显减薄，在塔中南、北两侧加厚，并且在塔中隆起整个中奥陶统地层没有沉积，在中央断垒带甚至剥蚀到下奥陶统下部与石炭系直接不整合接触；而在塔中南北两侧，存在中上奥陶统沉积，并且在西段的还有志留系—泥盆系沉积，从整个构造地质剖面的结构可以看出，塔中隆起以南的复原后的前石炭系地层呈一明显的前陆箕状拗陷的形态，具有明显的前陆盆地的结构（图 5.7）。南缘车尔臣断裂附近为古前陆冲断带，塘古孜巴斯拗陷为当时的前渊，塔中为前缘隆起，阿满拗陷为前陆盆地的隆后凹陷。只是由于志留纪—泥盆纪的大规模冲断挤压导致构造冲断隆升，早期南缘的中奥陶世的前陆冲断带和前渊凹陷的南端被剥蚀破坏；同时前陆冲断带进一步从南向北传递，前陆盆地的结构被破坏。

关于塔南-塔中的这一时期的盆地性质和结构的认识与前述中的库地-祁漫塔格洋盆的关闭，导致中昆仑（柴达木板块）与塔里木板块的碰撞而在塔南形成周缘前陆盆地的区域构造地质背景是一致的，也与塔东南从奥陶纪以来，结束海相沉积的盆地演化过程一致。

（三）志留纪—泥盆纪前陆冲断构造及其与塔中前缘隆起叠加

志留纪末的构造事件影响和波及范围主要在塔中隆起及其以南的广大地区，盆地北部地区志留系—泥盆系间为整合接触关系。塔里木盆地及南缘发生的泥盆纪末构造事件，是盆地演化过程中发生的最重要的构造事件之一，晚泥盆世塔里木板块南缘周缘前陆盆地在晚期发生强烈前陆冲断褶皱作用，前陆冲断带沿寒武系内部的膏岩盐层滑动，叠加在中奥陶世形成的前缘隆起上（图5.7）。该期构造事件对盆地构造发展产生了深刻的影响：它结束了盆地周缘前陆盆地演化阶段，进入另一新的构造发展阶段；造成盆地内大面积隆起剥蚀和南部强烈逆冲断裂褶皱变形；形成盆地内石炭系与泥盆系及下伏地层间广泛的不整合。中央隆起带位于塔里木盆地中部，呈EW向展布，是在奥陶纪隆起构造背景上，由于志留纪—泥盆纪塔里木南部逆冲带越过塘古孜凹陷向塔中传递，同时使中央隆起南北两侧隐伏基底断裂（现存构造形迹）活化（魏国齐等，1995），产生左行走滑活动，而形成的走滑隆起构造带。中央走滑隆起带主要表现为与左行走滑有关的雁列式褶皱，断裂以及花状构造等。

塔中古隆起核部断裂十分发育，前石炭系主要表现为北西西向延伸的塔中10号、中央断裂带以及与塘北冲断带东部的构造叠加复合区——塔中1，3井区高垒块三排右列式的逆冲-走滑断裂夹持的次级背冲断块构造带，高垒块次级构造带剖面上局部发现正花状构造，其中塔中1，3井区次级背冲断块构造带受中央走滑隆起带的走滑作用和向NW冲带的弧形逆冲构造双重因素控制。

塔中古隆起雏形形成于早古生代末期，同期北昆仑洋向西昆仑隆起之下俯冲，南阿尔金洋也向塔里木南缘之下俯冲。其次，塔中古隆起在奥陶纪末期桑塔木组沉积期以来再次强烈冲断隆升，同期西昆仑地块以及柴北微陆块先后与塔里木板块碰撞。最后，志留纪—泥盆系塔里木盆地周缘整体隆升，塔中地区东部遭受剥蚀，塔里木盆地整体处于一种持续的挤压环境，这与南部祁漫塔格洋以及北部南天山洋的大规模俯冲活动时间一致。塔中古隆起构造展布自东向西呈扇状发散，走向发生显著的变化，构造活动表现出明显的走滑特征。这表明塔里木板块南缘地块拼贴作用可能是一种斜向拼贴，阿尔金、东昆仑以及西昆仑地块与塔里木板块南缘不同部位挤压碰撞在盆地内部表现也发生变化。同时，也可能反映塔里木盆地南缘的压扭性走滑作用在早古生代就已经开始，这与部分学者的认识是一致的（许志琴等，1999；Sobel and Arnaud，1999；康南昌，2002）。

晚志留世中昆仑早古生代岛弧和中昆仑地体间的碰撞持续进行，一方面使得前陆褶皱冲断作用不断加强而且往后陆方向发展；另一方面前陆褶皱冲断带不断向克拉通盆地方向扩展，直到将先前发育的前陆盆地改造成大型的冲断带，类似中生代早期的库车前陆盆地在新近纪被改造成前陆冲断带（李曰俊，2001），中生代吐哈前陆盆地在新近纪被改造成火焰山前陆冲断带。志留纪—泥盆纪冲断构造进一步加强，塔中发生冲断与走滑构造变形，地层抬升或倾斜。从地震剖面中反映出的地层削截角度来看，前石炭纪（Tg3）地层与其下地层之间为高角度不整合，反映出塔中地区局部构造活动强烈（图5.6、图5.7）。

Lyon和Caen等（1984）推测，塔里木地块在新生代向南俯冲到西昆仑山下至少

第五章 海相克拉通盆地构造演化与古隆起结构特征

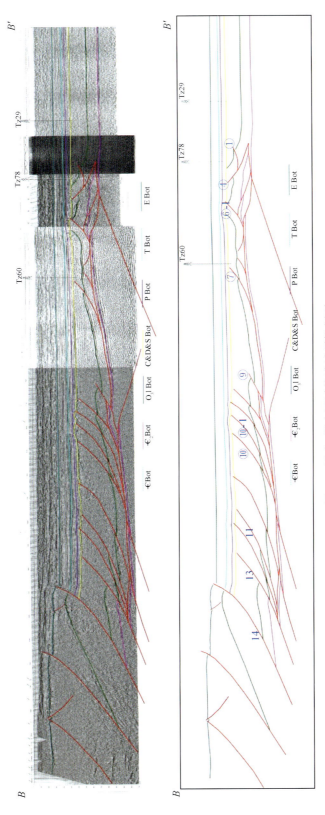

图5.6 塔南—塔中区域构造地质横剖面
据图5.8中地震测线$B-B'$解释

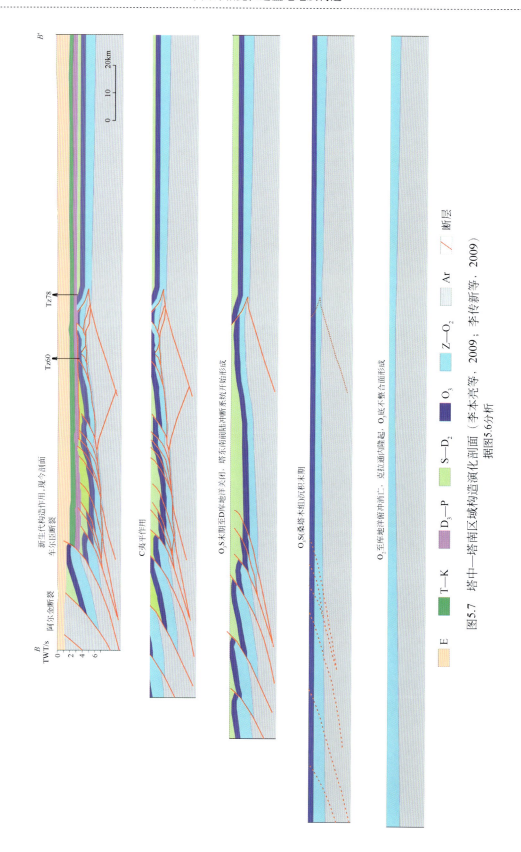

图5.7 塔中—塔南区域构造演化剖面（李本亮等，2009；李传新等，2009）据图5.6分析

80km，造成西昆仑逆冲断裂向北冲断。塔里木盆地西南地区地震反射资料（贾承造，1997）显示，穿过西昆仑逆冲断裂东部存在50～100km SN向地壳缩短。西昆仑逆冲断裂中部地壳缩短量更大，约187±84km（Rumelhart et al.，1999）。横过西昆仑-塔里木结合地带的深地震反射剖面，首次揭露出塔里木盆地西南部与西昆仑山之间的盆山结合部位地壳与上地幔顶部的精细结构（高锐等，2001；李秋生等，2001），发现了塔里木岩石圈下部南倾、西昆仑山岩石圈下部北倾的强反射特征，构成了塔里木岩石圈俯冲到西昆仑北带之下，与青藏高原西北缘岩石圈相碰撞的地震证据。地震层析成像表明（胥颐等，2000，2001），南塔里木上地幔岩石层在西昆仑山前俯冲到较深的位置，青藏高原西北边缘岩石层在西昆仑山下直到200km深度仍向北倾斜，为这种关系提供了有力的证据。塔里木盆地南缘的晚加里东的前陆冲断构造带，喜马拉雅期受到阿尔金山的走滑冲断与西昆仑的推覆（特别是铁克力克构造带向北大位移的推覆）构造作用，发生陆内俯冲或缩短抬升剥蚀，早期造山带与塔里木板块南缘接触边界的古冲断构造难以识别。但是从地震剖面上仍旧可以看出一系列从南向北扩展的古冲断构造。这些古冲断构造在地震剖面上表现为大角度不整合下伏于Tg3（上泥盆统底界）之下，在时间上受控于南缘统一的前陆冲断构造，定型于Tg3沉积之前；在空间上为一系列连续的沿中寒武统膏盐岩或中地壳韧性变形层滑脱的冲断带，受控于南缘挤压冲断构造作用（图5.6）。

塔南-塔中的构造演化大致可以分为如下几个主要的构造演化阶段（图5.7）：在寒武纪—早奥陶世期间，塔中Ⅰ号断裂带附近发育张性正断裂，这些张性正断裂成为克拉通盆地内后期构造变形的应力集中部位，容易发生构造反转形成冲断褶皱。中奥陶世（O_2）由于库地洋俯冲消亡，中昆仑地体与塔里木板块碰撞，驱使克拉通内挠曲隆升而形成塔中前缘隆起带，良里塔格组O_3l底塔中不整合面形成。O_3l沉积期，塔东南前陆冲断系统开始形成。O_3s末期—中泥盆世D_2，塔东南前陆冲断进一步向北传播，新的冲断带叠加在早期塔中前缘隆起，塘北-塔中南-5号断裂带成为当时冲断带前缘的弧形断裂带。晚泥盆世末期开始进入构造夷平阶段，上古生代和中新生代地层平稳沉积在塔中古构造上，形成现今塔中古隆起。

第二节 塔中古隆起构造变形特征

一、塔东南-塔中区域构造地质剖面结构

为了整体解剖塔中及其邻区的构造演化与变形特征，落实塔中构造特征及其成因，充分利用现有的高品质地震剖面，特别是已有三维地震，我们连接了8条跨越塔南-塔中的区域地震测线（图5.8），开展构造地震精细解释。利用塔中古隆起、塘古孜巴斯凹陷和塔东南地区的二维和三维地震资料，对区域测线作系统构造解释，将塔中地区纳入早古生代末塔东南前陆冲断系统，从宏观上探讨塔中古隆起构造特征及其成因机制。构造地震解释中，地震层位的标定主要采用塔里木油田确定的层位，每条地震剖面的上奥陶统以上地层都用钻井分层资料来标定。

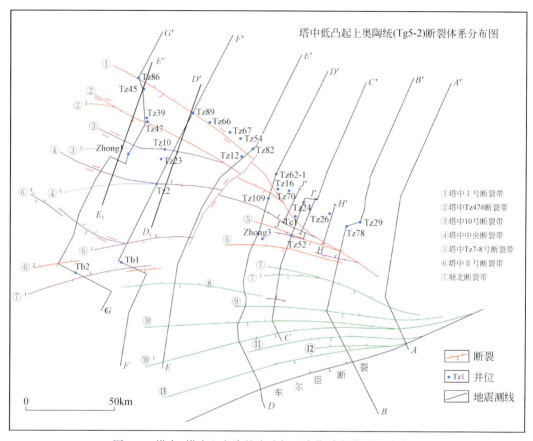

图 5.8 塔南-塔中上奥陶统在晚加里东期冲断带平面分布图

(一) 构造地质剖面 A-A' 及其地震解释

剖面 A-A'（图 5.9，位置见图 5.8）位于塔中古隆起最东段，与塔东南车尔臣断裂间隔不过 40km，是塔中 I 号断裂带的东部收敛端。该位置塔中隆起为基底卷入型构造，整体表现为南翼缓北翼陡的特征，反映深部主控断裂由南向北的冲断作用，其后翼发育有北倾反冲断裂（一般称为塔中 II 号断裂带）。塔中古隆起至塔东南边界断裂之间发育由南向北的叠瓦冲断系统，这些南倾逆冲断层归聚于寒武系底部的主滑脱断面中，但在塔中古隆起位置则有明显的反向冲断（图 5.9⑦和⑨）。从断裂切开的层位看，塔东南车尔臣断裂已切穿新生界，并造成新生界的褶皱变形，其下盘断裂切穿的层位逐渐变老，但石炭系—二叠系已发生变形，而向南至塔中地区，断裂基本未切穿志留系—泥盆系—石炭系，这些地层的变形也较弱，反映塔东南叠瓦冲断系统古生代以来的多期继承性活动。

(二) 构造地质剖面 B-B' 及其地震解释

剖面 B-B'（图 5.6，位置见图 5.8）在剖面 A-A' 西约 25km，过塔中 60 井、塔中 78 井和塔中 29 井，该剖面位置塔中 II 号断裂带（图 5.8 中编号为⑥）与塔东南车尔臣断裂之间的距离已扩大至约90km，其间的寒武系盐上叠瓦冲断系统内的断裂数目较两侧剖面也明显增多，相应的构造变形样式也复杂得多，其南倾前锋断裂（图5.8中编号为⑥-1）大致位于塔中60井和塔中78井之间，而主体断裂则主要发育于现今的塘古孜巴斯凹陷。从整体上看，剖面位置的塔中古隆起表现为南翼长而缓、北翼短而陡的不对称形态，其下伏主控断裂深切基底，倾角较塔中古隆起南翼略陡，但其深部可能存在一个滑脱面（深度在20km以上），传递了来自于塔东南的构造位移。这条主控断裂在塔中地区上切寒武系，并在塔中古隆起北缘形成数条北倾反冲断层，与沿着寒武系底部膏泥岩滑脱面向北逆冲的叠瓦断层系交汇到一起，导致塔中古隆起南翼的复杂化，塔中60号和7-8号断裂即位于SN两组方向对冲形成的复杂圈闭中。

（三）构造地质剖面 C–C′ 及其地震解释

剖面C–C′（图5.10，位置见图5.8）距剖面B–B′西约30km，过塔中3井、塔中1井和塔中24井，该剖面位置塔中古隆起存在一个宽约30km的平台，整体上看也是南翼缓于北翼，类似于一个大型断层转折褶皱，其下伏主控断裂与南翼近于平行，并在塔中古隆起北翼坡折带附近上切至寒武系后形成反冲，塔中I号断裂（位于塔中中央主垒带④）即受前缘北倾反冲断层④控制。寒武系盐上叠瓦冲断系的南倾前锋断裂（图5.8中编号为⑥-1）位于塔中3井和塔中1井之间，塔中3号断裂带主要受北翼的一条南倾北冲断层控制（图5.8中编号为⑦），在其南侧存在由断裂⑧-1、⑩和⑩-1构成的叠加构造，其中断裂⑩-1的上覆地层变形表现为断层转折褶皱，其北侧断裂⑧-1可能是塔中Ⅱ号断裂被后期寒武系底部滑脱面错开所致。

（四）构造地质剖面 D–D′ 及其地震解释

剖面D–D′（图5.11，位置见图5.8）距剖面C–C′西约20km，过塔参1井Tc1、塔中16井和塔中62-1井，与其东侧剖面A–A′和B–B′一样，剖面D–D′也完整揭露了早古生代末塔东南前陆冲断系统的结构，其宽度已增大至140km，但断裂数目和密度较其东侧的两条剖面大为减少。在塔中地区，塔中古隆起顶部和北翼主要发育数条北倾反向逆冲断裂（图5.8中编号④和②等），分别控制了塔参1井的构造带和塔中16号断裂带。塔中古隆起南翼的2号断裂则与寒武系盐上冲断系统的前锋断裂⑥-1交汇形成的楔形构造，其指向与塔中古隆起北翼下伏主控断裂和反冲断裂④和②构成的楔形构造指向相反。从断裂切割层位及上覆褶皱变形特征来看，塔中古隆起南翼反向逆冲断层（图5.8中④和②等）的切割层位一般终止于志留系，且其上覆褶皱变形已涉及二叠系；而塘古孜巴斯凹陷的断裂虽然也终止于志留系，但上覆地层几乎没有变形；塔东南地区的叠瓦断裂系多已切穿三叠系至新生界，且褶皱变形强烈，另外从区域地层展布特征来看，塔中至塔东南地区的二叠系以下地层自北向南有缓慢抬升趋势。上述特征表明，现今塔东南地区的断裂系统可能是在早古生代末前陆冲断体系基础上的复活，而始于早古生代末的塔东南前陆冲断系在漫长的地质历史中总体表现为"后列式"。

（五）构造地质剖面 E–E′ 及其地震解释

剖面E–E′（图5.12，位置见图5.8）距剖面D–D′约30km，过塔中82井、塔中822

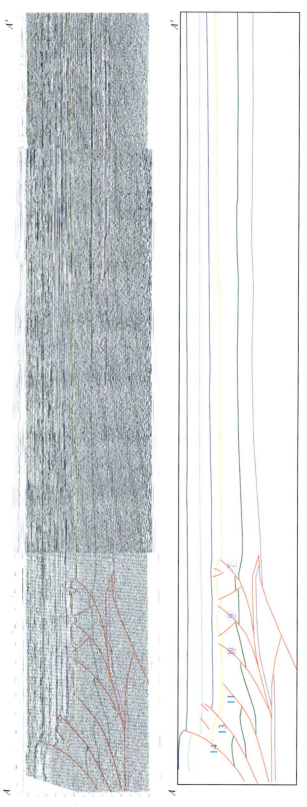

图5.9 塔东南-塔中地区区域构造剖面A-A'（剖面位置见图5.8）

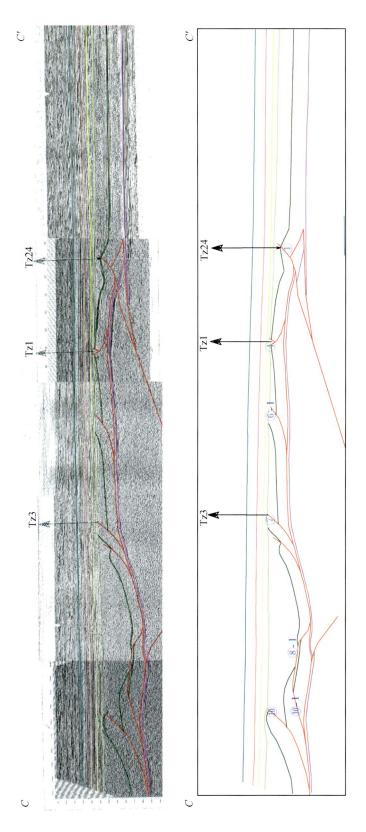

图5.10 塔东南—塔中地区区域构造剖面C–C'(剖面位置见图5.8)

井、塔中 12 井和塔中 61 井等，该剖面位置的塔中古隆起主体部位主要发育北倾反向逆冲断层（图 5.8、图 5.12 中编号为④、②和⑥），并可能与深部由南向北逆冲的主控断裂交汇，这几条反冲断裂分别控制了中央断裂带④、塔中 14 井和塔中 16 井附近的断裂带②的形成。其中以塔中主垒带下伏的反冲断层④规模最大，已切割至二叠系，而其南侧的反冲断层②未切穿志留系，但上覆地层的褶皱变形都已涉及三叠系，反映这三条断裂早古生代以来的继承性活动。塔东南寒武系盐上叠瓦冲断系统的南倾前锋断裂位于塔中古隆起南翼（图中编号为⑧），这条断裂在剖面 E-E' 的两侧都可有效识别，并与深部北倾基底断裂交汇，从而与塔中古隆起下伏主控断裂及北倾反冲断裂④、②一起构成了南北两翼的双指向楔形构造，控制了塔中古隆起的形成。

（六）构造地质剖面 G-G' 及其地震解释

剖面 F-F' 和剖面 G-G' 具有相似的地质结构，这里仅用 G-G' 来进行分析。位于塔中隆起西段的剖面 G-G'（图 5.13，位置见图 5.8），过塔中 20 井、塔中 2 井、塔中 23 井、塘北 1 井、塔中 86 井、塔中 45 井、塔中 39 井、塔中 47 井和塘北 2 井。剖面的断裂构造相对简单，表现为由南向北扩展的楔形构造模式。该位置的塔中古隆起变得异常宽缓对称，主体部位被数条北倾的反冲断层（图中 5.8 和图 5.13 中的标号②、④、⑥和⑦等）分割，相应形成塔中 47 号断裂带、塔中 10 号断裂带、塔中中央断裂带和塘北 1-2 号断裂带，这几条反冲断裂都归聚于深部的同一条主滑脱断面中。在这两条剖面位置，古生界中已无南倾逆冲断层的痕迹，说明塔东南寒武系盐上叠瓦冲断系统没有延伸到此地。

根据上述区域构造剖面的解释，可大致勾勒出塔中-塔南地区断裂构造的剖面和平面特征总结如下：

（1）塔东南早古生代末前陆冲断系统由一系列南倾的叠瓦状逆冲断层组成，这些南倾逆冲断层归聚于寒武系底部的膏泥岩主滑脱断面中。从断层切开的层位看，塔东南地区车尔层断裂已切穿新生界，而其下盘断裂切割的层位则逐渐变老，向北在塔中地区，断裂基本未切穿志留系—泥盆系—石炭系，这些地层的变形也较弱。以上特征表明，现今塔东南地区的断裂系统可能是在早古生代末前陆冲断体系基础上的复活，而始于早古生代末的这一前陆冲断系统在漫长的地质历史中总体表现为"后列式"。

（2）塔中古隆起为塔东南早古生代末前陆冲断系统的一部分，可能表现为前缘隆起的性质。塔中古隆起的主体部位主要以北倾反冲断裂为主，这些向南逆冲的断裂可能在深部交汇于由南向北逆冲的主控断裂，从而构成向北扩展的楔形构造。塔中古隆起主体部位始于早古生代末的北倾断裂在区域上呈 NW 延伸，并被后期志留纪—二叠纪 NE 向走滑断裂所切割，有关特征和机理的描述见后三维地震解释部分。

（3）塔中古隆起的北倾反冲断裂中以断裂④规模最大，这条断裂在塔中地区可连续追踪和识别，控制了塔中中央断裂带的形成，其余反冲断裂则分布于断裂④的北侧，控制了塔中 14 井、塔中 16 井、塔中 10 号断裂带等的形成，在区域上这些断裂带一般延伸 20～40km，并向西撒开、向东逐渐收敛于断裂中央断裂带④。

第五章 海相克拉通盆地构造演化与古隆起结构特征

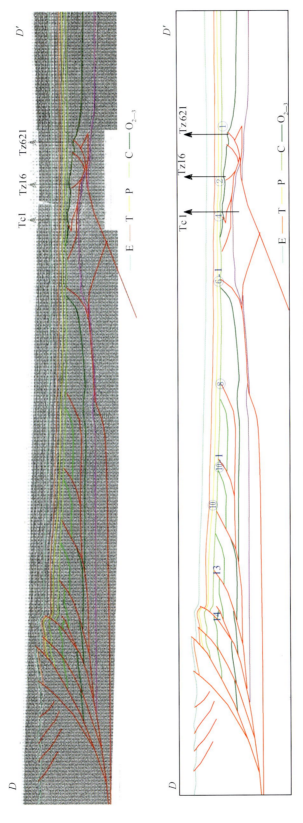

图5.11 塔东南—塔中地区区域构造剖面 D-D'（剖面位置见图5.8）

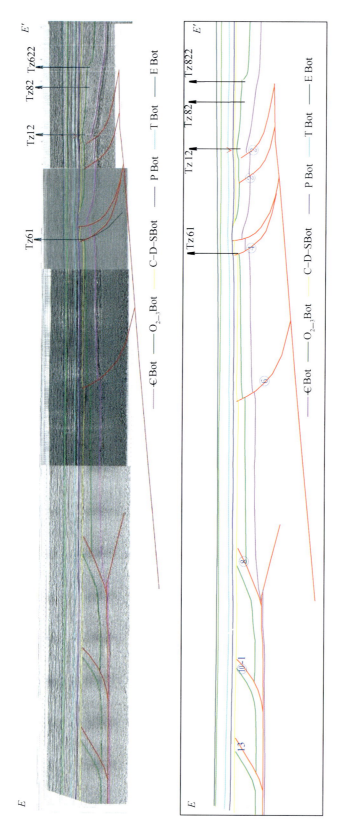

图5.12 塔东南-塔中地区区域构造剖面E-E'（剖面位置见图5.8）

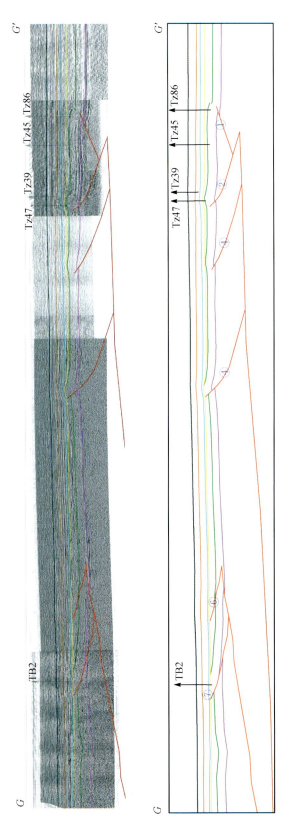

图5.13 塔东南-塔中地区区域构造剖面G-G'（剖面位置见图5.8）

二、塔中Ⅰ号断裂带东段冲断构造特征

塔中古隆起的构造变形样式在前人的研究中一直被视为克拉通内部基底卷入的走滑构造，但一直没有认识到其具有前陆冲断带变形特征（板缘水平位移的挤压缩短构造）。根据最新三维地震资料，采用断层相关褶皱理论（Suppe，1983）来指导构造解释，结合断裂几何样式、运动方式、变形强度和变形时序等，认为塔中Ⅰ号断裂带从东向西，从基底冲断向基底错断走滑变化，既有基底卷入的构造变形，又有沉积盖层内的逆冲推覆。首先从图 5.14、图 5.16 所示构造地震剖面上看到塔中Ⅰ号断裂带下端寒武系膏岩盐强反射层具有大约 6km 距离的重复，说明存在大位移量的水平收缩。这里在塔中 24—T26 井的 3D 区内选取了三条（见图 5.8 中标注的剖面 J–J′、I–I′、H–H′）与弧形构造带走向垂直的任意地震剖面进行精细构造几何学分析，探讨构造变形的过程和冲断构造位移量的空间变化关系，确定塔中Ⅰ号断裂带东段的冲断推覆构造变形特征。

来自南缘的冲断位移量一方面通过断层传播褶皱（Suppe，1983a）的形式被吸收，在 Tg5–1 反射层之下可以较清楚地看到断层上方的褶皱，但是断层传播褶皱吸收的位移量大约 3km，另一部分位移量（约 3km）通过楔形构造（Shaw et al.，2005）向南反冲被吸收（图 5.15、图 5.17）。在反冲断层切层冲断的部位，可以明显看到断层面上下之间的地震同相轴大角度相交，塔中 78 井的倾角测井资料显示断层 F22 上盘的地层倾角约 40°～45°，而断层下盘地层接近水平（图 5.18）。在剖面南段——塔中 5 号断裂带，沿寒武系内部的膏盐岩层滑脱形成由南向北冲断的推覆构造，同时伴有反冲断裂，形成一个突起构造。在塔中Ⅰ号断裂带最下部，由于基底内部发生剪切变形致使基底塑性增厚，形成一个单斜。在单斜带部位尚能看到形成于寒武纪—早奥陶世的张性正断层。塔中Ⅰ号断裂带向上切穿了奥陶系，志留系变形相对减弱，奥陶系与志留系之间大角度不整合接触。其次，塔中Ⅰ号断裂带以北的下斜坡区桑塔木组同沉积地层分析表明，构造位移量以断层传播褶皱向北传播的活动时间为桑塔木组沉积时期。另外通过 Tg3 与以下地层的接触关系，大致推测志留纪—泥盆纪的构造位移量通过楔形构造的翼迁移形式向南传播（图 5.14、图 5.16、图 5.18）。

图 5.15、图 5.17、图 5.19 是分别根据图 5.14、图 5.16、图 5.18 的构造地震解释编制的构造平衡恢复剖面，从下向上依次为塔中东段构造变形与演化的过程。在寒武纪—早奥陶世（PreO$_1$），塔中Ⅰ号断裂带以北由于张性正断裂控制了北斜坡地层的增厚。到中奥陶世（O$_2$），由于塔中成为当时塔南前陆盆地的前缘隆起，塔中隆起的北翼有中奥陶统的地层沉积，而中央隆起部位没有接受地层沉积；通过克拉通内部挠曲的方式地壳整体缩短约 0.8～1.6km。晚奥陶世（O$_3$），沿着中寒武统的滑脱冲断带，向北传播的构造位移量约 0.6～2.6km，构造位移量东小西大，导致塔中 7-8 断裂带和 Tz5 断裂带上奥陶统地层缩短和抬升剥蚀量东小西大；沿中地壳的滑脱冲断控制了塔中Ⅰ号断裂带的形成，同时由于发育的断层传播褶皱使褶皱翼的南端旋转抬升，控制了 O$_3$l 礁滩体和 O$_3$s 同生长地层的沉积，北部地层厚；以断层传播褶皱向北传播的构造位移量约 1.2～3.0km，同时由于中地壳深层基底的滑脱冲断，使得整个塔中地区旋转抬升，塔中南缘抬升，沉积较北缘明显减薄，

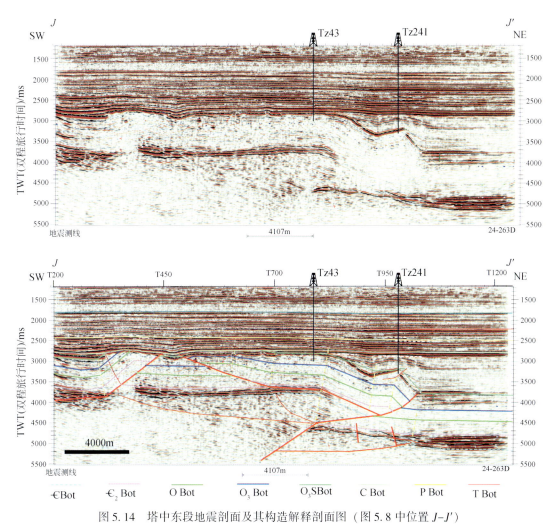

图 5.14 塔中东段地震剖面及其构造解释剖面图（图 5.8 中位置 J-J'）

塔中 7-8 号断裂带 Tg7 稳定连续（断距小），断裂两侧地层大角度相交显示构造位移量大、背斜顶部大量地层被剥蚀也显示出冲断构造位移量远大于 Tg7 的微弱断距，在 Tg7 以上必定存在一个大位移的滑脱层；稳定的强反射同相轴 Tg7 显示塔中 I 号断裂带存在存在约 6km 的底层重复或水平缩短；按照传统的走滑断裂或克拉通内部的基底卷入构造的认识，难以合理解释构造大位移的存在，所以须有板缘构造变形的作用

这种古冲断形成的不对称前翼与后翼之间的构造对沉积的控制作用明显有别于早期的塔中前缘隆起对沉积的控制作用。志留纪—泥盆纪（S—D），来自 ES 方向的冲断构造进一步加强，构造后翼的滑脱冲断构造水平位移量进一步加大，向北传播的构造位移量 0.6~1.6km，造成更多地层被剥蚀；塔中 I 号断裂带前翼的构造水平位移量主要通过楔形构造向南传播，构造位移量 2.2~4.4km，地层缩短隆升后被剥蚀。随后，在整个石炭纪沉积前剥蚀夷平，上覆没有构造变形的沉积地层，形成现今结构。在整个加里东期塔中 I 号断裂带东段的构造缩短量累计约 8.2~9.7km，其中，中奥陶世挠曲缩短 0.8~1.6km，晚奥陶世冲断推覆缩短 1.8~4.6km，志留纪—泥盆纪冲断推覆缩短 2.8~6.0km。楔形构造的南冲位移量东大西小。

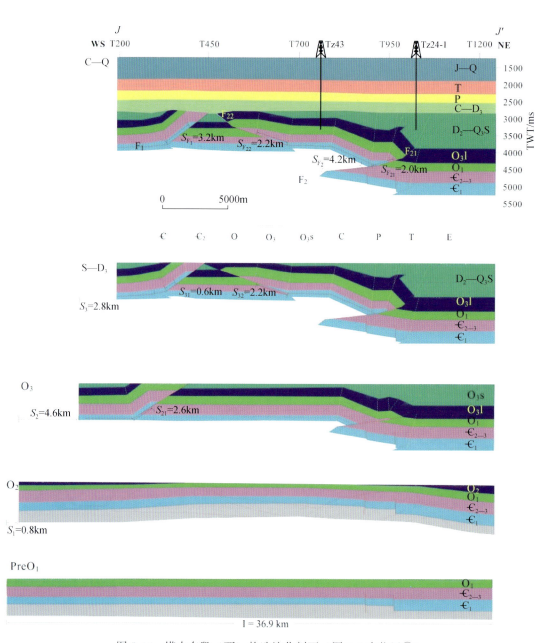

图 5.15 塔中东段（西）构造演化剖面（图 5.8 中位置①）

寒武纪—早奥陶世（PreO$_1$）张性正断层控制塔中Ⅰ号断裂带南北两侧地层厚度的差异沉积；中奥陶世（O$_2$）克拉通内部挠曲的方式塔中地壳整体缩短约 0.8km；晚奥陶世，沿中寒武统滑脱冲断形成塔中 7-8 断裂带，向北传构造位移量约 2.6km，沿中地壳滑脱冲断控制了塔中Ⅰ号断裂带形成，以断层传播褶皱向北构造位移量约 2.0km；志留纪—泥盆纪（S—D），塔中 7-8 断裂带向北构造位移量约 0.6km，塔中Ⅰ号断裂带前翼的构造水平位移量主要通过楔形构造向南传播，构造位移量约 2.2km；剖面全长 36.9km，加里东期塔中Ⅰ号断裂带东段的构造缩短量累计约 8.2km，中奥陶世挠曲缩短 0.8km，晚奥陶世冲断推覆缩短 4.6km，志留纪—泥盆纪冲断推覆缩短 2.8km。石炭纪沉积前剥蚀夷平，上覆沉积地层稳定保存至今

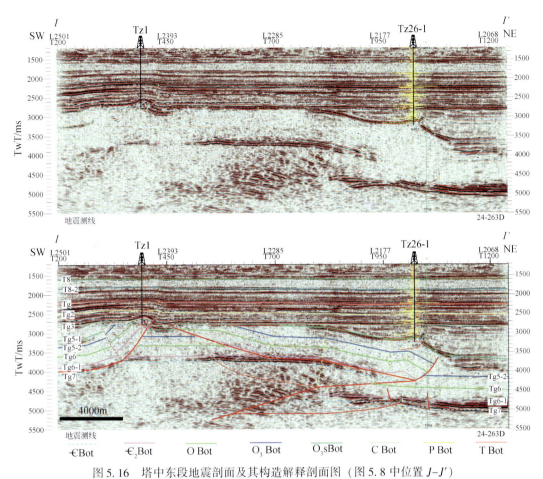

图 5.16 塔中东段地震剖面及其构造解释剖面图（图 5.8 中位置 J-J'）

塔中 7-8 号断裂带 Tg7 稳定连续（断距小），断裂两侧地层大角度相交显示构造位移量大、背斜顶部大量地层被剥蚀也显示出冲断构造位移量远大于 Tg7 的微弱断距，在 Tg7 以上必定存在一个大位移的滑脱层；稳定的强反射同相轴 Tg7 显示塔中I号断裂带存在约 6km 的底层重复或水平缩短；Tz1 北侧断裂下盘地层水平，而 Tz261 南侧楔形构造断裂上盘的地层倾角较大，显示存在大位移的构造冲断；按照传统的走滑断裂或克拉通内部的基底卷入构造的认识，难以合理解释构造大位移的存在，所以须有板缘构造变形的作用

剖面南段——塔中 5 号、塔中I号断裂带，沿寒武系内部的膏盐岩层滑脱形成由南向北冲断的推覆构造，同时伴有反冲断裂，形成一个突起构造。在塔中I号断裂带最下部，由于基底内部发生剪切变形致使基底塑性增厚，形成一个单斜。来自南缘的冲断位移量一方面通过断层传播褶皱的形式被吸收（Suppe，1983），在 Tg5-1 反射层之下可以较清楚地看到断层上方的褶皱。塔中 I 号断裂带向上切穿了奥陶系，志留系变形相对减弱，奥陶系与志留系之间大角度不整合接触。其次，塔中 I 号断裂带以北的下斜坡区桑塔木组同沉积地层分析表明，构造位移量以断层传播褶皱向北传播的活动时间为桑塔木组沉积时期。另外通过 Tg3 与以下地层的接触关系，大致推测志留纪—泥盆纪的构造位移量通过楔形构造的翼迁移形式向南传播。

根据图 5.16、图 5.18、图 5.20 的构造平衡恢复剖面显示，从下向上依次为塔中东段构造变形与演化的过程。在寒武纪—早奥陶世（Pre—O_1），塔中I号断裂带以北由于张性

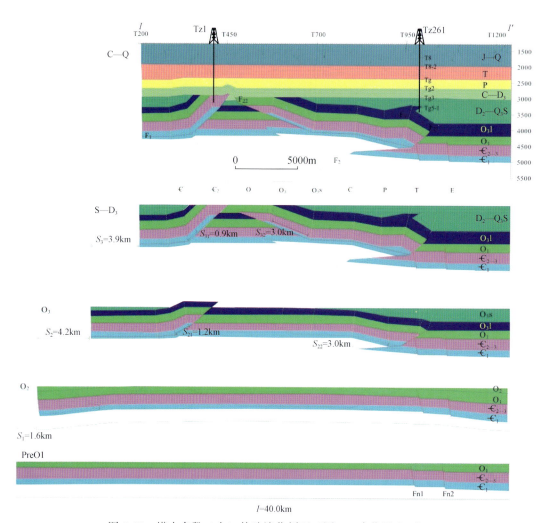

图 5.17 塔中东段（中）构造演化剖面（图 5.8 中位置 I-I′）

寒武纪—早奥陶世（PreO$_1$）张性正断层控制塔中I号断裂带南北两侧地层厚度差异沉积；中奥陶世（O$_2$）克拉通内部挠曲的方式塔中地壳整体缩短约 1.6km；晚奥陶世，沿中寒武统滑脱冲断形成塔中 7-8 断裂带，向北传构造位移量约 1.2km，沿中地壳滑脱冲断控制了I号断裂带形成，以断层传播褶皱向北构造位移量约 3.0km；志留—泥盆纪（S—D），塔中 7-8 断裂向北构造位移量约 0.9km，塔中I号断裂带前翼的构造水平位移量主要通过楔形构造向南传播，构造位移量约 3.0km；剖面全长 40.0km，加里东期塔中I号断裂带东段的构造缩短量累计约 9.7km，中奥陶世挠曲缩短 1.6km，晚奥陶世冲断推覆缩短 4.2km，志留纪—泥盆纪冲断推覆缩短 3.9km。在整个石炭纪沉积前剥蚀夷平，上覆沉积地层稳定保存至今

正断裂控制了北斜坡地层的增厚。到中奥陶世（O$_2$），由于塔中成为当时塔南前陆盆地的前缘隆起，塔中隆起的北翼有中奥陶统的地层沉积，而中央隆起部位没有接受地层沉积；通过克拉通内部挠曲的方式地壳整体缩短约 1.6km。晚奥陶世（O$_3$），沿着中寒武统的滑脱冲断开始形成中央断垒带，向北传播的构造位移量约 1.2km，地层缩短和抬升剥蚀；沿中地壳的滑脱冲断控制了塔中I号断裂带的形成，同时由于发育的断层传播褶皱使褶皱翼的南端旋转抬升，控制了 O$_3$l 礁滩体和 O$_3$s 同生长地层的沉积，北部地层厚；以断层传播

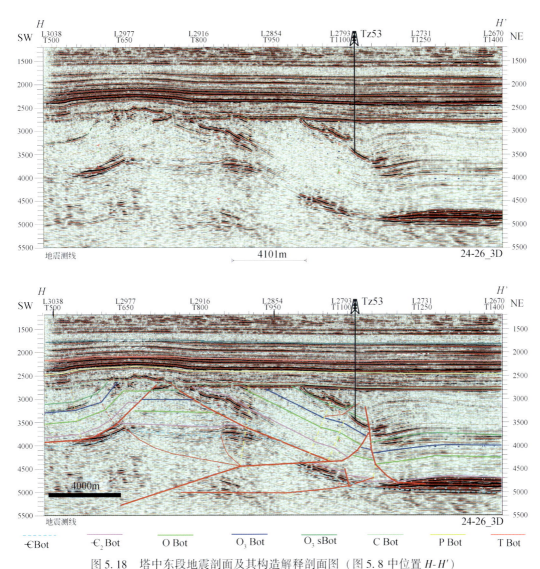

图 5.18 塔中东段地震剖面及其构造解释剖面图（图 5.8 中位置 H-H'）

塔中 5 号断裂带 Tg7 相对稳定连续（断距小），断裂两侧地层大角度相交显示构造位移量大、背斜顶部大量地层被剥蚀也显示出冲断构造位移量远大于 Tg7 的微弱断距，在 Tg7 以上必定存在一个大位移的滑脱层；塔中 5 号北侧断裂下盘地层水平，而 Tz53 南侧楔形构造断裂上盘的地层倾角较大，显示存在大位移的构造冲断；按照传统的走滑断裂或克拉通内部的基底卷入构造的认识，难以合理解释构造大位移的存在，所以须有板缘构造变形的作用

褶皱向北传播的构造位移量约 3km，同时由于中地壳深层基底的滑脱冲断，使得整个塔中地区旋转抬升，塔中南缘抬升，沉积较北缘明显减薄，这种古冲断形成的不对称前翼与后翼之间的构造对沉积的控制作用明显有别于早期的塔中前缘隆起对沉积的控制作用。志留纪—泥盆纪（S—D），来自 ES 方向的冲断构造进一步加强，构造后翼的中央断垒带水平位移量进一步加大，造成更多地层被剥蚀；塔中Ⅰ号断裂带前翼的构造水平位移量主要通过楔形构造向南传播，地层缩短隆升后被剥蚀。随后，在整个石炭纪沉积前剥蚀夷平，上覆没有构造变形的沉积地层，形成现今结构。

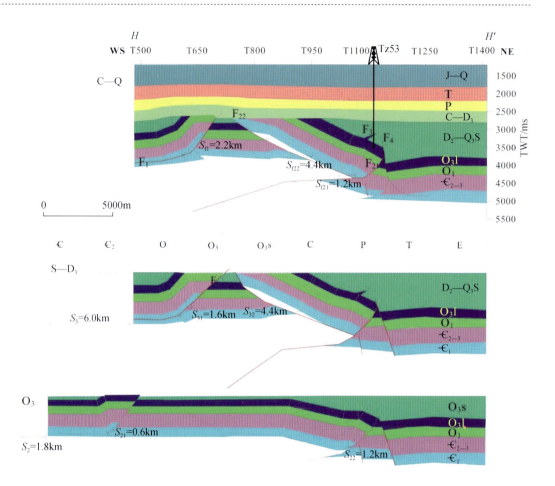

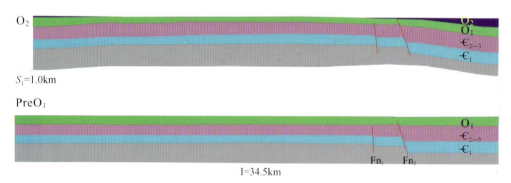

图 5.19 塔中东段（东）构造演化剖面（图 5.8 中位置 H-H'）

寒武纪—早奥陶世（PreO$_1$）张性正断层控制塔中 I 号断裂带南北两侧地层厚度的差异沉积；中奥陶世（O$_2$）克拉通内部挠曲的方式塔中地壳整体缩短约 1.0km；晚奥陶世，沿中寒武统滑脱冲断形成塔中 5 断裂带，向北传构造位移量约 0.6km，沿中地壳滑脱冲断控制了塔中 I 号断裂带形成，以断层传播褶皱向北构造位移量约 1.2km；志留纪—泥盆纪（S—D），塔中 5 号断裂带向北构造位移量 1.6km，塔中 I 号断裂带前翼的构造水平位移量主要通过楔形构造向南传播，构造位移量约 4.4km；剖面全长 34.5km，加里东期塔中 I 号断裂带东段的构造缩短量累计约 8.8km，中奥陶世挠曲缩短 1.0km，晚奥陶世冲断推覆缩短 1.8km，志留纪-泥盆纪冲断推覆缩短 6.0km。在整个石炭纪沉积前剥蚀夷平，上覆沉积地层稳定保存至今通过前文中 7 条跨越塔南车尔臣断裂-塔中Ⅰ号断裂的区域构造地质剖面图和平面图（图 5.8），揭示出晚加里东期形成的一系列弧形冲断推覆构造带及其空间变化关系。如图 5.8 所示，从南缘的车尔臣断裂到塔中Ⅰ号断裂带，为一系列从南向北冲断的晚加里东期构造，塔中古隆起南缘断裂以南，主要是沿着寒武系内部膏岩盐滑脱的冲断推覆构造，形成如图 5.8 所示的弧形冲断带；在塔中古隆起部位，基底卷入的构造变形控制了古隆起的发育，沿寒武系内部的滑脱推覆构造控制了塔中内部的地质结构。在塔中古隆起西段（图 5.12、图 5.13）的地质结构表现为，塘北断裂以南为一系列从南向北古冲断构造，但是整个塔中古隆起内部的结构与东段完全不同，沉积盖层内部的滑脱冲断构造不发育，以穿入基底内部的高陡断裂为主；这主要是因为来自 ES 方向的古冲断构造的前锋带终止于塔中南缘断裂，部分来自 ES 的水平位移量转化为 WN 走向的帚状分布的走滑断裂。

三、塔中古隆起中西段走滑构造特征

这里主要研究塔中古隆起东段走滑-冲断控制下的笤帚状断裂体系，这一组断裂体系总体上与塔中Ⅰ号断裂带中西段大致平行，约呈 5°的夹角向东笤帚状收敛（图 5.8）。前面已经谈到，塔中古隆起的东段为晚加里东期冲断弧形带的前锋，虽然来自东南缘的构造位移量基本上被吸收，但是塔中地区仍旧处于向 WN 推挤的斜向强挤压状态，进而形成平行塔中Ⅰ号断裂带的右行走滑（压扭）构造，除了塔中Ⅰ号断裂带存在明现的走滑控制的负花状构造外，在中央塔中带和塔中 10 号带也存在明显的显示走滑特征的花状构造（Harding，1974）（图 5.20）。这些断裂相当于右行力偶矩产生的 R 剪切面，大致与弧形断裂体系（图 5.8 的②、③、④、⑥）伴生的呈 10°左右的交角（图 5.8 的断裂②-1、③-1、④-1、⑥-1）。

图 5.20 剖面（位置见图 5.8 的剖面 $E-E'$），横切塔中西部，南起唐古孜巴斯拗陷，向北经塔中南缘断裂带、中央断裂带、塔中 10 号断裂带和塔中Ⅰ号断裂带，北端进入满加尔拗陷，反映了最完整的塔中古隆起中-西部的地质结构。$E-E'$ 剖面表明，塔中西部地区主要是下古生界卷入变形，特别是奥陶系及其以下地层被强烈褶皱，奥陶系在塔中古隆起上剥蚀严重，志留系—泥盆系顶部也遭到剥蚀，石炭系和二叠系仅在中央带以上微弱变形。剖面中塔中Ⅰ号断裂带与塔中Ⅱ号断裂带呈南、北对称的两组断裂，分别限定塔中古隆起的北界与南界，两条断裂之上分别对应晚奥陶世镶边台地边缘，表明塔中古隆起在晚奥陶世为孤立碳酸盐岩台地。剖面中塔中南、北缘断裂下奥陶统—寒武系的断距都不大，且断面形态陡直，从这两点分析认为它们应以走滑为主。中央拗带是塔中古隆起上最"突出"的构造，它在剖面上表现为受 SN 反向冲断的两条断裂夹持的断垒构造，纵向断距较大，钻井揭穿石炭系后直接进入下奥陶统，推测上覆地层剥蚀严重，断距可能有 1000m 以上。中央断裂带下伏基底变形严重，断裂陡直，向上呈正花状散开，但与盖层的变形有一定的差别，估计是压扭性的走滑断裂受到中寒武统膏盐层塑性变形的影响，形成深浅层变形不协调。塔中 10 号断裂带相对中央断裂带的变形要弱得多，剖面中表现为一典型的南陡北缓褶皱。

图 5.21 剖面（位置见图 5.8 的剖面 $D-D'$），它由南部二维（2D）测线与北部三维

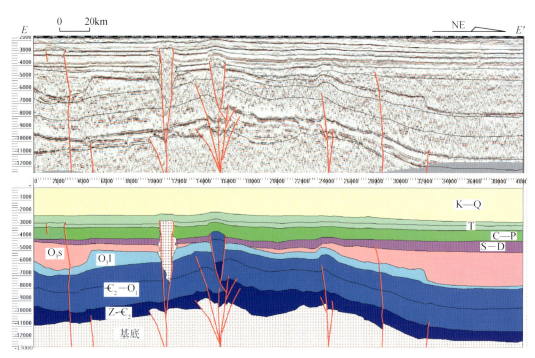

图 5.20 过塔中古隆起西部地震剖面及其构造样式（位置见图 5.8 中的 E-E'）

(3D) 测线拼接而成，剖面南起南部斜坡区，向北切割中央断裂带、塔中 10 号断裂带和塔中 Ⅰ 号断裂带进入满加尔拗陷。总体上该剖面反映了与 D-D' 剖面相似的走滑构造控制的花状断裂特征，且该剖面经过塔中 2 井、塔中 37 井和塔中 201 井等，因而可以对构造解析进行较好的约束。与图 5.20 剖面相比，图 5.21 中 D-D' 地震剖面中反映出以下特殊的构造-沉积响应特征：①中部斜坡区地震反射显示桑塔木组由北向南逐步超覆，且塔中 37 井志留系直接覆盖在上奥陶统良里塔格组之上，缺失桑塔木组，反映桑塔木组沉积期古地形南高北低。②塔中 Ⅱ 号断裂带以向北冲断为主，表明同一断裂带内各断裂的侧向变化较大，在不同段表现为不同的样式。③北部三维测线地震资料品质较高，揭示出了奥陶系碳酸盐岩内部一些地层的细节。首先，北部斜坡区下奥陶统顶部向南被削蚀，上奥陶统良里塔格组向南超覆特征显著，很好地反映了上、下奥陶统之间的不整合接触关系；其次，塔中 Ⅰ 号断裂带上盘良里塔格组台缘地层结构显示也比较清楚，揭示了台缘礁滩体的生长演化过程，为由平缓斜坡向高陡的镶边台地边缘过渡；最后，上奥陶统台缘外缘斜坡区地震反射揭示出斜坡扇地震响应特征。

塔中古隆起除了压扭构造外，在右型走滑断裂的弯曲部位，也同样发育了张扭构造。如图 5.19 所示，该剖面位于塔中 Ⅰ 号断裂带由 WN 走向变为 EW 走向的拐弯处，在右行走滑构造的控制下形成拉分构造，出现同沉积正断层控制下的滚动背斜。图 5.19 的塔中 Ⅰ 号断裂带北侧，地层大幅度加厚的桑塔木组成为一个明显的背斜，且背斜的隆升幅度明显大于下部地层，从地层的生长特征来看是明显受北倾的正断层控制，这与整个塔中在桑塔木沉积期为区域性的挤压构造背景不相吻合，最合理的解释就是受右行走滑控制的扭张构造形成滚动背斜。

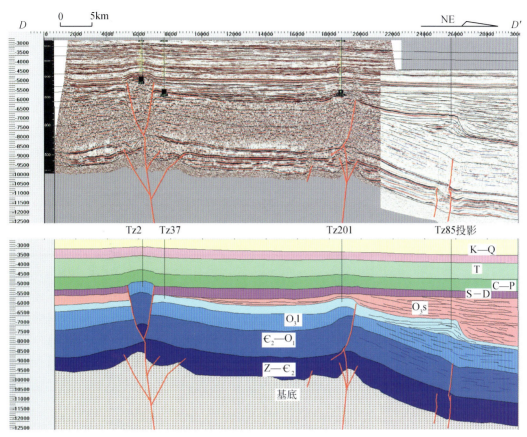

图 5.21 过塔中古隆起西部地震剖面及其构造样式（位置见图 5.8 的 D-D'）

如图 5.8 所示，塔东南–塔中地区的断裂展布自东向西呈扫帚状发散，走向显著变化。从断裂的分布规律看，可以划分为两个构造体系：在塘北断裂–塔中 II 号断裂–塔中 I 号断裂东段及其以南的、向 WN 方向凸起的弧形断裂带，主要为从 ES 向 WN 水平位移为主的冲断推覆构造体系，属于塔南前陆冲断带；在中央断裂带与塔中 I 号断裂带中西段地区，为塔南冲断带向克拉通盆地内推进时伴生的、NW 走向的右行走滑断裂体系，中央断裂带是主压扭带。这组走滑断裂体系的成因一方面可能与塔中张性断裂的边界与后期斜交挤压冲断相关，另一方面也可能是由于塔里木板块南缘地块之间可能是一种斜向拼贴作用，阿尔金、东昆仑以及西昆仑地块与塔里木板块南缘不同部位挤压碰撞在盆地内部表现也发生变化，同时，也反映塔里木盆地南缘沿车尔臣断裂的压扭性走滑作用在早古生代就已经开始，这与部分学者的认识是一致的（Sobel and Arnaud，1999；康南昌，2002）。

四、塔中古隆起构造变形的成因

（一）正反转构造

图 5.4 寒武纪—早奥陶世发育的断裂分布图显示，塔中 I 号断裂带后期发育的冲断–

走滑构造变形主要沿着早期形成的张性正断层分布。这主要因为早期的伸展构造导致地壳减薄，岩石圈强度降低，成为后期构造应力容易集中的应变区。另外从寒武系以下地层的发育特征上也可以看出，与寒武系底界呈角度不整合的元古界地层内，沿着塔中Ⅰ号断裂带发育裂谷盆地（图5.5）（邬光辉，2007），这些裂谷盆地不仅控制了后期航磁异常所反映出来的岩浆活动，而且也控制了中奥陶世克拉通内前缘隆起的北部边界，晚奥陶世沿早期正断层发生基底卷入的冲断构造，导致台地边缘相沉积加厚。在志留纪—泥盆纪沿正断层发育的部位发生抬升–冲断–走滑和二叠纪岩浆侵入的分布，控制后期构造变形和台缘带地层与岩相的差异沉积；二叠纪以后该断裂带持续轻微活动，控制了地层减薄和不整合面。

（二）基底卷入变形与冲断推覆构造

整个塔中古隆起在前寒武系为一个裂谷盆地，后期正反转构造导致下部地层的挤压收缩隆升，控制了沉积地层的旋转和倾斜变形（Erslev，1991）。晚奥陶世北昆仑洋的关闭，形成塔南前陆盆地，塔中古隆起遭受来自ES方向冲断作用，沿塘北断裂带–塔中Ⅱ号断裂带–塔中Ⅰ号断裂带东段形成一系列凸向WN方向的弧形断裂带（图5.8），这一弧形断裂带为前陆冲断带的前锋区。在塔中Ⅱ号断裂带及其以南冲断构造的位移沿着寒武系内部的膏盐岩层从南向北滑脱冲断；在塔中Ⅰ号断裂带冲断构造的位移沿着中地壳内部韧性带从南向北滑脱冲断（图5.6），所以塔中Ⅰ号断裂带为典型的基底卷入变形的冲断构造（Epard et al.，1996；Mitra et al.，1998），具有以下明显的特征：构造变形起始于基底内的断裂。

晚奥陶世以来，随着前陆冲断构造位移由ES向WN（依现今地理位置为参照系）传递，主体构造位移量消失在冲断带最前锋的塘北–塔中南–塔中5号等弧形断裂带，在该弧形冲断带之内，存在两个层次滑脱的水平冲断推覆构造。其一是沿寒武系内部膏盐岩滑脱的冲断构造，该冲断构造控制了Tg3反射层（相当于上泥盆统东河砂岩地层底界）以下一系列冲断构造活动。地震剖面上，代表中寒武统底界（Tg6-1）的地震反射为一套连续的、没变形的强反射同相轴，这显示其下为稳定构造层。在上寒武统和上泥盆统之间，可以看到明显的冲断构造，主要表现在Tg5强反射轴明显的冲断重复，代表了加里东晚期的构造变形从南向北连续的传播，形成的一系列冲断构造在空间上为互为联系，呈弧形带和扫帚状展布，在时间上为晚奥陶世到晚泥盆世之间的同一期构造活动的产物，这也是为什么说塔中在该时期为来自东南部冲断构造的前锋带。其二是根据地震解释推测在埋深15km左右的中地壳韧性变形层，沿该滑脱层形成的冲断推覆构造终止于塔中Ⅰ号断裂带东段的弧形带，该断裂切穿基底进入沉积盖层后一方面通过断层传播褶皱的方式向前传播部分水平位移，这种断层传播褶皱控制了晚奥陶世良里塔格期礁滩体和桑塔木期同沉积地层的发育；另一方面，大部分水平位移量通过向南冲断的楔形构造传播，由于冲断抬升导致地层在Tg3沉积以前被剥蚀，所以楔形构造南冲的位移终止方式难以确定。从图5.8的断裂分布图上可以看出，并非简单的、成排分布的弧形冲断带，而是向东收敛的扫帚状展布，这显示构造位移量向北终止于弧形带的同时，伴生有向西北传播的右旋走滑构造位移量。

(三) 冲断与走滑构造控制断裂体系分布

通过对塔里木板块及其南缘区域构造地质分析和塔中构造地震精细解析，确定了晚奥陶世—晚泥盆世塔中前陆冲断与走滑构造变形。特别是晚奥陶世以来，随着塔南前陆冲断构造由东南向西北方向的传播，主要的构造位移量消失在冲断带最前锋的塘北—塔中南—塔中 5 号断裂带等弧形断裂体系，在该弧形冲断带之内，存在两个层次的水平冲断推覆：其一是沿寒武系内部的膏盐岩滑脱的弧形冲断构造，终止于塔中古隆起南缘的构造带；其二是约在埋深 15km 左右的中地壳韧性滑脱层，沿该滑脱层形成的冲断推覆构造终止于塔中 I 号断裂带东端的弧形构造带，该断裂切穿基底进入沉积盖层后一方面通过断层传播褶皱的方式向北传播水平位移，另一方面大部分水平位移量通过向南冲断的楔形构造传播。由于受早期张性断裂边界与冲断构造应力方向斜交的作用，形成向东收敛的扫帚状断裂体系；塔中古隆起的中西段是与塔中 I 号断裂带小角度斜交的右行走滑构造，发育花状构造。塔中构造的成因可以简单归结如下：早奥陶世以前的张性断裂边界处发生的正反转构造控制北部边界及其冲断-走滑变形特征；沿寒武系内部的膏岩盐和中地壳内部韧性变形带的滑脱冲断构造位移的传播；冲断收缩与走滑位移控制两个断裂体系的分布。

通过塔里木板块及其南缘区域构造地质分析和塔中构造地震精细解析，确定了塔中古隆起古构造演化的三个主要阶段：寒武纪—早奥陶世板缘拉张控制了塔中北斜坡断陷构造特征；中奥陶世北昆仑洋盆关闭后塔中前缘隆起的形成；晚奥陶世—晚泥盆世塔中前陆冲断与走滑构造变形。特别是晚奥陶世以来，随着塔南前陆冲断构造由 ES 向 WN 方向的传播，主要的构造位移量消失在冲断带最前锋的塘北-塔中南-塔中 5 号断裂带等弧形断裂体系，在该弧形冲断带之内，存在两个层次的水平冲断推覆：其一是沿寒武系内部的膏盐岩滑脱的弧形冲断构造，终止于塔中古隆起南缘的构造带；其二是约在埋深 15km 左右的中地壳韧性滑脱层，沿该滑脱层形成的冲断推覆构造终止于塔中 I 号断裂带东端的弧形构造带，该断裂切穿基底进入沉积盖层后一方面通过断层传播褶皱的方式向北传播水平位移，另一方面大部分水平位移量通过向南冲断的楔形构造传播。由于受早期张性断裂边界与冲断构造应力方向斜交的作用，形成向东收敛的扫帚状断裂体系；塔中古隆起的中西段是与塔中 I 号断裂带小角度斜交的右行走滑构造，发育花状构造。塔中构造的成因可以简单归结如下：早奥陶世以前的张性断裂边界处发生的正反转构造控制北部边界及其冲断-走滑变形特征；沿寒武系内部的膏岩盐和中地壳内部韧性变形带的滑脱冲断构造位移的传播；冲断收缩与走滑位移控制两个断裂体系的分布。

塔中古隆起是中国海相碳酸岩盐地层油气勘探的主要阵地之一，对塔中古隆起内部构造地质演化、成因与结构特征的研究，为进一步的海相地层油气勘探提供科学理论支持。同时，叠合盆地深层的古构造演化与变形特征、构造变形样式与构造地震解释方案，克拉通盆地内部的构造变形成因和断裂体系特征的研究认识，将是海相碳酸岩盐地层油气资源潜力评估、油气成藏规律认识、油气勘探部署和构造圈闭目标落实的关键。

第三节 塔中古隆起北斜坡构造样式及其演化叠加

塔中 I 号断裂带是长期以来塔中地区最受关注的一条区域大断裂，近年来塔中连片的高精度三维地震资料为盆地构造演化的识别和划分提供了条件。通过对塔中古隆起北斜坡 4500km² 三维地震资料的精细解析，厘定划分出四期断裂，分别为寒武纪—早奥陶世拉张断裂，晚奥陶世冲断挤压断裂，志留纪—泥盆纪左行走滑断裂以及二叠纪的岩浆刺穿。不同期次断裂并不是孤立的而是相互影响，早期断裂形成的薄弱带往往是后期断裂再活动的基础，其位置和规模影响控制了后期断裂活动的空间展布；后期断裂对早期断裂存在叠加与改造，因而地震剖面上显示的断裂往往是多期断裂的叠合。

一、3D 地震构造解释与构造样式

针对塔中古隆起的构造地质研究，以前受传统 2D 地震成像品质限制，难以精细刻画冲断带内部断裂特征，只能大致显示出内部的隆拗格局与地层起伏总体趋势，内部的断裂形态和变化趋势只能根据概念模型推测 [图 5.22（a）]。而现今的 3D 地震剖面成像品质有了大幅度的提高 [图 5.22（b）]，同为塔中北斜坡东段过 Tz5—Tz26 井方向上的地震测

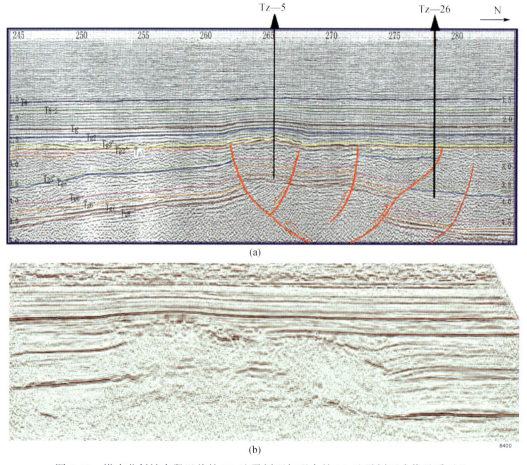

图 5.22　塔中北斜坡东段以前的 2D 地震剖面与现今的 3D 地震剖面成像品质对比
（a）以前的 2D 地震测线 D96-560 叠偏剖面；（b）现今的 3D 地震测线 Line8400

线，3D 地震测线上不仅能够显示出地层高低起伏变化，而且能够识别出地层上下的剥蚀不整合或重复等接触关系，可以准确确定断裂几何学及其空间变化。为了客观反映塔中古隆起北斜坡 3D 区在空间上的构造变形特征，在塔中北斜坡 4500km^2 的 3D 区（图 5.29）地震资料中选取了 3 条主测线开展精细构造地震解释，确定塔中古隆起北斜坡东、中、西段的构造变形样式。

（一）东段地震解释与构造变形样式

图 5.23 为 3D 地震主测线 Line2010 线的地震剖面及其构造解释方案图，Line2010 线位于工区的东端，穿过 Tz45 井。在地震剖面上，代表寒武系底界的 Tg7 同相轴在 I 号断裂带的南侧较北侧高出约 400ms，主体构造变形集中在塔中 I 号断裂带 C，在 Tz45 井南侧地层整体抬升，无变形；构造变形主要集中在断裂 C 和 Tz45 井之间，早古生代地层（Tg5 以下）显示背斜北翼陡、南翼缓的不对称特征；在断裂 C 的下盘，地层呈 5°左右的倾角北倾，为基底内部的韧性剪切滑动导致的基底抬升控制下的沉积盖层内倾斜（图 5.15、图 5.17、图 5.19），形成断裂 C 下盘由断裂 3 控制的韧性剪切三角带。由基底断裂突破到沉积地层中的断裂 C 以断层传播褶皱的形势向北传递构造位移量，并发生分岔形成断裂 1 和 2，在强相位 Tg5-1 上可以看到明显的地层挠曲变形。在断裂 C 北侧 Tg7 与 Tg5-2 的地层较南侧厚 200ms，显示在断裂 C 以北除了发育张性正断层 a 和 b 以外，在断列 C 处可能在寒武纪与早奥陶世期间存在较大规模的张性断裂，控制了断层 C 南北两侧地层厚度的沉积差异。同时，在 Tg3 与 Tg5-2 之间，同样存在断裂 C 的地层向北翼增厚的生长地层，显示晚奥陶世到泥盆纪期间断裂 C 挤压抬升，背斜前翼旋转抬升控制了生长地层的沉积。断裂 C 上方 Tg3 以上的地层水平叠加，显示构造开始变得稳定，后期的活动明显减弱；但是在 Tg 强相位的下面可以见到背斜处存在轻微的角度不整合，显示三叠纪时期塔西南前陆冲断构造对塔中有一定的影响，致使塔中轻微活动，挠曲抬升控制 P 沉积地层的削蚀减薄。

Tz45 南侧，发育一个树枝状向上分叉的断裂 B，断裂下部地层（Tg6 以下）错断不明显，向上散开成次一级的断裂 1、2、3、4，断裂的垂直错断距离在二叠系内部最大，终止于三叠系。通过 Tz45 及整个塔中地区的钻探显示，二叠系内普遍发育岩浆活动，显示该断裂 B 为二叠纪岩浆刺穿形成的构造；在三叠系内部可见到一些张性错断，可能为二叠纪受热隆升的地层在三叠纪时冷却收缩而垮塌形成的现象。

测线南端，发育一条在平面上呈 NW 展布的走滑断裂 A，在剖面上呈负花状构造，具有明显的向上、向外分支，向下变窄变陡的特征，主断层向下切入基底，向上分支成 1、2、3 三条次一级的断裂。在 Tg5-1 与 Tg5-2 之间地层错断位移量最大，并向上终止于 Tg5，显示该断裂形成于晚奥陶世。

（二）中段地震解释与构造变形样式

图 5.24 为主测线 Line3810 线的地震剖面及其构造解释方案图，Line3810 线位于工区的中段，穿过 Zg20a 井和 Zg21b 井。在地震剖面上，断裂 B 控制的 Zg21b 背斜的早古生代地层（Tg5 以下）南翼陡、北翼缓，显示断裂 B 从北向南冲断，由基底断裂突破到沉积地层中的断裂 B 以断层传播褶皱的形势向南传递构造位移量。代表寒武系底界的 Tg7 同相轴

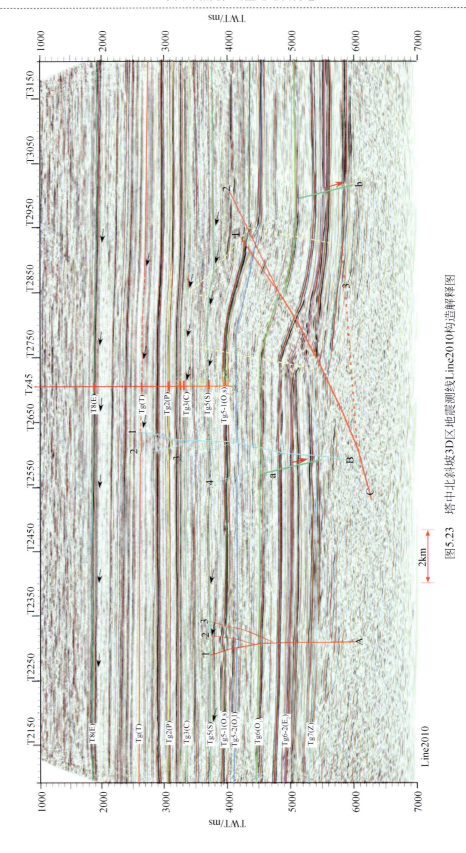

图5.23 塔中北斜坡3D区地震测线Line2010构造解释图

第五章 海相克拉通盆地构造演化与古隆起结构特征

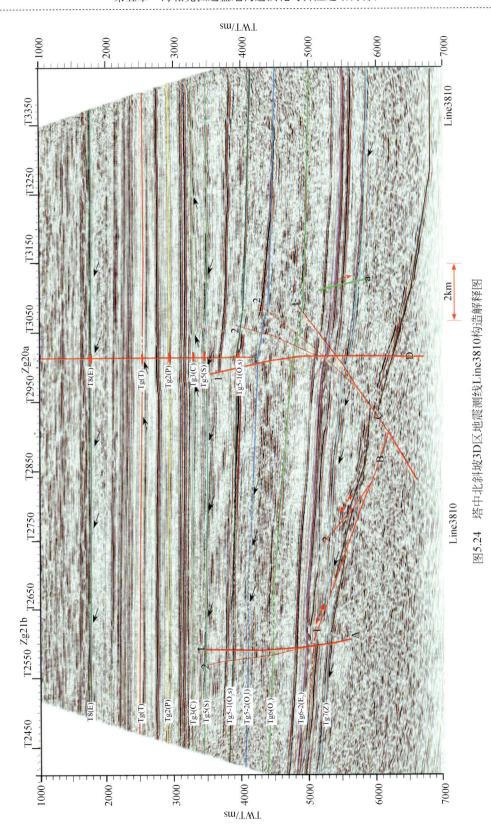

图5.24 塔中北斜坡3D区地震测线Line3810构造解释图

总体上呈现南高北低的趋势，但是在断裂 B 与 Tg7 交汇处地层有明显错断，在 Zg21b 井南侧地层水平，无变形。在断裂 B 的北侧，在 Tg7 以下可以看到厚达 1000m 的元古界地层，充填在南超北断（北部断陷盆地边界超出地震剖面）的裂谷盆地中；在元古界沉积地层超覆在南侧基底上，可以看到若干早期张性正断层控制北侧沉积加厚，晚加里东期发生挤压冲断的反转构造。断层 B 沿着裂谷盆地的底界向南冲断。断裂 B 下盘，基底内部韧性剪切三角带并不发育。

断裂 C 北侧 Tg7 与 Tg5-2 间地层较南侧厚 100ms，显示在断裂 C 以北的张性正断层 a 控制了塔中Ⅰ号断裂 C 南北两侧地层厚度的沉积差异。同时，在 Tg3 与 Tg5-2 之间，地层向北翼增厚的生长地层，显示晚奥陶世到泥盆纪期间断裂 B、C 挤压抬升，背斜前翼旋转抬升控制了生长地层的沉积。断裂 C 上方 Tg3 以上的地层水平叠加，显示构造开始变得稳定，后期的活动明显减弱；但是在 Tg 强相位的下面可以见到背斜处存在轻微的角度不整合，显示三叠纪时期塔西南前陆冲断构造对塔中有一定影响，致使塔中轻微活动，挠曲抬升控制 P 沉积地层削蚀减薄。

在 Zg21b 南侧，发育一个树枝状向上分叉的断裂 A，断裂下部地层（Tg6 以下）错断不明显，向上散开成两条次一级的断裂，断裂的垂直错断距离在 Tg5-1—Tg5-2 内部最大，终止于 Tg5，显示断裂为晚奥陶世形成的构造；在断裂 B 上部的三叠系内部可见到一些张性错断，可能为二叠纪受热隆升的地层在三叠纪时冷却收缩而垮塌形成的现象。

在测线的北端的 Zg20a 处，位于塔中Ⅰ号断裂带的位置，发育一条在平面上呈 NW 展布的走滑断裂 D 和冲断断裂 C，在剖面上呈花状构造，在 Tg5-1 与 Tg5-2 之间地层错断位移量最大，并向上终止于 Tg5，显示该断裂形成于晚奥陶世。在工区的中段，晚奥陶世发育的冲断和走滑断裂向基底深部延伸，可能最终并入一条深部断裂而成为一个统一的花状构造，显示工区中段在断裂 C 处向北冲断构造不发育（地层错断位移量小），而转化为走滑断裂 D 和南向冲断的断裂 B。

（三）西段地震解释与构造变形样式

图 5.25 为主测线 Line7275 线的地震剖面及其构造解释方案图，Line7275 线位于工区的东段，穿过 Tz8 井、Tz244 井。在地震剖面上，控制塔中中央断裂带（Tz8 对应的背斜）的断裂 A 主要沿着中寒武统内部的膏岩盐层从南向北滑脱冲断，导致 Tz8 井对应背斜的早古生代地层（Tg5 以下）南翼缓、北翼陡，显示断裂 A 从南向北冲断，在沉积地层中滑脱的断裂 A 以断层传播褶皱的形势向北传递构造位移量；由于该断裂冲断推覆的构造位移量大，大量的沉积地层（中奥陶统—泥盆系）被抬升剥蚀，钻井揭示背斜高部位石炭系地层直接不整合在下奥陶统上。

代表寒武系底界的 Tg7 同相轴显示塔中Ⅰ号断裂 C-1 南侧为水平未变形的地层，而与北侧显示巨大（1200ms）的地层错断，北侧 Tg7 地层又变的平稳。在地震剖面上，断裂 C 控制的 Tz244 背斜的早古生代地层（Tg5 以下）北翼陡、南翼缓，显示断裂 C-1 从北向南冲断，由基底断裂突破到沉积地层中的断裂 C-1 以断层传播褶皱的形势向北传递构造位移量。在断裂 C 与 Tg7 交汇处地层被明显错断，显示主体构造变形集中在 C 所代表的 Tz244 断裂带。在断裂 C 的南侧，在 Tg7 以下可以看到厚达 2000m 的元古界沉积地层（具有强

第五章　海相克拉通盆地构造演化与古隆起结构特征

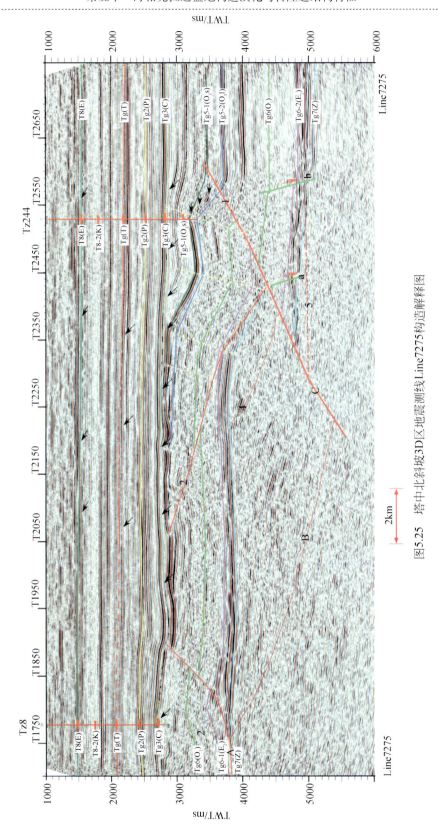

图5.25　塔中北斜坡3D区地震测线Line7275构造解释图

反射轴) Tg7 大角度不整合接触，充填在南超北断（北部断陷盆地残余边界可能就是塔中 I 号断裂带）的裂谷盆地中。断层 C 沿着裂谷盆地的底界向北反转冲断。在断裂 C 下盘，地层呈 5°左右的倾角北倾，为基底内部的韧性剪切滑动导致三角带基底抬升控制下的沉积盖层内倾斜（图 5.15），显示断裂 C 下盘基底卷入构造变形。在断裂 C 北侧 Tg7 与 Tg5-2 的地层较南侧厚 300ms，显示在断裂 C 以北张性正断层 a 和 b 在寒武纪与早奥陶世期间存在较大规模的张性断裂，控制了断层 C 南北两侧地层厚度的沉积差异。卷入基底的断层 C 的位移量从南向北一断层传播褶皱（北翼陡南翼缓）的形式消减位移量的同时，一部分构造位移量开始以反向南冲断裂 C-2 的楔形构造消减构造位移量。

同时，在 Tg3 与 Tg5-2 之间，地层向北翼增厚的生长地层，显示晚奥陶世到泥盆纪期间断裂 C 挤压抬升，背斜前翼旋转抬升控制了生长地层的沉积。断裂 A 上方的 Tg2、Tg 等地层明显减薄并发生挠曲变形，显示中央断裂带在晚古生代直到三叠纪一直处于活动状态。断裂 C 上方 Tg3 以上的地层水平叠加，显示构造开始变得稳定，后期的活动明显减弱；但是在 Tg 强相位的下面可以见到断裂 D 背斜处存在轻微的角度不整合，显示三叠纪时期塔西南前陆冲断构造对塔中有一定的影响，致使塔中轻微活动，挠曲抬升控制 P 沉积地层的削蚀减薄。

在 Tz244 处的塔中 I 号断裂为向北冲断构造变形为主，而在沉积盖层内也存在反向南冲断的楔形构造，虽然在基底内部也可推测出小规模的南向冲断断裂 B，但是与西部构造相比较，主要还是以向北冲断的构造变形为主（地层错断位移量较中段进一步增大）。

二、塔中古隆起北斜坡构造演化

（一）构造演化的地震识别技术

图 5.26 展示了塔中地区古生界不整合面的局部细节，从削截角度来看，O_3-O_1 和 S-O 两个不整合面为高角度不整合，反映出塔中地区局部构造活动强烈；其他不整合面为低角度不整合，表明以整体抬升或翘倾掀斜运动为主。下奥陶统顶部和桑塔木组在塔中隆起上遭到强烈剥蚀，反映良里塔格组沉积前和志留系沉积前塔中地区两次强烈褶皱隆升（图 5.26）。靠近塔中 I 号断裂带附近良里塔格组底部有向南超覆的反射特征，表明良里塔格组沉积初期古沉积地貌南部较高。O_3s-O_3l 之间的不整合反映一种快速充填沉积，是周缘构造环境强烈变化的结果，反映盆地周缘强烈隆升，并遭受剥蚀，向塔中及其周边地区的物源注入充足。在中央断裂带北翼斜坡区可见桑塔木组沉积自北向南逐步上超（图 5.26），表明中央断裂带当时为一同沉积的构造抬升，从 O_3s-O_3l 之间的上超关系可以判断这期不整合主要是由桑塔木组沉积时，沿寒武系内部的膏岩盐层滑脱-冲断导致的后（北）翼旋转控制的同沉积现象（图 5.27）。中央断裂带也正是这一时期形成，在志留-泥盆纪构造挤压抬升进一步加强，甚至到中新生代还在持续活动。

与不整合面相比，生长地层更直观、更细致地记录构造变形的动态过程，是进行特定构造运动学研究的最佳选择。近年来，精细构造解析理论和技术快速发展，特别是在断层相关褶皱研究过程中提出了定量分析的思路与方法，明确了断层相关褶皱的两种生长方式

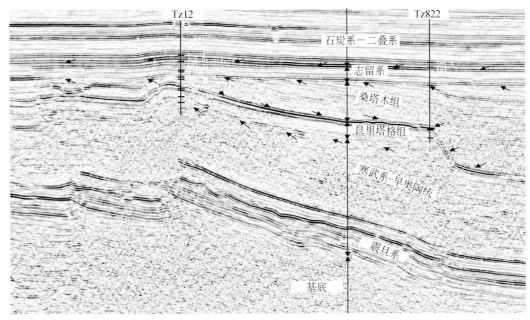

图 5.26 塔中古隆起主要构造不整合面（箭头指示角度不整合）

(Shaw et al., 2005)，即膝折带迁移（kink-band migration）与翼部旋转（limb rotation）。膝折带迁移（Suppe, 1983）是指褶皱在生长过程中，活动轴面逐渐远离不活动轴面，翼部扩展加宽，而翼倾角保持不变 [图5.27(a)]。上覆生长地层中出现宽度逐渐减小的膝折带，剖面中呈三角形，又称"生长三角"。由于褶皱生长速率与沉积速率往往是变化的，所以自然界中实际的生长轴面通常是一条弯曲的曲线。翼旋转生长方式发生在纵弯褶皱变形过程中。这种褶皱生长时轴面位置固定，膝折带宽度不变。变形过程中膝折带旋转，倾角逐渐变陡，同期形成的生长地层呈扇状，老地层倾角陡而新地层缓 [图5.27(b)]。当生长速率大于沉积速率时，同构造变形沉积超覆在翼部。膝折带迁移作用不仅是断层转折褶皱的生长方式，同时也是部分滑脱褶皱和断层传播褶皱的主要变形生长方式（Suppe and Medwedeff, 1990; Erslev, 1991; Hardy and Poblet, 1994）。翼旋转变形机制在滑脱褶皱、剪切变形中较常见（Erslev, 1991; Hardy and Poblet, 1994; Poblet and McClay, 1996）。有时，这两种褶皱生长方式也可能联合作用，形成更加复杂的构造类型和生长层序（Fisher, 1994; Hedlund et al., 1994）。

塔中古隆起部分地区生长地层比较普遍，反映了构造活动的动态过程。图5.28为过塔中45井区塔中Ⅰ号断裂的地震测线。图中塔中Ⅰ号断裂表现为深部基底断裂向浅层传播，上覆寒武系-奥陶系被褶皱弯曲；桑塔木组与志留系的部分地层为深部断裂活动的同沉积地层，表现为同一套地层在断裂上盘较薄、下盘较厚，中间部分形成特征的"生长三角"，具显著的轴面（活动轴面和固定轴面）。这表明寒武系-奥陶系褶皱是通过膝折迁移的方式生长的，前翼向斜中心对应固定轴面、上盘背斜核部对应活动轴面。构造活动的过程中，活动轴面逐步远离固定轴面，膝折带变宽。受塔中Ⅰ号断裂多期活动影响，剖面的生长地层具体可以划分为两套，即桑塔木组生长地层和志留纪生长地层。各期构造生长速率不同，生长三角固定轴面斜率相应发生变化，形成一条弯折的生长轴面。

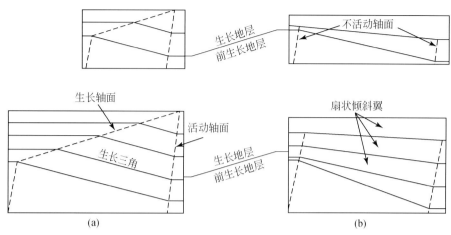

图 5.27　褶皱生长的运动学模型

(a) 膝折带迁移；(b) 翼部旋转

以翼旋转方式生长的构造在塔中也比较常见。在塔中东部 26-62 井区塔中 I 号断裂浅层褶皱翼部的桑塔木组地层中，可见向北呈扇状增厚的生长地层，表明当时基底断裂活动造成了翼部盖层的旋转运动。不同构造的运动方式存在一定的差别，这突出表现在所形成的生长地层的几何学特征上。因此，通过对生长地层的几何学解析，可以帮助识别深部构造样式、活动方式以及变形速率等信息。

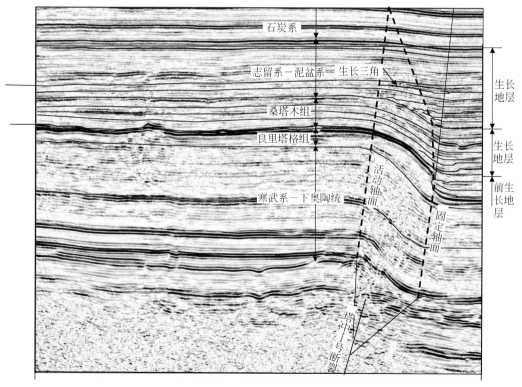

图 5.28　过塔中 45 井区三维地震测线生长地层识别

上述介绍的不整合分析和生长地层研究将成为下面判断塔中断裂活动期次的主要方法。

(二) 寒武纪—早奥陶世正断层构造及其对后期构造发育的影响

震旦纪至寒武纪，晚元古代超级古陆 Rodinia 裂解，塔里木地块南、北缘分别形成昆仑洋和南天山洋。南北两侧逐渐从早期裂谷演化为被动大陆边缘。伸展作用下，盆内发育了一些小型的箕状盆地和地堑。这期张性断裂形成的 NE 向构造格局控制了后期断裂发育，东北部稳定的克拉通块体成为后期构造活动的屏障，而张性断裂也是后期再活动断裂的边界。在最近的三维地震剖面上可以看到比较清楚的张性正断层，如图 5.23～图 5.25 所示，塔中 I 号断裂带正下方为切穿寒武系—下奥陶统的正断层（粗线），在 Tg5-2 以下可以看到明显的同相轴重复、错断、地层向北（断层上盘）加厚，但是由于后期（晚奥陶世）的构造挤压冲断，早期的正断层产状变得陡立，甚至倾向反转。张性正断层不仅控制了控制早期坡折带的形成，塔中 I 号断裂带 O_3 沉积期沿早期正断层发生基底卷入冲断，导致台地边缘相沉积加厚，而且在志留纪—二叠纪沿正断层部位发生抬升-冲断-走滑和岩浆侵入，控制后期构造的发育部位，二叠纪以后该断裂带持续轻微活动，控制了地层减薄和不整合面。特别是在西段 45 井区早期的张性正断层控制了二叠纪岩浆活动上侵。

根据 3D 地震资料刻画了塔中 I 号构造带张性正断层的分布（图 5.29），正断层主要沿 I 号断裂带北侧分布，在东、西两侧断裂连续，中段不连续。另外在西侧的塔中古隆起内部也可以看到一些正断层发育，这些正断层的发育可能影响晚奥陶世的各地边缘生屑滩和二叠纪的火山活动的发育。

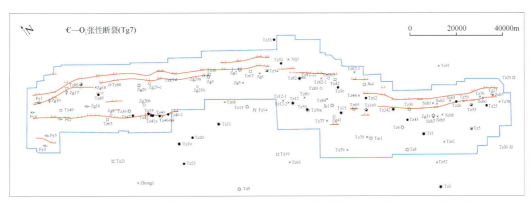

图 5.29　塔中 I 号断裂带寒武纪—早奥陶世张性正断裂的空间分布（寒武系底界层）

(三) 晚奥陶世冲断与走滑构造

从图 5.23～图 5.25 可以看出，塔中 I 号断裂带活动强度从东向西逐步增大。典型的基底卷入型断层传播褶皱构造在结晶基底中形成三角剪切带，初期表现为沉积盖层的膝折，随着断距的增加，基底断裂逐步向浅层传播，并最终切穿盖层。

塔中的构造演化经历了中奥陶世的前缘隆起，在晚奥陶世—中泥盆世为前陆冲断带的前锋叠加在前缘隆起上，冲断带内部主要为断层相关的水平挤压构造变形。塔中 I 号断裂带东段的主要构造变形样式为断层传播褶皱与楔形构造混生的构造变形样式，这与目前中国西部各个前陆冲断带前锋的构造变形样式基本一样。断层传播褶皱模型（Suppe and Medwedeff，1990）主要表现为：①褶皱前后翼不对称，前翼陡窄，后翼宽缓；②褶皱向斜位于断层端点的上方；③褶皱的宽度向下变窄；④断层传播褶皱下伏断层的滑移量向上减小。楔形构造虽然具有不同的变形特征和构造样式（Shaw，2005），主要具有以下明显特征：①同时发生前翼冲断和后翼冲断；②沿着活动轴面发生褶皱，并且褶皱变形止于构造楔的端点（即冲断活动的最前锋）；③后冲断层下盘的褶皱将产生地层的抬生。塔中古隆起东段的楔型构造主要以切层前冲-切层后冲这种方式变形为主。切层前冲-切层后冲这种楔形构造的主要特征是：随着断裂滑移，楔形构造的端点沿着前冲断裂的投影点向前传播，夹持与前冲断层和后冲断层之间的楔形体地层由于不存在前冲断层的转折而不变形，后冲断层之上的膝折带产状比后冲断层更加陡。

从前面构造地震解释图展示的构造地震剖面上可以看到塔中Ⅰ号带下端的寒武系膏岩盐强反射层具有约 6~10km 的重复，说明存在大位移量的水平收缩。来自南缘的冲断位移量一方面通过断层传播褶皱的形式被吸收，在 Tg5-1 反射层之下可以看到较清楚的断层上方的发育褶皱，但是断层传播褶皱吸收的位移量大约 3km，更多的位移量通过楔形构造向南反冲被吸收（图 5.15、图 5.17、图 5.19、图 5.25）。在反冲断层切层冲断的部位，可以明显看到断层面上下之间的地震同相轴大角度相交。在剖面的南段——塔中 5 号断裂带，沿寒武系内部的膏岩盐层滑脱形成由南向北冲断的推覆构造，同时伴有反冲断裂，形成一个突起构造。塔中 5 号断裂带与中央断裂带南部反冲断层形成对冲格局，之间夹持向斜区。在塔中Ⅰ号带最下部，由于基底内部发生剪切变形致使基底塑性增厚，形成一个单斜。在单斜带部位尚能看到形成于寒武纪—早奥陶世的张性正断层。

图 5.30 为过塔中 54 井区塔中Ⅰ号断裂带地震剖面，揭示了塔中中段走滑构造控制的花状断裂特征，上奥陶统地层错断明显。塔中古隆起除了压扭构造外，在右型走滑断裂的弯曲部位，也同样发育了张扭构造。如图 5.25 所示，该剖面位于塔中Ⅰ号带由 WN 走向变为 EW 走向的拐弯处，在右行走滑构造的控制下形成拉分构造，出现同沉积正断层控制下的滚动背斜。在图 5.25 的塔中Ⅰ号带北侧，地层大幅度加厚的桑塔木组成为一个明显的背斜，且背斜的隆升幅度明显大于下部地层，从地层的生长特征来看是明显受北倾的正断层控制，这与整个塔中在桑塔木沉积期为区域性的挤压构造背景不相吻合，最合理的解释就是受右行走滑控制的扭张构造形成滚动背斜。

在塔中Ⅰ号带的中段（塔中 54 井到塔中 62 井区段）可以看到明显的寒武系膏岩盐层内部的不等厚显现和膏岩盐层上下间构造的不协调。但是从整个地震剖面上，看不到膏岩层与桑塔木底界面之间由盐塑性流动形成的削蚀面，反而从整体的构造起伏上可以看出盐塑性流动控制的高低起伏大致与桑塔木底界的超覆面大致一致，所以据此推断盐构造的形成同样形成于晚奥陶世桑塔木组沉积期间。图 5.31 显示的地震剖面横切塔中 4 号与塔中 16 号背斜，其构造特征与东、西部各剖面有较大的差别。首先，整体变形方式表现为以向北的冲断为主，寒武系膏岩层上地层表现为典型的盖层滑脱构造，膏岩层之下为基底卷入构造，且膏岩层在局部地区异常增厚或减薄，表现出塑性流动的特点，是盐构造的一种；剖面揭示塔中 4 号断裂带和塔中 16 号断裂带为典型的断层传播褶皱（Suppe，1983），受南倾逆冲断层控制，具有统一的底板滑脱面。其次，塔中Ⅰ号断裂带冲断量增大，与西部相对缓倾斜坡不同，该剖面中断裂上盘基底被大幅度抬升；相对而言，以塔中4号断裂带为代表的中央断裂带变形量较东、西部明确变弱。再次，塔中古隆起各排构造之间间隔进一步缩短，尤其是北部斜坡区的宽度变窄更加明显，仅约5km宽。最后，塔中16号断裂带核部以北缺失上奥陶统桑塔木组沉积，志留系碎屑岩直接覆盖在上奥陶统良里塔格组之上，塔中Ⅰ号断裂带上盘地震反射表明桑塔木组遭到强烈剥蚀，与上覆志留系呈角度不整合接触，也是后期（桑塔木组沉积末期—志留纪初）构造活动强烈的一种表现。

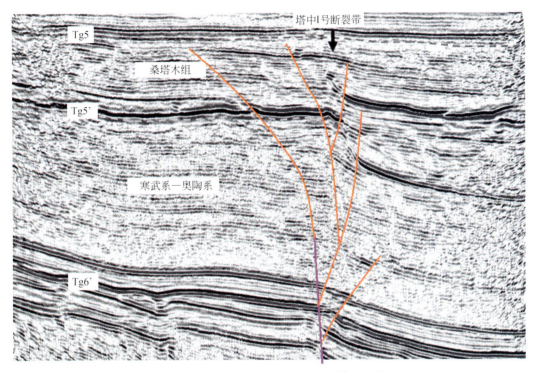

图 5.30　过塔中 54 井区塔中Ⅰ号断裂带地震剖面

晚奥陶右行扭压与NW向冲断走滑断裂体系。由塔中三维区断裂分布整体来看（图5.32），晚奥陶纪断裂NW向展布，呈发散的帚状，断裂分布具有明显的分带和分段性，如塔中东部以逆冲和反冲为主，挤压强烈，断距大；而塔中中部同时存在走滑和反冲，塔中Ⅰ号断裂带主要表现为走滑，塔中Ⅰ号断裂带以南分布四排近平行的反冲构造；塔中Ⅰ号断裂带西部表现为逆冲冲断，断裂强度和规模比塔中东部地区都要小很多，塔中Ⅰ号断裂带以南地区主要为走滑。塔中三维区合共解析出18条形成于晚奥陶世的主要断裂，根据断裂的性质和空间展布，将三维区晚奥陶纪断裂分别进行了分组编号，由北向南共划分出六组断裂，分别为F1、F2、F3、F4、F5和F6，各组断裂都有多条断裂组成，每组断裂都呈NW向展布的弧状，弧型断裂的焦点所在位置可能指示了动力的来源，因而推测晚奥陶世的动力来源主要是ES方向。

第一组弧形断裂带（F1）。 位于塔中古隆起的北坡，即塔里木油田命名的塔中Ⅰ号断裂带，断裂分为明显的三段，分别为东段（F1-1），中段（F1-2）和西段（F1-3）。塔中

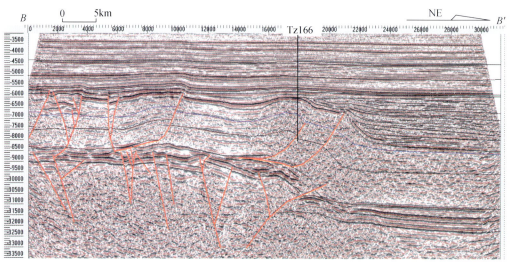

图 5.31 过塔中古隆起中东部 B-B′ 地震剖面及其构造样式

Ⅰ号断裂带东段断裂（F1-1）主要为基底卷入逆冲断裂，受满加尔凹陷块体的阻挡，其走向为 NW 向，倾向为 NE，EW 延伸长度达 71.8km，最大断距达 1200m（400ms），位于 Tz30，Tz72，Tz723 井以东的塔中 24 井区和塔中 26 井区。塔中Ⅰ号断裂带中段（F1-2）在位于 Zg18，Tz45 与 Tz823，Tz821 井之间，断裂以 NW 向走滑为主，断裂性质具有压扭性，局部位置也表现为张扭，如断裂的东段 Tz82 井区，断裂具有张扭性，走滑方向近 NS 向，延伸长度达 103.7km，最大垂向断距为 180m（60ms）。走滑断裂在空间的不同位置也具有一定的差异性，走滑的首尾两端断裂限定的拉分区宽度相对较窄，而走滑断裂带的中部宽度最大。塔中Ⅰ号断裂带西段（F1-3），主要位于 Tz45 井区，断裂表现为基底卷入的 NE 向逆冲推覆，断裂走向为 NW 向，倾向为 NE，断裂的活动强度与东段相比要小，不存在反冲构造，最大断距为 300m（100ms），断裂向西延伸已经超出三维区，在三维区内的断裂长度为 31.0km。

第二组弧形断裂带（F2）。由 NW 向走滑断裂 F2-1、F2-2，WS 反向冲断断裂 F2-3 和近 EW 向走滑的翼端断裂 F2-4 组成。走滑断裂 F2-1 位于 Tz45 和 Zg44 井位置，走向为 NW，EW 延伸长度为 16km，垂向断距很小，最大断距为 45m（15ms）。走滑断裂 F2-2 在 Tz40，Tz35、Tz47 和 Tz39 等井附近，断裂以张扭性走滑为主，走滑方向为 NW，最大断距为 60m（20ms），向西延伸超出三维区。WS 向反冲断裂 F2-3，为一沿中寒武统地层滑脱的反冲断层，断层倾向为 NE，走向为 NW，长度为 17.0km，最大断距 150m（50ms），断层位置伴生二叠纪岩浆活动。

第三组弧形断裂带（F3）。由 4 条近平行的倾向为 NE 向反冲断层 F3-1、F3-2、F3-3 和 F3-4 组成，4 条断层围限成一 NW 向展布的弧形带。反冲断裂 F3-1 走向为 NW，倾向为 NE 向，最大断距为 90m（30ms），长度为 12.0km；反冲断裂 F3-2 走向为 NW，倾向为 NE 向，最大断距达 450m（150ms），长度为 46.6km；反冲断裂 F3-3 走向为 NW，倾向为 NE 向，最大断距达 300m（100ms），长度为 26.0km；反冲断裂 F3-4 在三维区走向为 NW，倾向为 NE 向，最大断距达 180m（60ms），长度为 25.3km。

第五章 海相克拉通盆地构造演化与古隆起结构特征

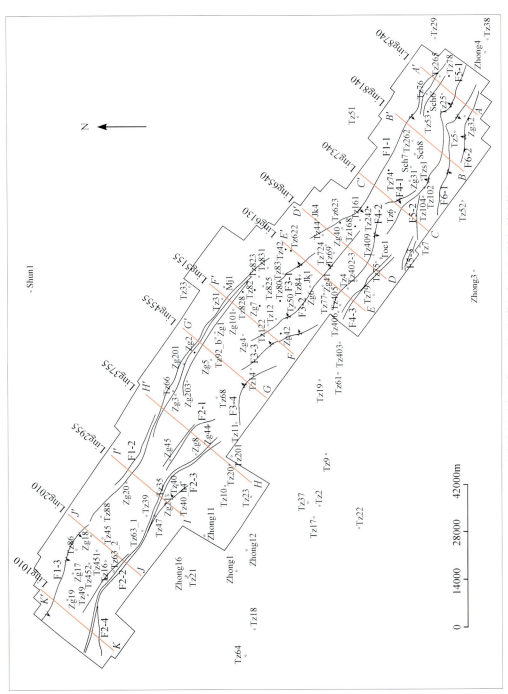

图5.32 晚奥陶纪（底图为Tg5-2）断裂分布及典型剖面位置图

第四组弧形断裂带（F4）。由走向为 NNW 倾向为 SW 的逆冲断裂 F4-1，走向为 NW、倾向为 SW 的逆冲断裂 F4-2 和 NW 向走滑断裂 F4-3 组成。逆冲断裂 F4-1 位于塔中的东部，附近有 Tz101，Tz103，Tz47 井，最大断距达 450m（150ms），长度为 18.0km。逆冲断裂 F4-2 走向为 NW 倾向为 SW，最大断距达 600m（200ms），长度为 25.3km。

第五组弧形断裂带（F5）。由走向为 NW 倾向为 NE 的反冲断裂 F5-1 和走向近 EW 向南倾断裂 F5-2 组成。反冲断层 F5-1 附近有 Tz102，Tz104，Tz1 井，断层长度达 55.2km，最大断距为 180m（60ms）；断裂 F5-2 向南延伸超出三维区，断层长度为 9.0km，最大断距 600m（200ms）。

第六组弧形断裂带（F6）。由 NE 向逆冲断裂 F6-1 和 WS 向反冲断裂 F6-2 组成。其中断裂 F6-1 断层长度为 34.5km，最大断距为 600m（200ms）。断裂 F6-2 断层长度为 13.0km，最大断距 150m（150ms）。

（四）志留纪—泥盆纪 NE 向走滑断裂构造

塔中古隆起上的 NE 向走滑断裂横切 NW-SE 向主要构造，勘探实践证明这类断裂对塔中古隆起油气成藏具有非常重要的意义。可以说，塔中古隆起整体都是以压扭性的构造为主，走向滑动是塔中地区的主要构造运动方式；但 NE 向走滑断裂较为特殊，与区域主要构造呈垂向切割关系（图 5.8），EW 向的联络测线表明这类断裂以拉张为主。这一组断裂相当于在右行力偶矩作用下产生的 R′剪切面，与主要的走滑位移面（塔中 I 号断裂带）大致呈 60°~70°的交角。图 5.33 为过塔中北部斜坡区塔中 54-83 井区东西向地震剖面，剖面表明 NE 向断裂为张性断裂，且志留系—泥盆系及其以下地层卷入变形，推知该类断裂的主要活动时期为志留纪—泥盆纪。

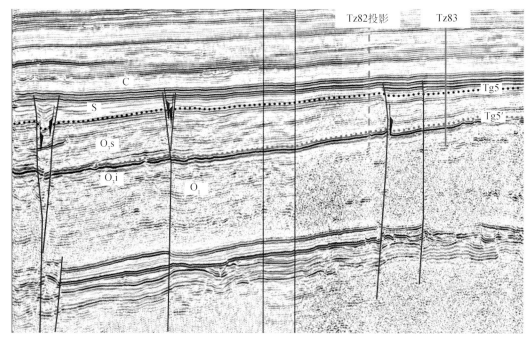

图 5.33 塔中北部斜坡区塔中 54-83 井区 EW 向地震测线

图 5.34 展示了塔中 12 井区形成的 NE 向扭张构造特征，主要发育两条 NE 走向的左行张扭构造，一条位于塔中 14 井东侧，该 NE 向走滑断裂明显左行错开早期（O_3）形成的 NW 向扭压构造，组成该走滑带的次一级断裂呈左行右列，显示扭张断裂，在地震剖面上解释为负花状构造。该区内的另一条断裂位于塔中 12 井西侧，西侧为沿该主位移断裂形成的分支构造，为左行右列展布，为扭张构造，与地震测线解释出负花状断裂结构是完全一致。

通过全区三维地震的构造解释，初步编制了塔中三维区内的断裂分布（图 5.35），从图中可以看出，NE 向断裂总体上具有左行切割 NW 向断裂的特征，这与前面分析的 NW 向右行冲断-走滑断裂主要形成于晚奥陶世，后期（S—D）持续扭压，这一组断裂相当于 R 剪切破裂面，而 NE 向断裂则主要形成于 S—D 的左行扭压构造，相当于 R′剪切破裂面，NE 向断裂主要受控于来自 ES 方向的构造挤压，由于断裂面与应力场斜交而形成扭张构造。

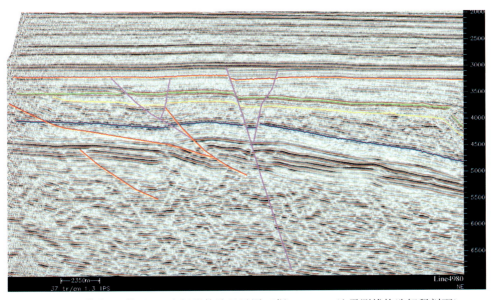

图 5.34 塔中 12 井区 NE 向扭张构造显示图（据 Line4980 地震测线构造解释剖面）

塔中志留纪—泥盆纪的张扭断裂体系由三部分组成：主干边界断裂、尾端羽列断裂（splay）和拉分地堑，下面对这三部分的构造特征进行简要描述。主干边界断裂，在主干断裂剖面上表现为高角度近似直立面，直插入基底，上截至于石炭系底部地层，垂向断距不大，断层两侧地层产状有变化，正、逆断层均可发育，断裂较单一，延伸较远，剖面上呈负花状构造（图 5.33、图 5.35）。尾端羽列断裂，在主干断层的尾端发育，主要位于主干断裂的北端，有一系列 NNW 向的羽列断裂组成，羽列断裂一般延伸距离较短，多表现为正断层性质，在剖面上呈负花状构造样式（图 5.33、图 5.35、图 5.36）。拉分地堑，平面上呈菱形，菱形拉分地堑南北边界受多级断层控制，在塔中 12 井区和塔中 13-14 井区（图 5.37）。

塔中志留纪—泥盆纪走滑断裂在相干切片上有很好的表现，如图 5.36 所示。在塔中

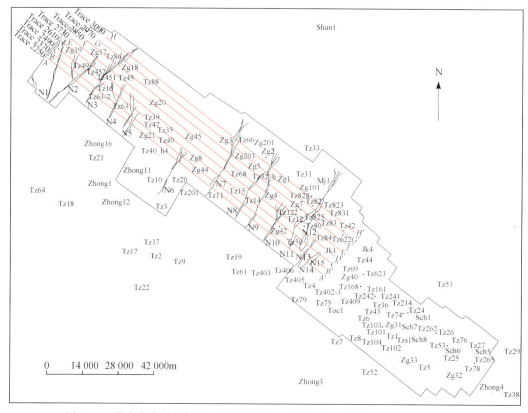

图 5.35 塔中古隆起北斜坡三维区志留纪—泥盆纪断裂分布及典型剖面位置图

45 井区和塔中 12 井区，相干体切片 NE 向走滑断裂影像非常清晰，因而利用地震属性分析也是识别断裂的一种有效手段，可以与地震剖面解析结合厘定断裂的分布。

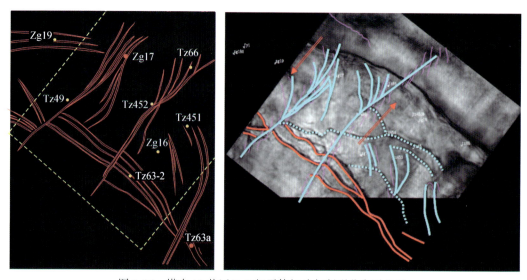

图 5.36 塔中 45 井区 Tg5′相干体切片与断裂分布对比图

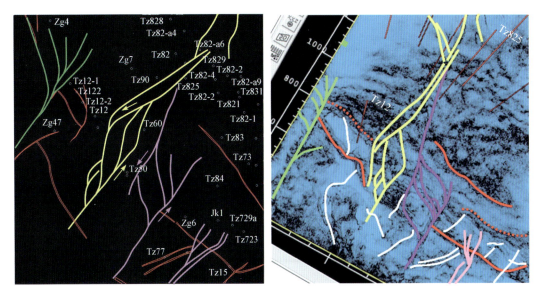

图 5.37 塔中 12 井区 Tg5′相干体切片与断裂分布对比图

塔中北斜坡三维区地共解释出 15 组 NE 向展布走滑断裂，平面分布特征见图 5.35。从南向北分支，南边的一条主干断裂向北分散开成为多条次一级的断裂；再进一步向北，断层开始消失，显示主干断裂分枝是走滑断裂尾端效应结果，如塔中 52 井、塔中 49 井附近的断裂。也有一些断裂在南缘主干断裂和尾端分枝之间，出现菱形拉分盆地，如在塔中 12 井和塔中 60 井之间地区。与走滑断裂垂直的地震测线上，走滑断裂表现为反射同相轴明显直立错断、花状构造、局部同相轴杂乱反射、地层垮塌，甚至部分断裂上同时出现正断层和逆断层（图 5.38、图 5.39）。总体看来，南边走滑断裂多（图 5.38），北边走滑断裂明显减少（图 5.39）。

中泥盆世末期，塔中古隆起东部大幅度隆升，志留系和泥盆系遭受剥蚀，总体构造形态东高西低。上泥盆统—二叠系平缓地披覆于下伏地层之上，表现为向东抬升、向西北倾没的大型鼻状构造，海西晚期后构造变形减弱，未发生大规模褶皱作用。

（五）二叠纪岩浆刺穿构造

塔中 I 号断裂带西段，主垒带以南隐伏–火成岩带，沿断裂带向浅层侵入二叠系底部，为早二叠世盆地西部火山活动结果（陈汉林等，1997）。图 5.23 在塔中 45 井南侧断裂 B 所示为明显岩浆刺穿构造；如图 5.38 所示，在走滑断裂 N5 和 N6 之间，发育的两条从下向上树枝状分叉的断裂，它与志留纪—泥盆纪走滑断裂明显不同的是，从基底向上一直刺穿到二叠系，甚至在三叠系中也能看到受热后的地层冷却垮塌的正断层迹象，但是志留纪—泥盆纪走滑断裂则完全消失在 Tg3（石炭系底界）地层中，上部不再有任何影响。沿震旦纪发育的裂谷边界和晚加里东期形成的扭压走滑构造分布区发生岩浆向上侵入刺穿，由于岩浆侵入引起的热液岩溶作用，地层的波阻抗属性发生改变，因而发生岩浆侵入的部位地震反射杂乱；同时由于深部岩浆物质的上侵，致使地层隆升，形成一定幅度的岩浆底辟构

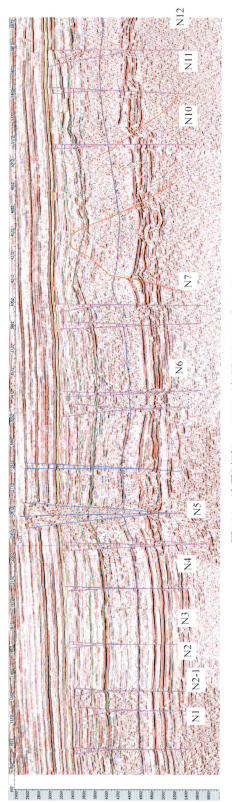

图5.38 地震剖面Trace2370（位置见图5.35中 $B-B'$）

层位：黄色.Tg22；浅绿色.Tg51；深绿色.Tg52；浅蓝色.Tg6；深蓝色.Tg61；粉红色.Tg61

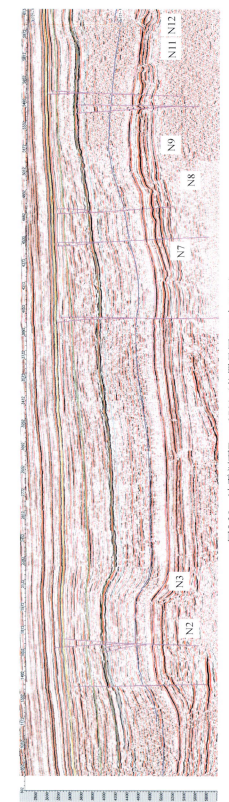

图5.39 地震剖面Trace2730（位置见图5.35中 $E-E'$）

层位：黄色.Tg22；浅绿色.Tg5；深绿色.Tg51；深蓝色.Tg52；浅蓝色.Tg6；粉红色.Tg61

造。岩浆侵入的主要时期为二叠纪，所以岩浆底辟直接控制地层热液作用和刺穿变形的层位为二叠系地层；但是在岩体侵入部位的上方的三叠系内部仍然见到的正断层可能为岩浆冷却后的垮塌形成。

地震解析出塔中北斜坡存在二叠纪岩浆刺穿活动 20 多处，其规模和范围不等，在塔中三维区呈点状或条带状。二叠纪岩浆活动对早期断裂活动具有继承性，岩浆刺穿对早期断裂进行叠置和改造，岩浆侵入和底辟作用致使地层隆升，形成一系列逆断层性质的"正花状构造"，也存在一些垮塌的正断层性质的"负花状构造"。存在岩浆刺穿的区域主要位于中西部晚奥陶世扭压断裂和志留纪—泥盆纪走滑断裂的交汇区，塔中东部只有零星分布。与志留纪—泥盆纪走滑断裂相关的岩浆刺穿活动强度和规模都相对较大，岩浆底辟导致的"正花状构造"和塌陷形成的"负花状构造"都有存在，叠加于加里东晚期断裂的岩浆活动相对较弱，规模和范围都相当较小，主要是塌陷性"负花状构造"，NW 走向晚奥陶世走滑断裂和 NE 走向志留纪—泥盆纪走滑断裂两期活动交汇位置存在的岩浆活动强度和规模较大，如 Tz47 井区所示（图 5.40）。

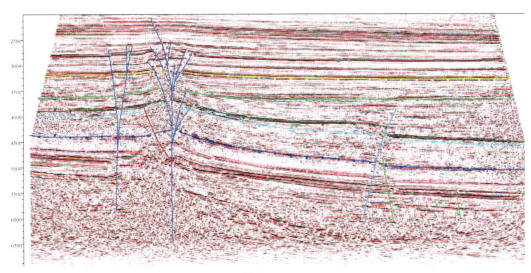

图 5.40　地震剖面 Line2635（$G-G'$）

蓝色断层为二叠纪岩浆刺穿。层位：黄色.Tg22；浅绿色.Tg5；深绿色.Tg51；浅蓝色.Tg52；深蓝色.Tg6；粉红色.Tg61

三、塔中北斜坡三维地震区构造变形规律

（1）塔中 I 号断裂为正反转构造，控制了后期构造变形带的发育。塔中 I 号断裂及其南北侧的次一级张性正断层控制了塔中 I 号断裂南北两侧地层厚度的沉积差异。同时，在 Tg3 与 Tg5-2 之间，地层向北翼增厚的生长地层，显示晚奥陶世到泥盆纪期间断裂 A、B 挤压抬升，背斜前翼旋转抬升控制了生长地层的沉积。断裂 A、B 上方 Tg3 以上的地层水平叠加，显示构造开始变得稳定，后期的活动明显减弱；但是在 Tg 强相位的下面可以见到断裂 A 背斜处存在轻微的角度不整合，显示三叠纪时期塔西南前陆冲断构造对塔中有一定的影响，致使塔中轻微活动，挠曲抬升控制 P 沉积地层的削蚀减薄。

（2）塔中Ⅰ号断裂东西两端以从 ES 向 WN 的冲断构造变形为主，中段受元古界裂谷盆地底边界和南边界的影响，向北冲断的构造位移量转化向南反向冲断，发育 Tz63-Tz35 断裂、塔中 10 号断裂等。塔中Ⅰ号断裂东西两端的冲断构造通过沿塔中Ⅰ号断裂带的寒武纪—早奥陶世张性正断裂控制的右行走滑断裂相连，在地震剖面上可以勘探沿塔中Ⅰ号断裂带普遍发育花状构造。在塔中Ⅰ号断裂带的中段，整个北斜坡带也显示一个花状构造，显示东南缘的冲断构造位移量沿中段走滑构造向 WN 方向传递变形。从断裂的平面分布图上可以看出，仅仅就冲断构造而言，塔中Ⅰ号断裂带的东西两端由于基底的错断控制了沉积盖层内发生了一定的冲断位移，而在断裂带的中段，仅仅在基底内部发生剪切增厚而导致沉积盖层整体向上隆升，沉积盖层内部的相对垂向位移不明显。

（3）工区东段的地质结构，从南缘的车尔臣断裂到塔中Ⅰ号断裂带，为一系列从南向北冲断的晚加里东期构造，在塔中古隆起南缘断裂以南，主要是沿着寒武系内部膏岩盐滑脱的冲断推覆构造，形成如图 5.8 所示的弧形冲断带；在塔中古隆起部位，基底卷入的构造变形控制了古隆起的发育，沿寒武系内部的滑脱推覆构造控制了塔中内部的地质结构（图 5.15、图 5.17、图 5.19）。研究工区西段的地质结构，在塘北断裂以南为一系列从南向北古冲断构造，但是整个塔中古隆起内部的结构与东段完全不同，沉积盖层内部的滑脱冲断构造不发育，以穿入基底内部的高陡断裂为主；这主要是因为来自 ES 方向的古冲断构造的前锋带终止于塔东南缘断裂，部分来自 ES 方向的水平位移量转化为 WN 走向的帚状走滑断裂。

（4）晚奥陶世以来，随着前陆冲断构造位移由 ES 向 WN（依现今地理位置为参照系）传递，主体构造位移量消失在冲断带最前锋的塘北-塔中南-塔中 5 号等弧形断裂带，在该弧形冲断带之内，存在两个层次滑脱的水平冲断推覆构造。其一是沿寒武系内部膏盐岩滑脱的冲断构造，该冲断构造控制了 Tg3 反射层（相当于上泥盆统东河砂岩地层底界）以下一系列冲断构造活动。其二是根据地震解释推测在埋深 15km 左右的中地壳韧性变形层，沿该滑脱层形成的冲断推覆构造终止于塔中Ⅰ号断裂带东段的弧形带，该断裂切穿基底进入沉积盖层后一方面通过断层传播褶皱的方式向前传播部分水平位移，这种断层传播褶皱控制了晚奥陶世良里塔格期礁滩体和桑塔木期同沉积地层的发育；另一方面，大部分水平位移量通过向南冲断的楔形构造传播，由于冲断抬升导致地层在 Tg3 沉积以前被剥蚀，所以楔形构造南冲的位移终止方式难以确定。

（5）存在 NE 向拉张为主的走滑断裂横切 NW-SE 向主要构造，这一组断裂相当于在右行力偶矩作用下产生的 R′剪切面，与主要的走滑位移面（Ⅰ号断裂带）大致呈 60°~70°的交角，该类断裂的主要活动时期为志留纪—泥盆纪。

四、塔中断裂体系之间的构造继承与叠加改造

（一）几个关键层系的断裂体系分布特征

研究中通过对塔中北斜坡三维工区内的地震资料解析，根据断裂几何样式、运动方式、变形强度和变形时序等（李传新，2009，2010，2013），本书认为塔中北斜坡主要存在 4 期关键的断裂发育期。断裂构造样式复杂多变，既有基底卷入的构造变形，又有沉积

盖层内的逆冲推覆；既有寒武纪—早奥陶世的张性正断层，也有加里东期的构造反转逆冲；既有走滑冲断，也有走滑伸展；既有岩浆刺穿构造，也有盐塑性变形构造。下面将重点介绍不同性质、不同时期的断裂体系在塔中北斜坡的几个关键勘探层系中的分部特征及其继承关系。

Tg6-1（中寒武统）的T0构造图上（图5.41），整体呈现ES高、WN低的构造分布特征，在ES部位的塔中5井附近T0为3200ms，WN部位的塔中45井附近T0为5200ms，构造等值线同样呈NW分布。在三维工区内的T0图上可以看出塔中5号（塔中Ⅱ号断裂东端）断裂带、塔中7-8断裂带、中央断裂带、塔中10号断裂带从ES向WN笤帚状发散分布。塔中北斜坡NW向的寒武纪张性断裂，主要沿塔中Ⅰ号断裂带北侧分布，在东西两侧断裂连续，中段不连续，这期断裂在塔中39井、塔中35井一带也有分布（图5.29）。晚奥陶世的NW向逆冲断裂除了在塔中Ⅰ号断裂带的东西两端、塔中35井沿早期正断层继承性地发育外，在塔中10号断裂带发育由4条断裂组成的右行左列构造带，同时，在东南端的塔中5（Ⅱ号断裂东端）断裂带、塔中7-8断裂带也显示出一系列右行右列的扭压构造带。从西向东，分别发育穿过塔中49、451、88、47、10、68、14，中古1、50、15等井的NE走向的志留纪—泥盆纪断裂，这期断裂的构造位移量相对较小，并没有改变塔中北斜坡的整体构造格局，但是在塔中14、47、50井等位置，这一期走滑构造切过早期的NW走向断裂，由于扭张垮塌使得局部构造变形改变晚奥陶世形成的构造趋势。

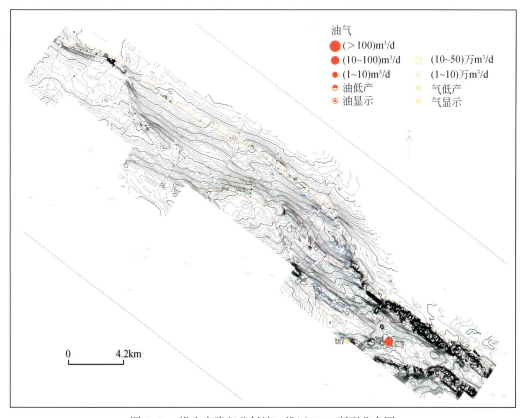

图 5.41　塔中古隆起北斜坡三维区 Tg61 断裂分布图

Tg6（下奥陶统底）的 T0 构造图上（图 5.42）基本上保持了 Tg6-1 的构造形态，整体呈现 ES 高、WN 低的构造分布特征，在 ES 部位的塔中 5 井附近 T0 为 2800ms，WN 部位的塔中 45 井附近 T0 为 5100ms，构造等值线同样呈 NW 分布。在三维工区内的 T0 图上可以看出塔中 5 号（Ⅱ号断裂带东端）断裂带、塔中 7-8 断裂带、中央断裂带、塔中 10 号断裂带从 ES 向 WN 箑帚状发散分布。沿塔中北斜坡和塔中 39、塔中 35 一带 NW 向的寒武纪张性断裂继承性发育了晚奥陶世的 NW 向逆冲断裂，另外在塔中 10 号断裂带发育由 4 条断裂组成的右行左列构造带，在塔中 63–塔中 35 附近发育由 4 条断裂组成的右行左列构造带，在 WN 端塔中 49 以南，形成 3 支左列分叉的走滑断裂带，显示该处为走滑断裂的尾端分叉的特征，也说明走滑断裂的位移量向 WN 方向开始消减。在 ES 端的塔中 5 号（Ⅱ号断裂带东端）断裂带、塔中 7-8 断裂带也显示出一系列右行右列的扭压构造带。从西向东，分别发育穿过塔中 49、451、88 南、47、10、68、14、12、50、15 等井的 NW 走向的志留纪—泥盆纪断裂，这期断裂的构造位移量相对较小，并没有改变塔中北斜坡的整体构造格局，但是在塔中 13 井以南，47、50 井等位置，这一期走滑构造切过早期的 NW 走向断裂，由于扭张垮塌使得局部构造变形改变晚奥陶世形成的构造趋势。在塔中 86 井以北，47-35、14、10、12 井等位置可见二叠纪岩浆刺穿断裂。

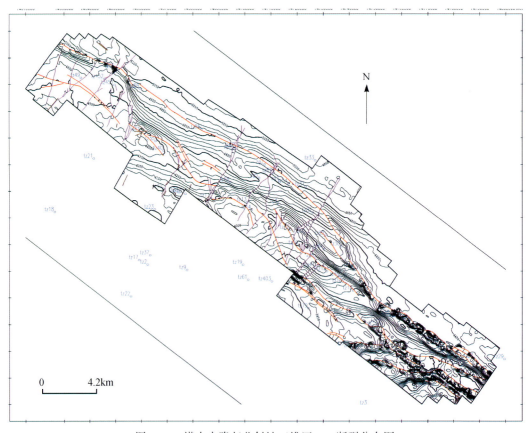

图 5.42　塔中古隆起北斜坡三维区 Tg6 断裂分布图

Tg5-2（中奥陶统）的 T0 构造图上（图 5.43）基本上保持了 Tg6 的构造形态，整体呈现 ES 高、WN 低的构造分布特征，在 ES 部位的塔中 5 井附近 T0 为 3800ms，WN 部位的塔中 45 井附近 T0 为 4200ms，构造等值线同样呈 NW 分布。在三维工区内的 T0 图上可以看出塔中 5 号（Ⅱ 号断裂东端）断裂带、塔中 7-8 断裂带、中央断裂带、塔中 10 号断裂带从 ES 向 WN 笤帚状发散分布。沿塔中北斜坡和塔中 39、塔中 35 一带 NW 向的寒武纪张性断裂继承性发育了晚奥陶世的 NW 向逆冲断裂，在塔中 Ⅰ 号断裂带中段的塔中 88—塔中 82 部位，为 4 条右行右列的走滑断裂带组成，另外在塔中 10 号断裂带发育由 5 条断裂组成的右行左列构造带，在塔中 63–塔中 35 附近发育由 3 条断裂组成的右行左列构造带，在 WN 端塔中 49 以南，形成 3 支左列分叉的走滑断裂带，显示该处为走滑断裂的尾端分叉的特征，也说明走滑断裂的位移量向 WN 方向开始消减。在 ES 端的塔中 5 号（Ⅱ 号断裂东端）断裂带、塔中 7-8 断裂带也显示出一系列右行右列的扭压构造带。从西向东，分别发育穿过塔中 49、451、88 南、47、10、68、14、12、50、15 等井的 NE 走向的志留纪—泥盆纪断裂，由于走滑断裂从基底向上为一系列分叉的花状构造，所以该断裂较下部的两个层系（Tg6-1 和 Tg6）上更加发育，断裂分叉更加明显，几乎都呈向 WS 收敛、向 EN 发散的分叉结构；这期断裂的构造位移量相对较小，并没有改变塔中北斜坡的整体构造格局，但是在塔中 13 以南，塔中 47、50 井等位置，这一期走滑构造切过早期的 NW 走向断裂，由于扭张垮塌使得局部构造变形改变晚奥陶世形成的构造趋势。在塔中 86 井以北、

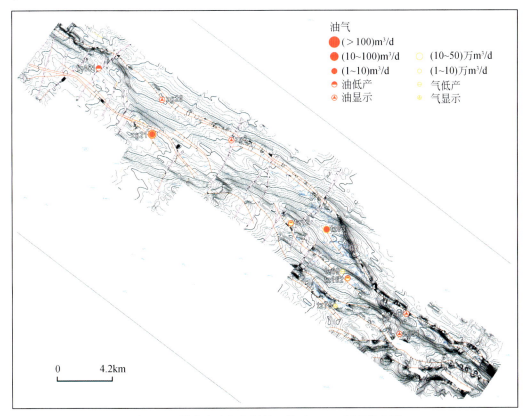

图 5.43　塔中古隆起北斜坡三维区 Tg5-2 断裂分布图

塔中 47-塔中 35、塔中 10、塔中 12、塔中 50 东等位置可见二叠纪岩浆刺穿断裂。

Tg5-1（上奥陶统）的 T0 构造图上（图 5.44）基本上保持了 Tg5-2 的构造形态，整体呈现 ES 高、WN 低的构造分布特征，在 ES 部位的塔中 5 井附近 T0 为 3000ms，WN 部位的塔中 45 井附近 T0 为 4100ms，构造等值线同样呈 NW 分布，但是构造等值线变得平缓，WN 端与 ES 端的构造高差仅 1100ms；ES 端在塔中 1 井与塔中 5 井之间存在局部的上奥陶统地层被剥蚀。在三维工区内的 T0 图上可以看出塔中 5 号（Ⅱ号断裂东端）断裂带、塔中 7-8 断裂带、中央断裂带、塔中 10 号断裂带从 ES 向 WN 箒帚状发散分布。沿塔中北斜坡和塔中 39 井、塔中 35 井一带 NW 向的寒武纪张性断裂继承性发育了晚奥陶世的 NW 向逆冲断裂，在塔中 Ⅰ 号断裂带中段的塔中 88-塔中 82 井部位，为 4 条右行右列的走滑断裂带组成，另外在塔中 10 号断裂带发育由 5 条断裂组成的右行左列构造带，在塔中 63-塔中 35 井附近发育由 2 条断裂分叉组成的走滑构造带，向 WN 开口并直达塔中 49 井以南，显示该处为走滑断裂的尾端分叉的特征，也说明走滑断裂的位移量向 WN 方向开始消减。在 ES 端的塔中 5 号（Ⅱ号东端）断裂带、塔中 7-8 断裂带也显示出一系列右行右列的扭压构造带。从西向东，分别发育穿过塔中 49、451、88 南、47、10、68、14、12、50、15 等井的 NE 走向的志留纪—泥盆纪断裂，由于走滑断裂从基底向上为一系列分叉的花状构造，所以该断裂较下部的三个层系（Tg6-1、Tg6 和 Tg5-2）上更加发育，断裂分叉更加明

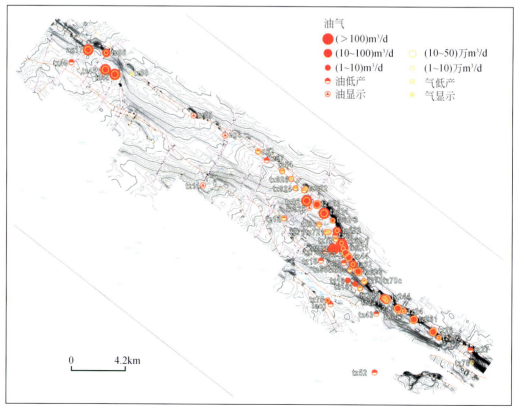

图 5.44　塔中古隆起北斜坡三维区 Tg5-1 断裂分布图

显，几乎都呈向 WS 收敛、向 EN 发散的分叉结构；这期断裂的构造位移量相对较小，并没有改变塔中北斜坡的整体构造格局，但是在塔中 13 井以南，塔中 47、塔中 50 井等位置，这一期走滑构造切过早期的 NW 走向断裂，由于扭张垮塌使得局部构造变形改变晚奥陶世形成的构造趋势。在塔中 86 以北，塔中 47-35-40、11、10、12 井等位置可见二叠纪岩浆刺穿断裂。

Tg5（志留系底）的 T0 构造图上（图 5.45）整体呈现 ES 高、WN 低的构造分布特征，在 ES 部位的塔中 5 井附近 T0 为 2800ms，WN 部位的塔中 45 井附近 T0 为 3800ms，构造等值线开始从 ES 端的 NW 展布向 WN 端逐渐过渡为 NE 展布，但是构造等值线变得平缓，WN 端与 ES 端的构造高差仅 1000ms，显示志留系塔中由于完全进入陆相沉积，构造与地貌开始夷平，同时 ES 方向的强烈挤压抬升导致 ES 高、WN 低的构造格局，叠加在奥陶纪 WS 高、EN 低的构造格局之上。在三维工区内的 T0 图上可以看出塔中 5 号（Ⅱ号断裂带东端）断裂带、塔中 7-8 断裂带、中央断裂（断裂）带、塔中 10 号断裂带从 ES 向 WN 帚状发散分布的形态开始变得不明显。沿塔中北斜坡 Ⅰ 号断裂带发育得晚奥陶世 NW 向逆冲断裂消失，在塔中 63-塔中 35 附近仍旧能看到这期 NW 走滑构造带，与构造等值线近于垂直。在 ES 端的塔中 5 号（Ⅱ号断裂东端）断裂带、塔中 7-8 断裂带尚能显示出这一期扭压构造带。从西向东，分别发育穿过塔中 49、451、88 南、47、10、68、14、

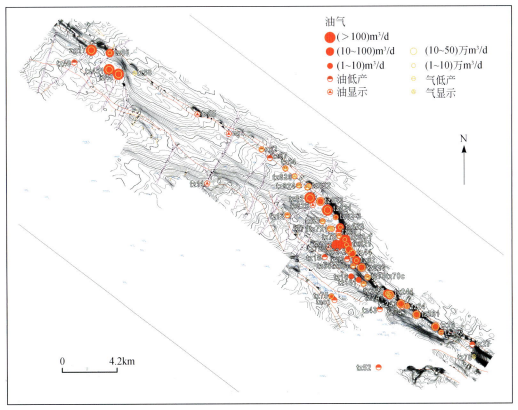

图 5.45 塔中古隆起北斜坡三维区 Tg5 断裂分布图

12、50、15 等井的 NE 走向的志留纪—泥盆纪断裂分外突出，由于走滑断裂从基底向上为一系列分叉的花状构造，所以该断裂较下部的层系更加发育，断裂分叉更加明显，几乎都呈向 WS 收敛、向 EN 发散的分叉结构；这期断裂与构造等值线方向近于平行。在塔中 86 以北、47-35-40、11、10、12 井等位置可见二叠纪岩浆刺穿断裂。

Tg2-2（中石炭统底）的 T0 构造图上（图 5.46）基本上保持了 Tg5 的构造形态，整体呈现 ES 高、WN 低的构造分布特征，在 ES 部位的塔中 5 井附近 T0 为 2500ms，WN 部位的塔中 45 井附近 T0 为 3400ms，构造等值线开始从 ES 端的 NW 展布向 WN 端逐渐过渡为北东展布，继承了志留纪时 ES 方向的强烈挤压抬升导致 ES 高、WN 低的构造格局。塔中 5 号（Ⅱ号断裂带东端）断裂带、塔中 7-8 断裂带、中央断裂带与塔中 10 号断裂带组成得从 ES 向 WN 箸帚状形态消失。晚奥陶世 NW 向逆冲断裂消失，但是在 ES 部位仍旧能够看到这一期形成的弧形冲断构造带，显示出持续活动的特征。NE 走向的志留纪—泥盆纪断裂消失。在塔中 86 以北、47-35-40、11、10、12 井等部位的二叠纪岩浆刺穿断裂显得分外突出。

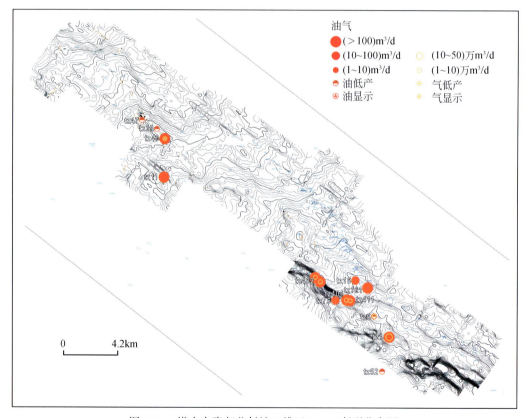

图 5.46 塔中古隆起北斜坡三维区 Tg2-2 断裂分布图

（二）几个关键部位的构造叠加与改造

图 5.44、图 5.47 展示了 Tg5-1 底图上晚奥陶世 NW 向右行走滑扭压构造与志留纪–泥

盆纪 NE 向右行扭张走滑断裂之间的构造关系。在晚奥陶世，主要形成凸向 NW 的弧形逆冲断裂（特别在 ES 端非常发育）和平行塔中Ⅰ号断裂带西段呈 NW 走向的右行走滑断裂；在每一个弧形断裂带的 WN 端都发育一支分叉的走滑断裂；弧形断裂带分叉呈走滑断裂的迹象，在三维地震工区的 EW 两端比较明显，向 ES 端汇集成束装的弧形断裂带在塔中 82—塔中 26 附近分出一支右行走滑、NW 走向的塔中Ⅰ号断裂带，WN 端的塔中 63-35 断裂分叉为两支，一支平行弧形逆冲断裂带、另一支平行塔中Ⅰ号断裂带西段。同样塔中 10 号断裂带平行弧形逆冲断裂带，在塔中 13 井处分叉出一支平行塔中Ⅰ号断裂带西段的塔中 63-35 右行走滑断裂。发育于志留纪—泥盆纪的 NE 向走滑断裂主要是切割晚奥陶世的构造，但是在西段可见部分 NE 向形成的分叉断裂开始与晚奥陶世形成的 NW 断裂合并。另外，二叠纪的岩浆刺穿断裂主要沿着寒武纪—早奥陶世的张性正断层和志留纪—泥盆纪的走滑断裂发育。

关于志留纪—泥盆纪断裂对早期晚奥陶世构造的改造作用，不得不提塔中 50 井区右行走滑拉分盆地。该走滑断裂形成一个菱形分叉的拉分盆地，向 NE 方向过塔中 82 井以后又成为尾端分叉为 3 支。塔中 50-塔中 12 在晚奥陶世为冲断隆升的古构造高部位，在志留纪—泥盆纪由于走滑拉分，原来的构造高部位受一系列正断层控制而垮塌，反而成为构造低洼部位（图 5.43、图 5.44、图 5.48）。

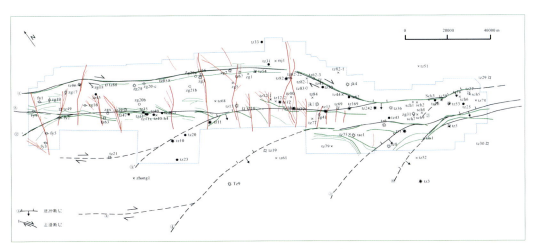

图 5.47　塔中古隆起北斜坡 Tg5-1 断裂体系分布图

（三）中新生代构造调整和局部活动

中生代以后，塔中地区已经成为稳定的克拉通盆地，但是受周缘造山活动的影响，存在微弱的构造调整，根据古断裂的上方存在微弱的削蚀不整合面或地层减薄现象（见图 5.23～图 5.25 的 Tg、T8 之下的箭头），推断前白垩纪古断裂存在一定的活动性。通过塔中Ⅰ号断裂带位于上盘的台地区和下盘的盆地区内 4 组 SN 方向上钻井分层获得的 Tg3 地层在加里东期以后的构造高程对比显示，经历志留纪—泥盆纪强烈构造活动后地层填平补齐沉积的 Tg3（东河砂岩底界），在三叠系构造差异最大（图 5.49），说明在塔中Ⅰ号断裂带在三叠纪经历一次较为强烈的调整改造，可能与康西瓦洋闭合引起的由南向北冲断

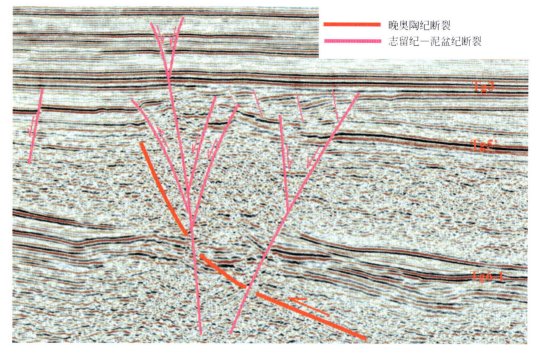

图 5.48 塔中 10 号断裂带晚奥陶世古冲断背斜被志留纪—泥盆纪走滑断裂错断塌陷（据地震测线 Line5612）

有关。

塔里木盆地塔中古隆起晚奥陶纪桑塔木组台盆区两侧存在明显的岩性差异，台地相以碳酸盐岩为主，而盆地相主要是砂泥质碎屑岩。由于不同岩性的压实系数差异，因而对上覆岩层沉积压实响应也不同。差异压实对后沉积岩层的构造形态有明显的控制作用，对志留纪沥青砂岩和石炭纪东河砂岩晚期成藏有较大影响。根据平均孔隙度-深度函数公式计算塔中古隆起台盆区不同压实量，估算可能的地层垂向压缩量差值，分析其可能对后期成藏作用的影响。碎屑岩层在埋藏过程中经过机械压实导致岩层的厚度随着埋深的加大而减少。通常的方法是根据现今观测到的岩层的孔隙度-深度或密度-深度数据用统计方法来建立岩层的孔隙度-深度函数，再根据地层骨架体积不变（或地层骨架密度不变）原理进行去压实校正，恢复岩层的压实埋藏过程，编制地层埋藏史曲线图（Raymond et al.，1974；Doglinio et al.，1988）。事实上，岩层的压实过程受多种因素影响，如岩性、上覆静岩压力、沉降速率、构造应力、地层含水特性、地层结构，甚至埋藏时间等。因此，即使是岩性相同的岩层，浅层特定深度的岩层孔隙度也不一定能够客观地反映更深层岩层在地质历史时期位于同样深度的孔隙度，各岩层的压实过程或多或少会有差异。碎屑岩层的初始孔隙度。无论哪种压实模型，其中"初始孔隙度"值对去压实校正得到的古厚度值的影响最大。例如，现今平均孔隙度为 20% 的 100m 碎屑岩层，如果其平均初始孔隙度值分别为 45%、50% 和 55%，得到的原始厚度分别为 145.45m、160m 和 177.78m。可见当初始孔隙度相差 10% 时，去压实校正后的原始厚度甚至可以超过 10%。碎屑岩的初始孔隙度主要与碎屑物的粒径和沉积方式有关。将南戴河海滩和河口取的松散沙样品进行处理，测得其初始孔隙度值仅为42%~46%。同样的，将大港油田滩海地区的沙一段和东营组的细砂岩岩心样品进行松散和烘干处理后沉积在盛水的量杯中，测得的初始孔隙度值为44%~46%。塔里木盆地塔中古隆起南北两侧存在明显的岩性差异，断层上盘的台地相以碳酸盐岩为主，下盘盆地相主要是砂泥质碎屑岩。由于不同岩性的压实系数差异，因而对上覆岩层沉积压实响应也不同。差异压实对后沉积地层的构造形态有明显控制作用，对志留纪沥青砂岩和石炭纪东河砂岩晚期成藏有较大影响。

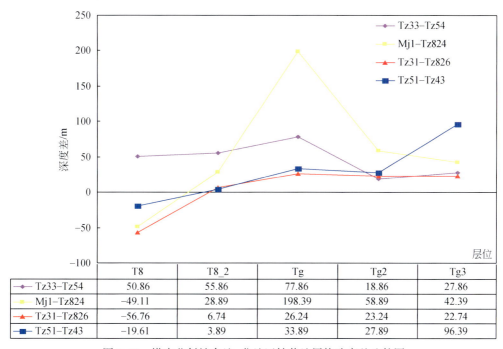

图5.49　塔中北斜坡台地-盆地区钻井地层构造高差比较图

第六章　海相克拉通盆地构造控藏作用
——以塔里木盆地塔中古隆起为例

中国海相沉积盆地形成时代老，经历三期重大构造变革，蕴藏在海相盆地中的含油气系统和油气成藏要素同样经历重大构造变革，对成盆、成储、成烃和成藏具有重要影响，导致油气成藏复杂。寒武纪—奥陶纪发育的塔里木海相克拉通盆地以碳酸岩盐沉积为主，震旦纪到志留纪经历了陆内裂谷伸展、被动大陆边缘盆地到挤压前陆盆地和冲断构造变形的阶段；晚泥盆世到三叠纪塔西南边缘经历了陆内裂谷（二叠纪玄武岩喷发）-弧后伸展盆地到弧后前陆盆地阶段，塔北则受南天山洋关闭的影响经历了被动大陆边缘-残余洋-残余海湾到前陆盆地的构造旋回；侏罗纪到第四纪经历了陆内裂谷（拗陷）-挤压调整作用到晚期前陆盆地阶段。塔里木盆地是我国海相多期油气成藏的一个典型实例，晚加里东期（O_3—D）构造中聚集的油气虽然早已遭受破坏，目前仅残存一些沥青，但是古构造格局奠定了塔里木海相盆地的油气地质条件，晚海西期岩浆热液作用加速了烃源岩的热演化和热液岩溶储层（白云岩化）的发育，但是印支期构造挤压变形和抬升剥蚀致使这期油气藏遭受了强烈生物降解，现今保存下来的主要为稠油。喜马拉雅期盆缘改造和陆相磨拉石盆地的叠置加速了中-上奥陶统烃源岩的生烃和成藏过程。塔中是目前保存最好的加里东古隆起，也是研究海相克拉通盆地内构造控制盆地形成和烃源岩分布、控制储层发育和演化、控制油气充注与定位的理想地区，3个主要的构造变革期控制了海相盆地油气成藏富集的各个环节（表6.1），所以选择塔中地区来研究克拉通盆地古隆起构造对油气藏形成与富集的控制作用。

表6.1　塔里木海相克拉通盆地构造演化阶段与油气成藏过程分析表

构造演化	早—中古生代		晚古生代—早中生代		中中生代—新生代	
	寒武纪—早奥陶世	晚奥陶世—泥盆纪	石炭纪—二叠纪	早三叠世	侏罗纪—古近纪	新近纪—第四纪
构造作用	伸展与断陷	挤压冲断	裂谷与玄武岩喷发	塔北、塔西南前陆盆地	弱伸展与（拗）陷	盆缘挤压冲断
成盆与改造	形成海相盆地	塔中、塔北古隆起	盆地叠置与热烘烤	塔北、巴楚隆起	盆缘叠置断（拗）陷盆地	前陆盆地叠置与盆缘冲断，盆内倾斜
成岩与储层改造	白云岩沉积	古隆起边缘礁滩体与内部风化壳	岩浆热液作用	风化壳岩溶储层	持续热演化作用	低温热液储层与TSR白云岩化
成烃与成藏过程	沉积烃源岩	塔中古油藏与沥青砂	生排烃高峰	塔北古油藏与稠油	缓慢生烃期	天然气与凝析油气

第一节 塔里木盆地古构造对油气地质条件的控制

一、早古生代原型盆地构造对古老烃源岩分布的控制

(一) 海相烃源岩的发育特征

海相烃源岩的岩石类型主要是页岩和泥灰岩。根据全球的统计分析，页岩是最主要的烃源岩，占到烃源岩总数的55.1%；其次是泥灰岩，占烃源岩总数的25.5%，它们的有机质丰度普遍较高；而碳酸盐岩只占到烃源岩总数的13.6%，且有机质丰度普遍较低，纯碳酸盐岩难以作为有效烃源岩。

海相烃源岩的发育与古气候、古环境和古构造密切相关。烃源岩并非在所有沉积环境中都有发育，优质烃源岩主要发育于被动大陆边缘背景下的裂谷、克拉通内裂谷、克拉通内坳陷盆地和克拉通边缘坳陷盆地。根据国外200余个油田统计分析，烃源岩发育最为有利的沉积相带为台内洼地和台缘斜坡。其中，42.6%的烃源岩发育在台内洼地，36.6%的烃源岩发育在台缘斜坡，另外有20.8%的烃源岩发育在其他沉积环境中，如盆地相（钱凯等，2004）。

中国海相沉积体系中烃源岩分布广泛，不缺乏高有机质丰度的优质烃源岩；主要分布在古生界，以泥质烃源岩为主；碳酸盐岩丰度普遍较低，生油潜力也相对有限。烃源岩的发育环境主要是盆地相、斜坡相和台内洼地相，其中塔里木盆地海相烃源岩主要发育在寒武纪、奥陶纪；四川盆地发育在早寒武世、早志留世和晚二叠世；在贵州和广西地区，泥盆纪也有很好的烃源岩发育；鄂尔多斯盆地除发育石炭系—二叠系海陆交互相煤系烃源岩外，奥陶系马家沟组可能也是一套不可忽视的烃源岩。但是，三大盆地海相烃源岩由于发育位置、层系的不同，经受的热历史和成熟度也不同，导致油气的相态分布不同。表6.2中列出了3个盆地陆相中生界与海相古生界各套烃源层的R^o值，从中可看出：四川和鄂尔多斯盆地海相古生界烃源岩都已高-过成熟，R^o普遍大于2%，早期生成的油也都裂解为气，海相地层中有气无油；塔里木盆地则不同，它比四川和鄂尔多斯盆地古生界多了一套在盆地中部及隆起斜坡上埋藏较浅、R^o只有0.8%~1.3%、现今正处在生油高峰阶段的中上奥陶统海相烃源岩，因而成为我国唯一找到海相成因工业性大油田的盆地；同时它又发育一套高-过成熟的寒武系烃源岩，所以海相天然气也很丰富。由于受烃源岩分布及其成熟度的控制，塔里木盆地海相石油主要分布在盆地中部南北延伸的长方形区块内，东西两侧以气为主。

由此可见，海相烃源岩的成熟度，对三大盆地油气的相态分布起着关键作用。四川和鄂尔多斯盆地过成熟海相古生界只能找气，不能找油；而塔里木盆地的海相勘探应当油气并举，中部找油，东西两端找气。

表 6.2 三大叠合盆地海相烃源岩的成熟度比较

塔里木				四川				鄂尔多斯			
烃源层	R^o/%	相态	烃源层	相	R^o/%	相态	烃源层	相	R^o/%	相态	
O_{2+3}	0.8~1.3（凹陷中>3%）	产油为主	P	海相	2~2.5	产气	C、P O_1m	海陆相 海相	1.6~2.8 2~3.5	产气	
			S_1		2~3.5						
ϵ	2~4	产气为主	ϵ_1		3~4.5						

（二）塔里木盆地寒武系—下奥陶统烃源岩的分布

现阶段的研究普遍认为塔里木盆地克拉通区主要有两套烃源岩，即寒武系—下奥陶统烃源岩和中上奥陶统烃源岩（张水昌等，2001）。这两套源岩的厚度、有机质丰度、有机质类型及成熟度均存在显著差异。据寒武纪岩相、沉积作用和构造特征分析，寒武纪—早奥陶世塔里木盆地的西南缘与北缘分别发育北昆仑裂谷盆地和南天山裂谷盆地，东南侧为阿尔金-祁漫塔格隆起。盆地内部西高东低，但西部克拉通内部拗陷沉降较快，发育开阔台地与局限台地沉积。盆地东部为克拉通边缘拗陷，属于强烈拉张环境的产物，为海水较深的槽盆；西部则为浅海陆架沉积（图3.3、图3.4）。整体上东西分异、西高东低的构造格局控制了寒武系—下奥陶统烃源岩分布在西部的阿瓦提凹陷和满加尔凹陷内（图6.1），面积广、厚度大、有机质丰度高，是克拉通区已经确认的一套重要的烃源岩；其大量生烃时间较早（主要在晚加里东期），现今已经处于高成熟演化阶段。油气源对比研究表明，塔中地区油气主要来源于寒武系—下奥陶统烃源岩；常规生物标志化合物证明绝大部分正常油和全部的凝析油来源于寒武系—下奥陶统烃源岩。

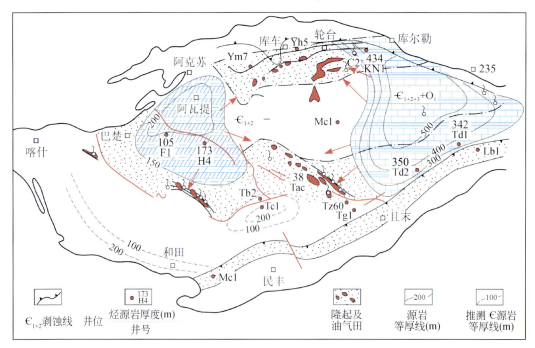

图 6.1 塔里木盆地寒武系—下奥陶统烃源岩分布图（据张水昌等，2001）

(三) 塔里木盆地中–上奥陶统烃源岩的分布

从中奥陶世开始，由于塔里木板块南缘祁漫塔格洋–库地洋的关闭和中昆仑地体向北碰撞，塔里木盆地从东西分异、西高东低的盆地格局上叠加了南北分异（EW 走向）、隆坳相间的构造格局（按现今地理位置为参照系）（图 5.2），海相沉积盆地经受第一期构造变革（贾承造，1997；Wei et al.，2002）。构造变革后的构造格局奠定了塔里木盆地海相碳酸岩盐的油气地质条件，大型古隆起控制了隆–坳分异及台缘高能相带和台地岩溶带的发育，进而控制了烃源岩和碳酸盐岩原始储集相带的形成和分布（图 6.2）。作为塔南前陆盆地隆后坳陷的满加尔–阿瓦提坳陷区控制了中–上奥陶统的海相烃源岩的分布格局，改变了寒武系—下奥陶统烃源岩只在塔东盆地相（库满坳拉槽）集中分布的格局，进而延伸到阿瓦提凹陷（张水昌等，2001，2002，2007）；同样，分布在塘古孜巴什凹陷的前缘凹陷区也可能是重要的烃源岩发育区，值得在以后的勘探中引起重视，在巴东 2 井、塘参 1 井等的钻探中都见到沥青，下一步需要加强该凹陷内的成烃演化过程研究，寻找二次生烃形成的油气藏。中–上奥陶统烃源岩分布范围局限，主要分布于台地斜坡和台内低凹部位，有机质丰度低，现今还处于生油阶段，与寒武系—下奥陶统烃源岩相比较，生烃量非常有限。

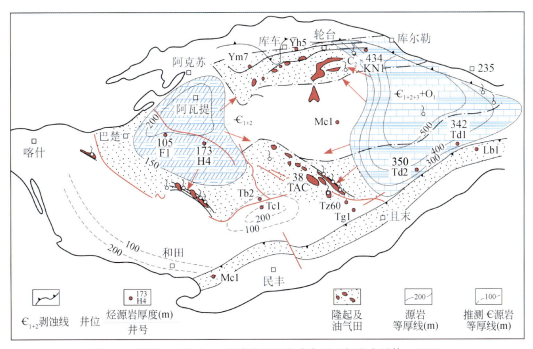

图 6.2　塔里木盆地中–上奥陶统烃源岩分布图（据张水昌等，2001）

二、古隆起构造对储层发育的影响

古隆起的构造格局除了控制在坳陷区形成烃源岩外，在隆起部位的台地边缘控制了上奥陶统良里塔格组高能相带礁滩体储集层的发育和分布（图5.2），这已经成为塔中北斜坡、塔北南斜坡油气勘探的主要目标层系（邬光辉等，2005；韩剑发等，2007）。在古隆起的内部，由于构造抬升幅度大，露出水面，导致碳酸盐岩遭受多期风化剥蚀，形成广泛分布的岩溶孔洞缝型和大型溶洞型储层，碳酸盐岩储层的储集性能得到了极大的改善和提高。例如，中加里东中期隆升形成的鹰山组顶部内幕岩溶储层，在塔北、塔中隆起已经获得勘探突破，成为海相碳酸岩盐油气勘探的主要领域（韩剑发等，2007）。

塔中古隆起构造导致塔中台地边缘抬升到海平面附近沉积礁滩体储层，目前的油气发现主要集中在塔中北斜坡区上奥陶统的良里塔格组颗粒灰岩段，已经在塔中Ⅰ号断裂带东、西部均有油气发现，东部塔中26-62-82井区已经基本探明，西部塔中86井、塔中45井和塔中451井为高产油流井。随着勘探程度的不断深入，从而得出上奥陶统良里塔格组塔中Ⅰ号台缘礁滩体整体含油气的认识，发现大油气田轮廓日渐清晰（图6.3）。塔中奥陶系油气藏虽然普遍见水，但并没有统一边、底水，构造高低不是含水的主控因素。如图6.3所示，塔中83井和塔中721井在含泥灰岩段底部——下奥陶统顶部钻遇裂缝溶洞系统，获高产油气流；然而，塔中72井却在海拔-4030m处（比塔中721井出气层位高出234m）良里塔格组含泥灰岩段上部钻遇高含水层。

古隆起背景下的不整合面控制了下奥陶统碳酸盐岩岩溶储层的发育，塔中西部的塔中452井在下奥陶统6380~6550m改造后用10mm油嘴求产，折日产气40 894m³，东部塔中83井和塔中721井在北部斜坡区下奥陶统获得高产油气流，南部塔中4-7-54井也在下奥陶统获得低产油气流。甚至在中部斜坡区也已获得油气发现，该区塔中1井在5432~5452m下奥陶统获日产天然气64 699m³，证实塔中古隆起的油气勘探潜力。

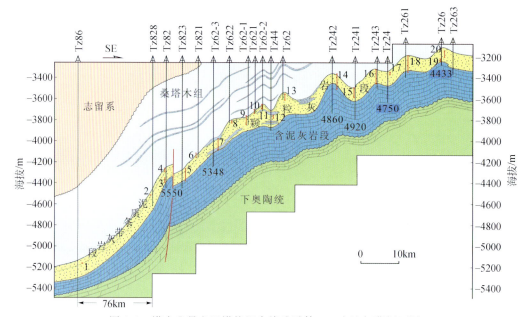

图6.3 塔中Ⅰ号良里塔格组台缘礁滩体EW向油气藏剖面图

不同层系储层分布区域具有差异性，总体表现出强烈的非均质性，在地震反射同相轴上无论下奥陶统风化壳还是良里塔格组内，优质储层的发育都不是连续展布的，均侧向变为差储层或非储层。受岩溶储层不均一展布特征的控制，塔中奥陶系碳酸盐岩油气具有局部富集的特点，只有在优质岩溶储层发育的地方，才可能聚集成藏。塔中地区奥陶系复杂的油气水分布状态是受储层非均质性、油气运移和充注等条件综合控制的结果。由于岩溶储层非均质性强，油气水分异不明显，形成了孔隙水与油气共存的局面。又由于局部地区缺乏油气源通道，导致油气不能进入储层或充注强度不够，这样便会形成局部封存水。此外，缺乏盖层或盖层遭到断裂破坏，使得油气散失也会导致储层含水。

三、二叠纪岩浆活动对烃源岩热演化的作用

盆地热史恢复重建是盆地分析和盆地模拟研究的重要组成部分。现代油气成因理论和油气勘探实践证明，盆地所经历的热历史对控制油气的生成、运移和聚集有着重要作用。沉积盆地形成和发展过程中，盆地的热体制是动态变化的，而有机质转化成油受地温的控制。古地温反映沉积盆地在不同构造单元和不同地质历史时期的热历史，是油气资源评价的重要方面。而现今地温是盆地古地温演化过程中的最后一幕，是研究盆地热演化、反演盆地热历史的基础和出发点（邱楠生等，2004）。

（一）塔中现今地温分布特征

首先对塔中地区现今地温场进行了分析，所用的井温资料包括系统测温、测井井底温度和试油静温。同一深度上试油静温通常高于测井井底温度，但测井井底温度的补充有助于了解区域地温的总体轮廓（王均等，1996）。通过60余口钻井的井温资料计算表明，塔中地区现今的地温梯度背景值约在 $1.72 \sim 2.92 ℃/100m$，对所有钻井井温采用线性回归方法计算的平均地温梯度约为 $2.11 \pm 0.04 ℃/100m$。与准噶尔盆地（平均为 $2.26℃/100m$）（邱楠生等，2001）和库车前陆盆地（$1.8 \sim 2.8℃/100m$）（王良书等，2003）相近。

地温梯度的平面展布特征显示，塔中地区沿北西向断裂在其东南部存在较高的地温场（图6.4）。根据前人的研究，塔中地区为塔里木地区现今温度场较高的地带（王均等，1996），也是盆地中的高热流密度区，热流密度高于 $60W/m^2$，可达 $65 \sim 72W/m^2$（王良书等，1995）。在区域上，由于塔中隆起带的 NW 向断裂向 ES 与阿尔金断裂带相接，而大量的热年代学研究表明，阿尔金断裂带自新生代以来经历了多期构造-热事件（$40 \sim 25Ma$、$20 \sim 15Ma$ 和 $9 \sim 7Ma$），晚期（$9 \sim 7Ma$）的构造-热事件主要受制于左行走滑运动的影响（Chen et al., 2001；万景林等，2001；陈正乐等，2002；王瑜等，2002），这在一定程度上可能控制塔中地区 NW 向断裂的新生代构造活动性。因此，塔中地区沿 NW 向断裂所呈现的 ES 高、WN 低的现今地温场特征总体上可与新生代活动的阿尔金断裂建立联系，由此决定现今地温场主体为新生代构造体制的反映。

（二）塔中地区热事件与磷灰石裂变径迹测试分析

古温标可记录热事件和反演热历史信息。利用盆地内的沉积地层中记载古地温信息的有机质、矿物、流体等古温标或古地温计来反演地层热历史的古地温研究称为"古温标

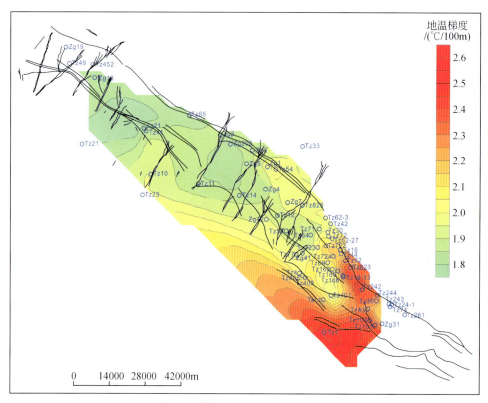

图 6.4 塔中地区现今地温梯度图

法"（胡圣标等，1995）。古温标热史反演适合于过去而不是现今达到最高古地温的盆地（胡圣标和汪集旸，1995；胡圣标等，1998；邱楠生等，2002）。一套连续沉积的构造层达到最高古地温的时间是统一的（胡圣标等，1998），因此，古地温梯度的推算是以构造层为单位。在简单期次的热历史记录中，单构造层内样品的古温标值梯度取决于达到最高古地温时的古地温梯度，而样品的古温标绝对值则由当时的古地温梯度和样品古埋深决定。本书应用磷灰石裂变径迹古温标分析了研究区塔中 401、6、8、10 井的热事件特征，并结合以往研究成果对塔中地区的热历史进行探讨。塔中 401、6、8 井位于塔中构造带东南部。图 6.5 显示，钻井样品的磷灰石裂变径迹年龄在石炭系—志留系的构造层内，约 3600~3800m 的深度范围裂变径迹年龄出现急剧变小，约 24.4~36.4Ma。但其上下层内的年龄均变大。这一现象表明，在塔中构造带的东南部，石炭系—志留系构造层内存在明显的热干扰特征。结合模拟分析（图 6.6），该层段的磷灰石裂变径迹样品记录了 28.6Ma 和 37Ma 的构造事件。这意味着新生代构造作用在塔中构造带的东南部表现强烈。由此揭示，塔中构造带东南部现今较高的地温梯度场特征可能受喜马拉雅期构造改造的制约。因而，在塔中构造带东南部，油气藏在喜马拉雅期可能存在相应的改造和调整作用。

Tz10 井位于塔中 10 号背斜西高点上。现今钻井揭示的地温梯度约 1.96℃/100m（平均地表温度取 20℃）。该钻井以二叠系为界，可分为上、下构造层，二叠系钻遇玄武岩。玄武岩喷发年龄约 278Ma（陈汉林等，2006）。以构造层为单位，利用裂变径迹的年龄–深

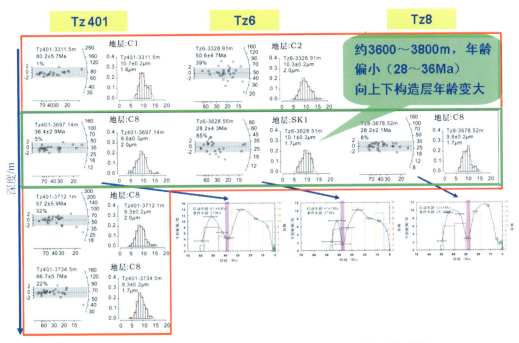

图 6.5 塔中地区裂变径迹分析放射图、长度直方图及模拟分析特征

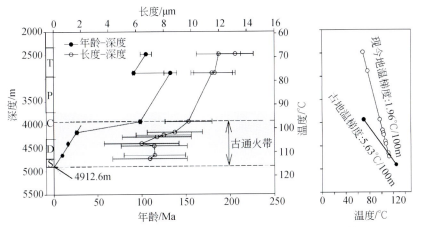

图 6.6 Tz10 井裂变径迹年龄-深度关系及古地温梯度推算

度关系，可识别出从 3936~4656m 随着埋深的加大构造层内的裂变径迹年龄和长度均逐渐减小。这表明位于石炭系—志留系构造层内的样品应反映二叠纪时期受玄武岩加热事件影响的古部分退火带区间。外推至 4912.6m 深度径迹年龄减小至零。由此推断，二叠纪加热时期的古部分退火带在现今所处的深度区间为 3936~4912.6m。根据部分退火带代表的温度范围（70~125℃）推算塔中 10 井在二叠纪期间由于玄武岩高温加热的热事件，地温梯度可高达 5.63℃/100m。

（三）二叠纪岩浆活动对系烃源岩成烃演化的作用

结合埋藏史和热历史分析表明，塔中 10 井 S—D、C—P、T—J 及 K 层系有抬升剥蚀事件发生，造成了地层的缺失。塔中 10 井奥陶系生油能力最好，次为石炭系。中–上奥陶统暗色泥岩厚 204.5m，石炭系暗色泥岩总厚 31.5m。中–上奥陶统底界生油期为 326.8（C）~245Ma（P），二叠纪期间达到生油高峰（图 6.7）；因此，二叠纪较高的地温梯度促进了中–上奥陶统烃源岩的演化进程，使得其快速进入生烃期和生烃高峰期并造就了晚海西期相对较早的油气充注过程。在二叠纪后的相对降温过程中，烃源岩进入相对稳定的演化期，程度不强的生气作用发生于晚燕山期—喜马拉雅期。

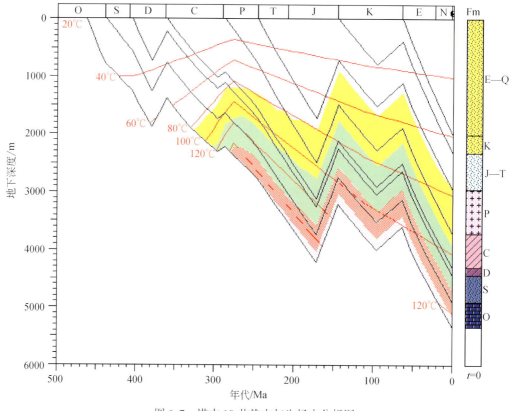

图 6.7 塔中 10 井热史与生烃史分析图

四、多期构造变革控制下的多期成藏和晚期注气

元古代以来的三期重大构造变革控制了塔里木海相克拉通盆地的油气成藏期次。李延钧等（1998）利用排烃史模拟结果和储集层有机包裹体实测均一温度，结合实际地质背景，认为塔中地区存在三期排烃高峰：第一期为中奥陶世—志留纪，第二期为二叠纪—三叠纪，第三期为白垩纪—第四纪。刘克奇等（2004）根据塔中埋藏生烃史分析结果，认为寒武系—下奥陶统碳酸盐岩烃源岩在奥陶纪已进入高熟阶段，共经历了奥陶纪末、石炭

纪—二叠纪 2 次排烃高峰；中-上奥陶统烃源岩经历了志留纪、二叠纪—三叠纪 2 次排烃高峰，自白垩纪以来，塔中一直处于持续沉降阶段，使其现今处于生油高峰。赵靖舟等（2002）根据流体包裹体、伊利石 K-Ar 同位素测年、油藏地球化学、露点压力/饱和压力法和油气水界面追溯法等多种方法综合分析结果认为：塔里木盆地海相油气藏存在 3 期成藏，即晚加里东—早海西期、晚海西期和喜马拉雅期。金之钧等（2006）结合构造沉积演化背景分析认为塔中地区的三期主要成藏期为：① 晚加里东期，寒武系—下奥陶统烃源岩成熟；② 海西中晚期，盆地再次沉降，海西晚期火山-岩浆作用强烈，不仅促进再次生烃作用，还形成了后期高（过）熟烃类；③ 中新生代，随着中新生界的不断沉积，促使烃源岩最后一次生烃，或者使早期烃类进一步裂解，形成更高成熟度的轻质烃。赵宗举等（2005）通过对塔中单井生烃史模拟认为：下寒武统烃源岩生油高峰期为晚奥陶世—志留纪，生气高峰期为石炭纪以后；下奥陶统中上部及中奥陶统源岩（包括黑土凹组及吐木休克组中下部）生油高峰期为二叠纪—三叠纪，目前处于生气阶段；上奥陶统良里塔格组源岩生油高峰期为白垩纪以后，目前仍处于生油高峰期。

（一）中晚加里东构造变革期的成藏作用

该期构造活动直接控制了塔中、塔北、塔中等大型古隆起和构造圈闭的发育，成为油气初次运聚成藏的指向区。这次构造变革引起海相碳酸岩盐沉积的结束和巨厚的陆相地层沉积，一方面为海相碳酸岩盐成藏提供了优质的区域性盖层（桑塔木组），同时巨厚的沉积层序的叠加，满加尔凹陷东部的下奥陶统和寒武系烃源岩由于巨厚（>5000m）的中上奥陶统快速沉积，在晚奥陶世至志留纪经历了快速生烃过程，在 450~440Ma 差不多 10Ma 内快速经历了生油窗和凝析油-湿气阶段，在加里东末期进入生油窗，在志留纪末达到高-过成熟，进入到干气阶段（张斌等，2007）。这是塔东地区特殊地质历史和地层格架引起的生烃的一大特色。由于有机质演化快、生排烃早，早期聚集的油气早已遭受破坏，目前烃类的表现形式主要是沥青，如轮南奥陶系、古城鼻隆等分布的沥青，以及广泛分布的志留系沥青砂。东部寒武系—下奥陶统生成烃类目前表现为：焦沥青和高 GOR 凝析油/气，Th 主峰在 60~80℃，轮南奥陶系碳酸盐岩储层中流体包裹体均一化温度（Th）分布显示烃类流体包裹体主要反映的是加里东晚期和海西早期的成藏。轮古 37（6208.5m，桑塔木组）可以见到与碳酸盐岩颗粒黏合在一起的、大量无荧光反射的碳质沥青。

（二）晚海西-印支构造活动与成藏作用

晚二叠世之前塔里木盆地以伸展构造为主，发生大面积的玄武岩喷发，岩浆热液活动强烈（陈汉林等，2007）。晚海西期岩浆热液作用及其对烃源岩热演化、热液岩溶储层（白云岩化）具有重要的控制作用柯坪-西克尔 EW 长 150km 的范围之内，在鹰山组和一间房组碳酸盐岩中，分布有 10 个萤石矿点；其矿石矿物为方铅矿、黄铜矿、雄黄、雌黄；脉石矿物方解石、萤石、重晶石，属中低温热液岩溶控矿型矿床，成矿温度介于 50~300℃。萤石交代方解石后，充填矿物的体积可以缩小 34.5%，从而增加原岩的孔隙空间；在 Tz45 中良里塔格组灰岩中可以见到明显的热液交代储层改造作用，次生萤石仍保留方解石的结构。晚海西期岩浆热液作用，致使赋存在满加尔凹陷中西部的中奥陶统烃源岩开始大量生成油气，中奥陶统源岩生油窗阶段在海西期，在二叠纪末达到高-过成熟阶段，形成的油气向塔中和塔北隆起部位运移，而且隆起部位奥陶系储层由于经历了长期广泛的岩溶作用，岩石溶孔发育，造成第二期大面积的油气充注，在可测到的 K-Ar 同位素定年数据中，大部分数据显示了这是一期重要的成藏期。二叠纪末，盆地挤压变形，地层抬升，印支期古构造圈闭成为稠油藏发育的关键因素。

（三）喜马拉雅期陆相盆地叠置和盆缘改造的成藏作用

喜马拉雅期巨厚的陆相磨拉石盆地的叠置导致生烃的加快、油气大量生成，原油裂解成气，特别是斜坡部位中-上奥陶统古老烃源岩早期埋藏浅、地温梯度低，喜马拉雅期的埋深加速了古老的上奥陶统烃源岩的生烃过程，生油窗阶段主要在喜马拉雅期，晚期生烃，目前处于生烃高峰期（王飞宇等，1997，2003）。大量生成的液态烃就近充注到两大隆起上的有效储层中，并对原先遭受生物降解的稠油进行稀释，改善了原油的性质，扩大了第一期油气充注和成藏的规模。喜马拉雅晚期，塔中北斜坡埋藏较深的古油藏或者没有聚集的分散状液态烃晚期裂解，导致大量天然气的生成，新生成的天然气在老油藏里一边溶解聚集，一部分油气一边继续向西、北运移，不整合面是其优势通道、不整合面上下的油藏是其优先溶解驱替的对象。

同时受盆缘改造和构造活动影响，侧向挤压改变了盆内构造格局，油气藏也发生了进一步的调整改造，形成一些次生油气藏，盆缘冲断构造对油气藏的调整改造与破坏主要表现表现为三种形式：① 喜马拉雅期烃源岩中的干酪根或沉积物中的分散有机质直接受热演化再次进入生烃门限，分解形成油气，在圈闭中直接聚集成藏，例如，塔中北斜坡大量的天然气，就是直接来自于寒武系—奥陶系的烃源岩在喜马拉雅期演化成熟后进入生气阶段，形成的大量天然气形成台缘礁滩体气藏；② 早期油藏的重新迁移、调整形成新的油藏，如哈德熏、桑塔木、塔中 4 等油藏，现今的含油部位、含油层系都是早期油藏在喜马拉雅期构造格局的控制下重新定型的，据 C 油包裹体共生盐水包裹体均一化温度和埋藏热历史确定塔中 4 油气藏新近纪成藏；③ 早期油藏在埋藏增温条件下裂解成气藏。例如，和田河气藏都是早期油藏裂解成气后重新定型成藏，海西期古构造中形成和田河古油藏控制巴楚隆起南侧现今原油裂解气藏形成和富集。

通过前面的分析显示，塔里木盆地存在晚加里东、晚海西和喜马拉雅期 3 个主要的成藏期次，但是晚加里东期形成的古油藏由于受高热演化的影响，现今已经被破坏，仅残留一些沥青；晚海西期的古油气藏受印支期构造抬升的影响，目前主要保存下来的是稠油油藏；喜马拉雅期形成的油气藏是目前塔里木盆地勘探的主要对象。勘探实践证实，塔中奥陶系油气田都分别存在三组沥青 R^o 值、三期包裹体荧光温度，分别为 Th：100～150℃、Th：60～70℃、Th：80～90℃，记录了三期成藏的过程。通过储层成岩作用研究也显示，在上泥盆统的东河砂岩中存在的自生伊利石年龄为 237～264Ma，在志留系沥青砂存在的自生伊利石年龄为 364～384Ma，这分别记录了晚加里东和晚海西两期成藏过程，但是现今具有勘探价值的主要是前面所讲喜山期形成的三种油气成藏方式。另外一种模式是烃源岩中的尚没有受热分解掉的生烃母质干酪根在喜马拉雅期由于上覆巨厚的陆相碎屑岩沉积地层，深埋藏再次受热，由干酪根直接分解成油气，形成新的油气藏或者补充到老的油气藏中去。例如，满加尔拗陷中—上奥陶统在喜马拉雅期康村组沉积期形成的油气直接向塔中北斜坡充注成藏。

五、古隆起控制下的油气成藏与富集特征

构造研究表明，塔中地区存在中奥陶世、晚奥陶世、志留纪—泥盆纪和早二叠世等构造活动与热事件，中新生代以后稳定沉降。根据油气源对比研究，塔中地区的油气主要来自其北部的满加尔拗陷；构造演化分析表明，塔中古隆起自志留纪以来总体 NW 低、SE 高。这决定了油气由北向南运移，再由西向东运移调整的大趋势，油气最终指向中央主垒带和塔中 10 号断裂带等构造高部位（图 6.8）。

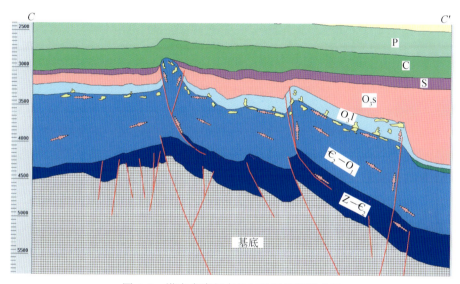

图 6.8 塔中古隆起南北向油气运移模式图

塔中古隆起三期主要断裂纵横交错，形成网状断裂和裂缝系统，为流体垂向运移创造了优越的条件；对于奥陶系碳酸盐岩地层而言，由于岩溶储层普遍具有强烈的非均质性，因而能够实现长距离横向运移的最有利通道当属下奥陶统顶部的区域不整合面；此外，钻井取心发现一些沉积缝合线中也有油气显示，说明缝合线也可作为油气运移的通道。这样，不整合面、局部渗透性地层和缝合线等与断裂组合，构成复杂的缝洞体系，不仅为埋藏期酸性流体的水−岩作用提供了渗透网络系统，同时也是油气运移的重要通道。油气沿断裂和裂缝纵向运移，通过不整合面和渗透性地层横向运移，进而充注到有利的储集体中，聚集成藏。

第二节 断裂构造对沉积储层的控制作用

在一个完整的基准面旋回过程中，台地边缘礁体的存在导致了可容空间的"突变"，在盆地的不同地理位置发生不同的沉积剥蚀响应。因此台地边缘礁体上、下的转折带就形

成了地层超覆体顶、底封堵条件，台地边缘礁体带控制下，非构造圈闭的生、储、盖组合具有较好的配置关系，中、晚奥陶世塔中台地边缘礁体和志留纪台地边缘礁体就可能具备这种组合特征。台地边缘礁体往往是在深部构造作用的背景下发育的，从而台地边缘礁体通常与深部构造有密切的对应关系。深部构造和台地边缘礁体的断裂活动又是油气运移的良好通道，因此台地边缘礁体控制下的非构造圈闭的含油性条件十分有利。中、晚奥陶世塔中台地边缘礁体、满加尔–塔东台地边缘礁体塔东段以及志留纪台地边缘礁体的形成与早期或深部构造活动有密切关系，这些台地边缘礁体具有良好的油源条件以及油气输导和聚集条件。

一、断裂系统对沉积储层的建造作用

（一）塔中前缘隆起控制塔中Ⅰ号断裂带鹰山组台内滩发育

在塔中62-85井区的三维地震剖面上，沿塔中Ⅰ号断裂带鹰山组出现明显的加厚现象（图6.9），南部是由于剥蚀作用造成的减薄，但比北部满西地区具有明显增厚，有的认为

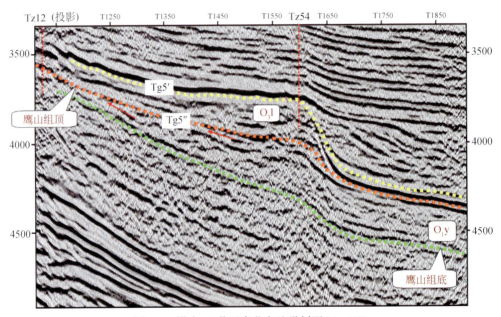

图6.9 塔中54井区南北向地震剖面Line4491

是鹰山组沉积期形成台地边缘。该解释有问题，一是北部满西–塔北地区也有较大厚度的鹰山组碳酸盐岩沉积，没有盆地相出现；二是如果有台槽发育，则北部必有另一台缘带的发育，但目前没有发现北部的再加厚现象；三是轮南–古城鹰山组台缘带的存在在地震剖面上是清楚的，古城4也钻探证实。结合本区的沉积与构造特征分析，应该是与塔中前缘隆起形成所伴生的台内滩发育所致。鹰山组沉积晚期，塔中Ⅰ号断裂带开始活动，产生褶皱隆升，塔中Ⅰ号断裂带开始出现NW向微型的古地貌高，在此基础上，可能形成大面积的高能滩发育，从而造成鹰山组地层的加厚现象。储层预测平面图上，储层发育区具有明

显的分块性，而且在塔中 83、中古 5-7 井区、中古 42 井区均具有成椭圆状分布的特征，与古地貌不完全一致，很可能是岩溶作用受台内滩岩性的影响，形成岩溶储层沿滩体发育而形成团块状分布的特征。

（二）晚奥陶世断裂控制良里塔格组台缘相带分布

塔中古隆起形成于早奥陶世末，经受长期的暴露剥蚀，在上奥陶统良里塔格组沉积前，形成基本夷平古平台区，在隆起边缘形成高陡的地貌坡折。上奥陶统沉积时，严格受控于当时的古隆起地貌，沿古隆起边缘坡折带上部形成高能台缘相带，发育礁滩相沉积体系。

地质结构的变化造成上奥陶统礁滩体发育的差异。塔中 I 号断裂带在形成时由于不同区段构造变形有差异，造成横向上地质结构的变化与区段性，从而使后期礁滩体发育时形成不同的地貌特征，造成礁滩体发育的差异性（图 6.10）。上奥陶统良里塔格组沉积时，塔中古隆起整体为一个孤立的浅水碳酸盐岩台地，在塔中古隆起的边缘呈带状展布，EW

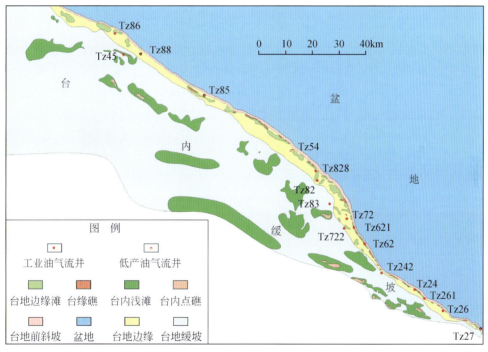

图 6.10　塔中 I 号断裂带上奥陶统礁滩体横向上地质结构的差异

长约 250km，SN 宽 2~6km（图 6.10）。东部塔中 76 井区位于古隆起东部尖灭部位，东临满加尔广海，台缘地势狭长高陡，构造活动较强烈，礁滩体分布范围狭长，并为断裂复杂化。塔中 26-62 井区基底断裂发育，北部边缘古地貌狭窄，礁滩体沉积时也形成高陡狭窄的条带状分布，窄处台缘带不足 1km；由于下部断裂活动强烈，构造抬升较高，造成较高的古地貌，造成波浪作用较强，生物礁发育，礁滩体厚度大。塔中 82-54 井区基底未卷入断裂变形，以挠曲为主，造成下奥陶统顶面宽阔平坦的古地貌，上奥陶统沉积时形成宽缓滩相发育，台缘宽度达 3~5km，生物礁没有东部发育。塔中 85 井区塔中 I 号断裂带基底变平缓，下奥陶统顶面更为宽缓，但抬升较小，水体深度较大、能量较低，礁滩体发育强度减弱，礁滩体厚度变薄。塔中 45 井区是一较高的平台区，也是比较宽缓的古地貌，礁滩体沉积宽缓且薄，由于晚期有断裂开始发育，岩性岩相变化更为频繁。

该沉积相带主要受古构造作用、海平面升降变化、气候和水动力等环境因素的综合控制，波浪改造作用强烈，生物发育。良里塔格组台地边缘相划分为生物礁、粒屑滩和滩间海 3 个亚相，良里塔格组主要发育生物灰岩和颗粒灰岩，其次还发育有粒泥岩和泥晶灰岩。晚奥陶世海平面上升淹没塔中古隆起，良里塔格组覆盖在下奥陶统风化壳岩溶系统之上。上奥陶统良里塔格组礁滩体的生长受到海平面的严格控制，海平面的旋回升降控制多期礁滩体叠置生长，礁滩体核部间断出露地表，遭受大气降水淋浴改造，纵向上形成多套准同生岩溶系统。

二、断裂构造对碳酸盐岩储层的改造作用

（一）古生界碳酸盐岩储层的构造改造作用

塔中 I 号断裂带上奥陶统碳酸盐岩储层层位稳定，主要储层岩石类型为礁滩相生屑灰岩、砂砾屑灰岩、礁灰岩。孔隙类型主要有粒间与粒内溶孔，少量晶间溶孔和残余骨架孔、裂缝。岩心样品统计分析表明，最大孔隙度达 12.74%，最小仅 0.099%，孔隙度均值 1.78%，孔隙度>2% 占 35%；渗透率分布范围在 0.001~840mD，平均 10.35mD，属特低孔-低孔、超低渗-低渗储层，孔渗相关性很低。测井解释储层段孔隙度一般在 2%~6%，大型缝洞发育段孔隙度>10%。有利储层段主要分布在良里塔格组上部 200m 范围内，单层厚度在 3~6m，单井储层有效厚度在 30~90m，储层纵向上叠置、横向连片，形成整体连片的、横向上具有非均质性变化的礁滩体储层。

因此可见，礁滩体以低孔低渗储层为主，仅凭基质孔隙难以形成高产工业油气流。塔中 62 井钻遇良好的礁滩体储层，但试采资料表明只能保持低产。塔中 72 井良二段测井解释储层 54.9m，孔隙度最大 7.1%，平均 3.5%；渗透率最大 12.9mD，平均 1.86mD；4965~4971m 井段气测异常高 TG：0.1429↑100%；槽面取获墨绿色原油 5 万 L。但测试未获工业油气流，表明礁滩体储层油气产出难以形成高产稳产。

（二）逆冲抬升构造作用下的良里塔格组风化壳岩溶储层

勘探实践表明，塔中 24-62 井区储层发育，油气产出稳定，目前高产工业油气流主要分布在东部地区，而塔中 54-85 井区礁滩体储层也较发育，但难以获得高产工业油气流，表明其储层的发育有差异。通过对本区构造精细解释表明，在良里塔格组沉积末期塔中 24-62 井区台缘带具有断裂活动，礁滩体具有明显的错断抬升，出现短暂的抬升暴露。钻井表明塔中 24-26 井区出现泥质条带灰岩段缺失区，塔中 82、24、242、62-2、62、822、44 等井都见到风化壳岩溶的标志，主要表现为大型溶洞岩溶角砾、泥质充填物发育（塔中 44、82、62-2 等井有岩心）、渗流岩溶漏管、不规则状溶沟的发育及泥质和渗流粉砂充填物等岩溶现象，塔中 62-1 井在 4959.1~4959.3m 和 4973.21~4973.76m 井段分别放空

0.2m、0.55m，漏失泥浆799.2m³。这表明本区确实发育风化壳岩溶作用，而且对储层的发育具有强烈改善作用，有利于发育大型缝洞。

(三) 三期构造活动形成两套不整合岩溶储层

塔中地区对奥陶系灰岩有影响的不整合有三期，即加里东中期（中奥陶世$O_1—O_3$）、加里东晚期（晚奥陶世$O_3l—O_3s$）、早海西期（志留纪—泥盆纪$O_3s—S$）。三期构造活动形成塔中下奥陶统风化壳与中部古潜山区两套不整合岩溶，不同时期的古构造特征造成不整合岩溶分布的差异。其中以早奥陶统—晚奥陶统（$O_1—O_3$）不整合面的规模最大，暴露时间最长，范围最广（分布在整个塔中古隆起及其以西的塔里木西部地区）。后期碳酸盐岩暴露区集中在中央断裂带和塔中东部地区，这些地区多期岩溶叠加，形成复杂的潜山岩溶系统。根据塔中北斜坡区塔中88、12、83、72-1、84、69以及16-2井的岩心观察和测井曲线特征，岩溶储层岩性主要为灰云岩互层段；在纵向上主要发育垂直渗流带、水平潜流带，具可对比性。其中，垂直渗流带厚约50~80m，溶蚀作用表现为沿裂缝发育的溶蚀孔洞，大型溶洞主要为落水洞，小型孔洞具有垂向不连续串珠状分布特点，溶蚀孔洞的延伸方向大多垂直层面；水平潜流带厚约110~130m，大型孔洞发育，溶蚀孔洞的形态具有水平发育的特点，裂缝开启程度高，溶蚀孔洞常沿裂缝呈串珠分布，二者之间连通性好。有效储集体呈准层状分布在垂直渗流带和水平潜流带内，厚度约200m。

早奥陶世末，塔中古隆起开始形成，在上-下奥陶统之间广泛发育不整合。通过塔中地区奥陶系钻井地层古生物分析，在塔中隆起上缺失上奥陶统下部吐木休克组及中奥陶统一间房组地层。通过地震-地质层位标定，在地震资料较好的三维工区下奥陶统风化壳顶面具有较好的对比追踪性，表明下奥陶统风化壳具有一定的反射层位，分布广泛。早奥陶世末随着塔中Ⅰ号断裂带与中央断裂带的发育，在塔中Ⅰ号断裂带东部与中央断裂带形成岩溶高地，其外围形成岩溶斜坡，在塔中隆起周围依然是较深水海盆，接受中-上奥陶统沉积，塔中隆起为漂浮在广海中的孤立台地，形成第一期广泛分布的古潜山岩溶地貌。奥陶纪末期塔中古隆起东部整体抬升，古城鼻隆形成，塔中主垒带-塔中东部地区奥陶系巨厚碎屑岩被剥蚀，断裂作用向主垒带迁移，沿主垒带高部位下奥陶碳酸盐岩出露（图6.11），古潜山广大围斜带为上奥陶统灰岩剥蚀区，塔中主垒带西部形成高陡的下奥陶统古潜山与狭长的斜坡，在东部形成塔中4-塔中5断裂带低缓的山头与南北宽缓的斜坡区。由于高陡的断块山经受长期的剥蚀与夷平，在志留系沉积前形成比较宽缓的古潜山斜坡区，主要集中在中东部，前志留系古潜山面积约有4200km²。

早奥陶世末—中奥陶世塔中古隆起雏形形成，隆起后遭受长期暴露淋滤（约20Ma），下奥陶统鹰山组顶部遭受严重剥蚀，形成了下奥陶统顶部风化壳岩溶系统。该套岩溶系统位于区域不整合面之下，具有分布广、规模大、厚度稳定的特点。晚奥陶世良里塔格组超覆其上，保存了该套岩溶系统，具有良好储集能力。晚奥陶世末塔中地区经历最强的一次冲断构造活动，南部地区抬升遭受剥蚀，上—下奥陶统灰岩褶皱破裂，形成纵向切割的断裂与裂缝系统，为埋藏溶蚀作用的发生铺平了道路。此后，深部流体沿通过断裂系进入下奥陶统顶部风化壳，浅层地表水也沿下奥陶统顶部不整合面下渗。两者在不整合面横向运移，并沿断裂或裂缝纵向侵入岩层，在裂缝周围溶蚀，形成了良里塔格组底部含泥灰岩

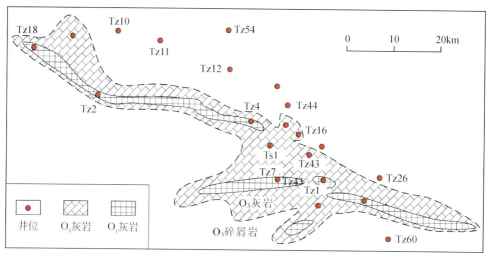

图 6.11 塔中古隆起志留系沉积前古潜山分布图

段中的岩溶系统（图 6.12），并使得下伏风化壳岩溶的规模进一步扩大。前文已论述了断裂对下奥陶统风化壳储层的改造作用，另外，断裂的发育控制了古地貌的基本展布，从而控制了岩溶储层的平面分带特征。在中奥陶世，塔中古隆起形成时，中央断裂带、塔中 10

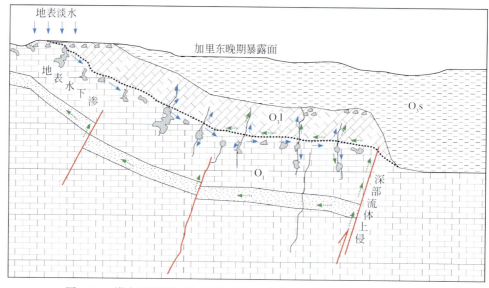

图 6.12 塔中北部斜坡区晚奥陶世末—志留纪初（O_3s）岩溶发育模式

号断裂带已经形成，由于塔中主要以褶皱隆升为主，造成中部高、北斜坡宽缓、期间有 10 号断裂分隔的构造面貌，从而造成古地貌南北分带，形成 10 号断裂带 SN 的 NW 向展布的上斜坡、下斜坡岩溶地貌。北部下斜坡岩溶地貌宽缓，形成缓坡型岩溶。其特点是地层倾斜抬升，形成宽缓斜坡地带；水文具有分带性，可分为进水区、汇水区、泄水区，造成储层在平面上的分带性；岩溶作用覆盖面广，潜流带发育、岩溶作用强，在塔中 12—16 井区下奥陶统岩溶深度达200m；缓坡型岩溶形成的储层充填少、保存好。缓坡型岩溶储层主要发育在塔中72-85井区，塔中Ⅰ号断裂带以挠曲抬升为主，形成比较宽缓的构造地貌，而且接近盆地泄水区，地表径流与地下水流丰富，岩溶作用较为充分，有利于形成大型风化壳岩溶型储层，塔中83、72-1等井均已钻遇大型缝洞体，塔中72-85井区缓坡型岩溶储层是下奥陶统风化壳勘探的主要类型。而在中央断裂区，断裂发育，形成山地型岩溶发育特征。由于断裂活动强烈、构造复杂，造成山地型岩溶的复杂性，其主要特征是：构造复杂，山地地貌，地形变化大；水文变化大、水文差异大、岩溶作用复杂；渗流带发育、充填多，岩溶储层保存条件差，潜山区大多岩溶储层都被充填了；岩溶深度大、保存差，后期剥蚀作用强烈。

奥陶纪末期以来，同期冲断构造活跃，东部和南部地区强烈抬升，出露的奥陶系灰岩遭受多期暴露剥蚀，形成潜山岩溶系统。志留纪塔中东部和中央主垒带地区出露地表，泥盆纪—石炭纪初东部地区灰岩均长期出露地表，直到石炭纪中后期才完全被石炭系—二叠系覆盖深埋，形成古潜山。东河砂岩沉积前塔中地区东高西低，东河砂岩自西向东逐渐超覆在志留系、上奥陶统、下奥陶统之上。古潜山的分布继承了志留系的构造格局，但规模较小，西部志留系仍有大面积分布，潜山范围有限；东部潜山主要分布在潜山高部位，范围主要在塔中5井区，潜山面积约2000km²（图6.13）。

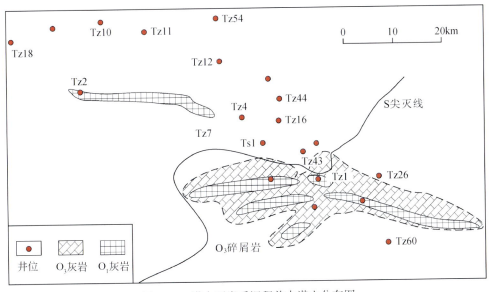

图6.13　塔中石炭系沉积前古潜山分布图

晚奥陶世末期发生一次强烈的区域构造运动，南部冲断抬升，形成潜山地貌，北部斜坡区形成一系列断裂；潜山区地表水沿不整合面下渗，深部流通沿深大断裂向浅层运移，进入风化面；深、浅层流体沿后期形成的断裂系统向浅层侵入，并围绕断裂或裂缝溶蚀，风化壳岩溶系统进一步被加强；良里塔格组底部岩溶系统形成，不整合面上、下形成两套岩溶系统；南部构造核部形成古潜山。地震剖面显示良里塔格组底部岩溶系统与下伏风化壳岩溶系统在纵向上局部连通。如图6.14所示，塔中83井区风化壳上、下岩溶系统的地震响应显著,风化壳以上岩溶系统甚至比之下更加清楚。实际钻井证实这些岩溶系统都真实存在。除塔中83井外,塔中72井和塔中72-1井也都在风化壳以上就钻遇了岩溶系统,且均发生了强烈的溢流和泥浆漏失现象。其中塔中72-1井在5355~5505m钻遇裂缝和洞穴系统,采用控压钻进,累计漏失钻井液约6000m³。

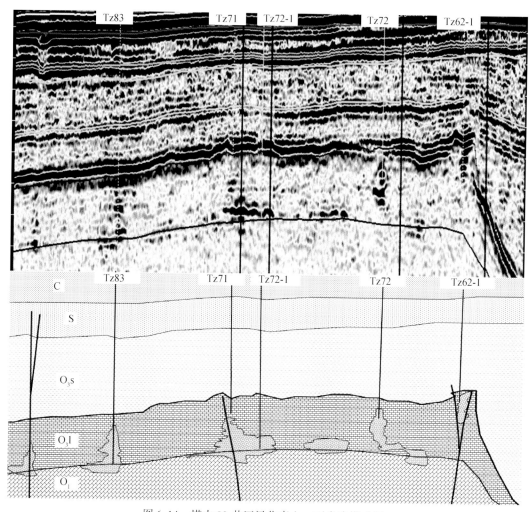

图6.14 塔中83井区风化壳上、下岩溶模式图

由此可见,塔中古潜山发育在古隆起的形成期、改造期、定型期;随着构造活动的变迁,古潜山发育的部位发生迁移;随着古隆起活动的减弱,古潜山的范围逐渐减小。塔中地区三期构造运动形成斜坡下奥陶统与垒带潜山区两套岩溶系统,渐弱构造演化造成风化岩溶范围逐步收缩,良里塔格组沉积前下奥陶统以整体抬升风化岩溶为主、发育更完整,前志留纪、前石炭纪以断块山为主。

(四) 断裂体系控制了大型缝洞储层的发育

潜山区不整合岩溶作用主要沿断裂发育。在新的三维地震剖面上,塔中东部潜山区发现大量串珠状强反射（图 6.15），通过地震精细解释，其中绝大部分串珠状强反射都与断裂相伴生，表明潜山区岩溶大型缝洞体主要是沿断裂带分布。由于塔中潜山区受块断作用控制，地貌高陡，分布范围有限，而且多期构造活动造成构造的分段性明显、岩溶作用时间短，难以形成完整的纵向分层、平面分带的岩溶发育系统，在不同级别断裂的交错叠置下，沿断裂带是地表水运移的主要的通道，岩溶作用发育。塔中4井区的钻探表明潜山区地层、岩性变化大，岩溶作用差异大，井间岩溶特征差别大。因此在潜山区岩溶储层具有沿断裂、垂向发育，变化大、充填复杂的特征。

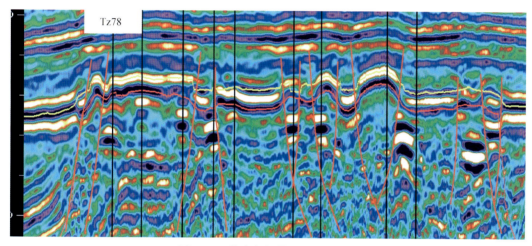

图 6.15 塔中东部潜山区地震剖面

沿断裂有利于下奥陶统风化壳岩溶作用发育串珠状大型缝洞。塔中北斜坡区下奥陶统风化壳勘探取得重大突破，相继在塔中83、中古5、中古21等井获得高产工业油气流，其明显特征是大型缝洞发育、在三维地震剖面串珠状强反射明显、钻井发生大量漏失、测试产量高，这些井的大型缝洞体出现的深度范围达300m、横向变化大，没有明显的层段对比性，而且主要沿垂向串珠地震反射异常出现，过井点不远缝洞体就缺失。虽然在碳酸盐岩内幕很难识别中加里东期的小型断裂，在地震剖面上，下奥陶统串珠分布的地区大多数都有断裂的显示，而且后期有一定的继承性发育。究其原因，在下奥陶统风化壳岩溶受古地貌控制下，由于暴露时间长、斜坡区水文影响作用强，岩溶作用具有一定的选择性，大量的地表水、地下水具有沿断裂带汇聚的运移趋势，有利于断裂带附近的岩溶作用发育，造成一系列的串珠状缝洞体发育。由于北斜坡区下奥陶统风化壳断裂没潜山区发育，斜坡地貌发育，岩溶缝洞体不完全集中在断裂上，有的可能距断裂有一定的距离（图 6.14）。

埋藏期溶蚀作用沿断裂发育。塔中下古生界碳酸盐岩经历长期的埋藏成岩作用，期间发生多期埋藏岩溶作用，在早期孔隙层与裂隙的基础上，埋藏期溶蚀作用大大改善了早期的储集空间，所形成的各种串珠状溶蚀孔洞、扩溶缝使礁相的连通性增加，成为本区油气有效的储集空间，控制着储层的发育和油气的富集，并使储层的非均质性加强。塔中45井萤石形成于二叠纪火成岩活动相关的热液交代作用。由于邻近断裂带，在构造活动期的应力释放造成该区岩层破碎，产生流体运移通道，并形成流体低势区。二叠纪火成岩活动可以造成基底热活动的"底侵",产生大量深层热液,当二叠纪火成岩沿断裂带向上活动时,携带深部的地下热液上升侵入灰岩,产生大量的溶蚀缝洞,形成不规则的、复杂的缝洞系统,在岩浆演化后期,高含氟的热液进入缝洞系统,与围岩发生交代作用形成萤石充填缝洞,随着热液的降温,形成多期萤石的结晶与充填,其规模与围岩先期的缝洞特征、含氟热液量等有关。钻探表明,良里塔格组高产油气流受控断裂作用明显,塔中82、62-1、62-2、242等井均钻遇大型缝洞井旁均有断裂发育,在礁后的塔中58(图6.16)、721井良里塔格组的大型缝洞受控断裂的特征更为明显,在泥灰岩中发生大量的漏失,测试产能高。

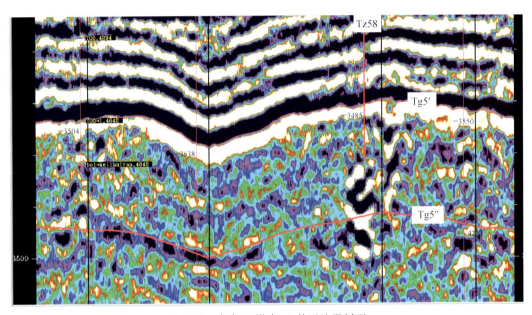

图6.16　中古7-塔中83井区地震剖面

由此可见,潜山区的储层主要受控断裂,斜坡区下奥陶统风化壳串珠状大型缝洞体的发育与断裂密切相关,礁滩型储层的大规模缝洞体沿埋藏期与暴露期断裂带分布,断裂对塔中奥陶系大型缝洞体的发育与分布具有重要的影响作用。其根本原因在于塔中碳酸盐岩以低孔低渗储层为主,断裂是不整合暴露期、埋藏期各种类型酸性溶蚀水运移的优势通道(图6.17),有利于不同类型的岩溶作用发育,而且有利于其溶蚀卸载。

(五)断裂构造破裂作用改善了储集性能

裂缝可以增加储集体的连通性和渗透性,大大改善储集体的连通性,对油气勘探具有重要的意义(邬光辉等,2006)。结合前文构造演化史研究可知,塔中地区具有区域性影响的构造活动主要有中奥陶世隆升、晚奥陶世末冲断走滑和志留纪—泥盆纪走滑、二叠纪火山活动导致的岩浆刺穿构造。中奥陶世(相当于中加里东期运动)构造隆升活动形成的不整合面主要影响下奥陶统风化壳岩溶系统;晚奥陶世末以冲断挤压为主,是上奥陶统良里塔格组压扭性断裂的主要形成期,在塔中Ⅰ、Ⅱ号断裂带、塔中10号断裂带和中央断裂带形成规模巨大的NW-SE向断裂带,相关褶皱核部纵向张性裂缝发育;志留纪—泥盆

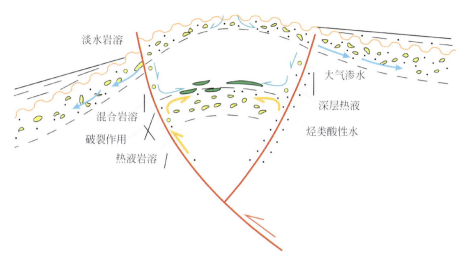

图 6.17 塔中奥陶系碳酸盐岩沿断裂岩溶发育模式图

纪以 NE 向基底张性错断为主,斜向切割 NW 向压性断裂系统,共同构成网状断裂系统。

裂缝型储层主要分布在断裂带附近,裂缝既是主要储集空间,又是流动渠道,而溶蚀孔洞相对不发育。塔中 243 井典型的网络状裂缝型储层,基岩为砂屑灰岩与亮晶灰岩,岩性致密,很少见溶蚀孔洞。该类储层在成像测井资料上也非常易于识别。地震剖面中裂缝型储层表现为不连续的弱杂乱反射,通常分布在断裂带周围(如塔中 24-26 井区)。塔中 82 井和塔中 86 井等高产井都位于走滑断裂带附近。近期的勘探实践证明断裂带附近往往发育优质储层,但是该类储层通常渗流性能非常好,但储集能力有限,孔隙度通常小于 2%。钻遇该类储层的井往往初期油气显示异常活跃,部分井能够在测试初期获得高产或工业油气流,但产量递减非常快,不能稳产。例如,塔中 241 井在 4621~4901m 处钻遇裂缝发育带,钻井过程中油气显示活跃,改造后获得工业油气流,但稳产效果差,产量下降快。塔中地区断裂和裂缝的形成有助于深部流体与地下水的扩散,扩大溶蚀改造作用的范围,改善储层连通性。鉴于断裂和裂缝对储层改造的重要意义,在勘探实践中已经将"近断裂、打裂缝"确定为优选钻探目标的一条准则。

溶洞-裂缝型储层是塔中地区最主要的储层类型,虽然溶蚀孔洞构成主要的储集空间,但是裂缝则主要起沟通不同部位储集空间的作用。地震剖面上,该类储层因靠近断裂带而在剖面中表现为同相轴杂乱、不连续的反射特征,溶洞较发育的储层在弱杂乱反射背景中夹串珠状强振幅反射,为裂缝切割和溶洞发育的综合响应。这类储层孔洞和裂缝均非常发育,因而孔隙度和渗透率均比较高,孔渗关系也较好。相比单一孔洞型或单一裂缝型储层,溶洞-裂缝型储层由于裂缝沟通了较远距离的储集控制,渗流性良好,同时兼具较大的储集能力,因而钻遇该类储层的井往往能够高产稳产,是塔中地区的最主要的优质储集类型之一。塔中 62 井区就是以这类储层为主,它们经过改造大多获得高产或工业油气流。塔中 62-1 井还是塔中地区碳酸盐岩储层中真正实现高产稳产的一口井。该井在良里塔格组 4851~4885m 通过加砂压裂,日产油 165~49.8m³,日产气(11~1.14)万 m³,截至 2007 年 6 月累计产油 62 535.8t,累产气 2845.6917 万 m³。

基质溶孔型储层局部溶孔发育段孔隙度可达 4%～6%，甚至高达 10% 以上，但整体连通性差。因而钻遇该类储层的井往往钻井过程中显示情况良好，但后期测试效果却较差，获得工业油气流的井极少。目前塔中地区在该类储层中获得工业油气流的井仅有塔中 828 井一口。该井 5595～5603m 井段良里塔格组测井解释孔隙度 2%～5%，改造后用 6mm 油嘴获得日产油 17m^3，日产气 1.2 万 m^3。

通过岩心分析发现塔中地区裂缝的发育程度受断裂带的控制，位于断裂带上的井中裂缝相对较发育，断裂发育程度较大的塔中 26-62、45 井区的裂缝较发育，而塔中 I 号断裂欠发育的塔中 85-54 井区裂缝欠发育。构造活动强烈的断裂带又较构造活动微弱的断裂带上的裂缝发育，塔中 24-26 井区裂缝最为发育，向南内带塔中 74、塔中 263 井区断裂活动减弱，断裂作用影响较小，裂缝发育程度很快减弱，钻井裂缝不发育。综合分析可见，以断裂为主的构造作用是裂缝发育的主控因素。构造破裂作用及其所形成的裂缝对储层的储集性能有重要影响。裂缝对沟通孔隙、提高储层的渗流性能有明显作用，同时也有利于孔隙水和地下水的活动及溶蚀孔洞的发育，形成统一的孔、洞、缝系统，改善储集性能，裂缝发育带往往是储层最发育的地区，裂缝的发育程度决定了碳酸盐岩渗透性能与油气的产能。通过薄片分析发现，塔中奥陶系储集空间以次生溶蚀孔洞为主，多经历早期的溶蚀充填，然后再溶蚀的过程，大多溶蚀孔发育的薄片都有裂缝发育，表明晚期的溶蚀可能与裂缝作为通道有关，裂缝对塔中奥陶系埋藏溶蚀具有重要的作用。

三、二叠纪岩浆活动形成的热液岩溶作用

早二叠世由于古特提斯洋对塔里木板块的俯冲作用，在盆地中西部广泛发育基性火山岩建造。塔中地区东起塔中 4 井区、西至塔中 45 井区钻井都钻遇这套火山岩（图 6.19）。二叠系火山岩可分为上下两段，上部分以凝灰岩为主，下部以玄武岩为主，主要分布在塔中西部地区，火山岩厚度一般为几十米至 100 多米，自西向东减薄直至尖灭，在塔中 18、21、22、39、45、47 等西部井区还发育一系列巨厚的火山口，在塔中 33、63 等井奥陶系、志留系等层位同时钻遇二叠系的侵入岩（图 6.18）。二叠纪火成岩活动对塔中西部碳酸盐岩的储层改造、油气成藏具有重要的作用。

一方面，埋藏溶蚀作用发生在沉积后深埋阶段相对封闭的系统中，与埋藏充填（胶结）相匹配，是埋藏阶段物质和空间的调整和再分配过程。因此埋藏溶蚀发育的地区，原储集体受到进一步改造成为更好的储集体。另一方面，埋藏充填（胶结）作用则使原储集体受到堵塞破坏，甚至成为非渗透封隔层，增加了原储集体的非均质性。识别埋藏溶蚀作用的最好方法是结合成岩序列与其他埋藏成岩作用相联系。塔中地区岩心（如塔中 242 井）镜下普遍观察到储层中溶解作用无选择性，粒内、粒缘和泥晶基质中及亮晶胶结物晶内均有溶蚀作用发生，裂缝往往被不同时代的方解石或石英充填，表明塔中地区埋藏溶蚀作用比较普遍，且是多期发生的。塔中古隆起西部地区早二叠世火山活动强烈，热液作用在这一地区非常普遍，塔中 45 井和塔中 45-1 井的溶洞中发现萤石等热液反应的产物（赵霞，2000；王嗣敏等，2004；朱东亚等，2005；张兴阳等，2007），为热液改造的直接证据。多期构造运动形成的不整合面、裂缝和多期表生岩溶作用形成的缝洞系统，为埋藏期

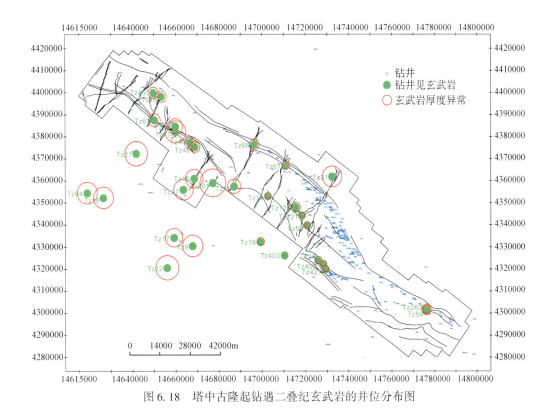

图 6.18 塔中古隆起钻遇二叠纪玄武岩的井位分布图

酸性流体的水-岩作用提供了渗透网络系统。

二叠纪火成岩活动对碳酸盐岩储层具有建设性作用。塔中 45 井 6073～6105m 钻遇萤石发育段,萤石累计厚达 12m,其中缝洞发育,是油气的主要赋存段,6078～6106m 测井解释Ⅰ、Ⅱ类储层有效孔隙度达 3.8%～13.3%,完井酸化试油 9mm 油嘴日产油 300m³,日产气 11 548m³。研究认为萤石属低温热液成因,萤石包裹体的均一温度在 70～110℃,Rb-Sr 和 Sm-Nd 法测试结果表明,塔中 45 井中上奥陶统碳酸盐岩储层中萤石的等时年龄介于 263～241Ma,与二叠纪火成岩活动有关。

火成岩的活动可以打破围岩原有的应力状态,形成一系列的热膨胀及冷凝缩微小断裂与裂缝,塔中 45 井可见岩层的扭曲及不规则裂缝。同时火成岩在侵入碳酸盐岩使携带的大量热液可以通过断裂或裂缝溶蚀围岩,形成各种不规则的缝洞系统。二叠纪火成岩活动可以造成基底热活动的"底侵",产生大量深层热液,沿断裂与裂缝侵入碳酸盐岩也会形成大量的缝洞,形成深层热液岩溶。火成岩产生的热液活动能与围岩发生交代作用,塔中 45 井的萤石就是高含氟的热液与围岩发生交代作用的结果,据研究方解石被交代形成萤石体积可减少 26.4%,形成的储集空间是相当可观的。二叠纪火成岩活动不仅其自身带来的热液能改造储层,同时伴随热事件的发生可形成一系列的流体运动,如热事件造成油气的生成与运移会产生大量的酸性流体,形成烃类运聚的埋藏岩溶;盆地压实流也会因增热而发生大规模运动,形成压实流岩溶储层。

第三节 塔中断裂构造对油气成藏的控制作用

断裂控油的实质是断裂及其相关的构造对油气运移和聚集的控制问题。断裂既是含油气流体运移的一种重要输导体,又是含油气流体运移的封隔体。断裂输导体的时空展布控制着含油气流体运动的方向、路径和分布。断裂控制圈闭发育、油气沿断裂分布的基本认识前人已有多方面论述,本节主要探讨不同时期断裂对油气运聚的作用。

一、中奥陶世古隆起控制塔中油气运聚的基本格局

(一) NW 向构造控制塔中断隆的基本形态

中加里东期塔中的断裂作用奠定了塔中的构造格局。塔中 I 号断裂带发生强烈的 NE 向冲断运动,造就了塔中隆起的 NW 向构造格局,同时中央断裂带也逐步产生,塔中隆起发生强烈的抬升剥蚀,出现沉积间断,形成第一期广泛分布的风化壳型储层。塔中 16-2、451、塔参 1 井等都钻揭鹰山组风化壳,碳酸盐岩间缺失中奥陶统大湾-庙坡-牯牛潭阶牙形石,而南北两侧凹陷中的塔中 29、塘参 1 井均发现了中奥陶统化石。从塔中 452、35 井与塔中 162、12 等井的钻探分析可见,西部地区上奥陶统地层西薄东厚,而且主垒带西部下奥陶统塔中 2、19 等井的剥蚀量大于东部的塔中 1、3、5 等井,表明此时塔中隆起具有西高东低的古地貌。同时塔中 I 号断裂带活动奠定了坡折带的发育背景,形成塔中与满加尔凹陷的沉积与构造边界;由于不同区段的构造活动特征不一致,也造成了后期上奥陶统礁滩复合体沉积的差异。

(二) 塔中断隆控制油气运聚态势

塔中隆起为一个继承性古隆起,断裂的发育具有继承性,形成早、定型早。早奥陶世末期开始发育,以断块运动为主,形成上下奥陶统之间广泛的不整合;晚奥陶世末期以褶皱运动为特点,形成了塔中寒武系—奥陶系巨型复式背斜古隆起;加里东末期至早海西期为构造调整改造期,海西期后稳定升降。由于塔中古隆起长期稳定发育,塔中 I、II 号断裂控制了古隆起的基本构造格局,中央断裂带、塔中 10 号断裂带的断裂在中奥陶世已经形成,控制了后期断裂的发育部位,具有明显的多期继承性发育的特征,因此油气自斜坡向隆起高部位运聚、自深层沿断裂垂向聚集的基本态势长期保持不变,特别是塔中下奥陶统 WN 低、ES 高的构造格局控制了 ES 方向是油气运聚的理想场所(图 5.43)。

(三) 断裂与构造格局控制油气的运移方向

研究中以下奥陶统顶面为油气横向运移的层面,利用 PetroMod 含油气系统模拟软件进行油气运移模拟分析(图 6.19)。模拟结果显示,油气通过塔中 I 号断裂带向南部凸起高部位运移,并在沿途的有利圈闭中汇聚,自北往南运移的特点非常清楚。与之相比,自西向东的运移调整仅发生在局部地区。受走滑断裂和局部构造的影响,塔中古隆起油气运移被分隔为复杂的运聚单元。

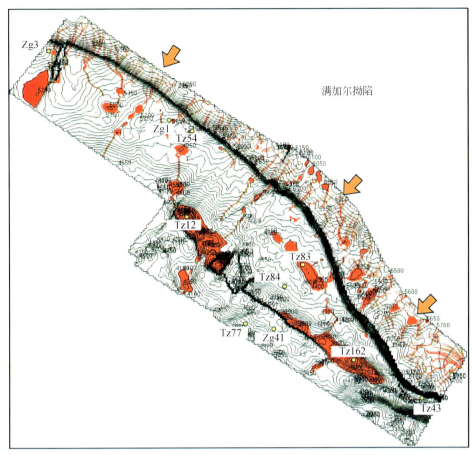

图 6.19 塔中 54-83 井区下奥陶统顶面（Tg5-2）油气运移流线流量分析图

通过对塔中 83 井区的油气精细运移模拟，分析其局部流动单元中油气的运移与聚集特征。模拟结果表明（图 6.20），塔中 83 井区存在一局部圈闭，塔中 84 和 723 井位于该圈闭以南的北倾斜坡上；塔中 83 井和塔中 84 井之间为一向斜凹槽（分隔槽），北部运移而来的油气以此为界，在塔中 83 号局部构造圈闭中聚集；塔中 83 局部圈闭被充满后，受东高西低构造顶面的影响（图 6.20），油气向东溢出，向塔中 16 号圈闭充注，从而绕过了塔中 84 和塔中 723 井所在的斜坡。这一模拟结果对塔中 83-84 井区油气水的分布状态给出了一种合理的解释：之所以塔中 83 井和塔中 721 井获得高产油气流，而塔中 84 井和塔中 723 井却产地层水，很可能是因为塔中 84 井和塔中 723 井没有处于油气运移路径上。

当然，这只是一种可能的解释，实际成藏条件可能更加复杂，还应综合考虑其他因素。例如，塔中 84 井和塔中 723 井虽在下奥陶统顶部发育优质储层，但其上倾方向上能否能够形成有效封堵也是其能否成藏的关键。本次模拟至少说明构造对奥陶系油气运移和聚集成藏有着重要的影响，在井位优选过程中，对储层条件和构造应该兼顾。

（四）断裂控制下奥陶统油气分布特征

塔中北斜坡虽然以宽缓的大型斜坡为特征，但塔中 10 号断裂带形成 SN 上下斜坡带，

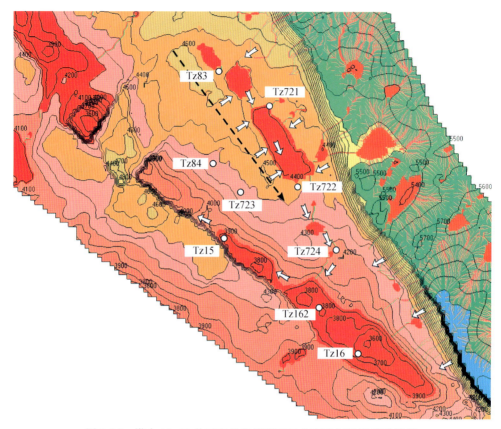

图 6.20　塔中 16-83 井区下奥陶统顶面风化壳油气运聚流线模拟

形成南北分带的基本构造格局。而储层的发育也受控南北分带的上下斜坡，北部下斜坡区水流作用充分，岩溶作用强烈，岩溶储层更为发育，南部山头高陡，斜坡平凹，岩溶作用相对较差，而且充填较严重。油气运聚受控构造的分带，也有南北分带的特点。加里东期油气大规模运聚时，广大的风化壳岩溶储层发生过油气的聚集，形成大面积层状分布的古油气藏，由于断裂的后期活动，高部位区的古油藏基本破坏殆尽，仅在斜坡区可能残余局部的古油藏，预测古油藏主要在塔中 10 号至塔中Ⅰ号断裂带之间保存条件较好的斜坡区呈北西向零星分布。而晚期天然气是自北向南的运聚，天然气的充注主要发生在北部地区，受塔中 10 号断裂带的阻隔，仅有少量天然气沿走滑断裂运移到南部上斜坡部位，其充注的程度也具有北强南弱的特点，从而形成北部天然气富集，油气分布具有南北分带的特征。

二、加里东晚期 NW 向断裂对油气富集的控制作用

（一）NW 向断裂控制塔中地区构造圈闭的发育与分布

加里东构造活动晚期，在塔中地区形成强烈的板内构造活动，塔中以褶皱运动为主，

与塔东地区发生整体强烈隆升，产生大量剥蚀，中央塔中带、塔中10号断裂带断裂复活，潜山区NW向逆冲断裂继承性活动，塔中Ⅰ号断裂仅在东部有次级断裂活动，形成了塔中复式背斜的基本格局，塔中NW向断裂带基本定型，断裂活动具有继承性与迁移性。

塔中NW向断裂控制了塔中南北分带的构造格局，同时控制了构造圈闭的分布。断裂活动期主要发生在奥陶纪，因此下构造层寒武系—奥陶系碳酸盐岩大型构造圈闭发育，而且多沿断裂带发育。在古隆起形成-定型的过程中，形成塔中Ⅰ、塔中Ⅱ、塔中10、中央、塔中5-7井等断裂带，在寒武系—奥陶系发育大量构造圈闭。但多期调整过程中，部分构造圈闭遭受破坏获改造；碳酸盐岩在长期深埋过程中，成为低孔低渗储层，具有强烈的非均质性，形成受储层物性控制的岩性圈闭为主的局面。塔中碳酸盐岩有效储集空间绝大多数为次生的孔、洞、缝，储层发育的主控因素为有利相带、岩溶、断裂与岩性，发育岩溶型、沉积相控型、裂缝型、白云岩型4种储层类型，从而形成4种圈闭类型。塔中下古生界古隆起是一巨型背斜圈闭，但多期的构造改造与调整造成内部圈闭的复杂化。晚加里东—早海西期的构造改造作用，造成寒武系—奥陶系圈闭的大量破坏。同时由于长期向东抬升的翘倾运动，造成中央、10号断裂带的圈闭逐步减小。深层寒武系盐下发育巨型圈闭，保存比较完整。

古隆起稳定埋藏造成上覆盖层以地层岩性圈闭为主。古隆起的稳定沉降造成构造圈闭欠发育。奥陶纪以后，塔中地区的构造活动明显减弱，志留纪—石炭纪以局部构造活动为主，在塔中10号断裂带、中央断裂带有局部构造发育，形成构造圈闭的规模小，其他地区缺少断裂与褶皱作用，构造圈闭不发育。石炭纪以后塔中古隆起以整体沉降为主，缺少构造圈闭。在古隆起稳定沉降过程中，具有地貌的起伏与差异沉降的特点，志留系、石炭系向塔中东部超覆尖灭可能大型地层圈闭，目前已有塔中6石炭系地层油气藏的发现。志留系砂泥岩薄互向东部出现岩性尖灭，在宽缓的古隆起斜坡背景上，容易形成大面积岩性尖灭圈闭。塔中古隆起的发育控制了地层岩性圈闭的形成和分布，古隆起上覆层有利于形成非构造圈闭，大多数地层岩性圈闭围绕隆起斜坡分布。

总之，NW向断裂活动期发育构造圈闭，上覆层以地层岩性圈闭为主。

（二）加里东晚期NW向断裂控制了石炭系—志留系油气藏的分布

加里东期NW向断裂的活动控制了志留系圈闭的形成与分布，塔中11、塔中16、塔中4等断背斜都有较大规模的发育。东河砂岩沉积后，沿断裂带主要形成披覆背斜圈闭，塔中4、塔中16、塔中10等低幅度披覆构造圈闭形成。NW向断裂带继承性的发育，造成圈闭发育的多类型、多层位、复合叠置的特点。志留系—石炭系构造圈闭主要沿断裂带发育，而油气的运聚成藏在断裂带具有优势运聚的条件，断裂的发育造成垂向运聚成藏的普遍性，是石炭系—志留系油气富集的有利部位，塔中4、塔中16等志留系—石炭系油气藏都分布在断裂带上（图5.45、图5.46）。

（三）塔中东段弧形冲断构造控制下的油气自西向东运聚

在加里东中期，塔中中央断裂带断裂发育，古隆起的高部位位于中央断裂带塔中4井区。奥陶纪末塔中东部弧形冲断构造开始发育，逐步形成塔中东高西低的构造格局，这种态势一直延续至今。志留系、石炭系在东高西低的构造背景下形成了自西向东超覆沉积。由于塔中地区具有长期东高西低的构造面貌，油气具有自西向东沿奥陶系顶面、石炭系底面不整合运聚的特征（图6.21）。

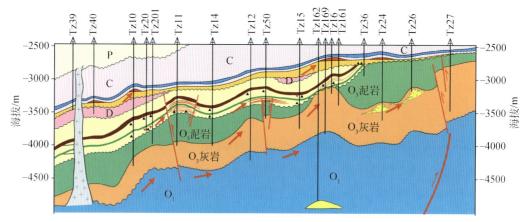

图6.21 塔中北斜坡油气藏运聚模式图

三、志留纪—泥盆纪NE向走滑断裂对油气成藏与油气分布的影响

（一）走滑断裂造成塔中东西分块的构造格局

志留纪末—早泥盆世，阿尔金断隆强烈隆升，塔中东部与南部塘古地区发生强烈冲断作用，形成一系列的NE向断裂，塔中由于构造挤压作用与塔中先期NE向构造带斜交，塔中中西部产生NE向走滑断裂带。

对塔中古隆起不同世代断裂的进一步研究表明，在塔中地区发育一系列NE向走滑小断裂，尽管大多连续性差、为NW向主断裂围限，但根据断裂的组合特征，识别出三个大的NE向走滑构造带，一是位于塔中10-46井以西，二是位于塔中31井—塔中12井—塔中61井一线以西，三是位于塔中24-7井以西。走滑构造带主要表现为不连续的、高陡走滑小断裂侧列状展布，以及斜列的、特征各异的褶皱，在塔中45-12井区出现走滑拉伸错动的地堑，走滑带两侧块体的挤压收缩量不一致。这三条压扭断裂带造成塔中古隆起东西分块，分割为构造特征各异的东西四块。

走滑构造带造成不同区块结构的差异。自东向西第一条走滑带是志留系地层的尖灭带，东部断裂发育、活动强烈，呈现断块结构，奥陶系碳酸盐岩广泛抬升剥蚀；西部宽度增大，断裂明显减少、构造减弱，塔中Ⅰ号断裂没有断穿奥陶系，呈现复式背斜构造形态。西部走滑带以西宽度大、隆起幅度低、断裂少、活动弱，火成岩分布多。中部走滑带两边结构的差异主要在西段宽缓，东段向东收敛，其间为走滑断裂带截切。

（二）走滑断裂早期破坏古油藏、晚期是油气运聚主要通道

志留纪晚期，塔中发生大规模的油气充注，形成广泛的、巨大规模的古油藏，估算资

源量可达数十亿吨。志留纪末期至早海西期发育的一系列 NE 向走滑断裂带不仅切割古油藏，而且是地表水下渗水洗古油藏的主要通道，大量的油气遭受破坏，塔中普遍赋存的沥青砂岩主要形成于该期。喜马拉雅晚期，塔中地区发生再次油气充注，由于走滑断裂深切基底、与现今的区域挤压应力方向一致，有利于断裂的开启，走滑断裂成为油气运移的重要通道（图 5.44）。在塔中 82 井区，虽然塔中 I 号断裂也未断穿基底，但本区走滑断裂发育，断穿基底，而且一直向南延伸到塔中 10 号断裂带，是气源运移的优势通道，大量油裂解气沿走滑断裂上来向南东方向运移，因此本区气油比高，而且在塔中 82 井下部颗粒灰岩段的气油比高于上部泥质条带灰岩段。由于气侵是从下向上，从北向南，在南部塔中 72-16 井区由于气侵波及作用弱，仍然呈现油藏特征。

塔中地区近几年工作重点一直围绕塔中 I 号台缘礁滩体展开，将主要勘探层系放在良里塔格组上部泥质条带灰岩段和颗粒灰岩段上。这类岩溶储层的分布与断裂或构造有良好的对应关系，图 5.44 展示了塔中北部三维覆盖区断裂展布图，表明东部塔中 82-83 井区和西部塔中 45 井区等断裂发育，是油气从北部拗陷向塔中古隆起运移聚集的主要通道和成藏地区。同时，由于该方向的断裂系统与上奥陶统的礁滩体储层、下奥陶统顶部风化壳岩溶纵向连通，成藏条件十分有利。

如图 5.44 所示，沿着塔中 86—塔中 452 井分布一条 NE 向的走滑断裂，控制了塔中 86 井和塔中 45 井油气藏的富集，其中塔中 451 井和塔中 45 井是通过 NW 向断裂与 NE 向断裂沟通，并改善储集性能，成为油气运聚的通道和场所。在该条断裂的西侧也同样存在一条 NE 向的走滑断裂，成为油气富集的断裂带，但是由于该断裂垂向位移量大，断裂构造沟通上部地层，因而保存条件不行，仅仅在塔中 19 井钻遇大量沥青，显示油气曾经沿此断裂发生过运聚。而在没有断裂发育的中古 18 井，构造位置较塔中 86 井高，紧邻烃源岩，礁滩储集体更加发育，可是由于没有油源断裂，所以没有发现工业油气流。

（三）NE 向走滑断裂带造成油气分布的区段性

第一，NE 向走滑断裂带控制了古构造的变迁。塔中地区多期的构造运动产生了多期的翘跷板作用，造成古构造的表现最明显的是志留纪志末奥陶系碳酸盐岩形成中 1 井区、塔中 4 井区完整的大型古背斜构造区，随着走滑带的发育，西部构造经历由大变小，以至完整古背斜消失，东部古构造高点向东部中 1 井区迁移，形成现今东高西低的构造格局。

第二，控制了岩溶储层的分布。由于走滑断裂带的分区作用，造成不同区块岩溶发育程度、类型、时间的差异，自东向西第二、四区块围绕塔中 4、中 1 井区形成前志留系岩溶广泛发育区，由于广大地区为志留系覆盖，早海西期岩溶局限。东部则叠加了加里东晚期与早海西期两期岩溶，第三段局限在主垒带有强烈岩溶作用。沿走滑断裂带埋藏岩溶作用发育，由于断裂的通道作用，埋藏期间的深部热液、油气运移携带的酸性水、盆地压实流等埋藏期流体容易沿走滑断裂带及其裂缝系统发生溶蚀，形成优质埋藏岩溶储层，目前钻遇的塔中 45、44、中 1 井等油气井都受到较好的埋藏岩溶作用。通过塔中 16-31 井区新三维的构造与相干体分析，沿走滑带小断裂发育，其裂缝的发育也主要分布在小断裂附近，走滑带是裂缝发育的有利地区。

第三,造成塔中Ⅰ号断裂带结构与储层发育的分带性。塔中Ⅰ号断裂带在横向上具有分段性,其间通过走滑构造的调节作用分为结构与形成演化各具特征的五段,沿走向上其构造样式、演化模式、成因机制不尽相同,具有分段性与多期性发育的特点,造成礁滩体发育程度不同、储层类型不同,以及油气富集的差异性。塔中44井区礁滩复合体发育,而塔中45井区构造作用与岩溶作用强烈。

第四,对潜山盖层分布的影响。东部潜山普遍为东河砂岩覆盖,缺乏有效盖层,而在塔中4-16井区志留系泥岩与潜山储层形成优质的储盖组合,是潜山勘探的最有利地区,西部主垒带潜山高点多为东河砂岩覆盖,油气保存条件差,盖层分布的差异与走滑构造带密切相关。

第五,造成油气运聚的差异。研究表明加里东期的油气运聚指向为受走滑构造带控制的塔中4、中1井区古构造区,其后由于走滑构造带破坏、调整,油气运聚指向东部。由于加里东末期以来塔中形成了东高西低的地貌格局,油气运移方向自NW向SE方向,北西向的主断裂带构造活动强烈、断距大,沿油气运聚指向展布,多形成油气运移的通道,而垂直油气指向的走滑断裂带是油气聚集的有利区,而且NE向走滑断裂带局部压扭圈闭发育,碳酸盐岩储层发育,容易形成油气成藏的分隔区。

第六,造成油气分布的东西分区。由于走滑构造带能有效改造储层,形成压扭圈闭,油气运聚成藏优越,是有利的成藏区带,并造成油气分布的东西分区性,已发现油气的分布多沿走滑构造带分布,目前塔中4、45、40、10,中1井油气藏沿西部走滑构造带展布,而东部两走滑带之间的塔中4—塔中16—塔中12井区块是塔中油气最富集的区块。

总之,走滑构造带对塔中油气的分布具有重要控制作用,油气分布具有东西分块性。

四、二叠纪岩浆刺穿及后期断裂控制志留系—石炭系次生油气藏分布

二叠纪火成岩能形成油气运移的良好通道,油气可沿火成岩岩墙、岩柱以及岩熔缝壁垂向运移。塔中地区上古生界缺少油源断层,火成岩通道对其油气成藏意义重大。寻找火成岩遮挡油气藏一直是塔中探索不息的勘探梦想,尽管塔中18、21、22、39、64等井均告失利,但2001年在塔中47井终于获得突破,在石炭系、志留系都获得了工业油流,开辟了火成岩相关油气藏勘探的新局面。从以上分析可见塔中西部二叠纪火成岩可形成大规模的缝洞,有效改造储层,优质储层与油气成藏形成极佳配置。目前已在塔中45井获得高产油气流,中石化在塔中23井南边的中1井也获得了突破,在塔中西部寻找火成岩相关碳酸盐岩油气藏前景广阔。塔中63井的钻探失利,表明本区储层的复杂性及储层预测的艰巨性,但塔中63井已钻遇约7m厚的灰绿岩,证实塔中45井区存在火成岩。临近的塔中47井已钻遇火成岩,并已在石炭系、志留系已获得工业油流。正是二叠纪火山活动导致的岩浆刺穿构造将深部奥陶系的油气沟通到浅层的志留系和石炭系储层中形成油气藏(图6.22)。

志留纪末至东河砂岩沉积前,塔中地区遭受强烈的构造改造作用,塔中地区油气经历强烈的调整破坏,大量的油气散失,形成志留系普遍赋存的沥青与稠油。在塔中潜山带,由于断裂发育,碳酸盐岩暴露地表,志留系或石炭系披覆其上形成次生油气藏。在印支—

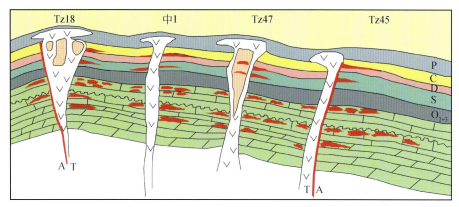

图 6.22 塔中西部火成岩相关油藏分布示意图

燕山期，尽管塔中地区没有大的断裂活动，但发生过多期的翘倾与升降运动，有资料表明存在油气调整。上奥陶统烃源岩范围主要分布在北斜坡，其油气成藏发生在喜马拉雅期，油气运移也是必经围斜带才能到达潜山区。所以通过前面二叠纪、前白垩纪活动的断裂分布图显示，在塔中Ⅰ号断裂带的东、西两端都存在后期活动的断裂，这为浅层志留系或石炭系次生油气藏的发育提供了可能（图 5.45、图 5.46）。目前塔中 47、11、4 井的钻探证实了这一认识。

五、多期多类型断裂组合控制油气藏复合叠置的格局

油气分布受运移通道控制，垂向运移与侧向运移的结合是大中型油气田形成的必要条件，断裂、不整合面是最优的输导系统，油气在古隆起上的分布主要受输导体系与局部构造特征的控制。塔中断裂结合部位的塔中 10 号断裂带的奥陶系、志留系、石炭系都有油气产出，油气主要分布在断裂带上。

断裂对圈闭的形成具有重要作用。塔中 4、16、10、12 等构造圈闭都分布在断裂带上，塔中Ⅰ号断裂带的岩性圈闭也与断裂有关，石炭系、志留系的地层圈闭多位于不整合面附近，发现的油气多位于不整合面的上倾部位。

油气藏主要分布在断裂与不整合面附近。断裂控制了油气纵向上的分布，石炭系以上构造活动很弱，断裂很少发育，油气显示与发现都集中在石炭系及其以下层系，断裂断到哪层，油气产层就出现到该层。塔中Ⅰ号断裂带主要断至奥陶系，奥陶系以上层位油气产出很少。主垒带断裂断至石炭系顶部，塔中 4 油田主要油气产出在石炭系。塔中油气的产出主要集中在断裂断至层位的不整合面附近，油气分布与断裂断开的层位配置有关。针对塔中Ⅰ断裂号上奥陶统台缘礁滩体油气藏，其沿塔中Ⅰ号断裂带展布，主要储层类型为洞穴型、溶洞-裂缝型和基质溶孔型。如图 6.23 所示，油气沿Ⅰ号断裂和其他次生断裂向礁滩体运移，岩溶储层的非均质性提供侧向封堵条件。这类油气藏广布于塔中Ⅰ号断裂带塔中 26-62-82 井区（图 6.23 中塔中 62-1 井）。除紧邻塔中Ⅰ号断裂的大型礁滩体外，内带部分点礁或丘滩也可能成藏。这类油气藏的储层主要由基质溶孔型构成，油气通过裂缝或

断裂充注其中，典型井如塔中 826、828 井和塔中 721 井等。由于不整合面作为油气横向运移的主要通道，其普遍具有一定的渗透性，所以断裂系统和不整合面共同构成了油气运移的路径。

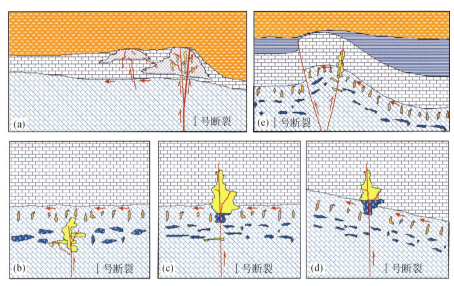

图 6.23　塔中地区奥陶系储层油气藏模式图

塔中地区下奥陶统风化壳岩溶系统具有良好的纵向分带性，优质储层主要分布在水平潜流带，顶部的风化壳和垂直渗流带因被不同程度充填而物性较差，可以充当盖层。如图 6.23（b）所示，这种油气藏的油气是通过底部断裂充注成藏的。图 6.23（c）、(d) 为风化壳上、下岩溶连通后的两种油藏模式，图 6.23（c）为平缓地形条件下，油气通过底部断裂和不整合面充注岩溶储层成藏。图 6.23（d）为斜坡地形条件下的成藏模式，此时进入岩溶系统的油气自上而下首先充满风化壳以上的岩溶系统，随后油气通过不整合面向上倾方向溢出，形成具底水的油气藏。图 6.23（e）展示了发育在局部构造中的风化壳岩溶储层成藏模式，其构造圈闭背景有利于油气的聚集（如塔中 83 井区）（图 6.24）。但同时由于处于构造核部，往往断裂或裂缝活跃，有时会造成油气保存条件相对变差。

气源断裂控制了油气相态。由于塔中地区天然气主要来源于寒武系源岩，充注时期在喜马拉雅期，因此气源断裂是气侵的主要通道。塔中Ⅰ号断裂带基底断裂主要分布在塔中 44 井以东，断层活动西边较东边弱，通过气源基底断裂，埋藏深度较大的上寒武统和下奥陶统中残留的油裂解形成天然气，并沿断裂向上转移再分配，东部断裂较为活动，天然气运移数量较大，东部油藏受气侵形成气侵型凝析气藏，有沥青质的沉淀和高蜡油的出现，气油比高。在塔中 62-2 井以西塔中Ⅰ号断裂未断穿基底（图 5.44），天然气运移通道受到抑制，晚期的气侵减弱，因此在塔中 621、62-1 井区保持了油藏的特征，气油比低。在塔中 82 井区，虽然塔中Ⅰ号断裂也未断穿基底，但本区走滑断裂发育，断穿基底，而且一直向南延伸到塔中 10 号断裂带，是气源运移的优势通道，大量油裂解气沿走滑断裂上来向南东方向运移，因此本区气油比高，而且在塔中 82 井下部颗粒灰岩段的气油比高于上部泥质条带灰岩段。由于气侵是从下向上，从北向南，在南部塔中 72-16 井区由于气侵波及作用弱，仍然呈现油藏特征。西部塔中 45 井区为弱挥发油藏，气油比低，但本区西部断裂断穿基底，预计向 NW 方向台缘外带可能过渡为凝析气藏。

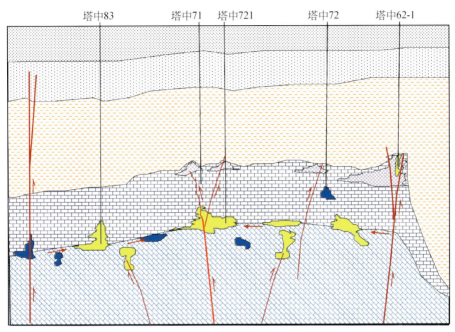

图 6.24　塔中北部礁滩体和风化壳上、下岩溶油气成藏模式（塔中 83 井区）

塔中古隆起断裂多期演化叠置特征造成了塔中纵向上分层、平面分带的结构特征，与多期成藏配置形成多层系、多领域、多类型纵向叠置、横向连片、整体含油的复式非常规大油气田群，并控制了塔中多含油气层复合叠置的格局。

第四节　塔中古隆起油气成藏主控因素与勘探方向

塔中古隆起是一个长期发育的继承性古隆起，多期构造演化造成了塔中古隆起纵向上分层，平面上南北分带、东西分块的结构特征，并形成多套、多种类型的储盖组合。塔中地区有寒武系与中-上奥陶统二套烃源岩，具有加里东期、晚海西期、燕山-喜马拉雅期 3 个成藏期，形成多源、多期、多类型的复式成藏特征。多期构造演化与多期油气运聚成藏相结合形成了塔中古隆起寒武系—奥陶系、志留系、石炭系等多含油气层的格局。塔中古隆起多期构造演化与成藏配置形成志留系—石炭系披覆碎屑岩构造-岩性油藏、上奥陶统沉积相控礁滩型油气藏、奥陶系风化壳型油气藏、寒武系白云岩岩性型油气藏等四大勘探领域。塔中大油气田的勘探方向以下古生界碳酸盐岩为主、石炭系—志留系碎屑岩为辅，立足大油气田，展开整体评价、立体勘探，以气为主、以油为辅，整体控制塔中Ⅰ号断裂带礁滩体储量规模、加快评价下奥陶统风化壳，探索、准备勘探接替的新领域。

一、上奥陶统台内礁滩储集体油气藏

（一）构造对储层改造作用的广泛性

目前普遍认为塔中Ⅰ号断裂带奥陶系礁滩体储层的发育受沉积相带控制，但奥陶系碳酸盐岩经历漫长的成岩演化史，国内外尚没有发现大型奥陶系礁滩型储层，在构造地质与沉积储层研究的基础上，认为塔中奥陶系礁滩储层有如下特殊性。

（1）高能相带是优质储层发育的基础。通过对本区大量单井资料的分析表明，沉积相带为储集空间的形成提供了岩性基础，礁滩体生屑灰岩、颗粒灰岩中溶蚀孔隙最发育。灰泥丘、滩间海微相孔隙度最低，多小于1.5%，一般为非-差储层，但礁核、礁翼、滩相物性基本没有差别，孔隙度平均2%左右，都有优质储层发育段，也有差储层与非储层。塔中62井区分析，可见孔隙度>3%以上的基质型储层在2~5m范围内，呈薄层透镜状出现，都位于礁滩相中，但与沉积微相没有直接的对应关系，礁滩相只是优质储层发育基础。沉积相控制岩石的结构和岩性，从而控制岩石原生孔的发育程度，并为成岩期间溶蚀作用提供了基础。

（2）风化岩溶造成大型缝洞的发育。在良里塔格组沉积末期塔中出现短暂的整体抬升暴露，塔中24-26井区出现泥质条带灰岩段缺失区，塔中82、24、242、62-2、62、822、44等井都见到风化壳岩溶的标志，主要表现为大型溶洞岩溶角砾、泥质充填物发育（塔中44、82、62-2等井有岩心）、渗流岩溶漏管、不规则状溶沟的发育及泥质和渗流粉砂充填物等岩溶现象，表明本区确实发育风化壳岩溶作用。

（3）埋藏期沿断裂溶蚀具有重要的建设性作用。塔中Ⅰ号断裂带中-上奥陶统碳酸盐岩中的埋藏溶蚀作用，不仅期次多，而且分布较普遍，规模也较大，所形成的各种串珠状溶蚀孔洞、扩溶缝使礁相的连通性增加，成为本区油气有效的储集空间，控制着储层的发育和油气的富集。同时由于本区中—上奥陶统灰岩经历了多次构造-成岩旋回的改造，所以相应地发育了多期埋藏岩溶作用。许多研究发现，埋藏期溶蚀孔隙的发育往往与烃类运移相伴随，埋藏期次生孔隙发育的期次与相应的油气运移事件是相对应的。由于本区存在多套源岩和多次烃类的运聚事件，其埋藏岩溶作用也呈多期发育。塔中Ⅰ号断裂带至少发育三期埋藏岩溶作用，在早期孔隙层与裂隙的基础上，埋藏期溶蚀作用大大改善了早期的储集空间，所形成的各种串珠状溶蚀孔洞、扩溶缝使礁相的连通性增加，成为本区油气有效的储集空间，控制着储层的发育和油气的富集，并使储层的非均质性加强。

（4）构造裂缝改善了储集性能。构造破裂作用及其所形成的裂缝对储层的储集性能有重要影响。裂缝对沟通孔隙、提高储层的渗流性能有明显作用，同时也有利于孔隙水和地下水的活动及溶蚀孔洞的发育，形成统一的孔、洞、缝系统，改善储集性能，裂缝发育带往往是储层最发育的地区，裂缝的发育程度决定了碳酸盐岩渗透性能与油气的产能。通过薄片分析发现，塔中奥陶系储集空间以次生溶蚀孔洞为主，多经历早期的溶蚀充填，然后再溶蚀的过程，大多溶蚀孔发育的薄片都有裂缝发育，表明晚期的溶蚀可能与裂缝作为通道有关，裂缝对塔中奥陶系埋藏溶蚀具有重要的作用。

塔中45井奥陶系就是埋藏热液岩溶形成大型缝洞储层的典型实例，上奥陶统台内泥灰岩、颗粒灰岩，基质孔隙度很低，但钻遇一套萤石发育的缝洞体，形成高产工业油气流，研究表明该缝洞体与热液作用有关，而与沉积微相无关。塔中721井在良四段井段5374.67m累计漏失3836.93m³、溢流157.5m³，在5355.5～5505m用8mm油嘴日产油54.72m³、日产气38.1万m³，表明本井钻遇大型缝洞体。本井也不在台缘带位置，储层的发育不受沉积相控制，研究表明塔中721井附近有断裂发育，大型缝洞的发育是埋藏期沿断裂发生岩溶作用所致。因此可见，离开台缘带的广大斜坡区，受断裂、裂缝作用与岩溶作用，仍然可能形成具有工业产能的储层发育区，在广阔的台地内部、在礁滩体深层，都有可能受构造破裂作用与埋藏岩溶作用形成有利储集体。塔中45井区、塔中10号断裂带、塔中82与塔中54等走滑断裂带是寻找与构造作用有关的缝洞储集体的有利勘探方向，应当加强研究与探索。

（二）塔中Ⅰ号断裂带油气赋存的差异性

塔中Ⅰ号断裂带地质结构具有分段性，从而造成礁滩体分布的区段性，塔中76井区礁滩体为断裂复杂化、塔中24-26井区礁滩体高陡狭窄、塔中82-54井区宽缓滩相发育、塔中45井区礁滩体宽缓且薄。构造的分段性造成储层分布的差异性，塔中24-26井区构造作用强烈，裂缝发育，以裂缝-孔隙型储层为主，油气产出好；塔中62井区受构造抬升作用，暴露淋滤强烈，风化壳岩溶发育，而且小型断裂的发育有利埋藏岩溶的作用，形成大型的缝洞，以缝洞-孔洞储层为主，储层最为发育；塔中82井区构造平缓，受岩溶与断裂作用影响大，以基质孔隙-大型缝洞发育为特征；塔中54井区断裂欠发育，台缘带宽缓、滩体发育、缺少暴露岩溶，以孔洞-孔隙型储层为主；塔中85井区基底平直，构造活动微弱，镶边程度低、台缘带宽，以孔隙型储层为主，油气产出难；塔中45井区断裂发育，台缘带缺少暴露，以裂缝-孔隙型储层为主，油气高产容易稳产难。因此可见，塔中Ⅰ号断裂带具有明显的分段性与油气聚集产出的差异性，需要加强研究构造作用对储层及油气富集的影响作用研究。

（三）上奥陶统台内礁滩储集体油气藏的勘探方向

塔中Ⅰ号断裂带形成早、定型早，有利于多期油气的充注与保存，成藏条件优越。塔中Ⅰ号断裂带具有整体含油、储层控油的特点，出油点多、勘探潜力大。西起塔中45、东至塔中26井区近200km长的区段上奥陶系碳酸盐岩普遍含油，本领域缺乏构造圈闭，油气不受局部构造控制，油气层顶面高差达2000m，储层是含油气性的主控因素，油气资源丰富，是近期寻找亿吨级油气田的有利勘探领域。塔中Ⅰ号断裂带发育多套储盖组合，具备多个有利勘探领域，包括良里塔格组台缘多期礁滩体、台内丘滩体、礁前斜坡区等。

目前的勘探主要集中在良里塔格组顶部一、二段礁滩体，这套礁滩体全区稳定分布，宽度约2～5km，面积约820km²，储层段厚度在100～150m，储层厚度30～70m，是主要的油气勘探目的层，是近期克拉通天然气勘探主攻领域。塔中Ⅰ号断裂带发育多期礁滩体，塔中72井已在含泥灰岩段礁滩体获高产工业油气流，含油气层段厚度从150m扩大到220m，扩展了深部油气勘探。深部多期礁滩体在塔中Ⅰ号断裂带的中东部广泛分布，由于多期叠置可能形成约300m的巨厚储集体，是潜在的有利勘探领域。紧邻台缘礁滩体的内带台内丘滩体分布广泛，面积超过 1000km²，已在塔中 16、塔中 45 井区获工业油气流。其物性相对较差，但面积大、资源潜力大，是进一步扩大塔中Ⅰ号断裂带油气规模的主攻方向。塔中断裂带高陡，在礁前发育大型斜坡扇，分布范围广、规模大。礁前斜坡扇盖层条件好、有利原生油气藏保存，储层厚度大、类型多、资源丰度高，一旦突破，油气藏可能规模比礁滩体还大。

二、塔中奥陶系不整合岩溶储层油气藏

（一）鹰山组风化壳岩溶储层

塔中隆起在早奥陶世末发生强烈的构造隆升，整体缺失上奥陶统下部吐木休克组及中奥陶统一间房组地层，形成第一期广泛分布的风化壳岩溶。岩溶深度一般在 100~200m，岩溶作用强烈、发育时间长，具有明显的纵向分带、平面呈层状展布的特征，储层预测研究发现大型岩溶缝洞发育，与其上覆上奥陶统致密泥灰岩组成良好的储盖组合。

下奥陶统风化壳与上奥陶统礁滩体具有相同的油气来源与成藏期次、相似的碳酸盐岩岩性圈闭、相近的时空配置。但也有较多的不同之处，下奥陶统储层厚度与礁滩体相当，基质孔隙略低，但风化壳岩溶比礁滩体溶蚀作用发育，分布范围更广；下奥陶统风化壳有利于中—下寒武统源岩三期油气的充注，断裂与下奥陶统顶不整合面搭配的三维网络有利于油气的纵横向运移，下奥陶统油气捕获能力比礁滩体好；下奥陶统风化壳勘探范围遍及塔中北斜坡，面积达 6000km²，是台盆区落实大型气区的重要勘探领域。在塔中 45—中1—塔中 16 井区广大区域已获得油气流或见到良好油气显示，比礁滩体具有更广阔的勘探前景，是下一步寻找大油气田的有利方向。

根据下奥陶统风化壳储层的发育特征、油气成藏的主控因素分析，最有利的勘探领域主要集中在塔中 16-45 井区，其中塔中 54-83 井区下奥陶统为近期天然气重点评价区块。塔中下奥陶统风化壳岩溶储层受古地貌控制，同时在断裂发育区有利于大型缝洞发育，结合断裂控制大型缝洞发育的认识，西部塔中 45 井区应是下一步油气勘探的主攻方向，一是本区在中奥陶世受断块隆升作用，整体抬升形成宽缓的大型岩溶缓坡背景，有利于岩溶充分进行；二是本区缺少良四、良五段，其风化岩溶作用时间更长、岩溶作用更发育；三是本区断裂发育，有利于埋藏期的岩溶作用；四是本区是碳酸盐岩长期相对较高部位，断裂发育，是油气运聚的有利指向区。第二个有利方向是塔中 10 号断裂带，虽然钻探塔中 12、塔中 162 井都仅获得低产油气流，但钻探揭示本区岩溶作用影响深度大，受断裂岩溶作用可能形成大型缝洞发育区，只要加强储层预测，优选井点，可能实现油气高产的突破。

（二）塔中古隆起中央断裂带古潜山油气藏

通过对塔中古潜山的综合分析，塔中古潜山出露的岩性在中央断裂带、塔中 5 井构造、塔中 7 井构造为下奥陶统泥晶灰岩，塔中 6、塔参 1 等井为上奥陶统泥灰岩，而出油井塔中 1 井为白云岩风化壳，塔中 16 井区与塔中 52 井主要是上奥陶统颗粒灰岩。一般而言，白云岩与颗粒灰岩的物性优于泥灰岩与泥晶灰岩，由此可见潜山区应找白云岩与颗粒灰岩发育区。在中央断裂带-5井区潜山高部位的围斜带可能存在较好的岩性，它们本身的基质孔较好，而且容易产生各种风化壳岩溶以及埋藏岩溶，形成优质储层，塔中16井与塔中52井的钻探已证实围斜带有好的岩性带。

塔中古潜山顶部尽管可能形成很好的风化壳渗流带储层，但经历加里东-早海西期长期的暴露淋滤，很多好储层发育区缝洞容易被充填、山头容易被夷平，而致密岩体容易保留下来。轮南潜山的勘探已表明潜山的斜坡带最有利，塔中古潜山是受断裂控制的狭窄的高陡山头，其范围有限，众多钻井也没有打到优质储层，而围斜带面积较大，勘探潜力大。

在塔中潜山带，由于断裂发育，碳酸盐岩暴露地表，志留系或石炭系披覆其上，加里东期的油气成藏破坏殆尽，而在斜坡带盖层条件较好，有利于油气的保存。在古潜山围斜带由于上覆有奥陶系泥岩"黑被子"或志留系泥岩，其油气保存条件优于古潜山高部位的暴露区，可能保存海西期古油藏。近期在塔中4-7-38井获得高产稠油，表明可能有古油藏的保存。晚海西期的油气主要来自满西凹陷，临近的塔中I号断裂带与潜山区北部的围斜带是油气运聚的有利地带。在印支-燕山期，尽管塔中地区没有大的断裂活动，但发生过多期的翘倾与升降运动，有资料表明存在油气调整。上奥陶统烃源岩范围主要分布在北斜坡，其油气成藏发生在喜马拉雅期，油气运移也是必经围斜带才能到达潜山区。对比古潜山围斜带与上奥陶统礁滩复合体，其烃源岩、储层与礁滩复合体相当，而盖层、油气运聚条件复杂，在储层预测方面，礁滩复合体要难于古潜山。

塔中古隆起南翼具有类似北斜坡的下奥陶统风化壳发育。塔中古隆起在中奥陶世形成时，整体以褶皱隆升为主，以中央断裂带为界，分隔给南北两个大型斜坡。从南斜坡的构造特征看，在西段是以断裂抬升为主，东部以褶皱隆升为主，具有东西分段的特征。从良里塔格组台缘带发育特征看，整体同样是大型镶边台地，表明具有相似的古隆起边缘特征。虽然目前尚没有探井钻遇这套风化壳储层，但从塔中隆起发育的背景及其沉积特征分析南斜坡应广泛发育下奥陶统风化壳。南斜坡下奥陶统断裂欠发育，整体表现为宽缓的大型岩溶斜坡。由于塔中地区具有刚性基底，南坡表现为整体抬升剥蚀的更为宽缓，出露的地层层位基本相当，没有明显掀斜。岩溶的特点表现为整体抬升、平坦地貌；水流宽缓、覆盖面广，因此岩溶作用较缓坡型弱，具有平面上储层分块的特点；这类岩溶作用相对较强、储层充填较少。比较典型的就是塔中45井区下奥陶统风化壳，整体表现为块状平原，岩溶作用普遍，但大型缝洞相对较少，储层具有分块性。总之，塔中古隆起的形成造成下奥陶统风化壳广泛分布，如果有晚期油气的充注，塔中南斜坡也可能形成大面积分布的不整合油气藏。

中央断裂带油气成藏盖层、油气运聚条件的限制，塔中4井区志留系泥岩覆盖区、塔中5井区石炭系泥岩覆盖区是最有利的勘探领域，是潜山区主要的勘探区域。总之，塔中地区古潜山的勘探值得探索，古潜山的围斜带和古隆起南翼是有利的勘探领域。目前围斜带的勘探程度很低，地震资料品质差、储层横向预测困难，需要加大地震勘探与研究工作。

三、寒武系白云岩储层油气藏

（一）白云岩具有优越的储层条件

白云岩是中国海相地层油气勘探的主要储集体类型之一，塔中古隆起是寒武系—奥陶系的背斜古隆起，寒武系内幕白云岩与盐下台背斜是长期继承性发育的古隆起，保存较完整，是原生大油气田勘探探索的有利领域。塔中地区目前钻遇下奥陶统纯白云岩段的井有塔中75、166、408、塔参1等井，地层对比分析除塔中1井外，其他井具有较好的对比性，寒武系白云岩段以上部以灰色、褐灰色粉−细晶藻白云岩为主，局部见含燧石云岩及砂屑云岩；下部以灰色、深灰色粉−细晶藻白云岩为主夹中晶云岩、砂屑云岩。

白云岩具有良好的基质孔。白云岩储层以粉细−粗晶白云岩为主，由于其晶体较大，而且晚期胶结作用弱于灰岩，因此晶间孔普遍发育，而灰岩粒间孔很少保留下来，纯白云岩段的物性明显优于灰云互层段。由于白云岩溶蚀孔洞易于保存，因此晶间溶孔、溶洞也发育，塔参1井在白云岩上部溶蚀孔洞发育，塔中162井下奥陶统下部泥粉晶白云岩的晶间孔、晶间溶孔较发育，塔中43井下奥陶统下部5546~5700m细粉晶白云岩及中粗晶白云岩见岩溶小孔洞及白云石晶间孔。

塔中408井寒武系4531~4750m井段，测井解释Ⅰ类储层52m/4层，孔隙度4.6%~23.2%，平均值10.88%。塔中75井寒武系4777~4966m，测井解释Ⅰ类储层24.5m/4层，孔隙度5.1%~7.9%，平均值6.2%。岩心物性分析塔中Ⅰ号断裂带奥陶系碳酸盐岩孔隙度均值为1.78%，渗透率均值为$10.35×10^{-3}\mu m^2$，孔隙度>2%占35%；塔中寒武系白云岩孔隙度均值为1.83%，渗透率均值为$25.86×10^{-3}\mu m^2$，孔隙度>2%占29%。对比表明寒武系白云岩基质孔隙度与礁滩体相当，但渗透率远大于礁滩体。

白云岩裂缝发育且充填程度低，塔参1井5059.00~5113.15m井段裂缝密度达6.8条/m，张开缝占78%，而塔中碳酸盐岩全充填裂缝一般达50%以上，表明寒武系白云岩的裂缝发育可能优于奥陶系灰岩。

（二）白云岩储层具有良好的成藏条件

白云岩井油气显示良好。塔中1井白云岩为储层为古潜山，岩溶储层主要发育于塔中1井中奥陶统白云岩3576~4110m井段，为塔中第一口获得高产工业油气流井，其他地区白云岩基本为内幕型。塔中162井白云岩储集空间以晶间孔、溶蚀孔洞为主，裂缝较发育，为裂缝−溶孔型储层；5932~6022m井段测井解释Ⅱ类储层77.5m，总孔隙度2.2%~4%，裂缝孔隙度0.184%~0.528%。对5931.12~6050m井段完井酸化测试，φ9mm日产气207 000~164 205m³。上交预测储量天然气58.14亿m³。塔参1井在5060.8~5109.3m井段，取心获油斑8.39m，荧光35.47m，岩性为灰色、褐灰色、浅褐灰色、浅灰色粉晶云岩、角砾状云岩。岩心小缝、微缝发育，局部见针孔，岩心柱面可见褐色及黄褐色原油外渗或浸染，油质中等，油味浓。塔中43井在内幕白云岩段5416~5457m井段2层18m气测显示异常，TG：3.04%~67.5%，C1：1.46%~34.2%，组分齐全，出现iC_4、nC_4，取心白云岩缝洞较发育，方解石、泥质半充填。

白云岩具有良好的储盖组合与成藏条件。尽管塔中白云岩埋深大,但仍然存在好储层,塔中162、43、塔参1等井已有钻遇,而且上覆巨厚的灰云岩、灰岩段是良好的盖层。寒武系白云岩有利于捕获下部寒武系烃源岩生成的油气,虽经历多期次构造运动,但在长期继承性古隆起背景下,白云岩基本没有出露地表,有利于原生油气藏的形成和保存,寒武系白云岩储盖组合条件良好、成藏条件优越。

白云岩存在广阔的勘探领域。寒武系顶面白云岩7000m以上的区域有近8000km^2,尽管目前内幕白云岩顶面信噪比和分辨率低,加之灰岩和白云岩间反射系数小,波阻抗差较低,常规处理难以识别,解释成图很难,但白云岩具有一定的成层性,只要加强地震攻关、适度钻井探索,有可能开辟一个寻找原生大油气田的新领域。

(三) 寒武系盐下大背斜值得探索

塔中寒武系内幕白云岩主要指寒武系中统膏云岩之上的、丘里塔格组的的开阔台地相的粉-细晶白云岩,塔参1、塔中43、408等井钻遇该储层。目前塔中地区在下奥陶统的风化壳岩溶储集体、上奥陶统的礁滩体和志留系—石炭系的碎屑岩储层中都发现了工业油气藏,并获得突破。下一步对塔中寒武系白云岩储层的勘探需要足够的重视(杨海军等,2011)。塔中古隆起是加里东期形成的寒武系—奥陶系巨型台背斜古隆起,该台背斜形成于早加里东期,后虽经多次构造运动,但形态依然完整,是油气运聚的长期指向。塔参1井是塔中地区唯一一口揭穿寒武系的井,盐下7116.5~7124.8m井段取心溶洞发育,见大洞25个、中洞30个、小洞71个,白云岩半充填或未充填,岩心出筒时明显冒气,表明具备较好的储层条件。寒武系6800~7085m井段发育泥质云岩、膏质云岩、膏岩,作为良好的区域性盖层。塔参1井钻井过程中泥浆比重达到1.60,但在7108~7132m井段仍见4层10m气测异常,最高TG:22.25%,C1:15.4%,C2:0.34%,C3:0.19%。塔参1井在7015~7035m井段试油出水48m^3/d,尽管塔参1井在寒武系盐下未获得工业油气流,但膏质云岩之下白云岩段中见活跃的气测显示,表明塔中寒武系盐下是探索大型原生油气藏是有利领域。

塔中地区寒武沉积相在纵向演化上由下部的蒸发台地、局限台地相、开阔台地相组成(陈新军等,2006),说明塔中地区并没有利于烃源岩发育的盆地及其斜坡相带。通过对塔里木盆地古生界各层系流体矿化度、组分等研究认为地层流体垂向上具有较强的分隔性,古生界油气以侧向运移方式为主(薛会等,2005)。塔中地区的油气主要来自于相邻的满加尔拗陷中的寒武系—下奥陶统的烃源岩(韩剑发等,2008),作为紧邻寒武系烃源岩的寒武系内幕层状分布的白云岩是油气运移与聚集的良好场所,塔中162发现的工业气流和塔参1、塔中43井活跃的气测显示证实了这一点。过去制约寒武系内幕白云岩勘探的关键因素是埋藏深,难以钻及,这主要是因为对塔中古隆起内部结构描述不准。现今对于塔中古冲断弧形构造带的精细刻画,认识到寒武系膏云岩是一套主要的滑脱层,滑脱层之上的白云岩段在如图5.15、图5.17、图5.19所示的断层F1与F22控制下冲断到浅层,白云岩储层与不整合面上的志留系—泥盆系泥岩段形成储盖组合,成为有利的地层油气藏发育部位,同时也使得钻探变得容易。对于塔中寒武系白云岩勘探,首先注重推覆断层上盘或保留了中、上奥陶统盖层的自生自储原生古油藏的勘探。对于塔中古隆起的南带及塘古孜巴斯凹陷内部的弧形冲断带，由于台缘礁滩体不发育，应重点考虑寒武系白云岩的原生古油气藏，在塔中3、塔中52分别见到良好的油气显示和油流，证明塘古孜巴斯拗陷具备油源条件，南斜坡曾经有过油气运移和聚集的过程。塔中构造重新认识表明，塔中1-5井区断裂为盖层滑脱型，寒武系盐下大背斜保存完整，寒武系盐下构造表现为一大型复式台背斜。向东收敛变窄逐渐抬高，向西延伸开阔，平缓下倾。背斜以海拔-6000m闭合线计算，面积达1000km^2，幅度800m。该台背斜形成于早加里东期，后虽经多次构造运动，但形态依然完整，是长期继承性发育的古隆起，是油气运移的长期指向，寒武系盐下台背斜具备形成原生油气藏的基本石油地质条件。寒武系盐下白云岩与盐膏层的储盖组合更为优越，可能形成大型油气藏（图5.41）。

塔中深层大背斜油气成藏条件有利，塔中4-5井区位于盐下背斜的主体部位，是最有利的勘探区，同时可以兼顾震旦系裂谷，是逼近烃源岩、开拓新领域、寻找大油气田的有利地区。总之，塔中寒武系具有广阔的勘探领域，形成寒武系顶面与盐下两套有利勘探层位，寒武系盐下白云岩大背斜保存好、储盖组合条件优越，是值得加强探索的重要方向。

四、塔中志留系岩性油藏

（一）志留系具有长期稳定发育的斜坡背景

奥陶纪晚期为塔中古隆起的主要活动期，塔中古隆起连同古城鼻隆整体抬升，形成一巨型近东西向的褶皱隆起，塔中东部与古城鼻隆抬升高、剥蚀大，形成东高西低、垒带高南北坡低的古地貌，志留系沉积前塔中北斜坡形成宽缓的斜坡背景。

志留系沉积期间塔中地区处于克拉通内拗陷稳定沉降阶段，志留系从西向东、自北向南逐渐超覆沉积在奥陶系不整合面上，在塔中北斜坡地形坡度小于1°，形成稳定的缓坡沉积。志留纪末塔中古隆起遭受来自西南方向的强烈构造作用，塔中志留系顶部遭受剥蚀，砂泥岩段保存不完整，并在塔中11、12等井区形成系列压扭断层。塔中东部抬升，志留系形成从西北向东南底超顶削的特征，残余厚度在100~600m，宽缓的大斜坡背景没有变化。早海西期后塔中没有大规模构造活动，仅发生局部构造调整，直至现今志留系整体上都呈向西北倾伏的稳定斜坡，其间存在少量断裂与小型背斜构造（图5.44）。在这种稳定的古隆起斜坡背景下，构造圈闭欠发育，但有利于形成各种类型的地层、岩性圈闭。

（二）志留系低孔低渗储层利于形成岩性油藏

塔中地区志留系砂岩成分成熟度总体较低，基本为岩屑砂岩。储层孔隙类型主要有四种：残余原生粒间孔、溶蚀孔、微孔隙、微裂缝，多数层段以残余原生粒间孔和微孔为主。志留系以低孔低渗储层为主，储层物性普遍较差，孔隙度一般在8%~15%，渗透率一般在（1~100）×$10^{-3}\mu m^2$，局部存在中孔中渗储层。在中、西部下沥青砂岩段储层性质整体上优于上沥青砂岩段储层；东南部塔中16-401井区上沥青砂岩段储层性质优于下沥青砂岩段储层。由于储层物性受沉积微相、成岩作用等因素的影响，造成同一套砂体在横向上物性发生变化，低孔低渗砂体有利造成侧向封堵，形成岩性圈闭。

（三）发育两套区域性储盖组合

塔中志留系形成两套区域性储盖组合：红色泥岩段-上沥青砂岩段、灰色泥岩段-沥青砂岩段。对这两套储盖组合初步评价表明，红色泥岩段-上沥青砂岩段，好储盖组合主要分布在塔中 16-30 井区，较好储盖组合主要分布在塔中 11、32、12 井区；灰色泥岩段-沥青砂岩段，好储盖组合主要分布在塔中 31、11、12 井区，较好储盖组合主要分布在塔中 47、11、31、12 井区好储盖组合外围。

（四）油气多期充注与调整造成志留系普遍含油

中志留统油气赋存复杂，存在广泛的沥青、稠油、正常油以及凝析气，是多期成藏的结果，地化资料表明寒武系与奥陶系烃源岩对塔中志留系都有贡献，综合油气藏特征、包裹体、生烃史资料等分析，塔中志留系存在三期成藏与两次调整。由于塔中志留系存在多期油气成藏与调整，不同地区油气的聚集与保存条件有差别，因此造成现今稠油、正常油、凝析油分布复杂的特点，多期成藏与调整造成油气分布复杂。

塔中志留系长期处于稳定的平缓斜坡背景，古构造分析表明，塔中志留系在不同地史时期一直保持 SE 向 WN 倾伏的大斜坡，油气在局部断裂发育区存在纵向运移，但以横向运移为主，这种近平行状油气运移方式决定了塔中志留系油气普遍分布的特点。塔中北斜坡老井复查的结果表明，钻遇志留系的探井 80% 以上有油层或差油层，单层厚度一般在 1~2m，大多井没有局部构造圈闭，可见志留系普遍含油，岩性油藏广泛分布，长期近平行状的油气侧向运移造成油气广泛分布。

（五）油气运聚的上倾方向有利成藏

塔中志留系具有岩性控油，局部构造富油的特征。尽管塔中志留系成藏复杂，但油气藏可分为构造与岩性油藏两大类，依据其成藏特点可分为以下五种成藏模式。

（1）古构造残余-后期充注型：以塔中 11 油藏为代表，薄片荧光强，沥青质和碳质沥青丰富，表明早期破坏严重，后期充注强。志留纪晚期形成巨型古油藏，志留纪至石炭系沉积前遭受断裂与表生破坏，形成大量沥青，残存少量稠油，后期又经大量的油气充注，造成现今重质油与正常油同时存在的特征。

（2）晚期构造成藏型：以塔中 47 井为代表，晚海西期受火成岩作用圈闭才形成，早期没有油气充注，晚期成藏形成现今的正常油。

这两种成藏类型主要分布在西部局部构造与火成岩发育区，勘探范围局限，但塔中 11、47 井区构造油藏多有断裂发育，有利于早期的油气聚集，尽管油气破坏严重，造成沥青分布较厚，但便于晚期垂向的油气充注，因此油层较厚、油质较好，具有局部构造富油的特点。

（3）多期成藏岩性型：以塔中 169 井为代表，多期成藏，岩性控油，主要分布在塔中 14 井以东广大地区。

（4）古岩性油藏残余型：以塔中 31、15 井为代表，主要以早期残存的稠油为主，后期充注较少，主要分布在塔中北部地区。

(5) 多期成藏岩性-地层型：以塔中 161 井为代表，受地层超覆尖灭与岩性控制，主要分布在主垒带与塔中 16 井区。

后三种成藏模式形成岩性型或岩性-地层型油藏，多期成藏岩性型分布最为广泛，形成岩性控油为特征的非构造油气区，而且构造型油藏也多是受构造-岩性双重控制，因此塔中志留系总体上具有岩性控油，局部构造富油的特征。

东部地区是志留系勘探的主攻方向。塔中志留系构造演化史分析表明塔中志留系在漫长的地史期间，尽管有局部的构造活动与变迁，但自 WN 向 SE 抬升的构造面貌一直保留至今，塔中的东部地区一直是油气运聚的长期指向区（图 6.25）。

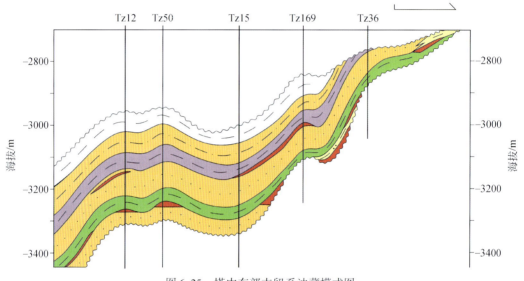

图 6.25 塔中东部志留系油藏模式图

塔中志留系岩性油藏的主要类型是岩性上倾尖灭油藏，由于塔中志留系长期保持向南西抬升的态势，志留系在沉积时是向南东上倾方向尖灭的，而且油气运移也是从北西向南东汇聚，在漫长的地质年代造成油气向上倾方向聚集，尽管塔中东部志留系在早海西期前埋藏较浅，但由于储层是低孔、低渗薄砂层，周缘为泥岩与致密层封隔，而且存在红色泥岩段与灰色泥岩段两套区域厚层泥岩段，在塔中东部能保存早期的油藏。

塔中北斜坡志留系主要含油范围达 5000km², 油气受岩性控制，岩性油藏为主要勘探对象，岩性油藏广泛分布，有利成藏区主要分布在东部的塔中 16 井区、塔中 12 井区以及西部塔中 11 井区；较有利成藏区包括塔中 16、12、11 井区的外围、塔中 31、32 井区等广大地区，塔中东部地区广泛发育上、下沥青砂岩段的多套超覆线、剥蚀尖灭线、岩性相变线，是下一步石油勘探的主要方向。总之，塔中志留系长期稳定发育的斜坡背景有利于岩性地层圈闭的发育，岩性油藏为志留系的主要勘探对象，岩性上倾尖灭方向是有利的成藏区带，东部志留系岩性相变带、地层超覆带是石油勘探的有利方向。

第七章 中国海相克拉通盆地油气勘探

中国海相克拉通盆地油气勘探对象虽然复杂、勘探历史久远，但是从世界上古生界海相盆地评估的油气资源量随着时间不断增加，四川盆地海相地层天然气探明储量随钻探工作量增加而增加等情况来看，中国古生界海相克拉通盆地油气勘探也将一直不断会有新的进展和突破，并且也具备形成大油气田的地质基础。通过国外古生界海相盆地构造性质和油气地质特征的对比显示，四川盆地具备形成大气田的地质条件（钱凯等，2003），并优选出川西地区二叠系栖霞组生屑滩白云岩储层、川西逆冲带古生界、乐山-龙女寺古隆起震旦系三个潜在的勘探领域，并重点从克拉通板块、含油气盆地、含油气系统、油气藏四个层次的构造保存条件，结合烃源岩、储集层等条件和评价标准，提出了中国海相克拉通盆地的油气勘探目标区。

第一节 中国海相克拉通盆地油气勘探概述

一、中国海相克拉通盆地油气勘探对象

中国大陆经历了震旦纪（Z）—志留纪（S）稳定克拉通海相沉积、泥盆纪（D）—二叠纪（P）海陆过渡相沉积和中新生代陆相沉积三个阶段。这决定了中国海相克拉通盆地油气勘探主要集中在古生界。克拉通及其边缘的浅海陆棚区沉积有机质丰富的泥质岩为主要的烃源岩，如四川盆地的下寒武统（ϵ_1）和下志留统（S_1），鄂尔多斯的寒武系（ϵ）和中奥陶统（O_2）、塔里木盆地的下寒武统（ϵ_1）和中-上奥陶统（O_{2-3}）。海西期洋壳俯冲消减和板块碰撞抬升，克拉通露出水面长期遭受剥蚀，碳酸岩淋滤溶蚀形成以溶孔、缝洞为主的风化壳储集层是油气藏赋存的主要场所。板块间的挤压致使克拉通内部发生构造变形，构造高部分成为油气早期运聚的主要部位，如塔里木盆地的塔北、塔中隆起，鄂尔多斯盆地的中央古隆起、四川盆地的乐山-龙女寺古隆起等。上古生代海陆交互相的潟湖、潮坪、湖泊、沼泽发育的膏盐、煤系成为下古生界烃源良好盖层的同时也是很好的煤系烃源岩，形成大规模的自生自储气藏。

勘探显示，中国海相克拉通盆地中形成的油气成藏及分布特征如下：① 以残余小型克拉通盆地为主，其他类型盆地保存条件差；② 有机质丰度变化大，热演化程度高；③ 低孔低渗储层比例大，非均质性强，储层预测、增产改造难度大；④ 构造变动强烈，油气藏破坏多；⑤ 古隆起被剥蚀，斜坡部位成藏；⑥ 多期成藏、晚期定型，油气散失量大。

中国海相克拉通盆地油气勘探对象评选的几个主要原则如下：① 大油气田的形成与烃源岩分布相关；② 古隆起斜坡是油气成藏富集的有利区；③ 次生孔隙（风化壳、岩

溶）是油气储集的主要场所；④ 早期存在的古油气藏经过构造改造具有二次成藏的特征；⑤ 保存与富集的客观评价是油气勘探的关键。

二、中国海相克拉通盆地油气勘探历程

中国石油工业的发展史一直伴随着海相克拉通盆地油气勘探行进的步履，虽然屡经挫折，但是也有新的发现，这些成果不断鼓舞着人们进行新的探索。中国海相克拉通盆地油气勘探具有久远的历史，明清时期四川盆地的自流井就在三叠系地层中开凿了天然气煮盐。在 20 世纪上半叶，自流井、石油沟和圣灯山等小规模局部勘探；50 年代天然气勘探蓬勃发展；70 年代证实四川是个富气的大型海相克拉通盆地；80 年代鄂尔多斯和塔里木勘探获得突破；90 年代呈现良好势头：在川东石炭系白云岩、二叠系生物礁、三叠系（T_1f）鲕粒滩灰岩、川南震旦系藻白云岩，鄂尔多斯中部奥陶系灰岩，塔里木盆地的塔北、塔中、巴楚、塔西南等部位相继获得工业油气流（表 7.1）。21 世纪以来，中国海相克拉通盆地油气勘探获得重大突破，发现轮南-塔河大油田、塔中奥陶系礁滩体油气田，川北三叠系普光、龙岗、渡口河-铁山坡大气田、川中高石梯气藏等，已经在中国海相克拉通中的油气勘探取得了一定成果：塔里木盆地发现石油地质储量约 20 亿 t，天然气约 10000 亿 m^3。四川盆地的川中（乐山-龙女寺古隆起）的震旦白云岩、川东石炭系白云岩、川北二叠系—三叠系鲕滩灰岩与生物礁探明大批气田，发现天然气地质储量约 15 000 亿 m^3。鄂尔多斯盆地的奥陶系发现了探明储量达 2909 亿 m^3 的中部大气田。同时在华北发现苏桥、文留、乌马营等古生界气田或含油气构造，孔古 3、4 井找到奥陶系油源的油气流。下扬子地区的下古生界发现油气显示 130 处，上古生界油气显示 294 处；15 口探井获工业油气流（表 7.1）。但是现今的这些发现与中国海相克拉通盆地本身的地层发育规模和人们对它的期望相比还相差甚远。

表 7.1　中国海相克拉通盆地油气勘探重大发现情况

烃源层	盆地	储层	盖层	发现时间	发现井及测试结果	构造区带	油气探明储量
石炭系—二叠系（C—P）	鄂尔多斯	C—P 三角洲砂岩	C、P 泥页岩	1969	刘庆 1 井，6×$10^4 m^3$/d	西缘刘家庄构造	5 446 亿 m^3
	准噶尔	P—T 河道砂岩	P、T 泥页岩	1955	克拉玛依 1 井	克拉玛依	30 419 万 t+536 亿 m^3
	四川	P 生物礁、缝洞灰岩	P 泥岩、T_1j 膏盐岩	1956	隆 10 井，8.02×$10^4 m^3$/d	川南圣灯山构造	945 亿 m^3
	华北	C—P 裂缝型灰岩	C、P 膏、泥岩	1982	苏 1 井，58.7t+6.28×$10^4 m^3$/d	苏桥	苏桥气田
	塔里木	K 砂岩	E 膏盐岩	1977	柯探 1 井 1300t+260×$10^4 m^3$/d	塔西南	柯克亚气田 314 亿 m^3
	下扬子区	P 灰岩、生物礁	P 膏盐、灰岩	1970	建 3 井，5×$10^4 m^3$/d	石柱宽向斜	建安气田

续表

烃源层	盆地	储层	盖层	发现时间	发现井及测试结果	构造区带	油气探明储量
志留系（S）	四川	C 风化壳白云岩	$P_1 l$ 泥岩	1977	相 18 井，$59.9 \times 10^4 m^3/d$	川东相国寺构造	川东：2777 亿 m^3
寒武系—奥陶系（Є—O）	塔里木	O 缝洞型灰岩、白云岩	O 膏盐岩	1984	沙参 2 井，$1000t + 200 \times 10^4 m^3/d$	塔北雅克拉、轮南、英买力、塔中、东河塘、和田河	20 亿 t 油、1 万亿 m^3 气
		C 滨海相砂岩	C 膏盐岩	1990	东河 1 井，$389t/d$	东河塘，塔中 4	
		T 砂岩	T 泥岩，煤系	1987	轮南 1，$632t + 11.8 \times 10^4 m^3/d$	塔北东部轮南	
		K—E 砂岩	E 膏盐岩	1991	英买 9，$47.6t + 15.7 \times 10^4 m^3/d$	塔北西部英买力	
	鄂尔多斯	O 风化壳	O 膏盐、C_1 泥岩	1980	天深 1 井，$16.4 \times 10^4 m^3/d$	西缘天环向斜	中部气田：2058 亿 m^3
				1988	陕参 1 井，$13.9 \times 10^4 m^3/d$	中部古岩溶地区	
	四川	Z 溶蚀白云岩	Є 泥页岩	1964	威基 1 井，$7.8 \times 10^4 m^3/d$	乐山-龙女寺古隆起	威远气田：400 亿 m^3
		Z 溶蚀白云岩	Є 泥页岩	2011	高石 1 井，$102 \times 10^4 m^3/d$	乐山-龙女寺古隆起	—
	华北	O 风化壳灰岩	O 膏盐岩	1990	孔古 3 井；$3t/d$	大港孔西潜山	—

注：油单位：万 t；气单位：亿 m^3。

中国海相克拉通盆地油气勘探技术上也取得明显的进步，如地震资料采集、处理和解释，测试水平的提高，裂缝、岩溶、生物礁储层识别和深井、水平井、完井、试油等技术的成熟运用。这些理论认识上的提高和勘探技术的技术为中国海相克拉通油气勘探奠定了基础。随着海相克拉通盆地油气地质理论和勘探技术的进步，海相克拉通盆地将是 21 世纪中国油气勘探的重要领域。

科研方面，从"三五"计划到"七五"计划的南方中下扬子区海相克拉通盆地碳酸岩油气科技攻关研究，奠定了一定的理论基础。但中下扬子区仅发现黄桥含凝析油的 CO_2 藏、盐城气藏和建南等小气藏；华北克拉通盆地中虽然在元古界、古生界获得大量的以新生代地层为烃源岩的古潜山油气藏，和上古生界煤系地层中自生自储的天然气藏，但是一直没有获得以海相克拉通地层为烃源岩的工业油气田，仅仅发现多处古生界油气显示和非工业性油藏。目前在北美大陆古生代海相克拉通地层探明可采储量油 9.5 亿 t，气 3000 亿 m^3，东西伯利亚古生界发现 600 多个油气田，储量大于 2 亿 t 或 1000 亿 m^3 的大油气田 15 个。中东阿拉伯克拉通盆地在古特提斯海相地层中都获得了大量的油气。这些针对海相克拉通油气勘探取得的成果又一直鼓舞着人们做不懈的努力，争取早日打开中国海相克拉通盆地油气勘探的局面。

三、中国海相克拉通盆地油气资源潜力

（一）中国海相克拉通盆地油气地质条件

1. 烃源岩条件

早古生代，克拉通板块稳定沉降，克拉通内部以盆地相碳酸盐岩沉积为主，克拉通边缘为拗拉槽、被动陆缘或边缘拗陷盆地为主沉积了一层深水环境下的陆缘海碳酸盐岩夹砂页岩的组合，并发育优质的海相烃源岩。晚古生代克拉通边缘有限裂解，发育天山、祁连山、南昆仑-南秦岭等有限洋盆或裂谷带，克拉通内的拗陷盆地和克拉通边缘的裂陷盆地接受了石炭纪—二叠纪的海陆过渡相沉积。早石炭世海侵，华北和扬子古板块虽仍为古陆，但塔里木古板块已沉没接受浅海碳酸盐岩和碎屑岩建造，一直延续到中、晚石炭世，并形成石炭系烃源岩；扬子古板块主体在中、晚石炭世仍为古陆，但华北古板块却沉积了很厚的海陆交互相含煤建造。从华夏植物群和石膏等矿产分布判断，当时华北板块和塔里木板块处在热带-亚热带的干旱-潮湿交替低纬度分布区，有利于煤系地层发育（田在艺和张庆春，1977）。

烃源岩主要是斜坡相泥页岩、泥灰岩。在四川盆地的油气资源中，其中78.3%的资源量来自寒武系、志留系的斜坡相沉积泥质岩形成，现今发现的川中、川东天然气来自于这些烃源岩；塔里木盆地分布于塔北和塔中北斜坡的中—上奥陶统台缘斜坡灰泥丘相泥页岩和泥质灰岩为主要的烃源岩。鄂尔多斯盆地西缘奥陶系斜坡相泥岩或泥质灰岩有机碳含量较高，可能为有效的烃源岩。烃源岩有机碳丰度一般达到国外大油气田烃源岩标准。国外大油气区烃源岩有机碳丰度高，一般大于1%。中国主要的海相克拉通盆地中，四川盆地的下寒武统烃源岩有机碳丰度为1.09%、下志留统为0.99%、下二叠统达2.14%、上二叠统达3.56%。塔里木盆地现今已经证实有两套有效的海相烃源岩：其一是中-上奥陶统台缘斜坡灰泥丘相泥岩、泥灰岩和半闭塞海湾相泥页岩，厚度100~300m，有机碳含量为0.50%~5.54%，平均在1%以上；其二为中-下寒武统欠补偿盆地和蒸发潟湖相泥质碳酸盐烃源岩，厚200~400m，有机碳含量0.50%~5.52%，平均在1.0%以上。这些高丰度的有效烃源岩为油气成藏提供了物质基础。

从碳酸盐岩烃源岩 TOC 丰度下限看勘探前景。目前世界上海相大油气区的烃源岩大部分发育在斜坡相带，然而在中国古生界地层中，克拉通陆表海也沉积了一定有机碳丰度的烃源岩，对油气生成和成藏都有意义。例如，鄂尔多斯盆地，基本上认为中部大气田部分烃源来自奥陶系碳酸盐，华北孔古3井油藏的烃源来自奥陶系陆表海沉积岩层。碳酸岩有机碳丰度低，但是仍可有所作为，世界上碳酸盐岩作为有效烃源岩的有机碳丰度下限众说纷纭，目前尚无定论（表7.2）。本书认为下限为0.2%~0.3%，因此勘探领域会扩大到低丰度碳酸岩区，包括部分陆表海沉积区也会有很多工作可做。

表7.2 国内外不同学者和单位提出的有机碳下限值评价标准（赵文智等，2002）

单位或作者	TOC/%	单位或作者	TOC/%
美国地化公司	0.12	埃勃	0.30
法国石油研究所	0.24	陈丕济等	0.10
罗诺夫等	0.20	傅家谟等	0.08，0.10
挪威大陆架研究所	0.20	郝石生	0.30
庞加实验室	0.25	刘宝泉	0.05，0.10
亨特	0.29，0.33	黄第藩	0.10
蒂索	0.30	大港油田研究院	0.07，0.12
田口一雄	0.20	梁狄刚等	0.50

据钟宁宁等（2002）统计，我国下古生界碳酸盐岩烃源碳酸盐岩有机碳丰度低，一般为0.1%~0.2%，上古生界碳酸盐岩烃源碳酸盐岩有机碳丰度相对较高，一般在0.1~0.6之间。但是根据梁狄刚等（2002）的研究，世界122个碳酸盐岩大油气田中，碳酸盐烃源岩的有机碳丰度达到0.28%时，就开始形成了大油气田。所以碳酸盐岩有机碳丰度虽低、但可成藏，仍旧有勘探价值。根据实验分析，灰岩烃气产率和H_2产率都高于泥岩的产率，灰岩总排烃量也高于泥岩，加水热压模拟实验确定碳酸岩有效烃源岩有机碳下限大约在0.2%。另外根据中国油气田勘探实践证实，川东地区二叠系阳新统灰岩有机碳丰度0.18%~0.35%，形成了中等规模气藏；华北地区奥陶系灰岩有机碳平均丰度约0.18%，形成了孔古3油藏，所以中国广泛发育的陆表海碳酸盐岩区可找到中小油气田。以四川为例，碳酸盐贡献资源量大约占全部资源量的30%，而全国仅陆表海及开阔台地相区面积大约就70万km^2，不能不说具有勘探潜力，以后在可以在贫中挑富，还有工作要做，如孔古3井区、鄂尔多斯盆地马五气藏、川南等地区，封闭台地相区烃源岩有机碳丰度也存在明显偏高的部位。

海相克拉通盆地中同时发育石炭系—二叠系煤系烃源岩，如鄂尔多斯盆地，乃至整个华北地区上古生界内都沉积了巨厚的山西组和太原组的煤系，为苏里格-榆林、文留、苏桥等气田的形成提供了烃源条件。

2. 储层条件

中国古生界的古风化壳、砂岩、鲕滩等是大中型油气田的主要储层。① 古隆起高孔渗风化壳、次生孔隙性储层是聚集油气的有利场所。克拉通盆地长期稳定的构造演化，为大型继承性古隆起上的风化壳储层发育创造了条件。鄂尔多斯盆中部古隆起岩溶储集体构成了长庆奥陶系气田主要储层；四川盆地乐山-龙女寺古隆起上发育的溶蚀孔洞型储层控制了威远震旦系气藏的形成与演化；四川盆地泸州-开江古隆起基础上的古风化壳溶蚀储集层中形成了川东石炭系气藏；塔里木盆地塔河-轮南、和田河、雅克拉、塔中油气田分别与巴楚古隆起、塔北古隆起、塔中古隆起上的不整合面及局部高孔渗储集层相关。② 晚古生代海陆过渡相大面积河道砂，形成广覆式含气砂岩体。鄂尔多斯盆地内广覆石炭二叠系滩坝砂、三角洲砂、河道砂等储集体与上覆上石盒子组泥岩地层构成了优越的储盖组合。塔里木盆地石炭系滨-浅海环境下沉积的东河砂岩储集层是油气储集的良好场所。

③ 台地边缘鲕滩形成了川东北天然气富集带的储集体。早中三叠世，四川盆地东北方向开江-梁平海槽的碳酸岩盐台地边缘发育大面积飞仙关组鲕滩，物性好，大面积连片分布在开江-梁平海槽边缘地区，是川东北优良的气藏储集层，其中白云化鲕滩储集层孔隙度一般在 5%~12%。已发现铁山、渡口河、铁山坡、双家坝、天东 5 井区、罗家寨、石油沟、福成寨、板东 5 井等鲕滩为储集层的气藏。

上古生界以孔隙性碳酸岩为主。晚古生代的构造-古地理演化为滩坝、生物礁等孔隙性碳酸盐岩和三角洲砂岩体发育提供了条件，破坏性成岩作用比较弱，原生孔隙得以保存。例如，塔里木以石炭系滨浅海相为储层的东河砂岩油田，鄂尔多斯上古生界海陆交互相的三角洲砂岩气田，川东石炭系潮坪相、二叠系生物礁、三叠系飞仙观鲕滩等碳酸盐岩储层的一批气田。

下古生界以非砂岩型岩溶储层为主。一是碳酸盐岩地层和溶蚀不整合面广泛发育；二是发现大中型油气田仅见于碳酸岩溶储层；三是成岩时间长、埋藏深、砂岩孔隙丧失大。下古生界岩溶储层依成因可分四类：同生期层间岩溶、裸露期风化壳岩溶、埋藏期压实岩溶、深埋期热水岩溶，其中最重要的是裸露期风化壳岩溶储层。风化壳储层按演化阶段可分为三期：① 老年期潜台型风化壳，如乐山龙女寺、鄂尔多斯中部等；② 中年期垅岗型风化壳，如轮南、巴楚；③ 青年期丘陵山岳型风化壳，如任邱、千米桥等。两类：① 全暴露型：如任邱、鄂尔多斯、轮南；② 半暴露型：如塔河、桩西。其中中、青年期全暴露型风化壳岩溶储层最好。在平面上，斜坡部位岩溶缝洞比较发育。宏观上，由岩溶高地向洼地高差聚变；微观上，呈条带状、星点状、网络状分布，增加了岩溶储层预测的难度。

3. 成藏与保存条件

海相克拉通原型盆地的叠合形成多套区域性封盖层：膏泥岩、泥岩、煤系，为最后一次构造运动对气藏的重新调整后，大多数天然气仍能保持在区域封盖层封闭系统中起到了至关重要的作用。塔里木、鄂尔多斯、四川、准噶尔等保存较好的海相克拉通盆地与中新生代前陆相盆地复合叠加，垂向上普遍覆盖砂泥岩，侧向上周缘发育中新生代前陆盆地，有效地阻止了大气淡水对海相地层含油气系统的氧化降解。华北地区虽然上覆中新生界碎屑岩，由于印支-燕山期以来剧烈岩浆烘烤消耗了含油气系统中的生烃母质和石油，使二次生烃的勘探潜力变差。川东石炭系至今探明 2777.5 亿 m³ 天然气地质储量，关键得益于石炭系上覆巨厚、稳定的下三叠统嘉陵江组膏岩盐作为区域性的封盖层；川东地区，凡是有三叠系嘉陵江组膏盐层存在的地方，其下部存在异常流体高压，并在下覆地层中找到了气藏；而在该封盖层缺失的部位，其下面为大气淡水交替带，无异常高压、也无气藏存在；说明三叠系嘉陵江组膏盐层是一套非常好的区域性盖层。这与国外古生界油气成藏与保存相似。东西伯利亚盆地下寒武世，盆地南部成为较闭塞的蒸发盆地，沉积了近 1500m 厚的下寒武统下 Sauk 层序膏岩盐和白云岩交互地层，为区域性盖层，纵向上主要集中在底部的乌索里耶组、中部的别里尔斯克上亚组以及上部的安加拉组，这三套盐类地层连同上文德统达尼诺夫阶卡坦加组和索宾斯克组硫酸盐-碳酸盐岩一起构成了整个西伯利亚地台四套重要的区域性盖层，它们对下伏里菲系烃源岩生成的油气构成逐级封堵，从而使寒武纪时生成的油气能得以大规模的保存。塔里木盆地在下—中寒武统、中—上奥陶统、志留系和石炭系也发育有四套区域性盖层系，这四套盖层系分别与塔里木盆地早古生代时碳酸盐岩局限—蒸发台地的发育、碳酸盐岩台地的沉没、潮湿型硅质碎屑陆棚向干旱型陆棚的转换以及盆地在准平原化基础上的广泛海侵有关，它们在纵向上的发育要较东西伯利亚盆地离散，因此决定了塔里木盆地油气在纵向上的分布也更为分散。这些盖层有效保存了古生界油气油气的散失，使其能够得以聚集、保存，形成大规模的油气田；其中在石炭系膏泥岩覆盖区，现今发现的古生界工业油气流或油气显示都在该层系之下，而在石炭系膏泥岩缺失区，其上面的各个层系中普遍发现了工业油气流或油气显示，说明石炭系膏泥岩是一套非常好的区域性盖层。鄂尔多斯盆地中部气田主要有两套区域性盖层，一套是二叠系石千峰组和上石盒子组湖相泥质岩，厚240~350m；另一套是石炭系本溪组底部的铝土质泥岩、灰质泥岩和含砂泥岩，厚度占本溪组的70%以上。

4. 叠合-复合含油气系统

中国中西部的塔里木、鄂尔多斯、四川、准噶尔等主要含油气盆地都具有"多套烃源岩、多储盖组合、多含油气系统"的特点（贾承造等，2005）。一般来说，我国典型叠合复合盆地普遍发育三大套烃源岩，即下古生代的海相碳酸盐岩，上古生代—中生代的煤系地层和中新生代的湖相泥岩。在不同的盆地由于当时所处的古地理位置和古气候的不同，发育生油岩的时代和岩性都相差较大。塔里木盆地发育四套主要烃源岩：① 寒武系—下奥陶统灰岩夹暗色泥岩，为高-过成熟、Ⅰ型烃源岩，主要分布在满加尔地区；② 中-上奥陶统灰岩夹暗色泥岩，主要分布在塔中和塔北隆起区，为成熟、Ⅰ型烃源岩；③ 石炭系泥岩、碳质泥岩和煤岩，主要分布在塔西南地区，为高-过成熟、Ⅲ型为主的烃源岩；④ 三叠系—侏罗系烃源岩，主要分布于中生代前陆盆地中，一般为Ⅱ-Ⅲ型烃源岩。四川盆地自下而上发育六套主要有效烃源岩：即下寒武系、下志留统、上-下二叠统、上三叠统、下侏罗统的深灰色、黑色泥页岩以及二叠系中的深灰色、黑色碳酸岩盐岩。鄂尔多斯盆地自下而上发育四套主要有效烃源岩：即下海相克拉通碳酸盐岩、上海相克拉通碳酸盐岩、上古生界石炭系—二叠系煤系、中生界三叠系延长组湖相暗色泥岩四套主要有效烃源岩。准噶尔盆地自下而上发育六套主要有效烃源岩：石炭系、中-下二叠统、上三叠统、中-下侏罗统、下白垩系和新近系六套主要有效烃源岩。

由于中国中西部主要含油气盆地沉积与演化的长期性，纵向上发育多套储集层和盖层，它们的叠加，形成了多套储盖组合。塔里木盆地自上而下主要发育有五套储盖组合：① 新近系底砂岩和白垩系南砂岩储层与新近系膏盐层的储盖组合（牙哈、羊塔克等）；② 侏罗系底部和三叠系砂岩储层与中-下侏罗统煤系地层储盖组合（轮南、吉拉克等）；③ 石炭系东河砂岩储层与石炭系盐膏-泥岩层储盖组合；④ 奥陶系碳酸盐岩储层与中上奥陶统泥岩储盖组合（英买2井内幕油气藏）；⑤ 寒武系白云岩储层与中上寒武统盐膏层储盖组合。四川盆地自下而上发育七大套储盖组合：① 震旦系和下古生界储盖组合；② 石炭系储盖组合；③ 下二叠统储盖组合；④ 上二叠统储盖组合；⑤ 中—下三叠统储盖组合；⑥ 上三叠统—侏罗系储盖组合；⑦ 中—下侏罗统储盖组合。鄂尔多斯盆地自下而上发育九套储盖组合：① 下古生界马5_5、马5_4^1、马5_1^1-马5_3^1三套储盖组合；② 上古生界太1本溪组、山2-太1、石前峰组-山1三套储盖组合；③ 中生界延长组下部、延长组上部、侏罗系三套储盖组合。准噶尔盆地自下而上发育七套储盖组合：① 石炭系—下乌尔禾组储盖组合；② 佳木河组储盖组合；③ 上乌尔禾组储盖组合；④ 百口泉组—白碱滩组储盖组合；⑤ 八道湾组下部储盖组合；⑥ 八道湾组上部-三工河组中下部储盖组合；⑦ 西山窑组-吐谷鲁群底储盖组合。

5. 古隆起斜坡控油气

古隆起构造带主要分布于四川、鄂尔多斯和塔里木古生界克拉通盆地中。克拉通盆地的长期稳定演化发展为大型继承性古隆起及斜坡构造的形成与发展创造了条件。我国所有的碳酸盐岩大气田都与古隆起密切关系。对世界特大型、大型气田的统计也表明（张子枢，1990），特大型、大型气田储量中 30.6% 是储集在古隆起中，若加上在古隆起基础上改造过的气田资源，世界上与古隆起背景有关的特大型、大型气田天然气储量占总储量的 75%。古隆起控油气的主要原因有三点：古隆起是天然气运聚的有利指向区；古隆起有利于储层的发育；古隆起及斜坡有利于形成非构造圈闭（表 7.3）。

表 7.3　我国小型克拉通盆地主要隆起与油气的关系

盆地	古隆起	供气区	储层	圈闭类型	油气成藏期	油气改造期	油气田名称
四川	乐山-龙女寺	川南	白云岩	构造	加里东	印支	Z：威远（气）、资阳（气）；T：磨溪（气）、龙女寺（气）、遂南（气）、罗渡溪（气）；P：威远（气）
	开江	开江东南	白云岩、砂岩	地层-构造	印支	印支	C：五百梯（气）、沙坪坝（气）；T：川东鲕滩（气）
	泸州	川南	白云岩	构造	东吴、印支	燕山	李子坝（气）、纳溪（气）、白节滩（气）、阳高寺（气）、付家庙（气）
塔里木	塔北	中央凹陷	砂岩、灰岩	地层-构造	加里东、海西	寒武系—下奥陶统；加里东、海西；中-上奥陶统；喜马拉雅期	轮南（油、气）、桑塔木（油、气）、吉拉克（油、气）、东河塘（油）、塔河（油、气）
	塔中	中央凹陷	砂灰岩	地层-海西	加里东-海西	寒武系—下奥陶统；加里东、海西；中-上奥陶统；喜马拉雅期	塔中 1（凝析油气）、塔中 4（油）、塔中 6（凝析油气）、塔中 45（凝析油气）
	巴楚	塔西南凹陷	白云岩	构造	印支	寒武系—下奥陶统；加里东、海西生油；喜马拉雅生气	C、T：和田河（气）
鄂尔多斯	中央	西、南侧及上古生界	白云岩	地层	加里东	燕山	中部气田（气）

（二）中国海相克拉通盆地油气资源潜力

据世界上大型碳酸岩地层中油气田探明储量统计，古生界主要以天然气为主，目前在海相克拉通盆地中探明石油可采储量约 500 亿桶，探明天然气可采储量约 540 万 ft³（1ft≈0.3048m）。中国海相克拉通地层分布面积 230 万 km²。其中塔里木盆地在 2000 年以前计算盆地总资源量 119.3 亿 t，古生界为 86.77 亿 t；最近综合评价油气总资源量 126.2 亿 t，古生界石油资源量 56.6 亿 t、天然气资源量 63.2 亿 t。克拉通盆地区探明石油约 20 亿 t，天然气约 10 000 亿 m³。鄂尔多斯盆地古生界二轮资评总资源量 41.8 亿 m³，现今认为总资源量达到 107 亿 t；上古生界探明天然气 4585 亿 m³，下古生界探明天然气 2909 亿 m³。四川盆地一轮资评总资源量为 78.6 亿 t；二轮资评气 71.8 亿 t，其中古生界地层（包括震旦系）中约 54.5 亿 t，其中在海相沉积地层中探明天然气地质储量约 12000 亿 m³。除了塔里木、鄂尔多斯、四川等海相盆地外，华北地区元古界和下古生界的天然气 4151 亿 m³ 的资源量，其中 16.34 亿 t 的石油资源量主要是新生代为烃源岩的古潜山油藏；但是华北地区海陆交互相的上古生界煤系地层和煤层气具有很大的天然气资源量，这里没有考虑。准噶尔盆地上海相克拉通和海陆交互相（C—P）为烃源岩的资源量值得在以后的勘探中重视。

从国外海相碳酸岩盐油气勘探历程出发对中国碳酸岩盐油气潜力的宏观评估。目前中国油气勘探已经进入中后期阶段的叠合盆地，下一步勘探的主要接替领域将在克拉通盆地深层的海相碳酸岩盐地层中。近年来，世界油气勘探有一个动向，就是在很多大油田的深部找到了大气田。2002 年 AAPG 年会上报道沙特阿拉伯国家石油公司就在全世界最大的贾瓦尔油田深部的上古生界，用 37 口井控制了天然气三级地质储量 1.3 万亿 m³；2003 年年底，沙特阿拉伯国家石油公司对深层天然气勘探开发工作进行招标，据许多外国专家估计，贾瓦尔油田深层上古生界可能存在规模为 7 万~10 万亿 m³ 的大气田。下面通过美国二叠盆地的油气勘探历程来说明这一认识。二叠盆地面积 44.6 万 km²，为北美板块南缘一个稳定下沉的大型古生代叠合沉积盆地，以古生代碳酸盐岩沉积为主，具多套生储油组合。生油岩上覆很厚的古生界或中新生界。二叠盆地已经有 90 多年的油气生产历史，目前已经探明石油地质产量 140 亿 t，天然气 12.35 万 ft³，油气资源探明率达 60% 以上。二叠盆地已属于高成熟勘探区，它的勘探历程能比较容易地反映叠合盆地油气勘探的发展趋势（表 7.4）。随着勘探的深入，勘探对象逐步发生变化，20 世纪 60 年代以前，主要对象是寻找大的浅层构造油气藏；20 世纪 60 年代以后，勘探向深部发展，寻找深部油气藏，并于 1963 年在 7130m 的深处的奥陶系石灰岩中发现可采储量达 2833 亿 m³ 的戈梅兹气田；20 世纪 70 年代以后，进入以寻找岩性油气藏为主的时代，地震勘探新技术的不断发展，使找到这类油气藏成为可能。

表 7.4 叠盆地历年新发现的较大油气田数目及产层深度变化表

勘探阶段	初期 （1920~1945 年）			兴盛期 （1946~1960 年）		深层勘探期 （1960~1970 年）		隐蔽油气藏勘探期 （1971~1982 年）	
年份	1945	1950	1955	1960	1965	1970	1975	1982
新发现油气田数	63	83	78	39	19	12	13	16

续表

勘探阶段		初期 （1920~ 1945年）	兴盛期 （1946~1960年）		深层勘探期 （1960~1970年）		隐蔽油气藏勘探期 （1971~1982年）		
产层深度变化/ft	<3000	5	14	7	1	2	0	0	0
	3000~10 000	46	60	54	24	6	4	2	6
	10 000~15 000	12	9	17	13	13	5	7	6
	15 000~20 000	0	0	0	1	2	2	3	2
	>20 000	0	0	0	0	1	1	1	2
新增地质储量/亿t		21.9	41.36		27.84		35.4		

美国二叠系盆地，20世纪60年代以后就进入了深层勘探和隐蔽油气藏勘探时期，勘探难度越来越大，多是寻找埋藏较深、圈闭面积小、地表条件为沼泽、山地等较困难地区的油气藏。地震技术和其他专业技术水平的提高使其成本有所下降。另外，地质理论也有了新的认识和新的概念，指导勘探的思路广阔了，再加上1973年以来，油价上涨的刺激，勘探工作量相对有所增加，勘探效果也较好。勘探深层期平均年获地质储量约为（2.8亿t），隐蔽油气藏勘探期平均年获地质储量约3亿t，较勘探兴盛期（2.7亿t）都有所增加。而且1982年获得地质储量更多，达到4.9亿t，在深层和隐蔽油气藏勘探时期，平均年地震工作量、平均每年探井工作量略低于勘探兴盛期和勘探深层期。而其平均每公里地震剖面获得的地质储量为10000t以上，高于勘探初期和兴盛期。平均每口探井获得地质储量、平均每米探井进尺获得的地质储量都高于勘探兴盛期。总之，进入高成熟勘探阶段，从地震和探井角度来看，勘探效果优于早两个时期，探井成功率优于前三个时期（表7.5）。

表7.5 二叠系盆地各时期勘探成果数据统计表

项目	初期 （1920~1945年）	兴盛期 （1946~1960年）	深探期 （1961~1970年）	隐藏期 （1971~1982年）
累计地质储量/亿t	21.9	63.26	91.1	126.5
新增地质储量/亿t	21.9	41.36	27.84	35.4
平均年增储量/亿t	0.5	2.74	2.78	2.99
累计探井/口	1 814	16 378	25 810	35 156
累计新增探井/口	1 814	14 564	9 432	9 346
平均年钻探井数/口	201.5	970.9	943.2	778.8
平均探井深度/m	940	1 081	1 362	1 491
每米探井地质储量/t	262	268	213	255
累计地震量/万km	15	81.5	109.3	140
各时期内地震量/万t	85（1942~1945）	73.0	27.8	30.7
每年地震量/万km	2	4.68	2.78	2.56
每公里地震地质储量/t	2 500	5 640	10 000	11 530
探井成功率/%	22.3	28.7	26.2	28.9
累计采油量/亿t	3.08	11.49	19.46	30.5
最高石油年产量/万t	2 909	6 861	9 611	7 670

中国陆地海相克拉通沉积地层分布面积 230 万 km², 具有勘探潜力的盆地面积约 200 万 km²。据中国第二轮油气资源评价结果, 全国石油资源量 940 亿 t, 天然气资源量 38 万亿 m³, 约合油气总当量 1320 亿 t。其中与海相地层相关的古生界石油资源量约 126 亿 t, 占全国的 13.4%; 天然气资源量约 20 万亿 m³, 占全国的 52.5%; 油气总当量 326 亿 t, 约占全国的 25%。随着勘探的进展和对海相地层油气勘探的开拓, 据 2001 年最新资料统计海相克拉通石油资源量约 135 亿 t, 天然气资源量约 25 万亿 m³, 资源总量约 385 亿 t 油当量, 约占全国资源量的 1/4~1/3。现今海相克拉通地层探明储量占全国总探明储量的 15% 左右。其中塔里木、鄂尔多斯、四川三大克拉通盆地中与海相克拉通相关的资源量占全盆地的 40% 以上。这说明海相克拉通油气资源量是中国油气勘探的主要领域之一。

中国海相克拉通油气资源探明率很低, 主要是缺乏持久的战略勘探。例如, 塔里木盆地于 1950 年开始钻探, 1982 年才发现沙参 2 井, 发现轮南–塔河大油田; 1995 年在前陆盆地获得新突破以后, 就一直将勘探重点转向周缘中新生代地层, 古生界的油气勘探无大的进展。鄂尔多斯 1907 年开始勘探, 1989 年才发现靖边大气田, 历时 80 余年。四川盆地的古生界天然气勘探更显示出勘探的长期性, 一个新领域的突破一般需 20~25 年, 如威远震旦气田的发现历时 24 年, 龙门山前须 2 段中坝气田的发现历时 26 年, 川东石炭系气田的发现历时 12 年, 磨溪雷口坡气田的发现历时 26 年, 渡口河飞仙关 32 年, 所以对于中国古生界海象油气勘探一方面要看到前景, 也要充分认识到其长期性、复杂性, 并持续努力勘探。四川盆地的地质条件决定了海相地层的油气勘探一直是久攻不懈的目标, 其最能反映海相克拉通油气勘探的发展趋势。如图 7.1 所示, 勘探的投入与探明储量成正相关关系, 随着探井数量的增加探明储量明显增加, 当探井减少时探明储量也相应减少, 总体上有勘探投入就会有回报。勘探实践表明, 由于中国海相克拉通油气勘探的诸多制约因素, 中国海相克拉通油气需要长期不懈的勘探, 才能使古生界油气勘探成为下一步油气勘探的主要领域之一。

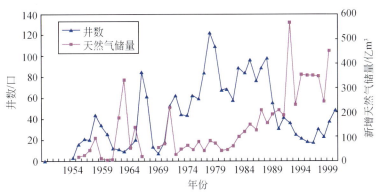

图 7.1 四川盆地历年新增天然气探明储量与井数关系图

第二节　从国外海相克拉通盆地共性看勘探前景
——以四川盆地为例

世界上海相克拉通油气勘探地位重要。在总结国外海相克拉通大油气区地质特点基础上，认为四川盆地具有形成大油气区的地质条件，并提出了层状孔隙性储层气藏是勘探的重要领域，被动大陆边缘拗陷是值得探索的大方向，古隆起上的似层状风化壳储层在四川盆地值得继续重视（钱凯等，2004）。结合四川盆地勘探现状和发展趋势，本节提出了四川盆地三个潜在的勘探领域：川西地区二叠系栖霞组生屑滩白云岩储层将可能成为川东石炭系白云岩和川东北三叠系鲕滩白云岩层状储层之后的战略接替领域；似层状风化壳孔洞性储层——乐山-龙女寺古隆起震旦系天然气勘探的主要制约因素是岩溶-裂缝储层发育程度，东部的高石梯、西部的川西大兴场、汉王场等构造，为勘探有利目标；晚古被动大陆边缘拗陷——川西逆冲带古生界具有较好的油气地质条件，河湾场、矿山梁等地区是目前战略突破口。

一、中外海相克拉通地层油气地质基本特点对比

与国外富油气海相盆地相比，我国的海相盆地在以下五个方面存在特殊性。①地质构造复杂：对决定勘探前景有重要意义的地台及地台边缘盆地面积小；断裂、剥蚀、叠置频繁，相当一部分海相油气破坏、散失严重，如中下扬子区古油藏、渤海湾等地。②海相克拉通地层热演化史复杂，资评难度大：如烃源岩有机碳丰度标准就因热演化程度不同而不得不因地而异。残留有机质是原始有机质和 R^o 的函数。R^o 低时，有效烃源岩下限需要 0.4%~0.5%；R^o 高时，有效烃源岩下限只需 0.2%~0.3%。③时代老，埋藏深度大：储层物性降低，灰岩储层基本为低孔低渗，如四川储层孔隙度 3.3%~10.4%，渗透率小于 1×10^3 mD；储层非均质强烈，裂缝作为疏导空间；裂缝也给勘探开发带来很大困难，如桩西千米桥等。④油气藏以地层岩性圈闭为主，部分地层（或岩性）-构造复合圈闭，很少发现大构造油气藏。⑤油气藏以中小型为主：如四川发现 100 个气田中，大中型 29 个，储量占 80%；中国古生界油气田 170 余个，大中型仅 28 个。这可能与油藏的破坏、散失有关。

要保证我国石油产、储量的持续稳定增长，必须依靠海相碳酸盐岩。由于中国海相地层存在上述诸方面的特殊性，国外关于海相，尤其是碳酸盐岩成油气理论及实例起重要参考作用。根据中国的实际情况，参考国外海相碳酸盐岩油气田的研究，发展中国海相地层的成油理论。世界大油气田储量占世界可采储量的 85%，其中海相碳酸盐岩储集层中的油气储量占 60% 左右，国外的大多数勘探对象都是海相盆地。因此对我国分布面积达 300 多万 km^2 的复杂海相地区进行油气地质基础理论研究，加大勘探力度，不仅会带来中国石油工业的大发展，同时可以使我们在国际竞争日趋激烈的国外勘探市场上也会立于不败之地。中国海相碳酸盐岩主要分布在三大克拉通盆地。海相克拉通烃源岩生成的油气是塔里

木盆地油气最主要的组成部分。总体来说，我国海相地层中的油气资源探明率非常低，塔里木盆地石油资源的探明率也仅仅达 24%。因此，我国海相地层油气勘探的前景是广阔的。需要指出的是，我国实际的盆地范围可能比目前认识到的勘探面积要大得多，其中主要部分是位于逆掩推覆带之下的盆地部分，如塔里木盆地西缘的柯坪地区，掩冲带之下的古生带地台区达 2 万 km²，进行简短的盆地类比，该区资源量达 16 亿 t；鄂尔多斯盆地西缘、四川盆地的龙门山前缘以及云南楚雄盆地的西南缘等地区，这些被掩冲带所覆盖的盆地区同样具备成油气条件。

二、国外海相克拉通盆地油气地质

(一) 勘 探 状 况

古生界以海相沉积为主，四川盆地元古界至中三叠统亦以海相沉积为主，厚 4000～7000m。海相克拉通油气资源量约占全球的 1/4，随着勘探进步其油气探明储量不断增加。据 Bois (1982) 统计，海相克拉通探明储量中石油约占全球 14%，天然气约占 28.6%。

国外海相盆地的油气勘探主要集中在如下几种盆地类型中。① 大陆边缘拗陷区，如北美二叠盆地，勘探面积 44.6 万 km²，探明地质储量油 126.5 亿 t、气 3.75 万亿 m³；西内盆地，探明石油可采储量 42 亿 t、气 4.7 万亿 m；俄罗斯滨里海盆地，面积 52 万 km²，探明地质储量油 100 亿 t、气 10 万亿 m³。② 拗拉谷–陆内裂谷发育区，如东西伯利亚盆地，200 万 km²，资源量 300 亿 t 当量，现今尚在地震普查阶段，探明地质储量油 26 亿 t，气约 3 万亿 m³。③ 克拉通内拗陷区，如伊利诺斯盆地面积约 15 万 km²，探明石油地质储量约 30 亿 t。④ 克拉通内陆表海区，如密执安盆地面积 30 万 km²，发现石油可采储量 1 亿 t。

(二) 主要油气地质特点

1. 不同构造–古地理位置，大油气区形成的烃源岩条件不同

据统计，烃源岩发育的最佳部位是被动大陆边缘拗陷区，沉积、古地理、生物、古地温及构造等都有利油气形成聚集；较有利的是拗拉谷–陆内裂谷区，裂谷内快速堆积有利于有机质的保存，裂谷边缘礁体发育，上覆蒸发盐岩，有利油气成藏；克拉通内拗陷区也是有利部位，早期沉积薄浅海碳酸盐岩，但主体还是类似大陆架沉积，发育滩、礁型储集体，较深水体发育钙质或泥质为主的生油岩系；烃源岩发育较差的是克拉通内陆表海区，稳定的古生代基底上沉积薄层浅海碳酸盐，源岩不发育。

2. 以斜坡相泥页、泥灰岩为主，烃源岩有机质丰度高

俄罗斯波罗的盆地的烃源岩主要为下志留统笔石页岩，腐泥型，TOC：2%～15%；莫斯科盆地烃源岩为里菲系、文德系暗色泥岩、富含藻类，TOC：1%～4.5%；东西伯利亚盆地的烃源岩为里菲系被动陆缘页岩，腐泥型，TOC：1%～10%；二叠盆地烃源岩为辛普森统、志留系、泥盆系、二叠系页岩，TOC>1%。

3. 储集类型依次为层状孔隙型储层、似层状风化壳储层和块状礁相储层

层状孔隙型储层，主要发育在滨、浅海相砂岩、三角洲砂岩和滩坝相碎屑碳酸盐岩储层。例如，东西伯利亚在发现油气田中，文德系砂岩储层为主，共26个，占全盆地60%；里费系和上文德统至下寒武统碳酸盐17个，占40%。似层状风化壳储层，主要发育在古隆起或不整合面附近。例如，东西伯利亚的里菲系表生淋滤风化壳储层，滨里海的卡拉恰干纳克气田（储量2.3万亿m^3），产层为C和P_1白云岩化和重结晶灰岩，二叠盆地的奥陶系艾伦伯格白云岩储层发现天然气可采储量5370亿m^3。块状礁相碳酸盐岩储层，主要发育在台地边缘部位。最为典型的是二叠盆地，沿着台地、大陆架边缘及北中陆地块周围生长堤礁和环礁储层油气田（D、C、P），另外阿尔伯达盆地也有著名的泥盆系生物礁储层油气田。上述3种储层类型兼有的油气田有著名的田吉兹油田（34亿t），产层P_1—C_1碎屑灰岩、生物碎屑灰岩、生物礁和滩。

4. 油气沿区域不整合面、断裂侧向运移聚集

二叠盆地以侧向运移为主，主要油气田位于生烃凹陷边缘的上倾方；区域不整合面和前二叠纪断裂系统是油气运移的主要通道。东西伯利亚、威利斯顿盆地油气沿断裂运移聚集，断裂交叉部位是油气富集区。滨里海盆地与裂谷相关的深大断裂所控制的古裂缝控制油气田分布。

5. 油气富集规律以区域型古隆起为背景，油气田成带发育，圈闭类型多样

东西伯利亚，油气藏分布在涅普-鲍杜奥平和巴依基特隆起及其翼部；二叠盆地，与生油凹陷相邻的台地、大陆架、礁带等次级构造高部位油气富集；滨里海地区，大型、超大型油气田分布在环绕盆地东部、南部边缘古生界潜伏隆起带，从基岩到下古生界的潜伏隆起带探明地质储量气10万亿m^3，油34亿t。东西伯利亚盆地发现18个岩性圈闭和地层圈闭，占全盆地42%，断块圈闭18个，占42%，背斜圈闭7个，占16%；二叠盆地背斜圈闭为主，占总数77%，也发育生物礁、地层超覆、岩性及渗透性尖灭、单斜、水动力等类型多样的圈闭；滨里海以区域型古隆起背景下的岩性（生物礁）圈闭为主。

三、四川盆地油气地质条件的相似性

（一）烃源岩发育的构造-古地理位置类似

同样位于有利于烃源岩发育的克拉通内拗陷与大陆边缘拗陷。四川盆地兼具克拉通内拗陷与大陆边缘拗陷，克拉通内拗陷已发现大量油气田，获得了丰富的油气储量，如川中威远、川东石炭系等；而大陆边缘拗陷区，如川西晚古生代，至今尚无重大突破，这将是后面要着重讨论的一个领域。

（二）具有大油气田形成的泥岩、泥灰岩为主的烃源岩条件

四川盆地78.3%的烃源来自寒武系、志留系的泥质岩；有机碳丰度一般达到大油气田烃源岩起算标准（TOC>1.0%），如下寒武统TOC：1.09%、下志留统：0.99%、下二叠统：2.14%、上二叠统：3.56%；斜坡相、盆地相区都有分布，显著增加了对总资源量影响。

(三) 层状裂缝-孔隙型、似层状风化壳储层为主，兼有块状生物礁储层

川东石炭系白云岩、川东三叠系飞仙关鲕滩灰岩、川西三叠系须家河组等为层状孔隙型或裂缝-孔隙型储层；乐山-龙女寺古隆起（威远-资阳）为似层状风化壳储层；川南二叠系生物礁为块状礁相储层。四川盆地探明的天然气储量中层状孔隙性储层73.8%。

(四) 油气运聚规律和油气藏类型特征类似

不整合和断裂带是主要输导层，如川中威远震旦系天然气主要沿不整合面运聚。古隆起是油气运聚主要指向区；继承性发育的印支-燕山期古隆起与石炭系缺失边界构成大型地层-构造圈闭，明显控制烃类运聚。地层、岩性、地层-构造复合等多类型气藏，上古生界—中生界以构造、地层与岩性油气藏为主，下古生界以潜山风化壳油气藏为主。

四、类似的地质条件决定类似的勘探方向

(一) 四川盆地天然气勘探方向

四川盆地与国外海相克拉通油气区具有相似的油气地质条件，这一相似性决定了勘探方向的类似性：①孔隙性储层发育区是主要勘探方向；②被动大陆边缘拗陷是坚持战略探索的大方向；③古隆起背景上的似层状风化壳储层区仍需继续重视。现今四川盆地天然气勘探比较现实且准备得较充分的3个勘探层次为：展开勘探川东北三叠系飞仙关鲕滩白云岩储集层、川西中生代前陆盆地，深化勘探川东印支期古隆起区的石炭系白云岩和川南三叠系嘉陵江-雷口坡组灰岩储集层，战略探索大巴山-米仓山前陆逆冲带。所以三叠系飞仙关鲕滩灰岩、川西前陆盆地三叠系须家河组、川东印支古隆起石炭系白云岩、川南二叠系灰岩、四川三叠系嘉陵江-雷口坡组等勘探领域已经得到勘探家们充分重视，在此不再重复。

(二) 关于三个积极准备的勘探远景区的建议

1. 层状孔隙型储层为主的川西下二叠统栖霞组生屑滩白云岩

根据四川盆地勘探现状，目前在石炭系白云岩和三叠系飞仙关鲕滩白云岩中都获得重大发现，川西下二叠统栖霞组生屑滩白云岩具有同样有利的勘探前景。

川西下二叠统栖霞组生屑滩位于川西广元—江油—天全—乐山沙湾一线，其中白云岩分布面积$6920km^2$、弱白云岩化的灰岩$3280km^2$，合计$10000km^2$。栖霞组储层分布受沉积相带控制，分布在上扬子地台西缘的局限海台地与开阔海台地间的台内生屑滩相带上。溶孔白云岩为裂缝-孔隙型储层，细-粗晶块状白云岩，结构疏松，风化后呈"砂糖状"；储渗空间主要为晶间孔、晶间溶蚀孔洞和裂缝；储层物性较好，平均孔隙度1.59%～7.82%，渗透率$(0.477～2.4)×10^{-3}μm^2$；洞密度8～241个/m，缝密度40条/m。白云岩成因主要为混合水白云化，紧邻白云岩储层过渡带的斑状云岩，平面上呈不规则斑状，纵向呈似管状，垂向渗滤交代特征明显，强白云岩化区分布在滩体中心的暴露部位，具备

混合水白云岩化地质条件。

现已发现的生屑滩溶孔白云岩是目前尚未引起重视的层状裂缝—孔隙型储层。20 世纪 50 年代在龙门山和峨眉山-瓦山前缘露头区发现"砂糖状"白云岩；其后未予注意；1975 年至今，以栖霞组为目的层钻探 7 口井，5 口见白云岩，4 口井见工业气流或气显示，川中女基井栖霞组白云岩 11.5m，测试日产气 4.68 万 m^3。栖霞组生屑滩白云岩天然气地质条件好，有战略意义：① 烃源条件好，下二叠统是四川盆地主要烃源层之一，栖霞组生屑滩烃源充足，有利于形成自生自储气藏。据三次资评，栖霞组生屑滩分布区下二叠烃源岩厚 90~410m，有机碳丰度 0.2%~3.8%，成熟度（R^o）1.6%~3.2%，生烃强度（10~100）亿 m^3/km^2。② 裂缝-孔隙型储层分布规模较大：溶孔云岩储层连续厚度 20~60m，面积 6920km^2。③ 圈闭类型多样：透镜状溶孔云岩可形成岩性圈闭，潜伏构造可形成背斜圈闭或构造-岩性复合圈闭。④ 溶孔云岩储层中天然气普遍显示，表明可以聚集成藏。⑤ 目的层埋深适中：3500~5000m，利于钻探。积极准备该勘探领域：为加速探索进程，应积极开展以沉积相、地震储层横向预测及含气性评价等地质综合研究工作，优选靶区预探，以期早日获得突破。

2. 乐山-龙女寺古隆起勘探的关键在于次生储层

该地区勘探有成果、资源有潜力、成藏规模较清楚。目前勘探突破的关键在于寻找裂缝溶洞储层。乐山龙女寺古隆起上钻探 11 个构造，除威远气田外，钻井 16 口，工业气井 4 口，小气井 4 口。震旦系灯影组白云岩是低孔低渗裂缝-孔洞型储层，主要储层在灯三段及灯二段，基质平均孔隙度<2.0%，储层在纵向上呈薄层状，横向上不稳定，非均质性强。

位于高石梯—安平店构造主体部位的高科 1 井，Z_2dn^4 中测日产气 7000m^3，不产水，因工程事故未完井试油。该井溶洞储层较发育，但因构造平缓，裂缝不发育，渗透性差，今后应在构造应力集中、裂缝较发育的构造高部位勘探。大兴场、汉王场构造位于原古隆起高点区，现川西地区震旦系最大的背斜圈闭，受力较强，缝洞发育利于构造裂缝的发育，是勘探有利部位。

3. 川西龙门山晚古生代大陆边缘拗陷区

晚古生代，川西龙门山构造带在宏观上位于滇青藏洋与扬子板块西北缘之间，为扬子板块西北缘被动大陆边缘，具有被动大陆边缘断陷盆地的构造沉积特征。龙门山地区晚古生代隆断、裂陷相继，海相沉积巨厚。北川-映秀断裂的东升西降控制了志留系—泥盆纪的沉积；汶川-茂汶断裂的拉张及东升西降，北川-映秀断裂东侧的不均一裂陷二叠系的沉积。

该区预探 7 个构造，见油气显示，均未获工业油气流。油苗、沥青丰富，有过油气生成和运聚过程；紧邻盆地侧普遍获气，发现气田 6 个，气藏 14 个，探明加预测储量 604 亿 m^3，这些含油气层系可能向逆冲断层带下盘延伸。

龙门山北段分为三条 NE-SW 向大逆掩冲断带：第Ⅰ逆冲系是龙门山逆冲推覆带根部，北川-南坝断裂至青溪断裂之间区块。第Ⅱ逆冲系指马角坝断裂到北川-南坝断裂之间的区块，上古地层厚，未变质或轻微变质；构造规模大，形态较完整；推覆构造清晰，滑脱面为志留系。第Ⅲ逆冲系是指香水断裂至马角坝断裂之间的区块，龙门山推覆构造应力消减带；逆冲断裂最密集，构造破碎，无较完整的背斜构造。逆冲带前缘指香水断裂以东平缓构造区，构造强度适中，形态完整；无大型断裂，局部断层发育。

逆冲带前缘已获得河湾场气田、中坝气田及孝泉含气构造，并获得须家河组、雷口坡组、长兴组、茅口组、栖霞组等气藏。1987 年在河湾场气田宝塔组（O_2b）获工业性气流。逆冲带前缘是目前勘探突破口与战略准备区。震旦系灯影组、二叠系栖霞组、三叠系飞仙关组裂缝-孔隙型储层发育，是目前的战略突破重点。

第Ⅱ逆冲系为找油气较有利地带。该带因基底隆起高，下古生界埋藏较浅，处于原龙门山裂陷带中央部位，沉积厚度大，构造变动与两侧相比要弱一些，只要有良好的圈闭条件，就有可能形成大型油气藏，甚至被保存到现在。通过对龙门山北段北川至江油野外构造地质勘察和 L55 地震测线构造解释，都显示出该逆冲带具有保存比较完整的大型构造圈闭。

第三节　从保存条件看中国克拉通盆地油气勘探前景

自 1993 年南方新区勘探以来，从古生界油气勘探的大区域评价转入以保存条件为主的有利区块评价，其中南方海相克拉通油气勘探的主要问题就是保存条件（王根海，2000）。海相克拉通油气的保存条件分 3 个层次：油气盆地的保存、含油气系统的保存和油气藏的保存。首先，海相克拉通原型盆地保存得越完整，发现油气储量的规模和丰度越高，盆地改造得越强烈，抬升剥蚀、岩浆侵入、支离破碎的盆地发现油气藏的概率越小（刘光鼎，1997；张抗，1999）。钻探实践证明，对于缺乏上叠中、新生界陆相沉积盖层，尤其是缺失膏盐岩盖层的中、古生海相地层，海相克拉通含油气系统受到破坏，难以形成大规模油气田（赵宗举等，2000）。从已有钻井地层水化学分析看出，由于中、古生界的剥蚀及断裂破坏，盖层性能及保存条件变差，保存下来油气藏较少，特别是天然气藏保存条件更加严格，是否具备膏盐岩之类好盖层是评价优选的重要依据之一。

一、小克拉通构造活动性与保存条件

华北、扬子、塔里木三个古板块的原始沉积范围虽然比较大，但后来受中生代构造运动的影响，不仅破坏了原型盆地稳定大陆边缘有利的油气生储条件，而且肢解了盆地的范围。例如，古大华北盆地肢解后，仅保留了鄂尔多斯古生代盆地，现今的华北盆地虽仍有古生界保留，但已被基底断裂切割成碎块，对含油气盆地的保存不利；上扬子盆地在古生代跨川、滇、黔、鄂等省，印支运动后因云贵高原隆升，缩小成四川盆地。盆地范围的缩小、断层的切割、大片古生代地层的暴露，自然都不利于大油气田的形成和保存；塔里木盆地是中国规模最大的盆地（56 万 km^2），古生代地层发育，具有良好的生、储条件，也有过油藏形成过程，但可惜的是在古生代发生的加里东和早海西运动使油气部分散失，使得大、中型油气田被调整变得分散。由于中国板块构造在地史上特别活跃，对中国古生代克拉通盆地海相油田的保存造成不利的影响。

从世界范围看，在由克拉通板块边缘沉降向前渊拗陷的演化过程中，常能形成优质、高效的油气源岩、储层和区域封盖层组合。我国"七五"以来的大量基础性研究也充分表明，海相克拉通油气领域或前陆盆地带同样具有优越的原始油气地质条件。在震旦系—三叠系的不同层位，共发育了 8 套重要的油气源岩，总生烃量高达 3.8 万亿 t（马力等，1994）。不同时代的储层性能良好，类型众多，除了砂岩、白云岩、石灰岩外，在四川、鄂西、南盘江和十万大山等地区，还发育有上古生界和三叠系的生物礁。四川盆地的中三叠统有多层蒸发盐岩沉积，构成了良好的区域封盖层，其他地区（盆地）的海相层序中也存在或曾经存在过厚度可观、分布广泛、具有封盖层意义的泥、页岩或致密泥灰岩。总之，以世界标准衡量，我国南方古生界层序的原始油气地质条件并不逊色，至少可以达到中上水平，有人甚至认为可与北美地台相类（郭正吾，1988）。然而后期的改造和破坏已使这些优越的原始条件大打折扣。多处残留古油藏和众多油、气苗及沥青的存在已经证明了这一点。在我国南方海相克拉通领域中，四川盆地之所以能一枝独秀，不仅仅在于它的勘探程度较高，最主要的原因还是它所受到的后期构造变动相对较弱，盆地实体保存较完好，再加上有中三叠统的蒸发盐岩充当区域封盖层。但四川盆地至今未找到世界标准的大油气田，古生界层位只产气，主要气层集中在二叠系和下三叠统，这说明后期频繁的构造运动仍对其油气系统的保存产生了明显的负面影响。因此，对于以中下扬子和滇黔桂若干盆地为代表的南方古生界潜在海相领域而言，似无必要过多探讨原始油气潜力，而应将类比分析的重点放在后期的改造破坏程度或保存条件上。

美国落基山地区前陆盆地群的保存条件对认识中下扬子区海相古生界领域的油气潜力有一定的相似性。我国中下扬子的前陆盆地群（如江汉、苏北、沿江诸盆地）虽然也有古生界的被动陆缘发育阶段，沉积了以碳酸盐岩为主的台地型层序，但于二叠纪末即进入碰撞拗陷阶段，而且拗陷幅度不大，并未形成真正的前渊。相反，在印支运动的影响下，迅速褶皱抬升，并充填了一套晚三叠世—早侏罗世的磨拉石粗碎屑岩。由此可见，中下扬子地区的前陆盆地逆转明显早于落基山地区（白垩纪末拉勒米运动）。随之而来的燕山运动又使中下扬子地块的南、北边缘因挤压而形成复杂的古生界构造加厚带（逆掩推覆体），并使地块借鉴意义。落基山地区在古生代是北美地台的被动边缘，到早中生代成为科迪勒拉地槽隆起后分支出来的落基山冒地槽（陆缘海）区。从中侏罗世开始，随着科迪勒拉造山带开始发育，落基山地区进入前陆盆地的碰撞拗陷阶段。从白垩纪末开始的拉勒米运动促进了西侧的逆掩推覆活动，形成了厚层磨拉石建造，并将整个地区分割成多个沉积中心，造成隆起和盆地相间的现今构造格局及新生界陆相沉积。

总之，与落基山地区相比，中下扬子板块上覆的古-中生界的海相盆地存在 3 个方面的保存劣势：① 在碰撞拗陷阶段之前陆缘海沉降阶段不发育；② 于晚三叠世—早侏罗世全面逆转，至少比落基山地区早了 100~150Ma；③ 在发生新生代断陷前遭受两期（印支和燕山）压性构造运动的强烈影响，而落基山地区直接由拉勒米运动产生新生代断陷（相当于扬子区的喜马拉雅运动），改造破坏程度不可同日而语。综合阿马迪厄斯盆地和南安大略盆地的油气田特征及勘探过程（朱起煌，2001），似乎可以看出：① 已发生构造逆转的古生代盆地即使有油气发现，也只能以小油、气田（藏）为主，而且大多具有残留油、气藏的性质，其经济价值比较有限；② 在构造逆转的古生界地区开展油气勘探，最重要的是寻找逆转程度较低的区块或次级构造，如阿马迪厄斯盆地的中北部和圣劳伦斯盆地的南安大略次级盆地；③ 具体的勘探方法应根据探区的特点灵活掌握，似无普遍适用的经验可以遵循，例如，在阿马迪厄斯盆地，研究地表构造取得了成效，而围绕发现区撒开打浅井在南安大略较为成功；④ 由于构造逆转盆地大多具有复杂的演化史，它们的油气地质特征，特别是油气藏保存条件也复杂多变，因此加强地质-地球物理综合研究有十分重要的意义。

二、海相含油气盆地的保存

构造稳定性直接影响到海相克拉通盆地的保存。褶皱、断裂发育在盆地边缘，古隆起、盆地内部或凹陷区构造稳定，中新生代地层发育较齐全的微改-弱改造盆地，如塔里木、鄂尔多斯、四川、准噶尔等原型盆地保存较完整是海相克拉通油气勘探的现实目标区。褶皱、深大断裂、火山岩发育，断块分割，中新生界分布局限的中等改造盆地，如羌塘、昌都、措勤、比如、兰坪-思茅、楚雄、华北古生界等破碎盆地是海相油气勘探的潜在接替区，但难度大；如果区块面积大、上伏地层较齐全，区域性膏盐发育的盆地有勘探前景。线形褶皱倒转、逆冲、走滑、岩浆作用发育，烃源岩被剥蚀，中新生界分布局限（古生界地层直接出露）的强改造盆地，如三江地区、中下扬子地区等残留小盆地，油气远景差。从世界上大油气田形成的地质条件分析，板块构造稳定的大型盆地往往形成大型油气田，如北美、欧洲板块的海相克拉通油气田。

（一）鄂尔多斯盆地与华北板块的对比

整个华北地区在前印支期都为一个统一的华北板块，现存地层层序基本相同。自印支期以来由于受到东端库拉-太平洋板块的俯冲，华北板块从西向东发生由弱到强的弧后拉张作用。东边的华北古克拉通海相盆地首当其冲在印支-燕山期受到剧烈块断拉张成支离破碎的断陷盆地，火山、岩浆活动强烈改造海相克拉通含油气系统；喜马拉雅期进一步发育深裂谷盆地，现今的华北盆地虽然有古生界地层保留，但原型盆地基本被深大断裂分割成碎片。拉张构造应力从东向西依次递减，华北板块最西缘的鄂尔多斯古生代盆地的完整性才得以保存，盆地块体较大、上伏地层较齐全，是现今鄂尔多斯海相克拉通地层油气成藏的基本条件。

（二）四川盆地与扬子板块的对比

中下扬子地区，在沉积序列，甚至气源岩、储集层段、含气组合、晚期成藏等方面与四川盆地有很多相似之处（戚厚发，1998），关键是古生界原型盆地的后期保存程度的不一致。中下扬子板块自古生代以来基本上为大陆地壳从 ES 向 WN 俯冲、拼贴、碰撞而增生，地壳结构不断复杂化的过程（罗志立，2000；刘树根和罗志立，2001）。印支期到燕山期太平洋板块向东亚大陆俯冲、走滑，来自东南方向不同期次的挤压和拉张运动直接作用于扬子板块，中下扬子首先遭受隆升剥蚀、断层切割、岩浆活动；古生界地层裸露，现今只是发现了一些显示古油藏的沥青砂。位于远端的上扬子地区（四川）经受的构造变革相对较弱，四川盆地自震旦纪以来，总体上没有大规模褶皱冲断抬升，古生界盆地能够得

(三) 塔里木盆地与青藏高原的对比

柴达木盆地及其以南地区与塔里木盆地一样发育有古生界的海相地层，古生代以来都处于统一的特提斯域构造作用下。特提斯洋依次从南向北的俯冲、拼贴、碰撞（贾承造等，2001），南缘的古生代海相盆地最先经受构造改造，发生挤压抬升或拉张下的岩浆活动，位于远端的塔里木盆地遭受的构造变动相对较弱；再加上塔里木板块本身具有前寒武系结晶基底，抗构造变革的强度大，盆地保存得较完整。现在已经在塔里木海相克拉通盆地探明石油地质储量约 5 亿 t，天然气近 1000 亿 m^3。

从盆地的保存条件看，处于同一个构造体系域作用的海相克拉通盆地群，在多期次构造变动中，位于构造应力减弱，活动平缓的一端盆地改造程度低；具有前寒武系结晶基底的稳定克拉通抗构造变革能力强，持续性沉降深埋的原型盆地容易保存；海相克拉通盆地保存完整，地层齐全的盆地容易保存其中的含油气系统和油气藏。这主要体现在保存海相克拉通盆地的面积大小上（图 2.3），大于 10 万 km^2 的盆地具备形成大型油气田的条件；1 万 ~ 10 万 km^2 的盆地可能发育中小型油气田；数千平方公里的盆地中难以发现有工业价值的油气藏。中国海相克拉通油气勘探最有利的部位在塔里木盆地以北，鄂尔多斯-四川-楚雄等盆地以西部位（图 2.2）。我国海相克拉通层序的保存条件具有西优东差、北强南弱的特点。也就是说，从塔里木到鄂尔多斯再到渤海湾，以及从上扬子到中下扬子，古生界层序的完整性均依次递减，同时越向南，古生界盆地所遭受的破坏也就越强烈。

中国重要的海相克拉通盆地有塔里木、鄂尔多斯、四川以及中下扬子和滇黔桂等南方地区。从盆地保存条件看，它们大致上可以分为两类。第一类是中等保存盆地，包括塔里木、四川和鄂尔多斯盆地，它们的古生界层序虽都有不同程度的构造逆转和剥蚀，但盆地的基本格局还存在，而且都在中新生代接受了相当厚度的沉积，因而仍具有可观的油气潜力。例如，塔里木盆地已在寒武系、奥陶系和石炭系层位找到了一些油气藏。四川盆地已成为我国重要的天然气生产基地，但以古生界为主的层位仍有很大的勘探潜力，近年来不断有新的发现。鄂尔多斯盆地也在 20 世纪 90 年代找到了大面积的陕北气田，气源岩为中-上石炭统煤系和奥陶系碳酸盐岩，储层为奥陶系碳酸盐岩顶部的古风化淋滤层和石炭-二叠系孔隙性碎屑岩。这 3 个中等保存盆地的油气系统保存条件有所不同。塔里木盆地周缘地区在海西运动中有过较强的构造逆转和广泛剥蚀，同时还在部分地区出现了玄武岩溢出，对早期形成的油藏有很大破坏作用。在柯坪地区东起阿克苏西至西克尔的 250km 范围，存在宽达 60km 的志留系沥青砂岩露头，累计厚度为 20 ~ 40m，残余沥青储量估计有 20 亿 t。在哈 1 井也钻遇了巨厚的志留系沥青砂岩，在东河 3 井和沙 5 井还发现了稠油——软沥青，而稠油油藏更是十分普遍。但在不同的晚期生油区——成藏区，也存在一些黏度和密度均较正常的油藏，同时还在不少层位发现了许多气藏。这说明塔里木盆地属于中保存的油气系统。

第二类是低保存盆地，南方中下扬子区及十万大山、楚雄和南盘江等海相保存区都可归入这一类。经过印支期以后，多次复杂构造运动的强烈逆转和破坏，这些地区的古生代—三叠纪海相原型盆地已被褶皱和断裂得支离破碎，面目全非（马力等，1994）。从古生界油气的第一层次（盆地实体）保存条件来衡量，南方这些海相保存区的油气勘探面临着基本前提是否充分的严峻局面。

郭正吾（1988）认为，经过印支期、燕山期及喜马拉雅期的3次构造变动和改造，中国南方尚未变质的海相克拉通油气领域有3种类型：①被大型压扭性中、新生代盆地及蒸发盐岩广泛覆盖的上扬子区（四川盆地）；②为中、小型拉张性中、新生代盆地及构造加厚带（逆掩推覆体）所覆盖的中下扬子区（如江汉、苏北、沿江等盆地）；③被晚期构造运动剧烈抬升的地区（滇黔桂地区）。马力等（1994）也得出相似的认识，但它们把上述三类地区划归为北、南两条前陆盆地带。北带以四川、江汉、沿江诸盆地（如望江、无为、南陵）和苏北盆地为代表，其演化特点是在古生界被动陆缘台地型沉积层序之上叠覆了上三叠统—中-下侏罗统的磨拉石碎屑岩。南带以楚雄、南盘江、十万大山和兰坪-思茅等盆地为代表，都是与特提斯海关闭有关的前陆盆地。

三、海相含油气系统的保存

最有利于含油气系统保存的是封闭性承压盆地，其沉积（降）中心控制含油气系统的平面分布范围，盆地沉积继承性好，含油气系统始终处于封闭条件下，从而保障了油气的生、运、聚、保的完整性，虽然后期发生过构造变动，但不至于引起油气大量散失。反之，对于开启性泄压盆地，经过复杂的构造变动以后仅部分残余，含油气系统与外界发生物质（流体）与能量（压力）交换，被部分或全部破坏，直接影响其成藏过程（党振荣等，1998）。含油气系统的保存必须具备3个条件：区域性沉积的广覆式砂泥碎屑岩隔离地面大气淡水淋滤对烃源岩有机质的降解破坏；避免中新生代火山活动对烃源岩有机质和石油的烘烤裂解；区域性的膏盐岩、泥页岩封盖，直接防止油气的逸散。

（一）广覆式中新生界砂泥岩隔离地面大气淡水淋滤对烃源岩有机质的降解破坏

海相克拉通沉积的碳酸盐岩相对碎屑岩更容易被溶蚀。在垂向上，地下水沿岩层中裂缝、断层向下渗流，对碳酸盐岩进行淋滤、溶蚀，形成一些垂直或近于垂直分布的溶蚀缝洞，直接导致地表水下渗到烃源岩层，氧化降解有机质。这就要求海相克拉通碳酸岩盐地层之上连续沉积广覆式砂泥碎屑岩隔离地面大气淡水下渗对烃源岩有机质的破坏。据甘克文（1992）统计，在全球现存的135个保存古生代沉积地层的盆地中仅有50个盆地中发现古生界的工业油气流，这些盆地构造平缓，古生界地层保存较好，普遍上覆中、新生代地层，盆地面积大；现今尚无油气发现的古生代盆地都是盆地改造强烈，普遍发生大规模的构造逆转，缺失上覆中新生界地层和岩浆活动。在侧向上，盆地中普遍存在大规模的地层水较缓的水平流动（Bachu，1995，1999），地下水中碳酸盐不饱和，CO_2含量高，因而对碳酸盐岩溶蚀作用强，地层水从造山带（正向地貌）向盆地腹部渗透，破坏烃源岩。

在中下扬子板块海相碳酸盐岩裸露的黔、桂、湘、鄂地区1966～1972年钻井60余口，均告失利，在构造高部位多出淡水，大气淡水淋漓下渗，将烃源岩及油气氧化降解掉了。上扬子板块川东地区构造核部出露中三叠统以下碳酸盐岩或圈闭距离碳酸盐岩露头区小于5km，则处于自由水交替带，钻探显示自由水交替带穿过三叠系嘉陵江组二段膏盐时，下伏石炭系地层中不再含气（王兰生等，2000）。但是对于同一个盆地，有封闭承压的含油气系统，也有开启泄压的含油气系统。例如，塔里木盆地，满加尔拗陷以西的各个含油气系统处于稳定的塔里木克拉通内部，上覆多套区域性盖层，周缘为中新生代前陆盆地沉积的抗溶蚀、弱透水泥岩层，主力烃源层封闭条件好；而塔东地区为 EW 走向的大构造盆地，南北两翼石炭系—三叠系地层被剥蚀殆尽，下海相克拉通地层大面积裸露，大气淡水沿碳酸盐岩层溶蚀、下渗，改造含油气系统；北翼可见大量显示古油藏被破坏的油苗，南翼含油气系统被部分破坏，在塔东 2 井发现稠油。

居加拿大全国油气资源之首（82 亿 t）的阿尔伯达前陆盆地，主要的泥盆系含油气系统封闭条件好，泥盆系与上覆的中新生代地层之间被一个盆地规模大小的页状弱透水层系分隔，上下地层之间几乎无任何水文地质联系（Bachu，1995，1999），使整个阿尔伯达泥盆系含油气系统能够得到有效的保存。当然来自落基山造山带和 Grosmont 前隆方向的大气淡水也有沿部分渗透层下倾方向灌入盆地边缘，氧化降解从盆地腹部向上倾方向运移上来的油气，在盆地边缘形成大规模的稠油藏。

（二）避免中新生代火山活动对烃源岩有机质和石油的烘烤裂解

从前面油气盆地的保存中讲到的中国板块构造演化特征：青藏高原的三江地区、中下扬子地区的东南边缘、华北板块的东部等部位都是中新生代以来构造活动的策源地。多期次、高强度、大规模的岩浆侵入和火山喷发，地温梯度升高，烃源岩中有机质快速演化成烃，并进一步裂解成天然气，含油气系统中的生烃母质被快速耗尽。早期生成的油气在长期、剧烈的构造变动中难以保存，特别是天然气的保存条件更始严格。导致这些地区在海相克拉通地层中难以形成大规模的油气田，多年的勘探实践证明也是如此。

（三）区域性的膏盐岩、泥页岩封盖，直接防止油气的逸散

世界上保存最好的美国二叠盆地关键是有一套良好的蒸发岩作区域盖层，将浅层破坏带限制在很小的范围内，有效地防止了大气水渗入和下部油藏的溢出（很少见油苗）。东撒哈拉地区北边三叠盆地中的三叠系膏盐岩层较南边伊利济盆地厚，北边三叠盆地油气丰度明显高于南边伊利济盆地；三叠盆地上伏巨厚封盖层，又远离露头区，避免了地表淡水洗刷深部志留系—泥盆系含油气系统，这为三叠盆地能保存大油气田提供了保证。

中国的塔里木、鄂尔多斯、四川、准噶尔等盆地海相克拉通盆地与中新生代以来继承性沉积的陆相盆地复合叠加，垂向上海相地层普遍覆盖砂泥岩，侧向上周缘发育中新生代前陆盆地，有效地阻止了大气淡水对海相地层含油气系统的氧化降解。四川盆地东部大面积发育志留系的泥页岩、下三叠统嘉陵江组、雷口组的膏岩盐，鄂尔多斯盆地普遍发育石炭系—二叠系的煤系层和石炭系底部的铝土质泥岩，塔里木盆地几乎都在寒武系膏盐岩层、中-上奥陶统砂泥岩层、石炭系膏泥岩层分布区的覆盖之下，这些盖层有效保存了古生界油气油气的散失，使其能够得以聚集、保存，形成大规模的油气田。华北地区海相克拉通地层虽然上覆中新生界碎屑岩，但是由于印支-燕山期以来剧烈的岩浆活动耗尽了海相克拉通含油气系统中的生烃母质，致使其勘探潜力变差。

四、海相油气藏的保存

含油气系统中分散的油气一旦聚集成藏以后，仍旧需要良好的保存条件才能为现今的油气勘探提供保障。油气藏的保存分为3个方面：盖层的直接封存、局部构造稳定、晚期成藏。3个方面对海相克拉通油气成藏发挥积极的作用。

（一）盖层的直接封存

纵向上盖层和烃源岩共同控制了油气藏的分布，平面上盖层的发育特点决定了油气聚集的条件和油气性质的差异性。盖层的封盖性与岩性相关，由好至差依次为：岩盐—岗含干酪根的灰岩—黏土灰泥岩—石膏—硬石膏—粉砂灰页岩—泥灰岩—灰岩。盖层一定要有一定的分布面积，大于油藏的面积；如果盖层薄，其纵向变化迅速，平面上分布不稳定，显示了盖层厚度的重要性作用。盆地边缘或盆地由邻凸起上的剥蚀、超覆等作用都可以使区域盖层缺失，从而丧失封堵条件，使油气散失或稠变（形成稠油带）（童晓光等，1989）。在扎格罗斯山前，虽然经历新近纪末期强烈的褶皱断裂作用，白垩系油气沿断裂向上运移，但由于下法尔斯组石膏和盐岩区域盖层的封闭遮挡，形成阿斯玛里石灰岩油气藏。鄂尔多斯盆地石炭系本溪组底部的铝土质泥岩为下古风化壳气藏的直接盖层，在纵向上气藏发育于奥陶系马家沟组五段盐岩以上至石炭系本溪组铝土质泥岩之下；在横向上气藏完全分布于马家沟五段碳酸盐岩尖灭线与本溪组地层尖灭线之间。

（二）局部构造稳定

四川盆地川东高陡背斜圈闭形成晚于海相地层生烃高峰——印支期，但由于乐山-龙女寺、泸州、开江等古隆起的存在并有效保存，以及良好的封盖条件，才能使得喜马拉雅期油气的二次成藏或水溶脱气进入高陡背斜圈闭形成次生气藏，而四川盆地以外的扬子区海相地层经历了强烈的燕山运动冲断改造，对油气藏破坏严重。贵州南盘江面积6.7万 km^2，为喜马拉雅运动改造后残留的中、古生界盆地，发育泥盆系—三叠系海相烃源岩层；受到印支-燕山期的抬升剥蚀和喜马拉雅期走滑拉分造成的开启断裂，使油气藏受到调整破坏和大气淡水的氧化降解，只残留下大量古油藏的迹象：沥青砂和油气苗。美国二叠盆地是一个针对海相克拉通地层进行的油气勘探，烃源岩从引支期就进入生排烃高峰期，整个地区在中生代成藏以后就成为稳定的克拉通盆地，新生代轻度的火山活动对盆山格局的影响不明显，成藏以后稳定的区域构造条件是古生界油气勘探的关键。

（三）晚 期 成 藏

晚期成藏主要指两个方面：二次生烃、二次运移。二次生烃，指主要烃源岩具有现今成藏意义的那一期生排烃时间在晚期。例如，塔里木盆地下古生界烃源岩在海西期进入生排烃高峰期，但是形成的油气藏在随之而来的构造变动中被破坏，现今看到的只是显示古油藏的志留系沥青砂；对现今有成藏作用的是在印支期以后再次深埋增温以后的二次生排烃。在中下扬子区十万大山、南华北等盆地虽然烃源岩有机质含量非常高，但被抬升剥蚀以后没有再次进入二次生烃门限，所以勘探潜力较差。二次运移，如川东石炭系气藏，形成于印支期，延续到燕山期，但是在喜马拉雅期的构造变革中古隆起所在部位的油气藏发生二次运移，气藏才最终定型。

塔里木盆地寒武系膏盐岩层、中–上奥陶统砂泥岩层、石炭系膏泥岩与寒武系—奥陶系碳酸岩缝洞性储层、石炭系东河砂岩形成良好的储盖组合；鄂尔多斯盆地石炭系本溪组底部的铝土质泥岩为下古风化壳气藏的直接盖层，四川东部石炭系气藏得益于二叠系底部梁山组铝土质泥岩的有限封隔，这些盆地除了有效的封盖条件，还具备油气藏所在的局部构造稳定，晚期成藏等优点，具有很好的成藏条件。

五、从保存条件看中国海相克拉通地层的有利勘探领域

从含油气盆地、含油气系统、油气藏的保存条件分析，塔里木、鄂尔多斯、四川、准噶尔等盆地保存的块体大、古生界地层齐全，与中新生代盆地复合叠合，构造平缓、盖层发育，成藏期晚，是中国海相克拉通盆地油气勘探的主要场所。中下扬子板块、华北地区现今残存的块体较大、古生界地层较齐全，上覆较厚中新生代地层，盖层发育的部分盆地或拗陷为潜在的勘探领域，如南华北、冀中、苏北、兰坪思茅、楚雄等盆地。传统的油气勘探在这些地区很受限，但是页岩油气、油砂矿等非常规油气在这些地区可能获得突破。

第四节 中国海相克拉通盆地油气勘探的主要方向

对中国海相克拉通油气勘探前景有两种截然相反的观点：其一是 21 世纪油气勘探战略接替领域（周永康，1997；李国玉，1998）；其二，只是天然气勘探辅助领域之一，犹如"鸡肋"（刘光鼎，1997）。在这种情况下研究海相克拉通油气勘探的战略定位，正确取向，客观决策，就显得十分必要。影响中国海相克拉通油气勘探并且需要加强研究的主要因素为：① 有效烃源岩与资源潜力；② 保存条件认识与有利区预测；③ 储层特征分布的复杂性及其对非构造圈闭的影响；④ 有效的科技手段与勘探投入对海相克拉通地层勘探效果的影响。

中国海相克拉通油气是"辅助勘探"的鸡肋，还是战略接替领域？在近 50 年油气勘探历程和现状的基础上进一步研究后认为（钱凯等，2004）：海相克拉通油气勘探相对滞后，客观上受制于构造运动多变性、烃源岩演化特殊性、储集层复杂性和保存条件严格性等因素；主观上受制于技术发展、地质认识和勘探投入等因素；海相克拉通油气勘探将是中国 21 世纪油气勘探的主要接替领域之一。从勘探制约因素和油气地质的特殊性出发，勘探战略选区需遵从以下原则：最后一次生烃高峰或成藏定型期之前保存下来的较大块体；拗拉槽、台相斜、台内及地台边缘拗陷、相关的盆地斜坡带等有效烃源岩及其邻近部位；下古生界以非砂岩储层为主，特别是与不整合面有关的岩溶储层，上古生界则以砂岩储层和孔隙性碳酸岩储层为主；下古生界成藏圈闭对古隆起有更多的依存关系。按上述原则提出了海相克拉通盆地油气勘探的主要目标区和研究建议。

一、海相克拉通盆地油气勘探战略选区的主要评价指标

影响中国海相克拉通地层尤其勘探的主要影响因素为：① 烃源岩研究及资源评价的可信度不能满足勘探的需要，烃源岩研究是勘探中面临的首要问题；加强沉积相、有机相与有效烃源岩的研究；② 成藏过程的长期性和保存条件认识的不足是缺乏对海相克拉通地层准确评价的关键因素；③ 储层分布的不规则性直接影响非构造圈闭的发现和油气勘探的进程；④ 高难度的勘探技术要求直接制约海相克拉通地层勘探效果。

（一）烃源岩基础

海相克拉通地层烃源岩发育特征：海相地层大规模油气聚集主要受克拉通及其边缘的各类拗陷区的浅到半深海范围内的斜坡相泥页岩及泥状灰岩、发育相带控制。海陆过渡相地层烃源岩主要是煤系地层中的煤及泥岩。四川盆地下寒武世，位于台拗区半深海的大巴山边缘、川湘拗陷及其斜坡等部位，沉积中心和沉降中心一致，发育的黑色页岩（厚300~400m）是下寒武统主要生油相区，而在隆起区黑色页岩减薄，生油条件差；下志留系世位于大巴山边缘、川湘等台内拗陷及斜坡区半深海区发育黑色页岩，厚100~300m，为下志留统主要生油相区；早二叠世位于台地斜坡半深海为水体安静的还原环境，黑色泥页岩、灰黑色灰岩中有机质含量高，是生油的有利相带，而上二叠统台内浅滩或台缘浅滩亮晶生屑灰岩不利生油气。塔里木盆地寒武纪—早奥陶世广泛发育的海相地层含有一定的有机质，其中斜坡部位处于静水的还原环境中，有利于接受陆源物质堆积和有机质保存，是烃源岩发育最有利的部位，台地边缘部位是生物礁可能发育的有利部位，烃源条件并不好。鄂尔多斯盆地奥陶纪时南缘、西北缘为克拉通边缘拗陷的台地斜坡部位，烃源岩发育，能形成充裕的气源。东西伯利亚里费期为克拉通边缘裂陷阶段，地台内部科日马深大断裂强烈活动，地台边缘形成了巨厚的帕利萨扬-叶尼塞拗陷群，它向 NS 延伸为尼谢伊斯卡-吐鲁汉和依斯克-吐曼舍斯基地堑，地台内部的拗陷带形成巨厚的主要烃源岩。

海相克拉通地层烃源岩评价标准：碳酸岩有机质产烃率比泥岩高，排烃下限比泥岩低，灰岩排烃下限值 TOC：0.06%，泥岩 TOC：0.33%；成藏下限 TOC 倾向取 0.2；有机质 0.2% 时为差烃源岩，只能形成中小油气藏，0.2%~0.4% 为中等烃源岩，大于 0.4% 时可以形成大型油气田。泥页岩的评价标准已有定论，不予讨论。国外对 TOC 下限值大于 0.2%，而国内对其下限值明显偏低，影响海相碳酸岩油气勘探思维和决策，有必要对其作客观评价。通过地质刻度显示中国不同海相克拉通盆地的有机碳成藏下限值不同：塔里木 0.5%，四川 0.2%~0.55%，黔南-桂北：1.2%，华北：0.18%。这些值都明显大于以前确定的下限值。

海陆过渡相泥页岩及煤层烃源岩关于这类烃源岩的评价及大规模油气聚集的作用认识比较一致。需要强调的是：由于构造沉积作用的影响，原始埋藏达不到或不能充分成烃，在后来的地史发育阶段中再次深埋后，可二次或多次成烃，当 C—P 残块足够大、埋藏足够深时其在油气勘探上也是不能忽视的。例如，东林凹陷 C—P 二次成烃气田、华北杨村气田、孔店构造、盐城凹陷郭墩气田。

因此海相克拉通油气勘探立足于寻找发育在克拉通及其边缘部位各类拗陷区的浅到半深海范围内的斜坡相泥页岩及泥状灰岩。取 TOC = 0.2% 为碳酸盐岩成藏下限，TOC = 0.2% 时形成中小型油气藏，0.2% ~ 0.4% 可能形成大中型油气田，大于 0.4% 才具备形成大型油气田的基础。碳酸盐岩烃源岩 TOC 下限确定后，对于我国广泛分布的陆表海域封闭、半封闭台地相碳酸盐岩生烃潜力评价就明确了，其碳酸盐岩 TOC 值一般在 0.2% 以下，少数薄层可达 0.3%，平均只接近 0.2%，难以形成工业油气聚集。

（二）储集层条件

海相大中型油气田储集层基本上是孔隙性、缝洞-孔隙性储层。河流、三角洲砂岩、颗粒、骨架石灰岩、部分白云岩和风化壳储集体具备这条件。例如，鄂尔多斯上古生界、塔里木东河塘砂岩、四川志留系三角洲-浅湖相砂岩体，盆地边缘及上斜坡高位体系域砂体；台地边缘相、环海槽或台内拗陷发育的孔隙性灰岩；如川东 P 长兴组生物礁、T 飞仙关鲕滩，局限台地相准同生白云岩；古构造高部位是岩溶储层发育的有利部位，岩溶台地及其斜坡有利成藏，如鄂尔多斯中部奥陶系、轮南奥陶系、如塔中、川南等发育的风化壳。

（三）封盖层保障

含油气系统的保存必须具备区域性的膏盐岩、泥页岩封盖，一方面防止油气的逸散，同时隔离地面大气淡水下渗对有机质的破坏。塔里木盆地古生界三套区域性盖层有效保存了古生界油气藏和烃源岩，良好的封盖条件展示了巨大的勘探前景。川东地区下三叠统嘉陵江组、雷口组的膏岩盐有效保存了古生界气藏和烃源岩，其中膏岩层发育部位就是发现气藏有利区带。世界上保存最好的美国二叠盆地，关键是有一套良好的蒸发岩作区域盖层，将浅层破坏带限制在很小的范围内，有效地防止了大气水渗入和下部油藏的溢出（很少见油苗）。东撒哈拉地区北边三叠盆地中的 T 膏盐岩层较南边伊利济盆地厚，北边三叠盆地油气丰度明显高于南边伊利济盆地；三叠盆地上伏巨厚封盖层，又远离露头区，避免了地表水洗深部 S—D 的烃源岩。这为三叠盆地能保存大油气田提供了保证。

（四）关键的构造稳定性

构造稳定性直接影响到古生界盆地的保存。微-弱改造盆地，褶皱、断裂发育在盆地边缘、古构造隆起区、盆地内部或凹陷区构造稳定，中新生代地层发育较齐全。例如，塔里木、鄂尔多斯、四川、准噶尔、吐哈等盆地是海相克拉通油气勘探的现实目标区。中等改造盆地，褶皱、深大断裂、火山岩发育，断块分割，中新生界地层分布局限，如羌塘、昌都、措勤、比如、兰坪-思茅、楚雄、克拉通盆地周缘逆冲带、华北古生界等盆地将是海相油气勘探的接替区，但难度大。如果区块面积大、上伏地层较齐全，区域性膏盐发育的盆地有勘探前景。强改造盆地，线形褶皱倒转、逆冲、走滑、岩浆作用发育，烃源岩被剥蚀，中新生界分布局限（古生界地层直接出露），如三江地区、中下扬子地区，油气远景差。

华北板块南北缘在古生代遭受加里东和海西期两次地壳运动影响，缺失晚奥陶世—早石炭世、晚三叠世沉积；燕山期强烈块断、火山活动形成许多分散的 J—K 断陷盆地；喜马拉雅期进一步发育深裂谷盆地，现今的华北盆地虽然有古生界地层保留，但被基底断裂割成碎片，原型盆地及其含油气系统、油气藏基本被破坏。西边的鄂尔多斯古生代盆地成为一个独立的块体得以保存，从而保存了大量油气藏。上扬子地区在印支期遭受隆升、断层切割，古生界地层暴露，现今只是发现了一些显示曾经成藏的沥青。被保留下来相对稳定的四川盆地保存了大量古生界含油气系统和天然气藏。印支期到燕山期，太平洋板块东缘向东亚大陆俯冲、走滑，中下扬子区广泛发育火山岩；同时由于俯冲产生的挤压在中下扬子区引起抬升和拆离，破坏了大量的古油气藏。

世界上大油气田形成的地质条件分析，板块构造稳定的大型盆地往往形成大型油气田，如北美、欧洲的海相克拉通油气田。加拿大 Albeta 的烃源和储集条件比美国二叠盆地好，生烃高峰期（K_3—E）晚于二叠盆地（P_2—J_1），其油气丰度却明显低于后者。关键原因就是 Albeta 盆地在中、新生代演化成前陆盆地，大地构造相当活跃，火山发育，浅部由于抬升剥蚀，外加膏盐层不发育，被水洗氧化降解成超重油，深部油藏被高温裂解成天然气和焦沥青。而二叠盆地到中生代成藏以后就成为稳定的克拉通盆地新生代轻度的火山活动和盆山格局的影响不明显。成藏以后稳定的区域构造条件是古生界油气勘探的关键。

华北海相克拉通盆地印支、燕山期受到剧烈块断拉张，拉成支离破碎的小区块，火山、岩浆活动强烈，原先克拉通盆地、含油气系统和油气藏基本被破坏；现今保留得相对完整、块体较大、上伏地层较齐全地区可能找到残留的海相克拉通油气藏。目前中国中西部地区除去青藏高原以外的部位为构造相对地区，其中的大面积保存下来的盆地将是海相克拉通油气勘探的首选目标。

二、烃源条件与中国海相克拉通油气勘探方向

（一）盆地斜坡相泥岩及泥状灰岩是稳定海相地层油气田勘探的主要烃源区

作为烃源岩的斜坡相泥页岩和泥状灰岩主要发育在地台及其边缘范围内的台向斜、拗拉槽、裂陷槽等浅至半深海区域。一方面，到目前为止，塔里木、四川等下古生界稳定海相地层发育区发现的大中型油气田及上、下扬子区古油气藏都在这些部位的烃源岩供油气范围内（图 7.2）。另一方面，这些地区的泥页岩、泥状灰岩具有较高的有机质丰度。例如，四川盆地不同时期的油气聚集都与相应时期斜坡带的四套海相烃源岩密切相关（表 7.6），均为半深海相区；川东石炭系大气田就与志留系海相斜坡带烃源岩分布密切相关[图 7.2（b）]；中下寒武统烃源岩围绕川中稳定地块外围分布，如大巴山边缘拗陷、川湘拗陷等，黑色页岩可厚达 300~400m。作为塔里木主要烃源岩之一的中上奥陶统则位于与拗拉槽相应的海盆斜坡相，泥质灰岩有机碳含量高，源岩厚达 100m，与现今油气田分布密切相关 [图 7.2（a）]。

表 7.6 四川海相气田主要烃源岩发育特征

层位	主要岩性	沉积相区带	TOC/%	氯仿 A/%	总烃/ppm
下寒武统	泥页岩	台拗区半深海相	0.58	0.0449	163
下志留统	泥页岩	台拗区半深海相	0.44	0.019	
下二叠统	灰黑色泥灰岩	台拗斜坡半深海相	1.11	0.0265	158
上二叠统	黑色泥页岩	裂陷槽斜坡相半深海	2.91	0.0448	175

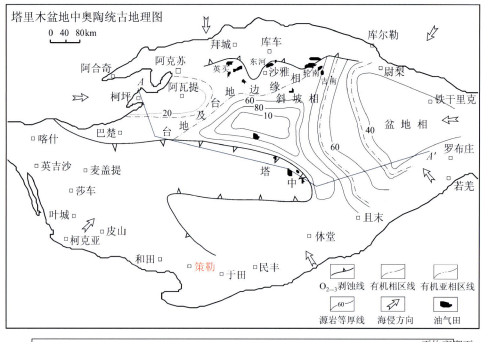

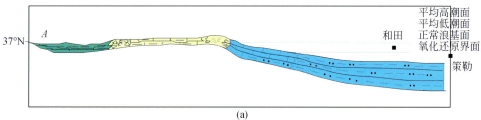

(a)

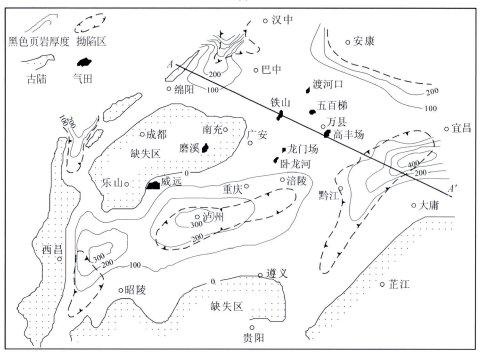

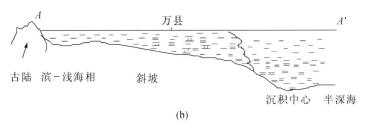

图 7.2 海相克拉通地层烃源岩发育的有利部位
(a) 为塔里木盆地中奥陶统古地理图；(b) 为四川盆地下志留统黑色页岩厚度图

鄂尔多斯盆地中部气田气源说法不一，客观分析认为气田西部还是有奥陶系气源的，主要是祁连海槽系的浅-半深海相泥岩起了作用。塔里木盆地烃源也是一样，以寒武系—奥陶系为例，烃源岩主要也在拗拉槽相应的海盆斜坡带。四周为古隆起的南盘江拗陷斜坡相带的泥盆系、二叠系海相烃源岩，碳酸盐有机碳 0.35~1.51，泥岩有机碳达 0.98~9.48，在该带及其附近地区发现了著名的黔南-桂北麻江古油藏。

（二）海陆过渡相地层发育区是重要战略方向

鄂尔多斯上古生界一些大中型气田就已证实有海陆过渡相地层的贡献。需要强调的是，就是那些由于构造沉积作用的影响，原始埋藏达不到或不能充分成烃，在后来的地史发育阶段中再次深埋后，可二次或多次成烃，且地质残留块体足够大时不能忽视其油气勘探。东濮凹陷石炭系—二叠系面积约 5000km²，古近纪、新近纪深埋后，二次成烃形成文留气田；苏北盆地盐城凹陷陆上面积仅 2100km²，形成了探明储量达 20 多亿 m³ 的朱家墩气田；渤海湾地区上古生界残留盆地中海陆过渡相地层主要是上石炭统山西组、太原组，浅海至滨海沼泽相碳质泥岩夹煤层，二次生气区总面积达 3.5 万 km²，天然气资源量达 3.16 万亿 m³，梁生正教授甚至认为可以找到大中型气田（梁生正等，2001）。

（三）陆表海碳酸盐岩区是中小油气田勘探领域，可以作为战略补充

这里一要考虑碳酸盐岩中有机质成烃的特点；二要考虑勘探实践的结果。把碳酸盐岩生烃标准定得太高或太低，都是不妥的。

(1) 在条件相同的情况下碳酸盐岩生烃能力确实比泥岩强，即使有机质含量总平均值比黏土岩低得多，而总烃含量平均值也可与泥页岩相当，或略高于后者，甚至灰岩的有机质含量仅是页岩的 1/7，而烃含量平均值还可高于页岩。刘宝泉的系列实验也证明：在有机质类型、含量、成熟度等其他条件相同时，碳酸盐烃源岩产烃量是泥岩的 4~8 倍。烃源岩自然生烃过程和热模拟实验均证实碳酸盐岩对生烃确实有催化作用。

(2) 碳酸盐烃源岩排烃下限值也比泥岩低。碳酸盐岩中的有机质为Ⅰ-Ⅱ类时，排烃下限值 TOC 大约为 0.06%。有机质为Ⅰ-Ⅱ类的泥质生油岩排烃下限值，TOC 大约为 0.39%~0.27%，Ⅲ类泥质生油岩排烃下限值 TOC 为 0.46%。灰岩排油下限值大约为 TOC=0.07%~0.12%，泥岩排油下限值大约为 TOC=0.42%。根据灰岩、泥岩对排烃影响的加水热压模拟实验确定碳酸岩有效烃源岩的有机碳下限为 0.2%（图 7.3）。塔里木海

相大型油气田烃源岩有机质丰度下限为 0.5%（张水昌等，2007）；四川东部志留系、二叠系烃源岩有机碳丰度都在 0.2%~0.55%；华北地区已知奥陶系油源的孔古 3 工业油流地区，预测其规模不超过 100 万 t，应是目前已知规模最小的海相油气聚集，该区据 63 个烃源岩样品统计，TOC 平均为 0.18%，其中有 1/3 样品>0.2%。

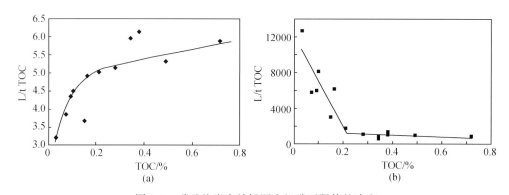

图 7.3 碳酸盐岩有效烃源有机碳下限值的确定
(a) 热解气与有机碳相关图；(b) 单位有机质中残余气量与有机碳相关图

上述地区都是形成过油气藏的地区，在没有发现 TOC 更低的碳酸盐岩烃源岩形成油气之前，以华北孔古 3 地区为准，考虑到成熟度因素，以 0.2% 为下限当是可以的。考虑到古今中外油气藏烃源岩的特点及理论计算结果，认为 TOC=0.2% 的碳酸盐岩是最差油气源岩，只能形成中小型油气田，0.2%~0.4% 可能形成大中型油气田，而大于 0.4% 当是一类，在其他条件适宜时则可形成大型油气田，在东西伯利亚三类碳酸盐岩烃源岩中也将碳酸盐岩烃源岩分成三类，一类>0.5%，贡献最多；二类 0.1%~0.5% 贡献其次；三类<0.1% 不能单独成藏，但对成藏也有贡献。碳酸盐岩烃源岩 TOC 下限确定以后，对于我国广泛分布的陆表海域封闭半封闭台地相碳酸盐岩生烃潜力的评价也就明确了，因为这些地区碳酸盐岩 TOC 值一般都在 0.2% 以下，只有少数是薄层可达 0.3%，平均也只是接近 0.2%，这些烃源岩不可能形成大规模的油气聚集，只能作为战略补充，这在中国东部经济发达地区，还是有一定意义的。

三、储层条件与海相克拉通油气勘探方向

（一）下古生界应以非砂岩岩溶储层为主要勘探对象

中国下古生界油气勘探以岩溶储层为主，原因有三：一是碳酸盐岩地层和溶蚀不整合面广泛发育；二是发现的大中型油气田仅见于碳酸盐岩岩溶储层；三是下古生界成岩演化时间长、埋藏深，除地温梯度小及构造演化特殊者外，有效孔隙丧失严重。

下古生界岩溶储层具有如下特征：①发育在克拉通盆地内稳定古隆起区，地层受长期风化剥蚀，有的已准平原化，分布广泛；古隆起斜坡带岩溶最发育部位，但在后来常有变迁，这种部位变迁和多期岩溶带的叠加常使岩溶储层的平面分布在简单中呈现出复杂性。作为四川威远气田所在的震旦系灯影组风化壳、鄂尔多斯中部气田所在的奥陶系顶面风化

壳、塔北轮南油气田所在的奥陶系风化壳等,都是如此。②组成岩石都是易于淋滤-溶解的碳酸盐岩(包括膏云岩);岩溶储层厚度取决于层间岩溶、风化岩溶、压释水岩溶及热水盐岩四种作用的强度;也与岩溶期次及保存好坏有关,如果地壳与潜水面多期升降且能保留中青年喀斯特层,则厚度大,如期次单一,且已准平原化,则储层厚度在百米以内。③溶孔性储层的连通性和可对比性主要受岩性与潜水面稳定性影响;如鄂尔多斯奥陶系岩溶储层在数千平方公里内可对比,气层压力也一致,主要因为潜水面变化稳定,易于发育岩溶孔隙的云坪相白云岩层也较稳定,塔河油田储层则受风化壳成熟度相对较低和潜水平变化影响,储层在整体风化壳规模上具有稳定性,而在分层分带对比上则有不连续的特征。

郑聪斌等就鄂尔多斯盆地的研究成果将岩溶储层分为四类(图7.4)。对不同地区而言各类储层的发育程度乃至有无,都各不相同,其中最重要的是裸露期风化壳岩溶和同生期层间岩溶(包括在此基础上的改造)。裸露期风化壳岩溶的分布明显受构造-古地理因素控制,大体可以分为三类。①潜台型风化壳储层:鄂尔多斯盆地长庆中部气田的古隆起区,经过长达1.5亿年的风化剥蚀与岩溶改造,形成了宽约40~50km,以潜台为主、受侵蚀沟切割以致准平原化的古老风化壳,溶孔发育,古风化壳自西向东厚度增大(40~103m),分别发育定边-庆阳岩溶高地、靖边-志丹岩溶斜坡和榆林-延安岩溶洼地三个单元,斜坡带岩溶水流畅通,溶蚀孔洞发育,发育良好的储集空间和较厚的风化淋滤带。②丘陵山岳型风化壳储层:渤海湾盆地在燕山期差异块断作用下,下海相克拉通地层特别是奥陶系岩层古地形高低悬殊,喀斯特地形尚处在中年期,即被古近、新近系地层埋藏,形成丘陵-山岳形风化壳储层(郭绪杰等,2002);如桩西古潜山油田有10口日产油达1000~3000t的高产井,其风化壳储层就比较年轻,古生界地层中竟有高达10m的古洞,其中还保留有化石丰富的侏罗系塌积充填物;储量达5亿t的任丘油田及近期发现的千米桥气田也有类似储层特征。③坨岗型风化壳储层:其风化壳年龄介于渤海湾潜山与鄂尔多斯潜山之间,这类潜山储层古地貌上呈坨岗型;除了川东石炭系白云岩风化壳储层,还有塔里木盆地巴楚隆起玛扎塔格构造带,风化壳仍未到准平原化阶段,直接在古隆起阶段接受风化形成了孔、洞、缝发育的储层,和田河气田就以此为储层。

(二)上海相克拉通勘探以孔隙性碎屑岩及碳酸盐岩储层为主要勘探对象

构造-古地理演化为这两类储层的广泛发育提供了条件。中国陆上地区泥盆纪时,在志留纪海退基础上,沉降海侵形成了中间大陆分隔南北海域的局面。石炭纪,早期在泥盆纪基础上发生海侵,且持久而广阔,至晚石炭纪中国境内基本上呈现一片汪洋加沼泽包围松辽、塔里木、柴达木、华北北部及上扬子几片古隆的景象。二叠世早期继承了晚石炭的格局,但后期构造运动使海陆格局发生了显著变化,时有海水进退的交替,但总体是海退为主,陆地面积扩大,晚期已见南海北陆的轮廓(中三叠世后出现稳定的南海北陆局面)。上述古地理背景为上海相克拉通与海陆交互相地层的发展提供了良好条件,特别是为滩坝相、生物礁,孔隙性碳酸盐岩和大型三角洲相砂岩体的发育提供了良好的条件。

由于相对年轻,破坏性成岩作用相对较弱,而次生孔隙与裂缝相对较发育,储层物性相对较好,尤其是次生孔隙发育的碳酸盐岩和低地温梯度区的砂岩储层,实践证明这类储

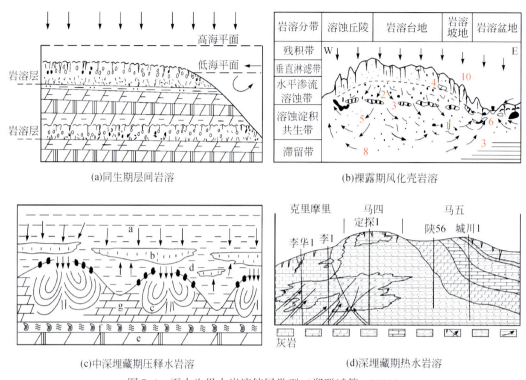

图 7.4 下古生界古岩溶储层类型（郑聪斌等，2000）

层的重要意义：石炭系在塔里木发现了以三角洲相为储层的东河油田，在四川东部发现以滩坝相碳酸盐岩为储层的五百梯大气田等一批地层构造型气田。二叠系在四川发现了一系列礁型气田。晚古生代的岩相古地理特征表明，孔隙性碎屑岩和碳酸盐岩储层在塔里木、鄂尔多斯、四川都有广泛前景。华北东部及下扬子的部分地区也有现实意义，甚至在准噶尔、柴达木等盆地也值得进一步探索。

四、中国海相克拉通油气勘探目标区

根据中国海相克拉通盆地的构造发育及其保存条件，结合油气地质条件，提出海相克拉通盆地油气勘探的有利区应该符合以下条件：① 克拉通及其边缘部位各类拗陷区内浅到半深海的斜坡相泥页岩及泥质灰岩，且发育 TOC>0.2% 以上的烃源岩层。② 孔隙性、缝洞–孔隙性储层发育区带：包括河流、三角洲砂岩，颗粒、骨架石灰岩、部分白云岩和风化壳储层。③ 以厚层、大面积膏盐岩、泥页岩作区域盖层的沉积盆地。④ 褶皱、断裂发育在盆地边缘，中新生代地层发育较齐全的稳定盆地。

中国海相克拉通油气勘探目标主要集中在塔里木、四川、鄂尔多斯三大克拉通盆地。现实的油气勘探目标区包括：四川盆地北部二叠系—中–上三叠统礁滩体白云岩、四川盆地乐山–龙女寺古隆起东斜坡、塔中北斜坡上奥陶统台缘礁滩体白云岩与下奥陶统风化壳岩溶储层、塔北奥陶系风化壳岩溶储层、四川盆地东部二叠系生物礁–石炭系白云岩、鄂尔多斯盆地中部气田南、东延部分。积极准备的战略目标包括：塔里木盆地巴楚古隆起、四川西部二叠系栖霞组白云岩、塔里木盆地东南部古城凸起。关注的潜在战略目标区包括：鄂尔多斯西南缘、准噶尔西北缘等石炭系—二叠系板缘裂陷盆地。随着勘探的深入和认识的提高，贺兰山东部、吐哈盆地、苏北盆地、靖边南部、鹿邑凹陷、冀南鸡泽-曲周、冀中北部、黄骅拗陷南部、燕北凹陷、沧县隆起北段、羌塘盆地等地区也将成为海相克拉通盆地油气勘探的潜在远景区。

按现有勘探技术、勘探成果、地质认识和勘探策略，"十一五"期间中国海相克拉通油气探明储量处于补充的从属地位；如果能在预选的目标区加大投入、获得突破，"十二五"以后海相克拉通油气储量将成为主要勘探领域之一，特别是海相页岩气的发展将为中国油气勘探找到新的接替领域。

参 考 文 献

安作相.1996.泸州古隆起与川南油气.石油实验地质,18(3):267~273
边千韬,罗小全,陈海泓等.1999.阿尼玛卿蛇绿岩带花岗-英云闪长岩锆石 U-Pb 同位素定年及大地构造意义.34(4):420~426
边千韬,赵大升,叶正仁等.2002.初论昆祁秦缝合线.地球学报,23(6):501~508
蔡东升.1995.南天山古生代板块构造演化.地质论评,41(5):432~443
蔡立国等.2005.松潘-阿坝地区盆地演化及油气远景.石油与天然气地质,26(1):92~98
蔡立国,郑冰,刘建荣,王守德.1993.青藏高原东部石油地质基本特征.南京:南京大学出版社.1~101
曹华龄.1993.二叠含油气盆地.北京:石油工业出版社.65~70
车自成,孙勇.1996.阿尔金麻粒岩相杂岩的时代及塔里木盆地的基底.中国区域地质,(1):51~57
陈发景.1989.盆地分析在我国油气普查勘探中的作用.石油与天然气地质,10(3):247~255
陈发景.1992.中国中、新生代含油气盆地构造和动力学背景.现代地质,6(3):317~327
陈发景,汪新文.1996.盆地构造分析与油气勘探.勘探家,1(1):25~28
陈发景,汪新文.1997.中国中、新生代含油气盆地成因类型、构造体系及地球动力学模式.现代地质,11(4):409~424
陈发景,孙家振,王波明等.1987.鄂尔多斯西缘褶皱-逆冲断层带的构造特征和找气前景.现代地质,1(1):103~113
陈汉林,贾承造.1997.塔里木盆地二叠纪基性岩带的确定及大地构造意义.地球化学,26(6):77~87
陈汉林,杨树锋,王清华,罗俊成,贾承造,魏国齐,厉子龙,何光玉,胡安平.2006.塔里木板块早-中二叠世玄武质岩浆作用的沉积响应.中国地质,33(3):545~552
陈景达.1989.板块构造大陆边缘与含油气盆地.北京:石油大学出版社.244
陈景达.1990.中国大陆东、南缘构造带沉积盆地类型及其成因机制探讨.石油学报,11(2):13~21
陈景山,王振宇,代宗仰等.1999.塔中地区中上奥陶统台地镶边体系分析.古地理学报,(2):8~17
陈明,罗建宁.1999.晚三叠世早期义敦前陆盆地的沉积特征与形成演化模式.特提斯地质,23:108~120
陈新军,蔡希源,徐旭辉,朱建辉等.2006.塔中地区寒武—奥陶系层序地层格架与沉积演化特征,24(3):276~280
陈岳龙,唐金荣,刘飞,张宏飞,聂兰仕,蒋丽婷.2006,松潘-甘孜碎屑沉积岩的地球化学与Sm-Nd 同位素地球化学.中国地质,33(1):109~118
陈正乐,万景林,王小凤,陈宣华,潘锦华.2002.阿尔金断裂带8Ma左右的快速走滑及其地质意义.地球学报,23(4):295~300
陈竹新,贾东,张惬等.2005.龙门山前陆褶皱冲断带的平衡剖面分析.地质学报,79(1):38~45
陈竹新,贾东,魏国齐,李本亮等.2006.川西前陆盆地南段薄皮冲断构造之下隐伏裂谷盆地及其油气地质意义.石油与天然气地质,27(4):461~474
陈竹新,贾东,魏国齐,李本亮等.2008.龙门山北段冲断前锋构造带特征.石油学报,29(5):657~668
陈子元.1996.塔里木盆地多期不整合面的控油前景.新疆石油地质,17(4):318~322
党振荣,张锐锋.1998.华北油田外围新区古生界、中上元古界原生油气藏勘探.勘探家,3(4):17~21
邓万明.1995.喀喇昆仑-西昆仑地区蛇绿岩的地质特征及其大地构造意义.岩石学报,11(增刊):98~111
丁道桂,汤良杰,钱一雄等.1996.塔里木盆地形成与演化.南京:河海大学出版社.1~302
丁国瑜等.1986.对我国现代板内运动状况的初步探讨.科学通报,(18):1412~1415
董富荣,李嵩龄,冯新昌.1998.新疆库鲁克塔格地区辛格尔变质核杂岩特征.新疆地质,16(3):203~211
董富荣,李嵩龄,冯新昌.2001.新疆太古宙变质岩系岩石组合特征.新疆地质,19(4):251~255

参 考 文 献

杜远生.1997.秦岭造山带晚加里东-早海西期的盆地格局与构造演化.地球科学,22(4):401~405
范嘉松.2005.世界碳酸岩盐油气田的储层特征及其成藏的主控因素.地学前缘,12(3):21~30
范善发,周中毅.1990.塔里木古地温与油气.北京:科学出版社.1~77
冯洪真,俞剑华,方一亭,边立曾.1993.五峰期上扬子海古盐度分析.地层学杂志,17(3):179~185
冯庆来等.1996.南秦岭勉略蛇绿混杂岩带中放射虫的发现及其意义.中国科学,26:78~82
冯庆来.1999.滇西北金沙江带被动陆缘地层层序和构造演化.地球科学,24(6):553~557
冯新昌,董富荣,李嵩龄.1998,新疆南天山奥图拉托格拉克一带前震旦系基底地质特征.新疆地质,16(2):109~117
冯增昭,陈继新.1990.华北地台中寒武世张夏期岩相古地理.冯景兰教授诞辰,90:166~176
冯增昭,鲍志东,张永生.1998.鄂尔多斯盆地奥陶纪地层岩石岩相古地理.北京:地质出版社.1~144
冯增昭,张家强,金振奎等.2000.中国西北地区奥陶纪岩相古地理.古地理学报,2(3):1~14.
冯增昭,彭勇民,金振奎等.2001.中国南方寒武纪岩相古地理.古地理学报,3(1):1~15
甘克文.1992.世界含油气盆地图说明书.北京:石油工业出版社.1~109
甘克文.2000.特提斯域的演化和油气分布.海相油气地质,5(3):21~29
高俊.新疆南天山蛇绿岩的地质地球化学特征及形成环境初探.岩石学报,1995,1(增刊):85~97
高俊,肖序常.对新疆哈尔克山北坡上志留统地层的新认识.中国区域地质,1994,(3):240~245
高振家.1985.新疆阿克苏-乌什地区震旦纪.乌鲁木齐:新疆人民出版社.1~185
关士聪.1984.中国海陆变迁、海域沉积相与油气(晚元古代-三叠纪).北京:科学出版社.1~104
关士聪.1999.中国海相、陆相和海洋油气地质.北京:地质出版社.1~260
管树巍,李本亮,侯连华,何登发等.2007.准噶尔盆地西北缘下盘掩伏构造油气勘探新领域,石油勘探与开发,35(1):17~22
郭令智.2001.华南板块构造.北京:地质出版社.1~264
郭绪杰,焦贵浩,2002.华北古生界石油地质.北京:地质出版社.1~344
郭召杰.1993.新疆东部三条蛇绿混杂岩带的比较研究.地质论评,39(3):236~247
郭召杰,张志诚,王建君.1998.阿尔金山北缘蛇绿岩带的Sm-Nd等时线年龄及其大地构造意义.科学通报,43(18):1981~1984
郭召杰,张志诚,刘树文等.2003.塔里木克拉通早前寒武纪基底层序与组合:颗粒锆石U-Pb年龄新证据.岩石学报,19(3):537~542
郭正吾,邓康龄,韩永辉.1996.四川盆地形成与演化.北京:地质出版社.48~138
韩剑发,梅廉夫,海军等.2007.塔中1号坡折带礁滩复合体大型凝析气田成藏机制.新疆石油地质,29(3):323~326
郝杰,刘小汉.1993.南天山蛇绿岩混杂岩形成时代及大地构造意义.地质科学,28(1):93~95
郝石生,冯石.1982.碳酸盐岩油气分布的控制因素.天然气工业,2(2):21~27
郝子文.2012.西南区区域地层.武汉:中国地质大学出版社.1~220
何登发,董大忠等.1996.克拉通盆地分析.北京:石油工业出版社
何登发,李德生,吕修祥.1996.中国西部地区含油气盆地构造类型.石油学报,17(4):8~18
何登发,周新源,张朝军,阳孝法等.2007.塔里木盆地奥陶纪原型盆地类型及其演化.科学通报,52(App1):126~135
侯立玮,戴丙春,俞如龙,傅德明,胡世华,李开元,罗再文,傅小方.1994.四川西部义敦岛弧碰撞造山带与主要成矿系列.北京:地质出版社.1~198
胡霭琴,张国新,李启新等.1993.新疆北部同位素地球化学与地壳演化.新疆北部固体地球科学新进展.北京:科学出版社.27,38

胡见义，黄第藩等.1991.中国陆相石油地质学理论基础.北京：石油工业出版社.1~322
胡圣标，汪集旸.1995.沉积盆地热体制研究的基本原理和进展.地学前缘，2（4）：171~180
胡圣标，张容燕，周礼成.1998.油气盆地地热史恢复方法.中国石油勘探3（4）：52~54
吉让寿，秦德余，高长林，殷勇，范小林.1997.东秦岭造山带与盆地.西安：西安地图出版社.1~197
贾承造.1997.中国塔里木盆地构造特征与油气.北京：石油工业出版社.1~438
贾承造.2002.塔里木盆地构造特征与含油气性.科学通报，47：1~8
贾承造.2004.塔里木盆地板块构造与大陆动力学.北京：石油工业出版社
贾承造，李本亮，雷永良，陈竹新.2013.环青藏高原盆山体系构造与中国中西部天然气大气区.中国科学（D辑）：地球科学，43（10）：1621~1631
贾承造，李本亮，张兴阳，李传新.2007.中国海相盆地的形成与演化.科学通报，52（增刊I）：1~8
贾承造，魏国齐，李本亮等.2003.中国中西部两期前陆盆地的形成及控气作用.石油学报，24（2）：13~17
贾承造，魏国齐，李本亮.2005.中国小型克拉通盆地群的叠合复合性质及其含油气系统.高校地质学报，11（4）：479~492
贾承造，魏国齐，姚慧君等.1995.盆地构造演化与区域构造地质.北京：石油工业出版
贾承造，魏国齐，姚慧君.1996.塔南志留-泥盆纪古逆冲构造带地质构造特征.见：塔里木盆地石油地质研究研究新进展.北京：科学出版社.217~224
贾承造，杨树蜂，陈汉林等.2001.特提斯北缘盆地群构造地质与天然气.北京：石油工业出版社.1~162
贾东，陈竹新，贾承造等.2003.龙门山褶皱冲断带构造解析与川西前陆盆地的发育.高校地质学报，9（3）：462~469
姜春发，杨经绥，冯秉贵等.1992.昆仑开合构造.北京：地质出版社
姜琦刚.1994.四川若尔盖北部寒武-奥陶系太阳顶群沉积环境分析.长春地质学院学报，24（3）：271~277
康南昌.2002.阿尔金断裂系与塔中构造带的形成与演化.石油地球物理勘探，37（1）：48~52
雷永良，贾承造，李本亮，陈竹新，石昕.2009.上扬子西部地区新生代构造活动的低温热年代学特征.地质科学，44（3）：877~888
雷永良，李本亮，陈竹新，石昕，张朝军.2010.上扬子板块西部边界地区构造特征.北京：石油工业出版社.1~181
李本亮，陈竹新等.2010.天山南北缘构造地质特征对比与油气勘探建议.石油学报，32（3）：395~403
李本亮，陈竹新，雷永良，张朝军.2011.天山南缘与北缘前陆冲断带构造地质特征对比及油气勘探建议.石油学报，32（3）：395~404
李本亮，管树巍，李传新等.2009.塔里木盆地塔中低凸起古构造演化与变形特征.地质论评，55（4）：521~530
李本亮，管树巍，陈竹新等.2010.断层相关褶皱理论与应用.北京：石油工业出版社.1~270
李本亮，雷永良，陈竹新，贾东，张朝军.2011.环青藏高原盆山体系东段新构造变形特征——以川西为例.岩石学报，27（3）：636~644
李本亮，贾承造，庞雄奇，管树巍，杨庚，石昕，李传新.2008.环青藏高原盆山体系内前陆冲断构造变形的空间变化规律.地质学报，81（9）：1200~1207
李本亮，孙岩，陈伟.1998.川东层滑系统及其油气地质意义.石油与天然气地质，19（3）：244~247
李本亮，魏国齐，贾承造.2009.中国前陆盆地构造地质特征综述与油气勘探.地学前缘，16（4）：190~202
李传新，贾承造，李本亮，杨庚，杨海军，罗春树，韩剑发，王晓峰.2009.塔里木盆地塔中低凸起北斜坡古生代断裂展布与构造演化.地质学报，83（8）：1065~1083
李传新，王晓丰，李本亮.2009.塔里木盆地塔中低凸起古生代断裂构造样式与成因探讨.地质学报，84（12）：1727~1734

李成, 王良书, 郭随平, 施小斌. 2000. 塔里木盆地热演化. 石油学报, 21 (3): 13~17
李春昱. 1982. 亚洲大地构造图说明书. 北京: 地质出版社
李德生. 1982. 中国含油气盆地的构造类型. 石油学报, (3): 1~12
李德生, 何登发. 2002. 中国西北地区沉积盆地石油地质. 海相油气地质, 7 (1): 1~6
李国玉. 1998. 海相沉积是中国 21 世纪油气勘探新主战场. 海相油气地质, 3 (1): 1~6
李国玉. 2001. 沉积盆地论. 北京: 石油工业出版社. 216
李洪铎. 2006. 塔中地区油气成藏条件分析及有利勘探区块预测. 中国西部油气地质, 2 (3): 249~256
李慧莉, 邱楠生, 金之钧, 杨海军, 李宇平. 2004. 塔里木盆地塔中地区地质热历史研究. 西安石油大学学报 (自然科学版), (4): 72~93
李景明, 刘树根, 李本亮等. 2006. 中国 C 型前陆盆地形成演化与油气聚集. 北京: 石油工业出版社. 1~278
李明杰, 郑孟林, 冯朝荣, 张军勇. 2004. 塔中低凸起的结构特征及其演化. 西安石油大学学报 (自然科学版), 29 (4): 43~45
李朋武. 2005. 西藏和云南三江地区特提斯洋盆演化历史的古地磁分析. 地球学报, 26 (5): 387~404
李秋生. 2001. 西昆仑-塔里木-天山深地震测深剖面. 2001 年中国地球物理学会年刊——中国地球物理学会第十七届年会论文集, 246
李三忠. 2002. 秦岭造山带勉略缝合带构造变形与造山过程. 地质学报, 76 (4): 469~483
李思田. 1988. 沉积盆地分析中的沉积体系研究. 矿物岩石地球化学通报, (2): 6
李思田. 1995. 沉积盆地的动力学分析——盆地研究领域的主要趋向. 地学前缘, 2 (3): 1~8
李祥辉等. 1998. 龙门山地区泥盆纪海平面升降规律、频幅及对比. 成都理工学院学报, 25 (4): 495~501
李亚林. 2002. 秦岭勉略缝合带组成与古洋盆演化. 中国地质, 29 (2): 129~134
李延钧. 1998. 塔中地区油气源及成藏时期研究. 石油勘探与开发, (1): 11~16
李曰俊, 宋文杰, 买光荣等. 2001. 库车和北塔里木前陆盆地与南天山造山带的耦合关系. 新疆石油地质, 22 (5): 376~382
李曰俊, 吴根耀, 孟庆龙, 杨海军, 韩剑发, 李新生, 董立胜. 2008. 塔里木盆地中央地区的断裂系统: 几何学、运动学和动力学背景. 地质科学, 43 (1): 82~118
梁狄刚. 2000. 从塔里木盆地看中国海相地层生油问题. 海相油气地质, 5 (1-2): 83
梁生正, 杨国奇, 田建章等. 2001. 渤海湾叠合盆地大中型天然气田勘探方向. 石油学报, 22 (6): 1~4
林畅松, 杨起, 李思田, 李祯. 1991. 贺兰奥拉槽早古生代深水重力流体系的沉积特征和充填样式. 现代地质, 5 (3): 252~267
林金录. 1987. 华南地块的地极移动曲线及其地质意义. 地质科学, (4): 306~315
林茂柄, 吴山. 1991. 龙门山推覆构造变形特征. 成都地质学院学报, 18 (1): 46~54
刘池洋, 杨兴科. 2000. 改造盆地研究和油气评价思路. 石油与天然气地质, 21 (1): 11~14
刘光鼎. 1997. 试论残留盆地. 勘探家, 2 (3): 1~4, 45
刘和甫. 1993. 沉积盆地地球动力学分类及构造样式分析. 地球科学, 18 (6): 699~724
刘和甫. 2005. 伸展构造与裂谷盆地成藏区带. 石油与天然气地质, 26 (5): 537~552
刘克奇. 2004. 塔里木盆地塔中低凸起奥陶纪油气成藏体系. 地球科学, 29 (4): 489~494
刘良, 车自成, 罗金海等. 1996. 阿尔金山西段榴辉岩的确定及其地质意义. 科学通报, 41 (16): 1486~1488
刘良, 车自成, 王焰等. 1999. 阿尔金高压变质岩带的特征及其构造意义. 岩石学报, 15 (1): 57~64
刘良, 陈丹玲, 张安达等. 2005. 阿尔金超高压 (>7GPa) 片麻岩 (含) 钾长石榴辉岩-石榴子石出溶单斜辉石的证据. 中国科学 (D 辑), 35 (2): 105~114
刘良, 孙勇, 肖培喜等. 2002. 阿尔金发现超高压 (>3.8GPa) 石榴二辉橄榄岩. 科学通报, 47 (9): 657~662

刘良，孙勇，罗金海等.2003.阿尔金英格利萨依花岗质片麻岩超高压变质.中国科学（D辑），33（12）：1184～1192

刘洛夫，金之钧.2002.中国大中型油气田的主力烃源岩分布特征.石油学报，23（5）：6～13

刘少峰，张国伟，程顺有等.1999.东秦岭-大别山及邻区挠曲类盆地演化与碰撞造山过程.地质科学，34（3）：336～346

刘树根.2001.龙门山造山带-川西前陆盆地系统构造事件研究.成都理工学院学报，28（3）：221～230

刘树根，罗志立.2001.从华南板块构造演化探讨中国南方油气藏分布的规律性.石油学报，22（4）：24～30

刘树根，邓宾，李智武，孙玮.2011 盆山结构与油气分布——以四川盆地为例.岩石学报，27（3）：621～635

刘树根，罗志立，戴苏兰等.1995.龙门山冲断带的隆生和川西前陆盆地的沉降.地质学报，9（3）：205～213

刘文均.1999.龙门山泥盆纪沉积盆地的古地理和古构造重建.地质学报，73（2）：110～119

龙学明.1991.龙门山中北段地史发展的若干问题.成都地质学院学报，18（1）：8～14

罗志立.1988.试论上扬子地台的峨眉地裂运动.地质论评，34（1）：11～24

罗志立.1991.龙门山造山带岩石圈演化的动力学模式.成都地质学院学报，18（1）：1～7

罗志立.1997.中国南方碳酸盐岩油气勘探远景分析.勘探家，2（4）：62～63

罗志立.1998.四川盆地基底结构的新认识.成都理工学院学报，25（2）：191～200

罗志立.2000.从华南板块构造演化探讨中国南方碳酸盐岩含油气远景.海相油气地质，5（3-4）：1～19

罗志立.2005.中国板块构造和含油气盆地分析.北京：石油工业出版社.359～546

马宝林.1991.塔里木盆地西北缘震旦纪风暴岩成因探讨.沉积学报，9（3）：59～64

马宝林，温常庆.1991.塔里木盆地沉积岩形成演化与油气，塔里木油气地质（5）.北京：科学出版社.23～27

马力.1994.中国南方油气勘探的主要问题与勘探方向.南方油气地质，（1）：15～29

马力，陈焕疆，甘克文，徐克定，徐效松，吴根耀，叶舟，梁兴，吴少华，邱蕴玉，章平澜，葛芃芃.2004.中国南方大地构造和海相油气地质.北京：地质出版社.1～867

马瑞士，王赐银，叶尚夫.1993.东天山构造格架及地壳演化.南京：南京大学出版社.1～225

马杏垣，刘昌铨，刘国栋.1991.江苏响水至内蒙古满都拉地学断面.北京：地质出版社

马永生，陈跃昆，苏树桉，杨云龙，黄庆球.2006a.川西北松潘-阿坝地区油气勘探进展与初步评价.地质通报，25（9-10）：1045～1049

马永生，楼章华，郭彤楼，付晓悦，金爱民.2006b.中国南方海相地层油气保存条件综合评价技术体系探讨评价仍然缺乏系统的方法与技术.地质学报，80（3）：406～417

马永生，牟传龙，郭旭升，谭钦银，余谦.2006c.四川盆地东北部长兴期沉积特征与沉积格局.地质论评，52（1）：25～29

马长信，项新葵.1993.赣东北前寒武纪变质地层钕模型年龄初步研究.地质科学，28（2）：145～150

梅冥相.2006.上扬子区震旦系层序地层格架及其形成的古地理背景.古地理学报，8（2）：221～231

梅志超.1995.秦岭早古生代沉积作用与构造演化.高校地质学报，1（2）：29～36

孟庆任.1996.塔里木地块西北边缘下白垩统地震诱发的变形构造分析.中国地震学会第六次学术大会论文摘要集，71

孟庆任.2007.西秦岭和松潘地体三叠系深水沉积.中国科学，37：209～223

穆恩之.1981.华中区晚奥陶世古地理图及其说明书.地层学杂志，5（3）：165～170

倪新锋，陈洪德，田景春，韦东晓.2007.川东北地区长兴组-飞仙关组沉积格局及成藏控制意义.石油与天然气地质，28（4）：458～465

潘裕生.1990.西昆仑山构造特征与演化.地质科学，3：224～232

潘裕生.1994.青藏高原第五缝合带的发现与论证.地球物理学报,37(2):184~192
潘裕生,周伟民,许荣华等.1996.昆仑山早古生代地质特征与演化.中国科学(D辑),26(4):302~307
戚厚发.1998.南方海相碳酸岩层系找气的思考.勘探家,3(1):47~49
钱凯,李本亮,许惠中.2002.中国古生界海相地层油气勘探.海相油气地质.7(3):1~9
钱凯,李本亮,许惠中.2004.略论世界古生界海相油气地质共性与川西海相天然气远景.天然气地球科学
乔日新,张用夏.2002.高精度航空磁测在塔里木盆地油气勘查中的几点新认识.物探与化探,26(5):334~339
邱楠生,胡圣标,何丽娟.2004.沉积盆地热体制研究的理论与应用.北京:石油工业出版社.1~240
邱楠生,金之钧,李京昌.2002.塔里木盆地热演化分析中热史波动模型的初探.地球物理学报,45(3):398~406
邱楠生,金之钧,王飞宇.1997.多期构造演化盆地的复杂地温场对油气生成的影响——以塔里木盆地塔中地区为例.沉积学报,15(2):340~341
邱楠生,王绪龙,杨海波,向英.2001.准噶尔盆地地温分布特征.地质科学,36(3):350~358
邱中建,龚再升.1999.中国油气勘探(第一卷).北京:石油工业出版社.1~194
任纪舜.1999.中国及邻区大地构造图(1∶500万)附简要说明——从全球看中国大地构造.北京:地质出版社
任纪舜.2004.昆仑-秦岭造山系的几个问题.西北地质,37(1):1~5
任纪舜,邓平,肖藜薇等.2006.中国与世界主要含油气区大地构造比较分析.地质学报,80(10):1491~1500
任纪舜,郝杰,肖藜薇等.2002.回顾与展望:中国大地构造学.地质论评,48(2):113~124
任纪舜,姜春发,张正坤,秦德余.1980.中国大地构造及其演化.北京:科学出版社.1~124
任纪舜,肖藜薇,李德生.2002.中国大陆含油气区大地构造.见:李德生等.中国含油气盆地构造学.北京:石油工业出版社.223~237
沈渭洲.1993.江南元古宙古岛弧基底变质岩的Sm-Nd同位素研究.南京大学学报,29(3):460~467
沈渭洲,朱金初.1993.华南基底变质岩的Sm-Nd同位素及其对花岗岩类物质来源的制约.岩石学报,9(2):115~124
史晓颖.1999.中朝地台奥陶系层序地层序列及其对比.地球科学,24(6):573~580
舒良树,王博,朱文斌.2007.南天山蛇绿混杂岩中放射性化石的时代及其构造意义.地质学报,81(9):1161~1168
四川省地质矿产局.1991.四川省区域地质志.北京:地质出版社
宋建国,廖健.1982.柴达木盆地构造特征及油气区的划分.石油学报,3(S1):14~23
孙肇才.2003.板内形变与晚期成藏.孙肇才石油地质论文选.北京:地质出版社
汤耀庆.1995.西南天山蛇绿岩和蓝片岩.北京:地质出版社
陶晓风.1999.龙门山南段推覆构造与前陆盆地演化.成都理工学院学报,26(1):73~77
滕吉文,曾融生,闫亚芬等.2002.东亚大陆及周边海域Moho界面的深度分布和基本构造格架.中国科学(D辑),32(2):89~100
田在艺,张庆春.1997.中国含油气盆地岩相古地理与油气.北京:地质出版社.65~149
童崇光.1985.油气田地质学.北京:地质出版社
童晓光,牛嘉玉.1989.区域盖层化油气聚集中的作用.石油勘探与开发,(4):1~7
万景林,王瑜,李齐,王非,王二七.2001.阿尔金山北段晚新生代山体抬升的裂变径迹证据.矿物岩石地球化学通报,20(4):222~224

汪玉珍.1983.西昆仑山依莎克群的时代及其构造意义.新疆地质,1(1):1~8
王东安,陈瑞君.1989.新疆库地西北一些克沟深海蛇绿质沉积岩岩石学特征及沉积环境.自然资源学报,4(3):212~221
王飞宇,何萍,张水昌.1997.利用自生伊利石 K-Ar 定年分析烃类进入储集层的时间.地质论评,43(5):540~546
王飞宇,张水昌等.2003.塔里木盆地寒武系海相烃源岩有机成熟度及演化史.地球化学,32(5):461~468
王根海.2000.中国南方海相地层油气勘探现状与建议.石油学报,21(5):1~6
王国灿,张天平,梁斌等.1999.东昆仑造山带东段昆中复合蛇绿混杂岩带及"东昆中断裂带"地质涵义.中国地质大学学报:地球科学,24(2):129~133
王鸿祯,刘本培,李思田.1990.中国及邻区大地构造划分和构造发展阶段.见:王鸿祯等著.中国及邻区构造古地理.武汉:中国地质大学出版社.3~34
王均,汪缉安,汪集旸,沈继英.1996.塔里木盆地地温场的研究.见:童晓光,梁狄刚,贾承造著.塔里木盆地石油地质研究新进展.北京:科学出版社.206~215
王兰生,陈盛吉,杨家静等.2000.川东石炭系碳酸盐岩气藏地球化学特征.海相油气地质,5(1-2):133~144
王立亭,陆彦邦,赵时久,罗晋辉.1994.中国南方二叠纪岩相古地理与成矿作用.北京:地质出版社.1~147
王良书,李成,施央申.1995.塔里木盆地大地热流密度分布特征.地球物理学报,38(6):855~856
王良书,李成,刘绍文,李华,徐鸣洁,王勤,葛锐,贾承造,魏国齐.2003.塔里木盆地北缘库车前陆盆地地温梯度分布特征.地球物理学报,46(3):403~407
王嗣敏.2004.塔中地区奥陶系碳酸盐岩储层特征及其油气意义.西安石油大学学报,19(4):72~77
王同和,王喜双,韩宇春,李心宁.1999.华北克拉通构造演化与油气聚集.北京:石油工业出版社
王一刚等.1998.川东地区上二叠统长兴组生物礁分布规律.天然气工业,18(6):10~15
王一刚等.2006a.四川盆地开江-梁平海槽内发现大隆组.天然气工业,26(9):32~36
王一刚,文应初,洪海涛等.2006b.四川盆地及邻区上二叠统—下三叠统海槽的深水沉积特征.石油与天然气地质,27(5):702~714
王一刚,文应初,张帆,杨雨,张静.1998.川东地区上二叠统长兴组生物礁分布规律.天然气工业,18(6):10~15
王瑜,万景林,李齐,王非,王二七.2002.阿尔金山北段阿克塞-当金山口一带新生代山体抬升和剥蚀的裂变径迹证据.地质学报,76(2):191~198
王云山,陈基娘.1987.青海省及毗邻地区变质地带与变质作用.北京:地质出版社
王云山,龚建宁.1990.柴达木盆地周边麻粒岩的确定及其地质意义.青海地质,1:57~64
王志洪,李继亮,侯泉林等.2000.西昆仑库地蛇绿岩地质、地球化学及其成因研究.地质科学,35(2):151~161
王宗起.1999.南秦岭西乡群放射虫化石的发现及其地质意义.中国科学,29(1):38~44
王作勋,邬继西,吕喜朝等.1991.天山多旋回构造演化与成矿.北京:科学出版社.1~217
蔚远江,何登发,雷振宇.2004.准噶尔盆地西北缘前陆冲断带二叠纪逆冲断裂活动的沉积响应.地质学报,78(5):612~625
魏国齐.2000.塔里木新生代复合再生前陆盆地构造特征与油气.地质学报,74(2):123~133
魏国齐.2004.川北飞仙关组鲕滩储层分布预测和有利勘探区带优选.中国石油勘探,(2):38~43
魏国齐.2006.四川盆地北部开江-梁平海槽边界及特征初探.石油与天然气地质,27(1):100~105
魏国齐,李本亮,陈汉林,王良书,肖安成,贾东.2009.中国中西部前陆盆地构造特征.北京:石油工业出版社.1~164

魏国齐, 贾承造, 李本亮, 陈汉林. 2002. 塔里木盆地南缘志留–泥盆纪周缘前陆盆地. 科学通报, 47（增刊）: 44~48
魏国齐, 贾承造, 姚慧君. 1995. 塔北地区海西晚期逆冲–走滑构造与含油气关系. 新疆石油地质, 16（2）: 96~102
邬光辉. 2006. 塔里木盆地库车坳陷盐构造成因机制探讨. 新疆地质, 24（2）: 182~186
邬光辉, 李启明, 张宝收. 2005. 塔中Ⅰ号断裂坡折带构造特征及勘探领域. 石油学报, 26（1）: 27~30
伍家善. 1991. 华北陆台早前寒武纪重大地质事件. 北京: 地质出版社
夏文臣, 张宁, 袁晓萍等. 1998. 柴达木侏罗系的构造层序及前陆盆地演化. 石油与天然气地质, 19（3）: 173~180
夏文杰, 杜森官, 徐新煌, 毕治国, 殷继成, 李世麟, 张长俊, 伊海生. 1994. 中国南方震旦纪岩相古地理与成矿作用. 北京: 地质出版社. 1~109
肖文交, 侯泉林, 李继亮等. 2000. 西昆仑大地构造相解剖及其多岛增生过程. 中国科学（D辑）, 30（增刊）: 22~28
肖序常. 1990. 青藏高原的构造演化. 中国地质科学院院报,（1）: 123~125
肖序常, 汤耀庆, 李锦铁等. 1990. 试论新疆北部大地构造演化. 见: 305项目《新疆地质科学》编委会. 新疆地质科学. 北京: 地质出版社. 47~67
肖序常, 汤耀庆, 李锦铁等. 1991. 古中亚复合巨型缝合带南缘构造演化古中亚复合巨型缝合带南缘构造演化. 北京: 北京科学技术出版社. 1~29
肖序常, 汤耀庆, 李锦铁等. 1992. 新疆北部及邻区大地构造. 北京: 地质出版社. 1~169
解启来, 周中毅. 2002. 利用干酪根热解动力学模拟实验研究塔里木盆地下古生界古地温. 地球科学, 27（6）: 767~769
谢方克, 蔡忠贤. 2003. 克拉通盆地基底结构特征及油气差异聚集浅析. 地球科学进展, 18（4）: 561~568
胥颐等. 2000. 中国大陆西北造山带及其毗邻盆地的地震层析成像. 中国科学, 30（2）: 113~122
胥颐, 刘福田, 刘建华等. 2001. 中国西部大陆碰撞带的深部特征及其动力学意义. 地球物理学报, 44（1）: 40~47
徐国强, 刘树根, 李国蓉, 武恒志, 闫相宾. 2005. 塔中、塔北古隆起形成演化及油气地质条件对比. 石油与天然气地质, 26（1）: 114~119
许炳如. 1997. 根据航磁解释的塔里木盆地基岩分布. 西安石油学院学报（自然科学版）, 12（6）: 8~12
许荣华, 张玉泉, 谢应雯. 1994. 西昆仑山北部早古生代构造岩浆带的发现. 地质科学, 29（4）: 313~328
许效松, 刘宝珺, 徐强, 潘桂棠, 颜仰基. 1997. 中国西部大型盆地分析及地球动力学. 北京: 地质出版社. 1~168
许效松, 丘东洲, 陈明等. 2004. 中国中西部海相盆地分析与油气资源. 北京: 地质出版社. 236
许志琴, 候立玮, 王宗秀, 傅小方, 黄明华. 1992. 中国松潘–甘孜造山带的造山过程. 北京: 地质出版社. 1~190
许志琴, 杨经绥, 戚学祥等. 2006. 印度/亚洲碰撞——南北向和东西向拆离构造与现代喜马拉雅造山机制再讨论. 地质通报, 25（1-2）: 1~14
许志琴, 杨经绥, 张建新等. 1999. 阿尔金你断裂两侧构造单元的对比及岩石圈剪切机制. 地质学报, 73（3）: 193~205
许忠淮, 石耀霖. 2003. 中国大陆岩石圈结构和地球动力学. 地震学报, 25（5）: 453~464
许忠淮, 汪素云, 裴顺平. 2003. 青藏高原东北缘地区Pn波速度的横向变化. 地震学报, 25（1）: 24~31
薛会, 刘丽芳, 卞昌蓉等. 2005. 塔里木盆地古生界流体的垂向分隔性. 石油与天然气地质, 26（3）: 290~296

闫臻.2007.秦岭造山带泥盆系形成构造环境:来自碎屑岩组成和地球化学方面的约束.岩石学报,23(5):1023~1042

杨逢清.1996.四川若尔盖唐克晚三叠世卡尼期侏倭组陆隆沉积环境分析.沉积学报,14(3):56~63

杨海军,韩剑发,李本亮等.2011.塔中低凸起东端冲断构造与寒武系内幕白云岩油气勘探.海相油气地质,16(2):1~8

杨俊杰.1992.鄂尔多斯盆地奥陶系风化壳古地貌成藏模式及气藏序列.天然气工业,12(4):8~13

杨俊杰.2002.鄂尔多斯盆地构造演化与油气分布规律.北京:石油工业出版社.1~218

杨树锋,陈汉林,董传万等.1999.西昆仑山库地蛇绿岩的特征及其构造意义.地质科学,34(3):281~288

杨树锋,贾承造,陈汉林等.2002.特提斯构造带的演化和北缘盆地群形成及塔里木天然气勘探远景.科学通报,47(S1):36~43

叶瑛,沈忠悦,方大钧.1996.塔里木盆地早奥陶世白云岗组灰岩中的磁铁矿及其古地磁意义.科学通报,41(24):2254~2256

袁学诚.1996.中国地球物理图集.北京:地质出版社

翟光明,宋建国,靳久强,高维亮.2002.板块构造演化与含油气盆地形成和评价.北京:石油工业出版社.1~461

翟光明,王世洪,靳久强.2009.论块体油气地质体与油气勘探.石油学报,30(4):475~483

翟光明,徐风银等.1997.柴达木盆地北缘地区前陆盆地演化及油气勘探目标.石油学报,1~9

张斌,赵喆,张水昌.2007.塔里木盆地和四川盆地海相烃源岩成烃演化模式探讨.科学通报,52(App1):108~114

张朝军,贾承造,李本亮等.2010.塔北隆起中西部地区古岩溶与油气聚集.石油勘探与开发,37(3):263~270

张福礼,黄舜兴,杨昌贵,张志才.1994.鄂尔多斯盆地天然气地质.北京:地质出版社.152

张光亚.2000.塔里木盆地古生代克拉通盆地形成演化与油气.北京:地质出版社

张国伟.1987.秦岭造山带的形成及其演化.西安:西北大学出版社

张国伟.1995.秦岭造山带主要构造岩石地层单元的构造性质及其大地构造意义.岩石学报,11(2):101~114

张国伟.1996.秦岭造山带的造山过程及其动力学特征.中国科学,26(3):193~200

张国伟.2003.秦岭-大别造山带南缘勉略构造带与勉略缝合带.中国科学,33(12):1121~1135

张建新,许志琴,杨经绥等.2001.阿尔金西段榴辉岩岩石学、地球化学和同位素年代学研究及其构造意义.地质学报,75(2):186~197

张建新,杨经绥,许志琴等.2002.阿尔金榴辉岩中超高压变质作用证据.科学通报,47(3):231~234

张建新,张泽明,许志琴等.1999.阿尔金西段孔兹岩系的发现及岩石学和同位素年代学初步研究.地质论评,(1):111

张景廉,周晓峰.2002.从滨里海盆地上古生界油气探讨中国海相碳酸盐岩油气勘探的科学思路.海相油气地质,7(3):50~58

张凯.1991.论地球演化的板块构造阶段与油气起源的演化及其全球分布富集规律(Ⅱ).石油勘探与开发,18(1):1~6

张抗.1999.改造型盆地与天然气勘探.天然气工业,19(3):1~6

张力,张淮先.1995.大巴山前缘震旦系及下古生界含油气条件探讨.天然气工业,,13(1):42~48

张旗.1990.蛇绿岩的分类.地质科学,(1):55~61

张旗,周国庆.2001.中国蛇绿岩.北京:地质出版社.1~182

张水昌,梁狄刚,黎茂稳等.2002.分子化石与塔里木盆地油源对比.科学通报,47(App):16~23

张水昌，梁狄刚，朱光有等.2007.中国海相油气田形成的地质基础.科学通报，52（Appl）：19~31

张水昌，张宝民，李本亮等.2011.中国海相盆地跨重大构造期油气成藏历史——以塔里木盆地为例.石油勘探与开发，38（1）：1~15

张水昌，张宝民，王飞宇等.2001.塔里木盆地两套海相烃源岩：有机质性质、发育环境及控制因素.自然科学进展，11（3）：261~268

张显庭，郑健康，苟金等.1984.阿尔金山东段槽型晚奥陶世地层的发现及其构造意义.地质论评，20（2）：184~186

张兴阳，张水昌，罗平等.2007.塔中地区晚燕山-喜马拉雅期油气调整与热液活动的关系.科学通报，52（A01）：192~198

张渝昌，张荷，孙肇才等.1997.中国含油气盆地原型分析.南京：南京大学出版社.1~449

张振生，李明杰，刘社平.2002.塔中低凸起的形成和演化.石油勘探与开发，29（1）：28~31

张子枢.1990.世界大气田概论.北京：石油工业出版社.30~55

张宗命，吕炳全，曹统仁，杨海军，邓常念.1996.塔里木盆地中央隆起的构造特征与演化.见：塔里木盆地石油地质研究新进展.北京：科学出版社.110~119

赵靖舟.2002.塔里木盆地烃类流体包裹体与成藏年代分析.石油勘探与开发，29（4）：21~25

赵文智，张光亚，何海清，王兆云等.2002.中国海相叠合盆地石油地质与叠合含油气盆地.北京：地质出版社

赵霞.2000.塔里木盆地塔中45井及柯坪西克尔萤石成因的讨论.西北地质，33（3）：5~8

赵重远.1990.华北克拉通盆地天然气赋存的地质背景.地球科学进展，（2）：40~42

赵重远.2000.特提斯：油气聚集何方.勘探家，5（2）：59~66

赵重远，刘池洋等.1993.论含油气盆地的整体动态综合分析.见：赵重远，刘池洋，姚远著.含油气盆地地质学研究进展.西安：西北大学出版社

赵宗举.2005.塔里木盆地主力烃源岩的诸多证据.石油学报，26（3）：10~15

赵宗举，王根海，徐云俊等.2000.改造型盆地评价及其油气系统研究方法.海相油气地质，2（2）：67~79

郑聪斌，章贵松.2000.压释水岩溶与天然气的运聚成藏.低渗透油气田，5（1）：5~10

钟大赉.1998.滇川西部古特提斯造山带.北京：科学出版社.1~232

钟大赉，吴根耀.1998.滇东南发现蛇绿岩.科学通报，43（13）：1365~1370

钟凯，徐鸣洁，王良书等.2004.川西两期前陆盆地南北两段构造演化的地球物理特.石油学报，25（6）：29~32

钟宁宁等.2002.成藏流体历史分析——以黄骅坳陷三马地区为例.石油勘探与开发，29（3）：13~16

周辉，李继亮，侯泉林等.1998.西昆仑库地蛇绿混杂岩中早古生代放射虫的发现及其意义.科学通报，43（22）：2448~2451

周辉，李继亮，侯泉林等.1999.西昆仑库地大型韧性剪切带的厘定.科学通报，44（16）：1774~1777

周名魁，王汝植，李志明，袁鄂荣，何原相，杨家騄，胡昌铭，熊代全，楼雄英.1993.中国南方奥陶—志留纪岩相古地理与成矿作用.北京：地质出版社.1~102

周新源，李本亮，陈竹新等.2011.塔中大油气田的构造成因与勘探方向.新疆石油地质，32（3）：211~217

周永康.1997.努力实现南方海相油气勘探重大突破.海相油气地质，2（1）：1~5

朱东亚等.2005.塔里木盆地塔中45井油藏萤石化特征及其对储层的影响.岩石矿物学杂志，24（3）：205~215

朱起煌.2001.从世界古生界油气保存条件看我国海相盆地勘探潜力.海相油气地质，6（2）：33~43

朱如凯等.2007.中国北方地区二叠纪岩相古地理.古地理学报，9（2）：133~142

朱夏.1984.多旋回构造运动与含油气盆地.北京：地质出版社

朱夏.1986.论中国含油气盆地构造.北京：石油工业出版社

朱夏.1991.活动论历史观.石油实验地质，13（3）：209

朱云海，张克信.1999.东昆仑造山带不同蛇绿岩带的厘定及其构造意义.地球科学—中国地质大学学报，24（2）：134~137

Allen P A，Allen J R. 1990. Basin AnaLysis, Principle and Application. Oxford: Blackwell Scientific Publiction.

Allen P A, Allen J R. 2005. Basin Analysis: Principles and Applications (2nd edition). Oxford: Blackwell Scientific Publiction.

Allégre C J, Courtillot V, Tapponnier P, et al. 1984. Structure and evolution of Himalaya-Tibet orogenic belt. Nature, 307: 17~22

Anderson R N, et al. 1992. Sedimentary Basins as Thermo-chemical Reactors. 1990&1991 Report of Lamont-Doherty Geological Observatory, 68~76

Anderson R N, He Wei, Hobart M A, et al. 1991. Active fluid flow in the Eugene Island area offshore Louisiana. Geophysics, 10 (4): 6

Arnaud N, Vidal Ph O, Tapponnier P, et al. 1992. The high K_2O volcanism of the western Tibet: Geochemistry and tectonic implication. Earth and Planetary Science Letters, 111: 351~367

Bachu S. 1995. Synthesis and model of formation-water flow, Alterta Basin, Canada. AAPG, 79: 1159~1178

Bachu S. 1999. Flow systems in the Alterta Basin: Patterns, types and driving mechanisms. Bulletin Canada Petroleum Geology, 47: 455~474

Barbier F D, Le Pichon X. 1986. Structure profonde de la merge Nord-Gascogne. Implications sur le mechanisme derifting et de formation de la merge continentale. Bull Cenh Ezplor Prod Elf-Aquiaine, 10: 105~121

Beaumont C, Tankard A J. 1987. Sedimentary Basins and Basin-Forming Mechanisms. Canadian Society of Petroleum Geologists, Memoir 12, 527

Beaumont C, Quinlan G M, Stockmal G S. 1993. The Evolution of the western interior basin, cause, Consequences and unsolved problems. Evolution of the western Interior Basin. Geological Association of Canada Special Paper. 39: 97~117, 680

Beaumont C, Tankard A J. 1987. Sedimentary basins and basin—forming mechanism. Can Soc Petro Geol Memoir.

Ben-Avraham Z, Zoback M D. 1992. Transform-normal extension and asymmetric basins: an alternative to pull-apart models. Geology, 20: 423~426

Bertalanffy L V. 1950. The rheory of Open System, in Physics and Biology. Sciences, (3)

Bertalanffy L V. 1973. General System Theory, Foundation, Development, Applications. New York: George Braziller.

Bidde K T. 1991. Active Margin Basins. AAPG Memoir 52. 323

Blundell D J. 1991. Some observations on basin evolution and dynamics. Journal of the Geological Society. 148: 789~800

Boulding K E. 1956. Toward and general theory of growth. General Systems, (1)

Brodie J, White N. 1994. Sedimentary basin inversion caused by igneous underplating: Northwest European continental shelf. Geology, 22: 147~150

Brown L F Jr, Fisher W L. 1977. Seismic-Stratigraphic interpretation of Depositional Systems: Examples from Brazilian Rift and Pull-Apart Basins. C E Payton Seismic Stratigraphy, AAPG

Busby C J, Ingesoll R V. 1995. Tectonics of Sedimentary Basins. Oxford: Blackwell Scientific Publiction

Chaelton T R. 2004. The petroleum potential of inversion anticline in the Banda Arc. AAPG bulletin, 88 (5): 565~585

Chen F J, Wang X W. 1997. Genetic types, tectonic systems and geodynamic models of Mesozoic and Cenozoic oil and gas bearing basins in China. Geoscience, 409~424

参 考 文 献

Chen H J, Sun Z C, Zhang Y C. 1986. Framework of Chinese petroliferous basins. Petroleum Geology & Expeximent, 8 (2): 97~106

Chen S F, Wilson C J L. 1996. Emplacement of the Longmen Shan thrust-nappe belt along the eastern margin of the Tibetan Plateau. Journal of Structure Geology, 18 (4): 413~430

Chen Z L, Zhang Y Q, Wang X F, et al. 2001. Fission track datingof apatite constrains on the Cenozoic uplift of the Altyn Tagh mountain. Acta Geoscientia Sinica, 22 (5): 413~18

Deng W M. 1992. Mineralogical features of rock forming minerals from Cenozoic rocks of North Tibet. Scientica Geologica Sinica, (1): 135~147

Dickinson W R. 1976. Plate tectonic evolution of sedimentary basins. In: Plate tectonic and hydrocarbon accumulation. AAPG Short Course, New Orlena, 56

Dickinson W R. 1993. Basin Geodynamics. Basin Research, (5): 195~196

Doda R O. 1977. Devolopment of a computer-based consoltant for mineral exploration. Annular Report, SRI Projeets 5821 and 6415.

Eaton G P. 1980. Geophysical and geological characteristics of the crust of the Basin and Range Province. Continental Tectonics, Natl Res Counc, 96~110

Eaton G P. 1982. The Basin and Range Province: origin and tectonic significance. Ann Rev Earth Planet Sci, 10: 409

Edwards J D, Samtogrossi P A. 1990. Divergent Passive Margin Basins. AAPG Memoir 48. 256

Effimoff I, Pinezich A R. 1986. Tertiary structural development of selected basins: Basin and Range Province, Northeastern Nevada. In: Mayer L (ed). Extentional tectonics of the Southwestern United States: a perspective on processes and kinematics. GSA Special Paper, 208: 31~42

Einsele G. 1992. Sedimentary Basins-Evolution, Fades and Sediment Budget. New York: Springer-Verlag. 628

Einsele. G, Ricken W, Seilacher A. 1991. Cycles and and Events in Stratigraphy. Berlin: Springer-Verlag. 955

Fisher W L, McGowen J H. 1987. Depositional systems in the wilcox Group of Texas and their relationship to occurrence of oil and Gas. Gulf Coast Assoc Geol Socs Trans. 17: 105~125

Flöttmann T, Patrick J. 1997. Influence of basin architecture on the style of inversion and fold-thrust belt tectonics—the southern Adelaide fold-thrust belt, South Australia. Journal of Structure Geology, 19 (8): 1093~1110

Fukao Y, Obayshi M, Inoue H. 1992. Subducting slabs stagnation in the mantle transition zone. Jour of Geophysical Research, 97 (84): 4809~4822

Graham S A, Hendrix M S, Wang T B. 1993. Collision successor basins of westernChina: impact of tectonic inheritance on sand composition. Geo Soc Amer Bull, 105: 323~344

Harrison T M, Copeland P, Kidd W S F, et al. 1992. Raising tibet. Science, 255: 1663~1670

Hendrix M S, Dumitru T A, Graham S A. 1994. Late Oligocone-early Miocene unroofing in the Chinese Tian Shan: An early effect of the India-Asia collision. Geology, 22 (6): 487~490

Hsu K J. 1988. Relict back-arc basins: principles of recognition and possible new example from China. In: Kleinpell K L, Paola C (eds). New Perspectives in Basin Analysis. New York: Springer-Verlag. 245~263

Huang T K, Ren J S, et al. 1977. An outline of the tectonic characteristics of China. Acta Geologica Sinica, 2: 117~135

Ingersoll R V. 1988. Tectonics of sedimentary basin. G S A Bulletin, 100: 1704~1719

Jia D, Wei G Q, Chen Z X, et al. 2006. Longmen Shan fold-thrust belt and its relation to thewestern Sichuan Basin in central China: New insights from hydrocarbon exploration. AAPG Bulletin, 90 (9): 1425~1447

Jia C Z, Yang S F, Chen H L, et al. 2001. Structural Geology and Natural Gas of Basin Group in North Fringe of Tethys. Beijing: Publishing House of Petroleum Industry. 1~162

Jia C Z, Li B L, Zhang X Y, et al. 2007, Formation and evolution of the Chinese marine basins. Chinese Science Bulletin, 52 (Supp): 1~11

Kao H, Gao R, Rau J, et al. 2001. Seismic image of Tarim basin and its collision with Tibet. Geology, 29: 575~578.

Katz B J. 1987. Lacustrine Basin Exploration—Case Studies & Modern Analogs. AAPG Memoir 50. 340

Klein G D. 1987. Current aspects of basin analysis. Sedimentary, 95~118

Klemme H D, Ulmisgek G F. 1991. Effective petroleum source rocks of the world: Stratigraphic distribution and controlling depositional factors. AAPG Bull, 75 (12)

Kuszir N J, Iegler P A Z. 1992. The mechanics of continental extension and sedimentary basin formation: A simple-shear/pure-shear flexural cantilever model. Tectonophysics, 215: 117~131

Kuszir N J. Ziegler P A. 1992. The mechanics of continental extension and sedimentary basin formation: A simple-shear/pure-shear flexural cantilever model. Tectonophysics, 251: 117~131

Kuszir N J, Marsden G, Egan S S. 1991. A flexural-cantilever simple-shear/pure-shear model of continental lithosphere extension: applications to the Jeanne d'Arc basin, Grand Banks and Viking Graben, North Sea. The Geometry of Normal Faults, Geological Society Special Publication, 1991, 56: 41~60

Landon S M. 1994. Interior Rift Basins. AAPG Memoir 59. 276

Latin D, White N. 1993. Magmatism in extensional sedimentary basins. Annali Di Geofisica, 36 (2): 123~138

Layon-Caen H, Molnar P. 1984. Gravity anomalies and the structure of west Tibet and the southern Tarim basin. Geophys, Res Lett, 11: 1251~1254

Leighton M W. 1991. Introductions to Interior Cratonic Basins. Interior Cratonic Basins. AAPG Memoir, 51: 1~24

Leighton M W, Kolata D R, Oltz D F, et al. 1991. Interior. Cratonic Basins. AAPG Memoir 51, 819

Lerche I. 1991. Basin Analysis, Quantitative Methods 1. New York: Academic Press. 562

Li B L, Shu L S, et al. 2001. Cha rvet, Experimental analysis of ductile-slip rheology in shallow structural level faults. Science in China (Series D), 44 (6): 481~489

Li S, Mo X, Yang S. 1995. Evolution of Circum-Pacific basins and volcanic belts in East China and their geodynamic background. Journal of China University of Geosciences, 6 (1)

Lister G S, Etheridge M A, Symonds P A. 1991. Detachment modeis for the fom| ation of passive continental margins. Tectonics, 10 (5): 1038~1064

Lu H, Howell D G, Jia D. 1994. Rejuvenation of the Kuqa foreland basin, northern flank of the Tarim basin, Northwest China. International Goel Rev, 36: 1151~1158

Macgregor D S. 1995. Hydrocarbon habitat and classification of inverted rift basins. In: Basin Inversion, Geological Society Special Publication, 88: 83~93

Maruyama S. 1994. Plume Tectonics. Jour Geol Japan, 100 (1): 24~49

McCann T, Saintot A, 2003. Tracing tectonic deformation using the sedimentary record: an overview. Geological Society, London, Special Publications, 208: 1~28

Mckenzie D P. 1978. Some remarks on the development of sedimentary basins. Earth and Planetary Science Letters, 48: 25~32

Miall A D. 1990. Principles of Sedimentary Basin Analysis. New York: Springer-Verlag. 668

Naeser D, McCulloh T H. 1989. Thermal History of Sedimentary Basins, Methods and Case History. New York: Springer-Verlag

Payton C E. 1977. Seismic stratigraphiy-applications to hydrocarbon exploration. Am Assoc Petrol Geol Mem, 26

Pearce J A, Harris N B W, Tiudle A G. 1984. Trace element discrimination diagrams for the tectonic interpretation of granite rocks. J Petrol, 25: 956~983

Picha F J. Exploring for hydrocarbons under thrust belts—a challenging new frontier in the Carpathians and elsewhere. AAPG Bulletin, 80 (10): 1547~1564

Posamentier A D Summerhay C P, Haq B U, et al. Sequence stratigraphy and facies associations. Special Publication of IAS, (18): 644

Potter P E, Pettjjohn F J. 1963. Palecurrents and Basin Analysis. New York: Springer-Verlag

Raymond P, Jacques Q. 1974. Thickness changes in sedimentary layers during compaction history. Methods for Quantitative Evaluation AAPG Bulletin, 3 (58): 507-520

Rehrig W A. 1986. Processes of regional Tertiary extension in the Western Cordillera: insights from the metamorphic core complexes. GSA Special Paper, 208

Ren J S, Xiao L W. 2002. Tectonic settings of petroliferous basins in continental China. Episodes, 25 (4): 227~235

Rumelhart P, Yin A, Butler R, et al. 1999. Cenozoic vertical-axis rotation of southern Tarim: Constraintson thetectonic evolution of the Altyn fault system. Geology, 27: 819~822

Scheidegger A E. 1982. Principles of Geodynamics. New York: Springer-Verlag. 395

Shu L S, Zhou X M. 2002. Late Mesozoic tectonism of southeast China. Geological Rev, 48 (3), 249~260

Sobel E R, Arnaud N. 1999. A possible middle Paleozoic suture in the Altyn Tagh, NW China. Tectonics, 18 (1): 64~74

Suppe J. 1983. Geometry and kinematics of fault-bend folding. American Journal of Science, 283: 684~721

Tapponnier P, Xu Z Q, Roger F, et al. 2001. Oblique stepwise rise and growth of the Tibet Plateau. Science, 294: 1671~1677

Ulmishek G F. Petroleum Geology and Resources of the West Siberian Basin, Russia. USGS Bulletin 2201

Vail P R, Mitehum R M Jr, Thompson S. 1977. Seismic stratigraphy and global changes of sea level, part Four: global cycles of relative changes of sea level. AAPG Mem, (26): 83~98

Van Wagoner J C, Campion K M, Rahmanian V D. 1990. Siliciclastic sequence stratigraphy in well logs, core and outcrops: Concepts for high-resolution correlation of time and facies. Am Assoc Petrol Geol Meth Expll Ser, 7: 55

Wei G Q, Jia C Z, Li B L, et al. 2002. Silurian to Devonian foreland basin in the south edge of Tarim basin. Science Bulletin of China, 47 (Supp): 42~46

Wernicke B. 1981. Low-angle normal faults in the Basin and Range province: nappe tectonics in an extending orogen. Nature, 291: 645~647

Wemicke B. 1985. Uniform—sense normal sense simple-shear of the deformational mechanics of the mntinental lithosphere. Can J Earth Sci, 22: 108~125

Wernicke B. 1985. Uniform-sense normal simple shear of the continental lithosphere. Can J Earth Sci, 22: 108~125

White R S, Spence G D, Fowler S R, et al. 1987. Magmatism at rifted continental margins. Nature, 330 (3): 439~444

Wilson J T. 1965. A new class of faults and their bearing on continental drift. Nature, 207: 343~347

Wright G N. 1984. The westernCanada sedimentary basin illustrating basin stratigraphy and structure. Canadian Society of Petroleum Geologists, Gelological Association of Canada

Wu Z H, Wu G G, Wang J P. 1997. Constraints of the Meso-Cenozoic global velocity field of lithosphere on the tectonic evolution of China and its adjacent areas. Episodes, 20 (2): 117~121

Yang S F, Jia C Z, Chen H L, et al. 2002. Evolution of Tethyan tectonic belt and development of basin groups in northern fringe, and prospect of natural gas exploring in Tarim. Chin Sci Bull, 47 (Suppl): 36~43

Zhang C J, Jia C Z, Li B L, et al. 2010. Ancient karsts and hydrocarbon accumulation in the middle and western parts of the North Tarim uplift, NW China. Petroleum Exploration and Development, 37 (3): 263~269

Zhang S C, Zhang B M, Li B L, et al. 2011. History of hydrocarbon accumulations spanning important tectonic phases in marine sedimentary basins of China: Taking the Tarim Basin as an example. Petroleum Exploration and Development. 38 (1): 1~15

Zhu R K, Xu H X, Deng S H, et al. 2007. Lithofacies palaeogeography of the Permian in northern China. J. Palaeogeography, 9 (2): 133~142

Ziegler P A. 1992a. Geodynamics of rifting and implications for hydrocarbon habitat. Tectonophysics, 215: 221~253

Ziegler P A. 1992b. Plate tectonics, plate moving mechanisms and rifting. Tectonophysics, 215: 9~34

Zoback M D, et al. 1993. Stresses in the lithosphere and sedimentary basin formations. Tectonophysics, 226 (1-4): 1~13